高等职业教育土建类"十三五"规划教材

（建筑信息化管理专业）

BIM施工组织设计

主　编　吴　瑞　于文静　曲恒绪
主　审　满广生

·北京·

内 容 提 要

本书按照《建筑施工组织设计规范》(GB/T 50502—2009)中对施工组织设计的内容要求，编写了绪论和7个学习项目，重点介绍施工组织设计编制依据与工程概况编写、施工部署与主要施工方案编制、施工进度计划编制、施工准备与资源配置计划编制、基于BIM的施工现场平面图布置、主要施工管理计划编制和综合案例。本书运用BIM技术编制脚手架和模板专项施工方案、编制网络计划和横道计划、做三维场地布置，为读者了解和学习BIM技术在施工过程中的应用奠定了基础。

本书可作为高职建筑项目信息化管理、建筑工程技术、建设工程管理及工程造价等专业的主要教材，也可作为土木工程技术与管理人员和土建施工人员的参考书。

图书在版编目（ＣＩＰ）数据

BIM施工组织设计 / 吴瑞，于文静，曲恒绪主编. -- 北京：中国水利水电出版社，2019.9(2022.2重印)
 高等职业教育土建类"十三五"规划教材. 建筑信息化管理专业
 ISBN 978-7-5170-8045-9

Ⅰ.①B… Ⅱ.①吴… ②于… ③曲… Ⅲ.①建筑工程－施工组织－应用软件－高等职业教育－教材 Ⅳ.①TU71-39

中国版本图书馆CIP数据核字(2019)第207100号

书　　名	高等职业教育土建类"十三五"规划教材（建筑信息化管理专业） **BIM 施工组织设计** BIM SHIGONG ZUZHI SHEJI
作　　者	主编　吴　瑞　于文静　曲恒绪 主审　满广生
出版发行	中国水利水电出版社 （北京市海淀区玉渊潭南路1号D座　100038） 网址：www.waterpub.com.cn E - mail：sales@waterpub.com.cn 电话：(010) 68367658 (营销中心)
经　　售	北京科水图书销售中心（零售） 电话：(010) 88383994、63202643、68545874 全国各地新华书店和相关出版物销售网点
排　　版	中国水利水电出版社微机排版中心
印　　刷	清淞永业（天津）印刷有限公司
规　　格	184mm×260mm　16开本　19.5印张　475千字
版　　次	2019年9月第1版　2022年2月第2次印刷
印　　数	1501—4000 册
定　　价	**79.80**元

凡购买我社图书，如有缺页、倒页、脱页的，本社营销中心负责调换

版权所有·侵权必究

前言

2011年住房和城乡建设部发布《2011—2015年建筑业信息化发展纲要》，第一次将BIM纳入信息化标准建设内容，随后，2013年推出《关于推进建筑信息模型应用的指导意见》，2016年发布《2016—2020年建筑业信息化发展纲要》，可见，BIM已成为"十三五"建筑业重点推广的五大信息技术之首；进入2017年，国家和地方加大BIM政策与标准落地。2019年中国职业教育与成人教育网发布了《关于参与1+X证书制度试点的首批职业教育培训评价组织及职业技能等级证书公示公告》，确定了首批职业技能等级证书名单，其中建筑信息模型（BIM）职业技能等级证书就在其中。

为了利用BIM增加自身在建筑行业中的竞争力，全国各大设计研究院和施工企业纷纷成立了BIM中心，使得BIM技术在工程设计、招投标、施工组织管理中的运用越来越成熟。

"BIM施工组织设计"是高职高专院校建筑项目信息化管理专业的一门专业课程，为培养土建类相关专业学生对建筑工程施工组织设计的编制能力，由高校和企业共同开发了这本以BIM技术应用为核心的施工组织设计"理实一体化"教材。

当前，基于BIM技术的施工组织类信息化软件日渐成熟，如BIM施工现场布置软件、品茗网络计划软件、标书制作软件、BIM5D、BIM模板脚手架设计软件等。这些软件的应用也较为广泛，在很多大中型项目中得到了深度的应用，为项目的成本、质量、进度、安全发挥了巨大的作用，这也成为了BIM进入课堂的前提条件和有力保障。

为培养学生解决实际问题的能力，本书将工程案例穿插在教学过程中，使学生可以通过对应的BIM软件完成任务要求，实现BIM技术在编制施工组织设计过程中的应用，培养他们运用BIM技术解决实际问题的能力以及编制施工组织设计的能力。

本书由安徽水利水电职业技术学院吴瑞、于文静、曲恒绪任主编，安徽水利水电职业技术学院朱宝胜、祝冰青、刘雯、刘先春与杭州品茗安控信息技术股份有限公司陈哲、叶书成任副主编，由安徽水利水电职业技术学院满广生教授主审。

本书是对BIM技术教学内容的尝试与探索，虽尽心尽力，反复推敲，仍不免存在疏漏之处，恳请读者与同行专家批评指正。本书在编写过程中参考了其他文献资料，在此谨向原著作者们致以诚挚的谢意！

编者

2019年7月

目录

前言

绪论 ········ 1
- 0.1 建筑施工程序认知 ········ 1
- 0.2 施工组织设计基本知识 ········ 2
- 0.3 编制施工组织设计的基本原则和程序 ········ 7
- 0.4 施工组织设计编制准备 ········ 9
- 0.5 BIM 技术应用简介 ········ 10
- 练习题 ········ 13

学习项目 1 施工组织设计编制依据与工程概况编写 ········ 14
- 1.1 编制依据编写 ········ 14
- 1.2 工程概况编写 ········ 15
- 练习题 ········ 15

学习项目 2 施工部署与主要施工方案编制 ········ 17
- 2.1 施工部署编制 ········ 17
- 2.2 主要施工方案编制 ········ 32
- 2.3 BIM 脚手架工程专项方案编制 ········ 67
- 2.4 BIM 模板工程专项方案编制 ········ 87
- 练习题 ········ 105

学习项目 3 施工进度计划编制 ········ 107
- 3.1 横道计划编制 ········ 107
- 3.2 网络计划编制 ········ 136
- 3.3 BIM 网络进度计划编制 ········ 177
- 练习题 ········ 188

学习项目 4 施工准备与资源配置计划编制 ········ 193
- 4.1 施工准备计划编制 ········ 193
- 4.2 资源配置计划编制 ········ 202
- 练习题 ········ 203

学习项目 5　基于 BIM 的施工现场平面图布置 ·············· 205
5.1　施工现场平面图布置内容、原则、步骤 ············· 205
5.2　施工现场平面图布置方法 ····························· 209
5.3　施工 BIM 三维场地布置 ······························ 224
练习题 ·· 238

学习项目 6　主要施工管理计划编制 ································ 240
6.1　主要施工管理计划的内容 ····························· 240
6.2　主要施工管理计划的编制要点 ······················· 244
练习题 ·· 245

学习项目 7　单位工程施工组织设计案例 ························· 247
7.1　工程概况与编制依据 ···································· 247
7.2　施工部署 ·· 248
7.3　施工进度计划 ··· 251
7.4　施工准备与资源配置计划 ····························· 251
7.5　施工方案 ·· 254
7.6　施工现场布置图 ·· 257
7.7　主要施工管理措施 ······································· 260
7.8　技术经济指标计算与分析 ····························· 274
练习题 ·· 275

附录　《建筑施工组织设计规范》摘录 ···························· 277

附图　某投标文件（技术标）内容节选 ··························· 297

参考文献 ··· 303

绪 论

【学习目标】
(1) 了解建筑工程施工组织设计的概念、分类。
(2) 熟悉建筑工程施工组织设计的内容、作用及重要性。
(3) 掌握建筑工程施工组织设计的编制原则。
(4) 熟悉建筑工程施工组织设计编制前的准备工作。
(5) 了解 BIM 技术在施工组织设计中应用情况。

建筑产品的生产或施工是一项由多人员、多专业、多工种、多设备、高技术、现代化综合而成的复杂的系统工程。若要提高工程质量、缩短工程工期、降低工程成本、实现安全文明施工，就必须应用合理方法进行统筹规划，科学管理施工全过程。建筑施工组织就是针对建筑施工的复杂性，研究工程建设的统筹安排与科学系统管理的客观规律，制定建筑工程施工最合理的组织与管理方法的一门学科。建筑施工组织是推进企业技术进步，加强现代化工程项目管理的核心。

建筑施工是一项特殊的生产活动，尤其是现代化的建筑物或构筑物，无论是在规模上还是在功能上都在不断发展，"高、大、难、急、险"已成为现代建设项目的显著特征。一些现代建设项目不但体形庞大，而且交错复杂，给施工带来许多困难和问题。解决施工中的各种困难和问题，通常都有若干施工方案可供选择。但是，不同的方案，其经济效果一般不会相同。如何根据拟建工程的性质和规模、地理和环境、工期长短、工人的素质和数量、机械装备程度、材料供应情况等各种技术经济条件，从经济、技术与管理相统一的角度出发，从许多可行的方案中选定最优的方案，这是施工管理人员必须首先解决的问题。

鉴于以上叙述，可以发现建筑工程施工组织的任务是：从施工的全局出发根据具体的条件，以最优的方式解决施工组织中的问题，对施工的各项活动做出全面的、科学的规划和部署，使人力、物力、财力以及技术资源得以充分合理地利用，确保优质、高效、安全、低耗地完成施工任务。

0.1 建筑施工程序认知

建筑施工程序是拟建工程项目在整个施工阶段中必须遵循的先后次序和客观规律。一般分为以下 5 个步骤。

1. 承接施工任务，签订施工合同

施工单位承接任务的方式一般有三种：①国家或上级主管部门正式下达的工程任务；

绪　论

②接受建设单位邀请而承接的工程任务；③通过投标在中标以后承接的工程任务。对于施工单位而言，目前承接施工任务最主要的方式是通过编制投标文件（包括技术标和商务标）参与投标。

　　承接施工任务后，建设单位与施工单位应根据《中华人民共和国合同法》《中华人民共和国建筑法》等有关法律法规的相关规定及要求签订施工合同，它具有法律效力，须共同遵守。施工合同应规定承包范围、内容、要求、工期、质量、造价、技术资料、材料等供应以及合同双方应承担的义务和职责，及各方应提供施工准备工作的要求（如土地征购、申请施工用地、施工执照、拆除现场障碍物、接通场外水源、电源、道路等）。

2. 全面统筹安排，做好施工规划

　　签订施工合同后，施工单位应全面了解工程性质、规模、特点、工期等，并进行各种技术、经济、社会调查，收集有关资料，编制施工组织总设计（或施工规划大纲）。

　　当施工组织总设计经批准后，施工单位应组织先遣人员进入施工现场，与建设单位密切配合，共同做好开工前的准备工作，为顺利开工创造条件。

3. 落实施工准备，提出开工报告

　　根据施工组织总设计的规划，对第一期施工的各项工程，应抓紧落实各项施工准备工作，如会审图纸、编制单位工程施工组织设计、落实劳动力、材料、构件、施工机械及现场"三通一平"等。具备开工条件后，提出开工报告，经审查批准后，即可正式开工。

4. 精心组织施工，加强科学管理

　　一个建设项目从整个施工现场全局来说，一般应坚持先全面后个别、先整体后局部、先场外后场内、先地下后地上的施工步骤；从一个单项（单位）工程的全局来说，除了按总的全局指导和安排之外，应坚持土建、安装密切配合，按照拟订的施工组织设计精心组织施工。加强各单位、各部门的配合与协作，协调解决各方面问题，使施工活动顺利开展。

　　同时在施工过程中，应加强技术、材料、质量、安全、进度及施工现场等各方面管理工作，落实施工单位内部承包经济责任制，全面做好各项经济核算与管理工作，严格执行各项技术、质量检验制度，抓紧工程收尾和竣工。

5. 工程竣工验收，交付生产使用

　　这是施工的最后阶段。在交工验收前，施工单位内部应先进行预验收，检查各分部分项工程的施工质量，整理各项交工验收的技术经济资料。在此基础上，向建设单位交工验收，验收合格后，办理验收签证书，即可交付生产使用。

0.2　施工组织设计基本知识

　　建筑产品作为一种特殊的商品，为社会生产提供物质基础，为人民提供生活、消费、娱乐场所等。一方面，建设项目能否按期顺利完工投产，直接影响业主投资的经济效益与效果；另一方面，施工单位如何安全、优质、高效、低耗地建成某项目，对施工单位本身的经济效益及社会效益都具有重要影响。

施工组织设计就是针对施工安装过程的复杂性，运用系统的思想，对拟建工程的各阶段、各环节以及所需的各种资源进行统筹安排的计划管理行为。它努力使复杂的生产过程，通过科学、经济、合理的规划安排，以达到建设项目能够连续、均衡、协调地进行施工，满足建设项目对工期、质量及投资方面的各项要求；又由于建筑产品的单件性，没有固定不变的施工组织设计适用于任何建设项目。所以，如何根据不同工程的特点编制相应的施工组织设计则成为施工组织管理中的重要一环。

0.2.1 施工组织设计的概念和分类

施工组织设计是我国长期工程建设实践中形成的一项管理制度，目前仍继续贯彻执行。根据《建设工程项目管理规范》（GB/T 50326—2017）的规定："承包人的项目管理实施规划可以用施工组织设计项目或质量计划代替，但应能够满足项目管理实施规划的要求。"这里需要说明的是，"承包人的项目管理实施规划可以用施工组织设计项目或质量计划代替"，即是指施工项目管理实施规划可以用施工组织设计代替。当承包人以编制施工组织设计代替项目管理规划时，或者在编制投标文件中的施工组织设计时（施工组织设计是技术标文件重要组成内容），应根据施工项目管理的需要增加相关的内容，使施工组织设计满足施工项目管理规划的要求，满足投标竞争的需要。这样，当施工组织设计满足施工项目管理的需要时，用于投标的施工组织设计也可称作施工项目管理规划大纲，中标后编制的施工组织设计也可称为施工项目管理实施规划。

0.2.1.1 施工组织设计的概念

施工组织设计是指导拟建工程项目进行施工准备和正常施工的技术经济管理文件，是对拟建工程在人力和物力、时间和空间、技术和组织等方面所做的全面、合理的安排。施工组织设计作为指导拟建工程项目的全局性文件，应尽量适应施工安装过程的复杂性和具体施工项目的特殊性，并且尽可能保持施工生产的连续性、均衡性和协调性，以实现生产活动的最佳经济效果。

施工过程只有按照连续生产、均衡生产和协调生产的要求去组织，才能顺序地进行。施工组织设计的基本任务是根据业主对建设项目的各项要求，选择经济、合理、有效的施工方案；确定合理、可行的施工进度；拟定有效的技术组织措施；采用最佳的劳动组织，确定施工中劳动力、材料、机械设备等需要量；合理布置施工现场的空间，以确保全面高效地完成最终建筑产品。

0.2.1.2 施工组织设计的分类

施工组织设计是一个总的概念，根据建设项目的类别、工程规模、编制阶段、编制对象和范围的不同，在编制的深度和广度上也有所不同。

1. 按编制阶段分类

施工组织设计按照编制阶段的不同，分为投标阶段施工组织设计（属于技术标，简称标前设计）和实施阶段施工组织设计（简称标后设计）。在实际操作中，编制投标阶段施工组织设计，强调的是符合招标文件要求，以中标为目的；编制实施阶段施工组织设计，强调的是可操作性。

投标文件（技术标）相关内容详见附图。

两类施工组织设计的区别，见表0.1。

表 0.1　　标前、标后施工组织设计的特点

种类	服务范围	编制时间	编制者	主要特征	追求主要目标
标前设计	投标和签约	投标书编制前	经营管理层	规划性	中标和经济效益
标后设计	施工准备至验收	签约后开工前	项目管理层	作业性	施工效率和效益

2. 按编制对象分类

根据《建筑施工组织设计规范》(GB/T 50502—2009)，施工组织设计按编制对象可分为施工组织总设计、单位工程施工组织设计和施工方案这三种。

施工组织总设计是以一个建筑群或一个建设项目为编制对象，用以指导整个建筑群或建设项目施工全过程的各项施工活动的综合技术经济性文件。施工组织总设计一般在初步设计或扩大初步设计被批准之后，在总承包企业的总工程师主持下进行编制。

单位工程施工组织设计是以一个单位工程为编制对象，用以指导其施工全过程的各项施工活动的综合性技术经济文件。单位工程施工组织设计一般在施工图设计完成后，在拟建工程开工之前，由工程处的技术负责人主持进行编制。

施工方案以分部（或分项）工程为编制对象，由单位工程的技术人员负责编制，用以具体实施其分部（或分项）工程施工全过程的各项施工活动的技术、经济和组织的综合性文件。一般对于工程规模大、技术复杂或施工难度大的建筑物或构筑物，在编制单位工程施工组织设计之后，常需对某些重要的且缺乏经验的分部（或分项）工程再深入编制施工组织设计，例如深基础工程、大型结构安装工程、高层钢筋混凝土主体结构工程、地下防水工程等。通常情况下施工方案是施工组织设计的进一步细化，是施工组织设计的补充，施工组织设计的某些内容在施工方案中不需赘述。

施工组织总设计、单位工程施工组织设计和施工方案，是同一工程项目不同广度、深度和作用的三个层次：施工组织总设计是对整个建设项目管理的总体构想（全局性战略部署），其内容和范围比较概括；单位工程施工组织设计是在施工组织总设计的控制下，以施工组织总设计为依据且针对具体的单位工程编制的，是施工组织总设计的深化与具体化；施工方案是以施工组织总设计、单位工程施工组织设计为依据且针对具体的分部分项工程编制的，它是单位工程施工组织设计的深化与具体化，是专业工程具体的组织管理施工的设计。

实际工程中，以单位工程施工组织设计最为常见。因此，如无特殊说明，本书均以单位工程施工组织设计为学习对象。

0.2.2　施工组织设计的基本内容

施工组织设计的基本内容一般包括工程概况、施工部署、施工进度计划、施工准备和资源配置计划、主要施工方法或施工方案、施工现场平面布置、主要施工管理计划等。

一般地，施工组织设计的内容应符合如下要求：①施工组织设计的内容应具有真实性，能够客观反映实际情况；②施工组织设计的内容应涵盖项目的施工全过程，做到技术先进、部署合理、工艺成熟，针对性、指导性、可操作性强；③施工组织设计中大型施工方案的可行性在投标阶段应经过初步论证，在实施阶段应进行细化并审慎详细论证；④施工组织设计中分部分项工程施工方法应在实施阶段细化，必要时可单独编制；⑤施工组

设计涉及的新技术、新工艺、新材料和新设备应用，应通过有关部门组织的鉴定；⑥施工组织设计的内容应根据工程实际情况和企业素质适时调整。

根据《建筑施工组织设计规范》（GB/T 50502—2009），施工组织设计的内容，取决于它的任务和作用。因此，它必须能够根据不同建筑产品的特点和要求，决定所需人工、机具、材料等的种类与数量及其取得的时间与方式；能够根据现有的和可能争取到的施工条件，从实际出发，决定各种生产要素在时间和空间关系上的基本结合方式。否则，就不可能进行任何生产。由此可见，施工组织设计应具有以下相应内容：①主要施工方法或施工方案；②施工进度计划；③施工现场平面布置；④各种资源需要量及其供应。

其中，前三项内容为核心内容，简称"一案一表一图"。前两项内容主要指导施工过程的进行，规定整个施工活动；后两项内容主要用于指导准备工作的进行，为施工创造物质技术条件。人力、物力的需要量是决定施工平面布置的重要因素之一，而施工平面布置又反过来指导各项物质的因素在现场的安排。施工的最终目的是要按照国家和合同规定的工期、优质、低成本地完成基本建设工程，保证按期投产和交付使用。因此，进度计划在组织设计中具有决定性的意义，是决定其他内容的主导因素，其他内容的确定首先要满足其要求并为需要服务，这样它也就成为施工组织设计的中心内容。从设计的顺序上看，施工方案又是根本，是决定其他所有内容的基础。它虽以满足进度的要求作为选择的首要目标，但进度最终也仍然要受到其制约，并建立在这个基础之上。同时也应该看到，人力、物力的需要与现场的平面布置也是施工方案与进度得以实现的前提和保证，并对它们产生影响。因为进度安排与方案的确定必须从合理利用客观条件出发，进行必要的选择。所以，施工组织设计的这几项内容是有机地联系在一起的，互相促进、互相制约、密不可分。

至于每个施工组织设计的具体内容，将因工程的情况和使用目的的差异，而有多寡、繁简与深浅之分。比如，当工程处于城市或原有的工业基地时，则施工的水、电、道路与其他附属生产等临时设施将大为减少，现场准备工作的内容就少；当工程在离城市较远的新开拓地区时，施工现场所需要的各种设施必须都考虑到，准备工作内容就多。对于一般性的建筑，组织设计的内容较简单。对于复杂的民用建筑和工业建筑或规模较大的工程，施工组织设计的内容较为复杂；为群体建筑作战略部署时，重点解决重大的原则性问题，涉及面也较广，组织设计的深度就较浅；为单体建筑的施工作战略部署时，需要能具体指导建筑安装活动，涉及面也较窄，其施工组织设计深度就要求深一些。除此以外，施工单位的经验和组织管理水平也可能对内容产生某些影响。比如对某些工程，如施工单位已有较多的施工经验，其组织设计的内容就可简略一些，对于缺乏施工经验的工程对象，其内容就应详尽一些、具体一些。所以，在确定每个组织设计文件的具体内容与章节时，都必须从实际出发，以适用为主，做到各具特点，且应少而精。

0.2.2.1 施工方案

施工方案是指工、料、机等生产要素的有效结合方式。确定一个合理的结合方式，也就是从若干方案中选择一个切实可行的施工方案来。这个问题不解决，施工就根本不可能进行。它是编制施工组织设计首先要确定的问题，是决定其他内容的基础。施工方案的优劣，在很大程度上决定了施工组织设计的质量和施工任务完成的好坏。

0.2.2.2 施工进度计划

施工进度计划是施工组织设计在时间上的体现。进度计划是组织与控制整个工程进展的依据，是施工组织设计中关键的内容。因此，施工进度计划的编制要采用先进的组织方法（如流水施工）和计划理论（如网络计划、横道图计划等）以及计算方法（如各项参数、资源量、评价指标计算等），综合平衡进度计划，规定施工的步骤和时间，以期达到各项资源在时间、空间上的合理利用，并满足既定的目标。

为了确保施工进度计划的实现，还必须编制与其适应的各项资源需要量计划。

0.2.2.3 资源需要量及其供应

资源需要量是指项目施工过程中所必要消耗的各类资源的计划用量，它包括：劳动力、建筑材料、机械设备以及施工用水、电、动力、运输、仓储设施等的需要量。各类资源是施工生产的物质基础，必须根据施工进度计划，按质、按量、按品种规格、按工种、按型号有条不紊地进行准备和供应。

0.2.2.4 施工现场平面布置

施工现场平面布置是根据拟建项目各类工程的分布情况，对项目施工全过程所投入的各项资源（材料、构件、机械、运输和劳力等）和工人的生产、生活活动场地做出统筹安排，通过施工现场平面布置图或总布置图的形式表达出来，它是施工组织设计在空间上的体现。施工场地是施工生产的必要条件，应合理安排施工现场。绘制施工现场平面布置图应遵循方便、经济、高效、安全的原则进行，以确保施工顺利进行。

0.2.3 施工组织设计的重要性

施工组织设计是用以指导施工组织与管理、施工准备与实施、施工控制与协调、资源的配置与使用等的全面性技术经济文件，是对施工活动全过程进行科学管理的重要手段。其重要性或作用主要表现在以下方面：

（1）施工组织设计可以指导投标与签订工程承包合同，并作为投标书的内容和合同文件的一部分。施工组织设计作为技术标文件的重要组成内容，其编制水平及质量高低对投标企业能否中标将产生重要作用。

（2）施工组织设计根据工程各种具体条件拟定施工方案、施工顺序、劳动组织和技术组织措施等，是指导施工活动紧凑、有序地开展的技术依据。

（3）施工组织设计是施工准备工作的重要组成部分，同时又是做好施工准备工作的依据和保证。

（4）施工组织设计所提出的各项资源需要量计划，直接为组织材料、机具、设备、劳动力需要量的供应和使用提供数据。

（5）通过编制施工组织设计，可以合理利用和安排为施工服务的各项临时设施，可以合理地部署施工现场，确保安全文明施工。

（6）通过编制施工组织设计，可以将工程的设计与施工、技术与经济、施工全局性规律和局部性规律、土建施工与设备安装、各部门之间、各专业之间有机结合，统一协调。

（7）通过编制施工组织设计，可充分考虑施工中可能遇到的困难与障碍，主动调整施工中的薄弱环节，事先予以解决或排除，从而提高施工的预见性，减少盲目性，使管理者和生产者做到心中有数，为实现建设目标提供技术保证。

（8）施工组织设计是统筹安排施工企业生产的投入与产出过程的关键和依据。建筑产品的生产和工业产品的生产一样，都是按要求投入生产要素，通过一定的生产过程，而后生产出成品，而中间转换的过程离不开管理。施工企业也是如此，从承接工程任务开始到竣工验收交付使用为止的全部施工过程的计划、组织和控制的基础就是科学的施工组织设计。

0.3 编制施工组织设计的基本原则和程序

0.3.1 编制施工组织设计的基本原则

根据我国建筑施工长期积累的经验和建筑施工的特点，编制施工组织设计以及在组织建筑施工的过程中，一般应遵循以下几项基本原则。

1. 认真遵循工程建设程序

经过多年的基本建设实践，明确了基本建设的程序主要是计划、设计和施工等几个主要阶段，它是由基本建设工作客观规律所决定的。我国数十年的基本建设历史表明，凡是遵循上述程序，基本建设就能顺利进行；当违背这个程序时，不但会造成施工的混乱、影响工程质量，而且可能造成严重的浪费或工程事故。因此，认真执行基本建设程序，是保证建筑安装工程顺利进行的重要条件。

2. 保证重点，统筹安排

建筑施工企业和建设单位的根本目的是尽快完成拟建工程的建设任务，使其早日投产或交付使用，尽快发挥基本建设投资的效益。这样就要求施工企业的计划决策人员，必须根据拟建工程项目的重要程度和工期要求等，进行统筹安排，分期排队，把有限的资源优先用于国家和建设单位急需的重点工程项目，使其早日建成、投产或使用。同时，也应该安排好一般工程项目，注意处理好主体工程项目和配套工程项目、准备工程项目、施工项目和收尾项目之间施工力量的分配问题，从而获得总体的最佳效果。

3. 遵循建筑施工工艺和技术规律

建筑施工工艺及其技术规律，是建筑工程施工固有的客观规律。分部（项）工程施工中的任何一道工序都不能省略或颠倒。因此，在组织建筑施工中必须严格遵循建筑施工工艺及其技术规律。

建筑施工程序和施工顺序是建筑产品生产过程中阶段性的固有规律和分部（项）工程的先后次序。建筑产品生产活动是在同一场地的不同空间，同时交叉搭接地进行，前面的工作不完成，后面的工作就不能开始。这种前后顺序必须符合建筑施工程序和施工顺序。交叉施工有利于合理利用时间和空间，加快施工进度。

4. 采用流水作业组织施工

国内外实践经验证明，采用流水施工方法组织施工，不仅能使拟建工程的施工有节奏、均衡和连续地进行，而且会带来显著的技术、经济效益。

网络计划技术是当代计划管理的最新方法。它应用网络图形表达计划中各项工作的相互关系，具有逻辑严密、层次清晰、关键问题明确，可以进行计划方案优化、控制和调整，有利于计算机在计划管理中的应用等优点。它在各种计划管理中得到广泛的应用。实践证明，施工企业在建筑工程施工计划管理中，采用网络计划技术，可以缩短工期和节约成本。

5. 科学安排冬、雨季施工项目

建筑施工一般都是露天作业，易受气候影响，严寒和下雨的天气都不利于建筑施工的正常进行。如不采取相应的技术措施，冬季和雨季就不能连续施工。随着施工技术的发展，目前已经有成功的冬、雨季施工措施，保证施工正常进行，但会增加施工费用。科学地安排冬、雨季施工项目，就是要求在安排施工进度计划时，根据施工项目的具体情况，将适合在冬、雨季施工的，不会过多增加施工费用的工程安排在冬、雨季进行施工，这样可增加全年的施工天数，尽量做到全面、均衡、连续地施工。

6. 提高建筑产品工业化程度

建筑技术进步的重要标志之一是建筑产品工业化，建筑产品工业化的前提条件是建筑施工中广泛采用预制装配式构件。扩大预制装配程度是走向建筑产品工业化的必由之路。

在选择预制构件加工方法时，应根据构件的种类、运输和安装条件以及加工生产的水平等因素，进行技术经济比较，合理地决定工厂预制和现场预制构件的种类，贯彻工厂预制和现场预制相结合的方针，以取得最佳的效果。

7. 充分利用现有机械设备，提高机械化程度

建筑产品生产需要消耗巨大的体力劳动。在建筑施工过程中，尽量以机械化施工代替手工操作，这是建筑技术进步的另一重要标志。尤其是大面积的平整场地、大型土石方工程、大批量的装卸和运输、大型钢筋混凝土构件或钢结构构件的制作和安装等繁重施工过程的机械化施工，对于改善劳动条件、减轻劳动强度和提高劳动生产率以及经济效益都很显著。

目前，我国建筑施工企业的技术装备现代化程度还不高，满足不了生产的需要。因此在组织工程项目施工时，要结合当地和工程情况，充分利用现有的机械设备。在选择施工机械的过程中，要进行技术经济比较，使大型机械和中、小型机械结合起来，使机械化和半机械化结合起来，尽量扩大机械化施工范围，提高机械化施工程度。同时，要充分发挥机械设备的生产率，保持其作业的连续性，提高机械设备的利用率。

8. 尽量采用国内外先进的施工技术和科学的管理方法

先进的施工技术与科学的施工管理手段相结合，是改善建筑施工企业和建筑施工项目经理部的生产经营管理素质、提高劳动生产率、保证工程质量、缩短工期、降低工程成本的重要途径。因此，在编制施工组织设计时，应广泛地采用国内外先进的施工技术和科学的施工管理方法。

9. 科学地布置施工平面图

对暂设工程和大型临时设施的用途、数量和建造方式等进行技术经济分析，在满足施工需要的前提下，尽可能使其数量最少、紧凑、合理、造价最低，并减少施工用地，降低工程成本。

综合上述原则，建筑施工组织既是建筑产品生产的客观需要，又是加快施工速度、缩短工期、保证工程质量、降低工程成本、提高建筑施工企业和工程项目建设单位的经济效益的需要。所以，必须在组织工程项目施工的过程中认真地贯彻执行。

0.3.2 编制施工组织设计的程序

单位工程施工组织设计的编制程序,是指对其各组成部分形成的先后次序及相互之间的制约关系的处理。单位工程施工组织设计的编制程序主要为:熟悉审查图纸,调查研究,收集资料→选择施工方案和施工方法→编制施工进度计划→编制施工准备和主要资源配置计划→绘制施工现场平面布置图→审批。

0.4 施工组织设计编制准备

0.4.1 熟悉图纸

要做好单位工程施工组织设计的编制工作,首先要熟悉图纸,分析工程特点,明确内容,为施工方案的编制做好准备。在熟悉图纸时,要熟悉拟建工程的功能,将建筑、结构、设备施工图与文字说明等结合起来,前后对照读图,并且通过熟悉图纸确定与施工有关的准备工作项目。

1. 基础工程

对基础工程需要熟悉的主要内容有:地基处理方式,基础的平面布置,基础的构造做法,基础的形式、埋深,垫层做法,防潮层的位置及做法,沉降缝的位置及做法,桩位布置,桩承台位置等。

2. 主体工程

对主体工程需要熟悉的主要内容有:主体结构的形式、柱距、各层所用混凝土强度等级,墙、柱与轴线的关系,梁板柱的配筋,楼梯间的构造,定位轴线间尺寸,门窗洞口位置及尺寸,伸缩缝、沉降缝、防震缝的位置等;砌体工程构造柱施工、墙体施工及保温做法。

3. 屋面工程

对屋面工程需要熟悉的主要内容有:屋面构造层次及防水与保温做法,屋面排水坡度与做法等。

4. 装饰工程

对装饰工程需要熟悉的主要内容有:内外墙面和顶棚、楼面、地面等装饰做法和所用材料,门窗形式及材料等。

5. 其他

(1) 熟悉图纸时要考虑土建和设备安装的配合关系以及如何交叉衔接。

(2) 考虑设计与施工条件是否相符,施工时技术上以及施工条件上有没有困难。

0.4.2 收集相关资料

建筑工程施工涉及面广、情况多变、问题相对复杂,要编制出符合实际情况、切实可行、质量较高的施工组织设计,必须搞好调查研究工作,熟悉工程项目所在地区的技术经济条件、社会情况等,就需要收集一些相关资料。

0.4.2.1 原始资料调查

1. 技术经济资料调查

(1) 建设地区能源调查。能源一般指水源、电源、气源、通信、网络资源等。对能源的调查主要是为选择施工用临时供水、供电、供气及通信方式提供依据。

(2) 建设地区交通调查。交通运输方式一般有铁路、公路、水路、航空等，交通资料调查主要为组织施工运输业务、选择运输方式提供依据。

(3) 材料、成品、半成品价格调查。这项调查的内容包括地方资源和建筑企业情况，对主要材料、半成品和成品调查是为确定材料供应、储存、设备订货及租赁、构配件及制品等货源的加工方式、规划临时设施等提供依据。

2. 社会资料调查

社会资料主要包括建设地区的政治、经济、文化、科技、民俗等，其中对社会劳动力和生活设施的调查可作为安排劳动力、布置临时设施的依据。

0.4.2.2 收集参考资料

在编制施工组织设计时，为弥补原始资料的不足，还可以借助一些相关的参考资料作为编制依据。收集的参考资料可以是现有的施工定额、施工手册、类似工程的施工组织设计实例等。

0.4.3 考察施工现场

考察施工现场主要是了解建设地点的地形、地貌、水文、气象以及场址周围环境和障碍物等，主要是为确定工程的施工方法和技术措施提供依据。

1. 地形、地貌考察

主要是对水准点及控制桩的位置、现场地形及地貌特征、勘察高程及高差等进行考察。地形简单的施工现场，一般采用目测和步测；对场地地形复杂的，可用测量仪器进行观测，也可向规划部门、建设单位、勘察单位进行调查。考察与调查的目的是为设计施工平面图提供依据。

2. 工程地质及水文地质考察

工程地质包括地层构造、土层的类别及厚度、土的性质、承载力及地震类别等。水文地质包括地下水质量、含水层厚度、地下水流向、流量、流速、最高和最低水位等。这些内容的调查，主要采取观察的方法，还可向建设单位、设计单位、勘察单位等进行调查，作为选择基础施工方法、地基处理方法及地下障碍物拆除方法的依据。

3. 气象资料调查

气象资料主要包括气温、雨情和风情等资料。调查内容主要是作为冬雨季施工及制定高空作业和吊装措施的依据。

4. 周围环境和障碍物考察

主要内容包括施工区域现有建筑物、构筑物、树木、沟渠、电力架空线路、地下管道、人防工程、埋地电缆、枯井等。这些资料通过现场踏勘及向建设单位、设计单位等调查取得，作为施工现场平面布置的依据。

0.5 BIM 技术应用简介

以 BIM 为核心的三维制图正以迅雷不及掩耳的速度替代传统的 CAD 二维制图，借助 BIM 可视化的特点，运用精确建模、碰撞检测、虚拟漫游等方式，实现虚拟空间同比例的真实工程。

0.5.1 BIM可视化

0.5.1.1 可视化交底

设计人员可以通过模型实现向施工方的可视化设计交底，能够让施工方清楚了解设计意图，了解设计中的每一个细节。

1. 可视化的技术交底

我国工人文化水平不高，通常在建复杂的工程向工人技术交底时往往难以让工人理解技术要求，但通过模型就可以直观地让工人知道自己将要完成的部分是什么样的，有哪些技术要求，直观而形象。采用三维可视化三维模型，可以让施工人员更容易理解施工节点做法，减少施工过程中错误的出现，有利于确保工程质量。

2. 三维可视化在施工现场的应用

三维可视不仅能用来进行方案设计，与业主交流，而且能够用来在施工现场展示。施工人员能够在工程开始的时候，就看到建成的样子，降低了读图的难度。BIM三维视图如图0.1所示。

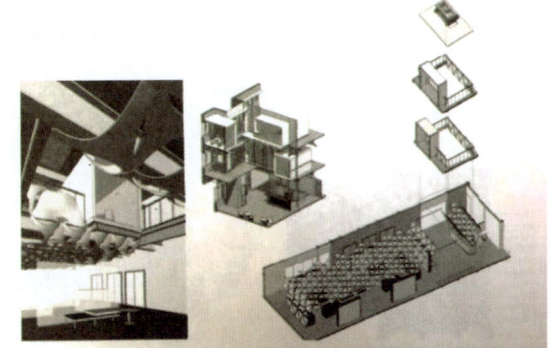

图0.1 BIM三维视图

0.5.1.2 施工模拟

在施工前，利用三维模型，对关键工序进行施工模拟，进行工程施工流程的预先建造仿真，采用虚拟建造平台，比如采用施工模拟平台、VR虚拟场景平台，来论证施工的可行性，确保了施工过程中的可靠性和准确性。

0.5.2 BIM在施工组织设计中的用途

1. 施工三维部署

（1）优化项目施工组织部署。通过BIM施工策划软件实现项目的精细化部署，合理对项目施工段分区，以最优的施工组织部署达成项目工期进度的要求。

（2）细化各施工阶段平面布置。对项目施工各阶段总平面精细部署，通过三维可视化功能，优化各类临时设施位置，确保施工可行性的同时，实现施工现场合理且规范的布置。

（3）实现4D进度模拟。配合Project、BIM等软件通过应用4D进度模拟功能展示关键施工进度节点，确保施工进度目标的达成。

2. 施工组织区段划分与施工动态管理

由于建筑产品生产的单件性，不适合于组织流水作业，但是建筑产品体型庞大的固定性，又为组织流水施工提供了空间条件，可以把一个体型庞大的建筑产品划分成若干个施工段施工层的批量产品，使其满足流水施工的基本要求，在保证质量的前提下，使不同工种的专业工作队在不同的工作面上进行作业以充分的利用空间，使其按流水施工的规则，集中人力、物力，迅速、依次、连续地完成各段任务，为相邻专业的队伍尽早地提供工作面，达到缩短工期的目的。如图0.2所示为某工程土方开挖施工段划分。

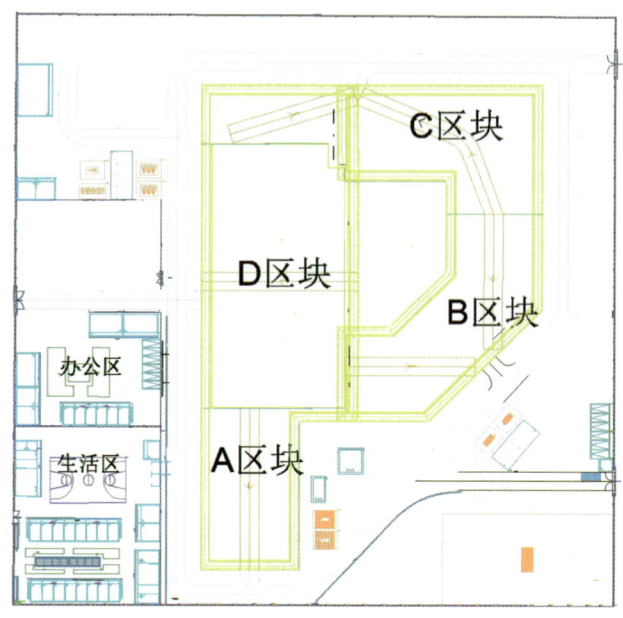

图 0.2 某工程土方开挖施工段划分

在施工阶段中实现动态、集成和可视化的 4D 施工管理。将建筑物及施工现场 3D 模型与施工进度相链接,并与施工资源和场地布置信息集成一体,建立 4D 施工信息模型,可实现建设项目施工阶段工程进度、人力、材料、设备、成本和场地布置的动态集成管理及施工过程的可视化模拟,也可实现项目各参与方的协同工作。

在建造时随时随地都可以非常直观快速地知道计划是什么样的,实际进展是怎么样的。这样通过 BIM 技术结合施工方案、施工模拟和现场视频监测,可以大大减少建筑质量问题、安全问题,减少返工和整改,如图 0.3 所示。

图 0.3 某工程地下施工模拟

知识延伸:中国尊项目所有 BIM 专职和参与人员超过 200 人,在不同的应用领域培养了一批有 BIM 实践经验,同时又具备专业能力的工程师。原则上,项目 BIM 人员需要专业工程师出身,本身具备专业知识后再学习 BIM 技术和理念,用于解决实际问题。这些员工并不局限于专职 BIM 管理人员，更多的是业务部门的骨干。这样的培养方式，能真正培养出一批掌握 BIM 技术与专业应用能力的复合型人才，而不只是一些少数会操作 BIM 软件的操作人员。

练 习 题

一、填空题

1. 建筑施工与一般工业生产有着显著的区别，其生产是在不同地区、地点进行的，具有（　　）。

2. 建筑企业承接施工任务的方式主要是通过参加（　　）得到的。

3. 建筑工业化的一个重要前提条件是广泛采用预制装配式构件。在拟定构件预制方案时，应贯彻（　　）和（　　）相结合的方针。

4. 先进的（　　）和科学的（　　）相结合，是保证工程质量、加速工程进度、降低工程成本、促进技术进步、提高企业素质的重要途径。

二、单项选择题

1. 施工的最后一个阶段，也是全面考核设计和施工质量的重要环节的是（　　）。
   A. 施工规划　　　B. 组织施工　　　C. 回访保修　　　D. 竣工验收

2. 在各种施工组织设计中，可作为指导全局性施工的技术、经济纲要的是（　　）。
   A. 施工组织总设计　　　　　　　B. 单项工程施工组织设计
   C. 分部工程作业设计　　　　　　D. 单位工程施工组织设计

3. 施工组织设计的核心内容是（　　）。
   A. 施工顺序　　　B. 质量保证措施　　　C. 施工方案　　　D. 资源供应计划

4. 单位工程施工组织设计应由（　　）负责编制。
   A. 建设单位　　　B. 监理单位　　　C. 分包单位　　　D. 施工单位

5. 负责组织工程竣工验收的是（　　）。
   A. 建设单位　　　B 监理单位　　　C. 施工单位　　　D. 质量监督部门

6. 主持施工图纸会审工作的人可能是（　　）。
   A. 工程设计人　　　　　　　　　B. 专业监理工程师
   C. 甲方驻工地代表　　　　　　　D. 施工单位技术负责人

7. （　　）阶段是整个工程实施中最重要的一个阶段，它决定了施工工期、产品质量、成本和施工企业的经济效益。
   A. 承接任务　　　B. 施工规划　　　C. 施工准备　　　D. 组织施工

三、实践操作

1. 练习确定施工组织设计的内容。
2. 做好施工组织设计编制的准备工作。

学习项目1 施工组织设计编制依据与工程概况编写

【学习目标】
(1) 掌握施工组织设计编制依据的内容及编写要点。
(2) 掌握施工组织设计工程概况的内容及编写形式。
(3) 具备建筑工程施工组织设计编制依据、工程概况的编制技术。
(4) 掌握BIM结构建模与脚手架工程专项方案的编制。

1.1 编制依据编写

单位工程施工组织设计的编制依据主要有:

(1) 上级主管单位和建设单位(或监理单位)对本工程的要求。如上级主管单位对本工程的范围和内容的批文及招投标文件,建设单位(或监理单位)提出的开竣工日期、质量要求、某些特殊施工技术要求、采用何种先进技术,施工合同中规定的工程造价,工程价款的支付、结算及交工验收办法,材料、设备及技术资料供应计划等。

(2) 经过会审的施工图。包括单位工程的全部施工图纸、会审记录及构件、门窗的标准图集等有关技术资料。对于较复杂的工业厂房,还要有设备、电器和管道的图纸。

(3) 建设单位对工程施工可能提供的条件。如施工用水、用电的供应量,水压、电压能否满足施工要求,可借用作为临时设施的房屋数量、施工用地等。

(4) 本工程的资源供应情况。如施工中所需劳动力、各专业工人数,材料、构件、半成品的来源,运输条件、运距、价格及供应情况,施工机具的配备及生产能力等。

(5) 施工现场的勘察资料。如施工现场的地形、地貌,地上与地下障碍物,地形图和测量控制网,工程地质和水文地质,气象资料和交通运输道路等。

(6) 工程预算文件及有关定额。应有详细的分部、分项工程量,必要时应有分层分段或分部位的工程量及预算定额和施工定额。

(7) 工程施工协作单位的情况。如工程施工协作单位的资质、技术力量、设备安装进场时间等。

(8) 有关的国家规定和标准。是指施工及验收规范、质量评定标准及安全操作规程等。如《建筑施工组织设计规范》(GB/T 50502—2009)、《混凝土结构工程施工规范》(GB 50666—2011)、《钢筋焊接及验收规程》(JGJ 18—2012)、《施工现场临时用电安全技术规范》(JGJ 46—2016)等。

(9) 有关的参考资料及类似工程的施工组织设计实例。

1.2 工程概况编写

单位工程施工组织设计中的工程概况是对拟建工程的主要情况、各专业设计简介和工程施工条件等所做的简明扼要、重点突出的文字介绍或描述,在描述时也可加入图表进行补充说明。

1.2.1 工程主要情况

工程主要情况包括但不限于下列内容:①工程名称、性质和地理位置;②工程的建设、勘察、设计、监理和总承包等相关单位的情况;③工程承包范围和分包工程范围;④施工合同、招标文件或总承包单位对工程施工的重点要求;⑤其他应说明的情况。

1.2.2 各专业设计简介

1. 建筑设计简介

应依据建设单位提供的建筑设计文件进行描述,包括建筑规模、建筑功能、建筑特点、建筑耐火、防水及节能要求等,并应简单描述工程的主要装修做法。

2. 结构设计简介

应依据建设单位提供的结构设计文件进行描述,包括结构形式、地基基础形式、结构安全等级、抗震设防类别、主要结构构件类型及要求等。

3. 机电设计简介

应依据建设单位提供的各相关专业设计文件进行描述,包括给水、排水及采暖系统、通风与空调系统、电气系统、智能化系统、电梯等各个专业系统的做法要求。

1.2.3 工程施工条件

应参照下列主要内容进行说明:
(1) 项目建设地点气象状况。
(2) 项目施工区域地形和工程水文地质状况。
(3) 项目施工区域地上、地下管线及相邻的地上、地下建(构)筑物情况。
(4) 与项目施工有关的道路、河流等状况。
(5) 当地建筑材料、设备供应和交通运输等服务能力状况。
(6) 当地供电、供水、供热和通信能力状况。
(7) 其他与施工有关的主要因素。

1.2.4 其他

主要介绍工程施工的重点所在,找出施工中的关键问题,以便在选择施工方案、组织各种资源供应和技术力量配备,以及在施工准备工作上采取相应措施。不同类型或不同条件下的工程施工,均有其不同的施工特点。如对于框架现浇结构建筑而言,其施工特点是模板和混凝土的工程量大。

练 习 题

一、填空题

1. 施工组织设计中的工程概况主要包括工程基本情况、(　　　)、(　　　)和施工特点分析。

2. 房屋建筑施工组织设计工程概况中的工程设计特点，主要包括（   ）、（   ）、（   ）和（   ）等方面的特点。

二、单项选择题

1. 单位工程施工组织设计的工程概况应包括（   ）。
   A. 施工程序　　　B. 施工方法　　　C. 施工条件　　　D. 进度计划
2. 单位工程施工组织设计文件编制依据不包括（   ）。
   A. 工程协作单位情况　　　　　　B. 工程预算
   C. 建设单位可提供的条件　　　　D. 原材料质量

三、实践操作

1. 练习单位工程施工组织设计编制依据的编写。
2. 练习单位工程施工组织设计工程概况的编写。

学习项目 2　施工部署与主要施工方案编制

【学习目标】
(1) 熟悉施工部署、施工方案的内容及编制要点。
(2) 掌握建筑工程施工目标的编写方法以及组织管理机构的设置。
(3) 掌握工程重点难点分析方法。
(4) 能够根据实际项目合理进行施工部署和编写施工方案。
(5) 掌握 BIM 模板工程专项方案的编制。

2.1　施工部署编制

2.1.1　施工部署编制的一般要求

1. 目标要求

施工组织设计应对工程施工目标做出总体部署。工程施工目标应根据施工合同、招标文件以及本单位对工程管理目标的要求确定，包括进度、质量、安全、环境和成本等目标。各项目标应满足施工组织总设计中确定的总体目标。

2. 进度安排和空间组织要求

(1) 工程主要施工内容及其进度安排应明确说明，施工顺序应符合工序逻辑关系。
(2) 施工流水段应结合工程具体情况分阶段进行划分；单位工程施工阶段的划分一般包括地基基础、主体结构、装修装饰和机电设备安装三个阶段。

3. 重点和难点分析

对于工程施工的重点和难点应进行分析，包括组织管理和施工技术两个方面。

4. 组织管理机构设置

工程管理的组织机构应根据施工项目的规模、复杂程度、专业特点、人员素质等确定，并明确项目经理部的工作岗位设置及其职责划分。对于大中型项目宜设置矩阵式项目管理组织，对于远离企业管理层的大中型项目宜设置事业部式项目管理组织，对于小型项目宜设置直线职能式项目管理组织，项目管理组织机构形式宜采用框图的形式表示。

5. "四新"技术

对于工程施工中开发和使用的新技术、新工艺应做出部署，对新材料和新设备的使用应提出技术及管理要求。

6. 对分包单位的要求

对主要分包工程施工单位的选择要求及管理方式应进行简要说明。

2.1.2　施工部署的编制内容

施工部署是对项目实施过程所做的统筹规划和全面安排，施工部署的编制内容包括项目施工主要目标、组织管理机构设置、进度安排与空间组织、施工顺序以及工程的重点和难点分析等。

2.1.2.1 项目施工主要目标

1. 质量目标

工程质量总体目标是：符合《建筑工程施工质量验收统一标准》（GB 50300—2013）规定的工程合格标准，并满足绿色工房和××奖（如有）的争创要求。

质量保修期按照国家相关规定执行。

（1）工程合格率××％，分项工程优良率不小于××％；确保一次通过竣工验收备案。

（2）严格执行 ISO 9001 质量保证体系的有关规定和要求。

（3）各种竣工资料符合合同要求及有关部门的规定。

2. 工期目标

按照招标文件及招标答疑文件的规定，本工程计划开工时间为××××年××月××日，计划竣工时间为××××年××月××日，工期为××天，比约定时间提前××天。

3. 安全及文明施工目标

坚决贯彻落实公司"安全第一，预防为主"的方针和"安全为了生产，生产必须安全"的规定，全面实行"预控管理"，从思想上重视，行动上支持，控制和减少伤亡事故的发生。

杜绝重大伤亡事故，月轻伤事故发生率控制在××‰以内。

杜绝任何火灾事故的发生，将火灾事故次数控制为 0。

安全隐患整改率 100％。

4. 环境保护目标

按照 ISO 14000 环境管理体系要求制订管理目标，从本工程的实际出发，坚持"预防为主，防治结合，综合治理，化害为利"的环境保护方针，为工程周边创造一个良好的环境。

5. 服务目标

为了满足实施本工程施工的需要，将如期按量安排工程技术、管理人员、专业工程师、技术工人进驻现场，及时调进机械设备和构筑相应的临时设施，并在具体工作中做到以下几点：

（1）工程施工前：做好开工准备及相关手续，为工程尽早开工创造有利条件。

（2）工程施工中：协助业主做好与有关部门的协调工作，积极主动地为使工程优质高速的实施提出合理化建议。工程实施当中若出现一般工程问题由现场项目经理解决，对于重大问题则由公司技术部在 24 小时内解决。

（3）工程竣工后：做好与建设、监理单位的工程移交工作。

（4）用户回访：由回访小组与业主商定具体的回访日期及程序，征询业主对工程质量的评价，对存在的施工缺陷协商处理办法，同时做好回访记录并保存。

6. 成本目标

在工程实施过程中，按照工序指定生产成本控制计划，从满足施工需求和不发生额外损耗的角度出发,细化人、机、料的投入,力争将消耗控制在行业最低消耗水平。采用先进的建筑施工技术,提高施工进度,降低成本,力争实现行业最低成本目标,提高经济效益和社会效益。

7. 工程资料管理目标

按照国家档案局和国家计划委员会《基本建设项目档案数据管理暂行规定》《××省基本建设档案管理办法》等有关规定执行。采用××建筑工程施工技术资料统一用表资料软件编制工程技术资料,向总承包单位提供完整、齐全、符合要求的工程档案资料原件和相关资料。

2.1.2.2 组织管理机构设置

项目经理部本着科学管理、精干高效、结构合理的原则,选配在同类工程中具有丰富的施工经验、服务态度良好、勤奋实干的工程技术和管理人员,通过建立科学的项目管理制度,完善质量、技术、计划、成本和合约方面的管理程序,使整个工程的实施处于强有力的控制之下,实现对业主的承诺。

1. 施工管理机构设置

为了确保整体项目目标的实现,设立现场项目部。公司下大决心,思想上高度重视,组织工作落到实处,言行一致,具体实施原则如下:

(1) 以本工程作为本公司重点项目,做到"四全三优先",即全力以赴、全方位作业、全公司支持、确保全胜,要在人力、物力、财力上优先。

(2) 施工期间,加大在施工机具、施工设备、周转材料、劳动力等方面的投入,集中力量,精心施工,以求在最短的工期内创出最优的成绩。

(3) 采用先进、合理、适用的新技术、新工艺、新材料,加快工程进度,提高工程质量,执行新颁布的《中华人民共和国建筑法》和《建设工程质量管理条例》等各项规定,确保施工目标完全兑现。

(4) 采用目标管理模式,实行科学管理,实行质量和工期奖罚制度。

(5) 施工期间,全体施工管理人员自始至终坚持在施工第一线,尊重科学,尊重施工原则,尊重施工顺序,尊重业主,尊重监理。

2. 项目组织结构图

按照先进的项目管理法进行管理,并依照 ISO 质量保证模式规范项目管理活动。如有幸中标,将组建"××工程项目经理部",配备技术、施工、质安、材料设备、经营核算、综合管理等部门,建立责任承包制,代表公司具体对工程施工进行总承包管理,如图 2.1 所示。

3. 项目管理部门职责

(1) 项目经理部。由国家一级项目经理担任项目部的项目经理,根据项目法的要求,实行责、权、利高度统一的项目法管理,确保公司 ISO 9001:2000 质量管理体系在本工程施工全过程中持续有效运行。

(2) 项目经理部下设多个职能部门。

1) 工程部:主管项目部直接控制的施工生产,下辖各专业施工班组,负责进行指挥施工生产。直接领导土建工程管理部。

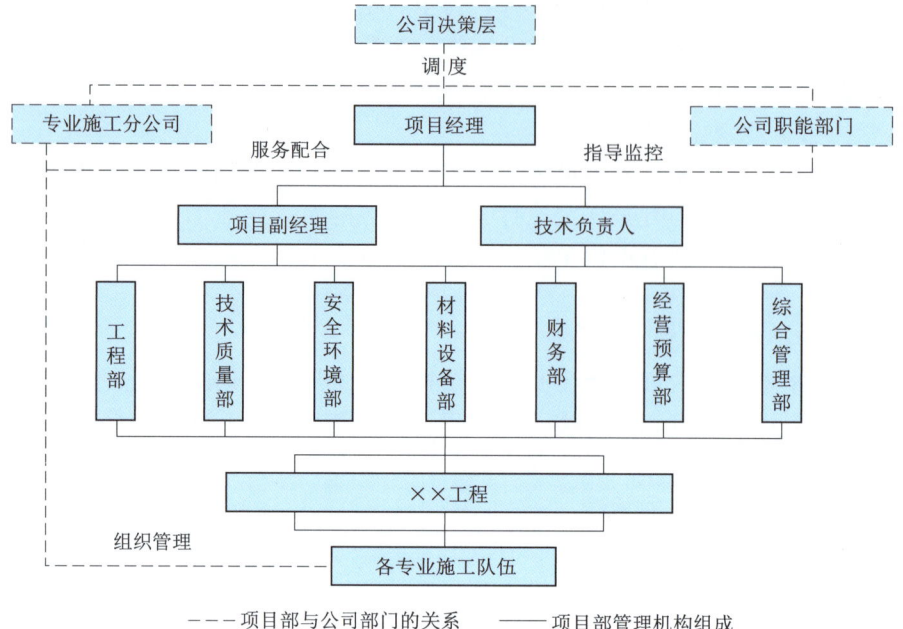

图 2.1　项目组织结构图

a. 对土建工程的施工生产、进度计划全面负责，确保土建工程施工顺利进行。

b. 对土建工程与其他各专业分包之间的施工生产进行协调。

c. 负责土建各专业工种之间和其他专业项目的协调及配合，制定本专业项目工期、质量、成本、安全文明施工等各项管理目标、措施，并组织实施土建各专业管理人员、施工日常工作的落实，组织各分项工程的施工、验收工作等，及时解决施工中出现的各种问题。

2）技术质量部：由高级工程师职称专业管理人员担任项目部技术负责人，直接对项目经理部负责，负责整个施工建设的技术管理，控制整体施工进度，履行技术指导、方案审核、质量监督等各方面的职责。

a. 建立质量管理的组织体系，编制项目工程质量的保证计划与措施，制定质量管理工作程序。

b. 按照现行规范、设计文件（施工图等）及有关技术要求，精心组织施工，督促和检查专业施工单位严格按照上述要求进行施工，抓好质量、设备与原材料质量、半成品质量。

c. 检查工程施工质量，每月向发包人、监理人提供工程质量月报（重大工程质量问题及时专题报告），组织好各项工程验收［包括隐蔽工程验收、分部分项工程（中间）验收等］。

d. 负责处理工程质量事故，查明质量事故原因和责任，提出质量事故处理意见、方案，报监理人、发包人并督促和检查事故处理方案的实施。

e. 组织定期检查和考评，统筹管理和协调各专项工程竣工初步验收和竣工验收。

2.1 施工部署编制

f. 负责工程创优和评奖的策划、组织、资料准备和日常管理工作。

g. 负责组织编制项目质量计划并负责监督实施、过程控制和日常管理。

h. 负责项目全员质量保证体系和质量方针的培训教育工作。

i. 负责质量目标的分解落实,编制质量奖惩责任制度并负责日常管理。

j. 贯彻国家、地方有关工程施工规范、工艺标准、质量标准。

k. 最终负责竣工和阶段交验技术资料及质量记录的整理、分装工作;与技术部一道,共同负责项目阶段交验和竣工交验。

3)安全环境部:主管整体工程建设环境和安全保障,指导并监督安全科履行质量、安全工作职责,代表项目部进行质量、安全各方面的检查。

a. 对工程项目建设过程中的文明施工、安全生产负有全面管理的责任。

b. 督促各专业单位安全生产,并定期检查安全、文明措施的制定和落实情况,避免重大伤亡事件发生。

c. 按照有关条例组织好工程总的安全协议以及各承包单位的安全协议。

d. 督促各专业单位保证文明施工,保持施工现场及现场生活设施(包括食堂、宿舍、厕所等)的清洁和卫生,交工前清理现场,符合政府主管部门的有关规定,整个工程施工周期内要达到文明施工工地的要求。

e. 负责编制项目职业健康安全管理计划、环境管理计划和管理制度并监督实施。

f. 负责安全生产和文明施工的日常检查、监督、消除隐患等管理工作。

g. 制订员工安全培训计划,并负责组织实施,负责管理人员和进场工人安全教育工作;负责安全技术审核把关和安全交底。

h. 负责安全生产例会,与各分包商保持联络,定期主持召开安全工作会议。

i. 参与项目部施工方法、施工工艺的制定,研究项目部潜伏性危险及预防方法,预估所需安全措施费用。

j. 负责项目创建"文明工地"的组织和管理活动。

k. 负责安全目标的分解落实和安全生产责任制的考核评比,负责开展各类安全生产竞赛和宣传活动。

l. 负责项目安全救援工作,制订安全生产应急计划,保证一旦出现安全意外,能立即按规定报告各级政府机构,保证项目施工生产的正常进行,负责准备安全事故报告。

m. 在危急情况下有权向施工人员发出停工令,直至危险状况解除为止。

n. 负责安全生产日志和文明施工资料的收集整理工作。

o. 与政府有关部门、机构联络,陪同有关人员巡视项目部安全生产情况,并执行政府机构的指示。

4)材料设备部:主管整个项目机电设备和材料的宏观调配,配合工种科保障施工的设备、材料的需要,提供优质合格的材料和合格的设备。

a. 为其他承包人提供工地内现成的并能独立使用的吊升机械、棚架、脚手架、爬梯、工作台、升降设备、垂直、横向运输设备及通道设施,并在诸如装卸、起吊、安排场地等方面进行必要的协助。

b. 具体负责项目物资设备的采购和供应工作。

c. 具体负责项目物资及设备的日常管理工作。

d. 具体负责项目物资采购计划、进场计划和统计工作。

e. 具体负责本项目物资采购招标文件的编制工作和供应商的选择工作，负责供应商的日常管理工作。

f. 在向供应商订货时，明确要求供应商提供的材料有发货单据、材质证明及合格证，对材料的名称、规格、型号等标识清楚。

g. 参与项目质量保证计划的编制工作。

h. 负责进口物资的检验、报关、清关业务。

i. 具体负责与公司总部后方采购供应支持的协调联系工作。

j. 及时准确地为施工生产部门提供呈报发包人和监理人审批的各类材料样品。

k. 负责编制项目物资领用管理制度和日常管理工作。

l. 负责物资进出库管理和仓储管理。

m. 负责对材料的标识做统一策划。

n. 负责监督检查所有进场物资的质量，协助资料员做好技术资料的收集整理工作。

o. 具体负责竣工时库存物资的善后处理。

p. 负责大型施工机械的维修保养，确保施工机械使用正常。

5）财务部：由会计师担任财务负责人，直接对项目经理部负责，负责整个项目的资金、账务、成本管理，履行财务监督、资金保障、成本控制等各方面的职责。

6）经营预算部：对外负责与建设方及分包方、分供商的劳务、租赁、材料结算，对内负责各工区的内部施工结算，控制整体施工成本。

a. 提出计量和支付报表格式，提请监理人审核下发。

b. 审签各施工单位提出的完成工程量报表。

c. 汇总各施工单位的完成工程量报表。

d. 汇总各施工单位计量支付台账，具体负责工程款请付工作。

e. 参与审查各施工单位提出的变更方案。

f. 具体负责项目预算成本的编制及施工成本控制工作。

g. 具体负责本项目分包招标文件的编制工作。

h. 参与分包商、供应商的选择工作。

i. 具体负责与发包人和分包结算工作，编制项目月度请款、分包付款文件。

j. 负责项目合同管理、造价确定以及二次经营等事务的日常工作。

k. 负责准备竣工决算报告等其他与商务方面的工作。

7）综合管理部：负责协调与建设方、上级行政主管部门、分包配合单位、周边各级行政部门以及生产过程中与当地居民发生的问题，配合项目部解决与外界的各种矛盾，为整体施工创造良好的外部环境。

a. 负责项目人员的调动及日常管理。

b. 负责项目所有来往书信、文件、电子邮件的收发、签转、打印、登记、归档工作。

c. 负责项目计算机及信息化管理工作。

d. 建立文件分级、传阅、保密制度。

e. 建立文档传阅流程，确保文件传阅安全、可靠，归档及时、完整，严格控制文件拷贝。

f. 负责对外事务工作。

g. 负责项目劳资管理工作。

h. 负责项目的后勤服务工作及对所有分包商相关工作的管理。

i. 负责本施工的保卫工作。

4. 项目管理人员职责

(1) 项目主要管理人员的职责。

1) 项目经理：对工程进度、质量、安全、文明施工等全面负责；代表公司履行对发包人的合约，并代表发包人行使对项目所有分包商的管理权。

2) 项目技术负责人：主管技术管理部及深化设计管理部；全面落实设计意图，对项目的总体施工策划、技术管理负责。

3) 项目副经理：主管计划协调管理部；对项目施工生产的进度、安全、文明施工全面负责；负责与各专业之间的施工协调；负责总体协调各专业之间的施工进度安排；负责施工现场总平面管理。

4) 土建负责人：主管计划协调管理部；对项目施工生产的进度、安全、文明施工全面负责；负责与各专业之间的施工协调；负责总体协调各专业之间的施工进度安排；负责施工现场总平面管理。

5) 安装负责人：主要对机电安装施工生产的进度、安全、文明施工全面负责；负责与土建之间的施工协调；负责现场机电总协调，进行各项材料、机具各生产要素协调调配。

6) 商务负责人：主管物资设备管理部、合约商务管理部；负责本项目的全部商务工作；就本项目成本管理、合约管理、物资采购等向项目经理负责，做到公开、公平、公正、廉洁。

7) 质量负责人：主管工程质量管理部，对本工程质量具有一票否决权；贯彻国家及地方的有关工程施工规范、工艺规程、质量标准，严格执行国家施工质量验收统一标准，确保项目总体质量目标和阶段质量目标的实现。

8) 安全负责人：主管安全环境管理部，对本工程施工安全具有一票否决权；贯彻国家及地方的有关工程安全与文明施工规范，确保本工程总体安全与文明施工目标和阶段安全与文明施工目标的顺利实现。

(2) 一般项目管理人员职责与分工。

1) 各专业施工管理工程师：

a. 参与产品实现的策划，协助项目技术负责人编制作业指导书，进行负责专业的技术交底。

b. 按分工做好相关记录的控制。

c. 协助项目经理搞好施工现场的管理，参与项目危险源与环境因素的管理。

d. 参与管理方案制定，落实职业健康安全与环境管理规划、方案及技术措施方案相关的事项。

e. 按分工实施施工过程及其产品的监视和测量。

f. 按应急预案实施准备和响应。

g. 参与不合格品及不符合事项的处置。

h. 参与相关信息分析，协助项目技术负责人制定与实施纠正和预防措施。

i. 负责分管专业的施工生产调度与协调，有权制止各种违章、违规作业，及时沟通有关信息。

2）质量管理员：

a. 负责工程质量的现场监督检查和分部分项工程的质量验收与核定。

b. 负责一般不合格品的处置，并负责处置后的质量验收与评定。

c. 发现严重不合格品及时报告技术负责人，并负责处置后的质量验收与评定。

d. 按分工做好记录的控制，及时沟通有关信息，行使现场质量奖惩权。

3）安全员：

a. 组织项目的职业健康安全教育。

b. 参与项目危险源与环境因素的识别、评价和控制策划。

c. 负责项目相关职业健康安全法律法规的识别、收集和提供。

d. 参与职业健康安全与环境管理规划、管理方案及技术措施方案的制订，落实相关责任。

e. 巡回进行职业健康安全检查，发现问题下达整改通知单，并对整改情况进行验证。

f. 负责职业健康安全应急准备检查，按应急预案进行响应。

g. 建立项目安全事故的报告制。

h. 建立和制定项目安全应急预案并进行全员应急预案演练。

i. 按分工做好记录的控制。

j. 行使安全生产奖惩权，及时沟通职业健康安全管理体系的有关信息。

4）材料管理员：

a. 负责工程项目的物资控制，包括经公司授权对物资供应商进行评价、实施招标采购、做好进场物资的验证和记录、物资保管、标识等。

b. 负责业主方提供物资的控制。

c. 监督检查分包商自行采购物资的控制。

d. 按项目职业健康安全与环境管理规划、管理方案的规定，负责工程项目易燃、易爆、化学品、油品等物资的控制，落实相关责任。

e. 按应急预案实施准备和响应。

f. 负责不合格物资的处置和记录。

g. 按分工做好记录的控制。

h. 监督材料的保管和使用，及时沟通相关信息。

5）资料管理员：

a. 通过网络办公平台及时传递管理信息，并做好相关记录。

b. 做好项目部、上级和外部文件、资料签收、登记、保管、传递工作。

c. 配合项目技术负责人、技术员做好竣工资料的归档工作。

d. 项目经理指定的其他职责。

6）医务管理员：

a. 负责职工的卫生保健，开展对职工的健康教育，预防疾病的防治工作。

b. 每年对职工进行一次体格检查，了解和掌握职工的健康状况，建立职工健康档案。

c. 妥善保管卫生医疗设备，经常检查医药用品，避免药品变质失效。

d. 切实做好医务室工作，严格执行消毒制度，避免疾病交叉感染。

5. 分包项目管理部管理

（1）分包管理模式。

各专业分包单位必须配齐与总包管理相对应的机构及工程管理人员，其管理人员必须具有相应资质，分包单位的人员应至少包括：项目经理、项目总工或技术负责人、专业工程师（施工员）、资料员、安全员、质量监督员、材料员、设备管理及试验员等。

为保证分包的组织管理机构与总包的管理机构相对应，实现总包与分包管理组织的有效结合，建议分包的组织机构按图2.2设置。

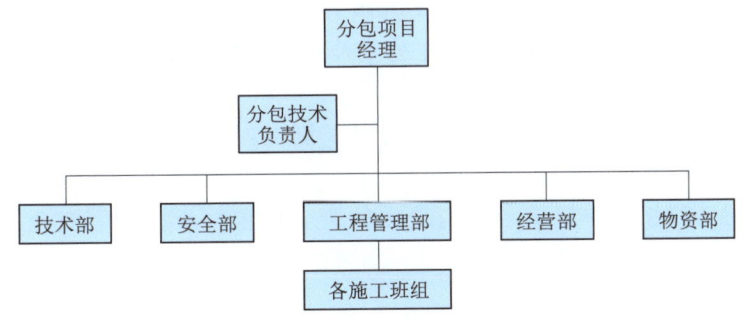

图2.2 分包单位组织机构图

（2）分包管理职责。

1）负责本施工专业的生产安排，对本专业的质量、进度、安全及文明施工负责。

2）按照施工程序及工艺标准要求，合理确定施工顺序，合理安排劳动力。

3）按照规定要求及工程进展及时向相应总包管理部门提供材料、机械使用的周、月计划，以便及时供应。

4）根据工程进展及时向总包管理部门提供劳动力需用计划。

5）负责本施工专业的质量、进度控制，做好现场质量跟踪监督，重要工序实施旁站监督制度。

6）负责本施工专业的施工现场文明施工，严格材料、机械、周转工具管理，避免浪费。

7）负责本施工专业的各种记录等技术原始资料（隐蔽验收、施工记录等）的积累，并及时送交技术部归档。

8）负责组织本施工专业的隐蔽验收及三检，负责本施工区段的试验及计量管理工作。

9）配合总承包管理部管理本施工专业的施工和管理工作，完成总承包管理部需要配合的其他事项。

10）合同规定的其他任务。

（3）施工人员、设备、材料及后勤等组织。

1）施工人员组织。

a. 管理人员：在公司范围内选调专业理论基础好，具有丰富管理经验、身体健康、有工作责任感的管理及专业技术人员担任。

b. 专业操作工人：从公司各施工分公司、安装分公司选调思想素质好、技术水平高、组织纪律性强的成建制的专业班组，并组织后勤服务、设备维护、特种工作人员。

2）施工设备组织方式：大中型设备如塔吊、施工电梯、砂浆搅拌机、柴油发电机组、汽车泵等由设备公司负责组织调配，混凝土运输车由商品混凝土公司负责；小型设备如钢筋加工机械、木工加工机械由施工分公司统一配备，其余由项目部自行调集。

3）周转材料的投入。

a. 模板支撑及外架材料：从公司材料分公司租赁。外架形式采用双排脚手架，普通钢架管、扣件搭设，木脚手板；模板支撑系统采用碗扣脚手架，配备三层用量。

b. 模板、枋料及脚手板：模板采用 18mm 厚木胶合模板及定型钢模，枋料统一采用 50mm×100mm 杉枋，配备三层用量，并适时补充，根据施工资源计划自行购置。

4）工程资金管理。

a. 严格执行国家的有关财经法规和公司财务制度，项目经理部在本地银行设立专门账号，工程款存入本账号，专款专用。

b. 项目部财务科按月季根据各部门提出的资金计划，统一编制资金使用计划，经项目经理批准后执行。

5）生活后勤安排。

a. 现场生活后勤设施布置遵循以下原则：生活区与施工区有明显的划分界限，确保安全、消防、场容及环保要求。

b. 住宿：项目办公室内设管理人员休息室，同时现场为主要工种及连续作业人员设立临时宿舍，由三层活动用房搭设而成，以便于集中管理。

c. 膳食：设立食堂，根据项目部劳务安排计划提供膳食，一日三餐；设开水房，配备生活锅炉，施工现场工作面上配备茶水桶，专人送水，保证施工人员饮水需要。

d. 卫生：现场设两座男女浴厕，分设于宿舍区，便于工人如厕，避免因距离远造成工人随地大小便，宿舍区浴厕还定时供应热水，以保证冬天工人清洁卫生。

e. 娱乐：生活区建娱乐室，配齐基本娱乐设施，满足工人业余精神生活需要。

6）施工检测器具管理。

a. 项目经理部设专职计量员负责项目所有计量器材的鉴定、督促及管理工作。

b. 现场计量器具必须确定专人保管、专人使用。他人不得随意动用，以免造成人为损坏。

c. 损坏的计量器必须及时申报修理调换，不得带病工作。

2.1.2.3 进度安排与空间组织

施工部署中的进度安排和空间组织应符合下列规定：

2.1 施工部署编制

(1) 工程主要施工内容及其进度安排应明确说明,施工顺序应符合工序逻辑关系。

(2) 施工流水段应结合工程具体情况分阶段进行划分。单位工程施工阶段的划分一般包括地基基础、主体结构、装修装饰和机电设备安装三个阶段。

根据本工程的建筑结构特点、现场施工条件及工期要求等情况,在满足规范与设计要求、确保工程质量的前提下,可将本工程施工过程分为地基基础、主体结构、装饰施工与机电安装三个施工阶段。为便于组织施工,各阶段施工区域须作合理划分。除此之外,各相关施工过程之间考虑恰当的施工组织方式(如平行搭接施工)。

各施工阶段的施工流程如下。

1. 地基基础施工

地基基础分部按平面划分为 n 个施工区域,各施工区域间组织流水施工或平行施工(赶工期)。组织施工时,确保主导施工过程能按照施工进度计划进行施工,保证关键线路的施工进度。

如有地下室,则地下室施工工艺顺序为:余土开挖、垫层、桩头打凿、砖模、底板防水及保护、底板结构、负一层结构施工(±0.000 层板)、侧墙防水及保护、基坑回填。

2. 主体施工

在地基基础部分施工完成后即进行主体结构施工,主体结构施工时各层平面划分为 2 个或以上流水施工段,结构竖向分层组织立体交叉施工。同样的道理,主体结构施工也要确保主导工程施工连续。如工期较紧可在主体楼层施工完成 3 层或以上时组织砌体工程等二次结构施工。

3. 装饰施工与机电安装

工程砌体结构施工后安排抹灰施工、门窗安装施工、电梯等机电安装作业。装饰施工以每一楼层作为一个施工段组织流水施工或平行施工。组织平行施工,应在具备施工条件后方可插入;每个区域按专业进行分组组织自流水交叉作业。

根据工程招标答疑文件的工期要求,同时根据现场实际情况对工程的进度计划进行详细的编排,确定工程总工期××天全部竣工("施工进度计划及保证措施"见相关章节),各分部工期摘录见表 2.1。

表 2.1　　　　　　　　　××各分部分项工程工期进度安排

序号	分部分项工程	工期进度安排
1	地基基础	进场后,计划挖土开始时间为××××年××月××日,然后进行基础施工。本工程先施工×段,再施工×段。±0.000 计划于××××年××月××日施工完毕
2	主体结构	主体结构于××××年××月××日封顶;于××××年××月××日插入砌体施工,××××年××月××日砌体施工完成
3	装饰施工	主体砌体施工到××楼层即可开始装饰施工,于××××年××月××日开始装饰施工,于××××年××月××日施工完成
4	机电安装	机电安装工程计划于××××年××月××日开始,于××××年××月××日完成
5	竣工验收	××××年××月××日(不得晚于要求工期)工程总体竣工验收

2.1.2.4 施工顺序

1. 确定施工程序

施工程序是指单位工程中各分部工程或施工阶段的先后次序及其制约关系。单位工程的施工程序一般为：接受施工任务阶段→开工前准备阶段→全面施工阶段→交工前验收阶段。不同施工阶段有不同工作内容，按照其固有的先后次序循序渐进地向前开展。一般来说，工程施工程序按照以下原则确定。

（1）严格执行开工报告制度。单位工程开工前必须做好一系列准备工作，在具备开工条件后，由施工企业写出书面开工申请报告，报上级主管部门审批后方可开工。实现社会监理的工程，施工企业还应将开工报告送监理工程师审批，由监理工程师发布开工通知书。

（2）遵循建设原则。一般建筑的建设原则有：先地下，后地上；先主体，后围护；先结构，后装饰；先土建，后设备。但是，由于影响施工的因素很多，故施工程序并不是一成不变的。特别是随着科学技术和建筑工业化的不断发展，有些施工程序也将发生变化。如某些分部工程改变其常见的先后次序，或搭接施工、或同时平行施工。

（3）合理安排土建施工与设备安装的施工程序。主要对于工业厂房，施工内容较复杂且多有干扰，除了要完成一般土建工程外，还要同时完成工艺设备和工业管道等安装工程。为了使工厂早日竣工投产，不仅要加快土建工程施工速度，为设备安装提供工作面，而且应该根据设备性质、安装方法、厂房用途等因素，合理安排土建施工与设备安装之间的施工程序。一般有先土建后设备（封闭式施工）、先设备后土建（敞开式施工）和设备与土建同时施工三种施工程序。

2. 确定施工起点流向

施工起点和流向是指单位工程在平面或竖向空间开始施工的部位和方向。对单层建筑应分区分段确定出平面上的施工流向；对多层建筑除了确定每层平面上的施工流向外，还需确定在竖向上的施工流向。确定单位工程的起点和流向，应考虑以下因素：

（1）施工方法。这是确定施工流向的关键因素。如一幢建筑物要用逆作法施工地下两层结构，它的施工流向为：测量定位放线→进行地下连续墙施工→进行钻孔灌注桩施工→±0.000 标高结构层施工→地下两层结构施工，同时进行地上一层结构施工→底板施工并做各层柱，完成地下室施工→完成上层结构。若采用顺作法施工地下两层结构，其施工流向为：测量定位放线→底板施工→换拆第二道支撑→地下两层结构施工→换拆第一道支撑→±0.000 顶板施工→上部结构施工。

（2）生产工艺或使用要求。一般考虑建设单位对生产或使用要求急切的工段或部位先施工。

（3）施工的繁简程度。一般对技术复杂、施工进度较慢、工期较长的工段或部位应先施工。例如，高层现浇钢筋混凝土结构房屋，主楼部分应先施工，裙楼部分后施工。

（4）房屋是否存在高低层、高低跨。当有高低层或高低跨并列时，应从高低层或高低跨并列处开始施工。如柱子的吊装应从高低跨并列处开始；屋面防水层施工应按先高后低的方向施工，同一屋面则由檐口到屋脊方向施工。

（5）工程现场条件和选用的施工机械。施工场地大小、道路布置、所采用的施工方法和机械也是确定施工起点和流向的主要因素。如基坑开挖工程，不同的现场条件，可选择不同的挖掘机械和运输机械,这些机械的开行路线或位置布置便决定了基坑挖土的施工起点和流向。

(6) 施工组织的分层、分段。划分施工层、施工段的部位,如伸缩缝、沉降缝、施工缝,也是决定其施工流向应考虑的因素。

(7) 分部工程或施工阶段的特点。如基础工程由施工机械和方法决定其平面的施工流向,而竖向的流向一般是先深后浅;主体结构工程从平面上看,从哪一边先开始都可以,但竖向一般应自下而上施工;装饰工程竖向流向比较复杂,室外装饰一般采用自上而下的流程,室内装饰则有自上而下、自下而上及自中而下再自上而中三种流向。

施工顺序是指分项工程或工序之间施工的先后次序。它的确定既是为了按照客观的施工规律组织施工,也是为解决各工种之间在时间上的搭接和空间上的利用问题,在保证施工质量与安全的前提下,以求达到充分利用空间、争取时间、缩短工期的目的。合理地确定施工顺序也是编制施工进度计划的需要。

3. 确定施工顺序的基本原则

(1) 遵循施工程序。施工程序确定了施工阶段或分部工程之间的先后次序。确定施工顺序时必须遵循施工程序,例如"先地下后地上""先主体后围护"等建设程序。

(2) 符合施工工艺的要求。这种要求反映出施工工艺上存在的客观规律和相互间的制约关系,一般是不可违背的。如预制钢筋混凝土柱的施工顺序为:支模板→绑钢筋→浇混凝土→养护→拆模。

(3) 和采用的施工方法和施工机械协调一致。如单层工业厂房结构吊装工程的施工顺序,当采用分件吊装法时,则施工顺序为:吊柱→吊梁→吊屋盖系统;当采用综合吊装法时,则施工顺序为:第一节间吊柱、梁和屋盖系统→第二节间吊柱、梁和屋盖系统→……→最后一节间吊柱、梁和屋盖系统。

(4) 考虑施工组织的要求。当工程的施工顺序有几种方案时,就应从施工组织的角度,进行综合分析和比较,选出最经济合理、有利于施工和开展工作的施工顺序。

(5) 考虑施工质量和施工安全的要求。确定施工顺序必须以保证施工质量和施工安全为大前提。如为了保证施工质量,楼梯抹面应在全部墙面、地面和天棚抹灰完成之后,自上而下一次完成;为了保证施工安全,在多层砖混结构施工中,只有完成两个楼层板的铺设后,才允许在底层进行其他施工过程施工。

(6) 考虑当地气候条件的影响。雨季和冬季到来之前,应先做完室外各项施工过程,为室内施工创造条件。冬季室内施工时,应先安门窗扇和玻璃,后做其他装饰工程。

4. 钢筋混凝土框架结构房屋的施工顺序

钢筋混凝土框架结构多用于多层民用房屋和工业厂房,也常用于高层建筑。这种房屋的施工,一般可划分为基础工程、主体结构工程、围护工程和装饰工程等四个阶段。

(1) 基础工程施工顺序。多层全现浇钢筋混凝土框架结构房屋的基础一般可分为有地下室和无地下室基础工程。若有地下室一层,且房屋建造在软土地基时,基础工程的施工顺序一般为:桩基→围护结构→土方开挖→破桩头及铺垫层→地下室底板→地下室墙、柱(防水处理)→地下室顶板→回填土。

若无地下室,且房屋建造在土质较好的地区时,基础工程的施工顺序一般为:挖土→

垫层→基础（扎筋、支模、浇混凝土、养护、拆模）→回填土。

在多层框架结构房屋的基础工程施工之前，要先处理好基础下部的松软土、洞穴等，然后分段进行平面流水施工。施工时，应根据当地的气候条件，加强对垫层和基础混凝土的养护，在基础混凝土达到拆模要求时及时拆模，并提早回填土，从而为上部结构施工创造条件。

（2）主体结构工程的施工顺序（以木制模板为代表）。主体结构工程即全现浇钢筋混凝土框架的施工顺序为：绑柱钢筋→安柱、梁、板模板→浇柱混凝土→绑扎梁、板钢筋→浇梁、板混凝土。柱、梁、板的支模、绑筋、浇混凝土等施工过程的工作量大，耗用的劳动力和材料多，而且对工程质量和工期也起着决定性作用。故需把多层框架在竖向上分成层，在平面上分成段，即分成若干个施工段，组织平面上和竖向上的流水施工。

（3）围护工程的施工顺序。围护工程的施工主要包括墙体工程，墙体工程可与主体结构组织平行、搭接施工，也可在主体结构封顶后在进行墙体工程施工。

（4）屋面和装饰工程的施工顺序。

这个阶段具有施工内容多、劳动消耗量大、手工操作多、工期长等特点。屋面工程主要是卷材防水屋面和刚性防水屋面。卷材防水屋面的施工顺序一般为：找平层→隔汽层→保温层→找平层→结合层→防水层。对于刚性防水屋面，主要是现浇钢筋混凝土防水层，应在主体完成或部分完成后开始，并尽快分段施工，以便为室内装饰工程创造条件。一般情况下，屋面工程和室内装饰工程可以搭接或平行施工。

装饰工程可分为室内装饰（天棚、墙面、楼地面、楼梯等抹灰，门窗安装，做墙裙、踢脚线等）和室外装饰（外墙抹灰、勒脚、散水、台阶、明沟、水落管等）。室内、室外装饰工程的施工顺序通常有先内后外、先外后内、内外同时进行三种顺序，具体确定为哪种顺序应视施工条件、气候条件和工期而定。当室内为水磨石楼面时，为避免楼面施工时水的渗漏对外墙面的影响，应先完成水磨石的施工；如果为了赶在冬、雨季到来之前完成室外装修，则应采取先外后内的顺序。

室外装饰施工顺序一般为：外墙抹灰（或其他饰面）→勒脚→散水→台阶→明沟，并由上而下逐层进行，同时安装落水斗、落水管和拆除外脚手架。

同一层的室内抹灰施工顺序有楼地面→天棚→墙面和天棚→墙面→楼地面两种。前一种顺序便于清理地面，地面质量易于保证，但由于地面需要留养护时间及采取保护措施，而影响工期。后一种顺序在做地面前必须将天棚和墙面上的落地灰和渣滓扫清后再做面层，否则会引起地面起鼓。

底层地面一般多是在各层天棚、墙面、楼面做好之后进行。楼梯间和踏步抹面由于在施工期间易损坏，通常是在其他抹灰工程完成后，自上而下统一施工。门窗扇安装可在抹灰之前或之后进行，视气候和施工条件而定。例如，室内装饰工程若是在冬季施工，为防止抹灰层冻结和加速干燥，门窗扇和玻璃均应在抹灰前安装完毕。金属门窗一般采用框和扇在加工厂拼装好，运至现场在抹灰前或后进行安装。而门窗玻璃安装一般在门窗扇油漆之后进行，或在加工厂同时装好并在表面贴保护胶纸。

（5）水、电、暖、卫等工程的施工顺序。水、电、暖、卫等工程不同于土建工程，可以分成几个明显的施工阶段，它一般与土建工程中有关的分部（分项）工程进行交叉施工，紧密配合。配合的顺序和工作内容如下：

1) 在基础工程施工时，先将相应的管道沟的垫层、地沟墙做好，然后回填土。

2) 在主体结构施工时，应在砌砖和现浇钢筋混凝土楼板的同时，预留出上、下水管和暖气立管的孔洞、电线孔槽或预埋木砖和其他预埋件。

3) 在装饰工程施工前，安设相应的各种管道和电器照明用的附墙暗管、接线盒等。水、暖、电、卫安装一般在楼地面和墙面抹灰前或穿插施工。若电线采用明线，则应在室内粉刷后进行。

2.1.2.5 工程的重点和难点分析

1. 工程特点分析

首先分析本工程具有哪些不利因素（如场地、周边环境约束严格、外部关系协调处理工作量大等），这些不利因素给工程带来哪些困难和麻烦（如施工组织、技术管理）。然后，针对这些不利因素进行逐项分析，有针对性地制定应对措施和技术方案，并将其作为施工过程管理的重中之重。

2. 施工重点、难点及应对措施

根据图纸和工程特点分析，如灌注桩施工、大体积混凝土施工、周边房屋建筑过程监测是本工程施工中的重点，施工场地狭窄、场区内材料的运输等是本工程的难点，针对以上重点和难点，为确保工程目标，创建精品工程，按期安全完成施工任务，拟采取以下施工措施，见表2.2。

表2.2 施工重点、难点及应对措施

序号	施工重点、难点	情况分析	应对措施
1	灌注桩施工	工程的人工挖孔桩孔径为1200mm或1400mm，孔深由原始地面起算为18～32m，桩净长6～20m	1. 编制专项施工方案，并及时组织专家论证； 2. 桩基施工时应按现行有关规范规程并结合工程的实际情况采取有效的安全措施，确保桩基施工安全有序进行，深度大于10m的桩孔应有送风装置，每次开工前5min送风； 3. 桩孔挖掘前要认真研究地质资料，分析地质情况及可能出现的流沙、流泥及有害气体等情况，应制定针对性的安全措施
2	大体积混凝土施工	工程的桩基承台最大尺寸为16.8m×13.8m×4.15m，大于1m×1m×1m，属于大体积混凝土施工	1. 采用低水化热的矿渣硅酸盐水泥的混凝土；通过埋设测温管以监测大体积混凝土的底部、中部、表面的温度及温度梯度； 2. 在大体积混凝土施工完成后采取保温和保湿措施进行养护，承台和楼面可采用塑料薄膜麻袋进行覆盖，梁侧和梁底用麻袋进行包裹
3	场地狭窄	工程位置三面距建筑用地红线非常近，只有西面有块空地可以使用。北面和西面完成地下结构后无法回填，更增加了场地周转的困难	1. 西面场地用于搭设施工现场的办公区和生活区以及加工区； 2. 加工区设置在西面位置时，由于与建筑物距离较远，材料转运将会有较大困难，因此要合理安排调配塔吊等大型机械； 3. 在基础外墙施工完成后南面尽快回填，作为材料堆场

续表

序号	施工重点、难点	情况分析	应 对 措 施
4	周边环境限制严格	本工程北侧有未拆迁的房屋，与基坑距离只有3m，部分尚有人员居住。与项目一条马路之隔的南面、东面均是高层住宅小区，施工过程中的噪声控制、环境污染控制、建筑沉降监测以及周边居民关系的协调将是管理重点	1. 施工过程中，特别是地下施工阶段，通过设置沉降观测点、水位观测点、变形观测点等，按照每3天观测频率进行观测，必要时加密观测频率，及时发现周边建筑变形沉降情况； 2. 合理安排施工时间，特别是混凝土施工时尽量安排在白天施工； 3. 及时解决与周边居民因施工扰民产生的矛盾，并填写顾客满意度调查表及群众来访记录，妥善解决群众因噪声提出的问题及要求； 4. 当焊接作业时，可用遮挡棚或遮挡板挡住居民区一侧，这样可以降低噪声及光的影响

2.2 主要施工方案编制

2.2.1 施工方案编制概述

正确地选择施工方法和选择施工机械，是合理组织施工的重要内容，也是施工方案中的关键问题，它直接影响着工程的施工进度、工程质量、工程成本和施工安全。因此，在编制施工方案时，必须根据工程的结构特点、抗震烈度、工程量大小、工期长短、资源供应情况、施工现场条件、周围环境等，制定出可行的施工方案，并进行技术经济比较，确定施工方法和施工机械的最优方案。

1. 选择施工方法

选择施工方法时，应着重考虑影响整个单位工程施工的分部分项工程的施工方法。一个分部分项工程可以采用多种不同的施工方法，也会获得不同的效果。但对于按常规做法和工人熟悉施工方法的分部分项工程，则不必详细拟定。需着重拟定施工方法的有：结构复杂、工程量大且在单位工程中占重要地位的分部分项工程，施工技术复杂或采用新工艺、新技术、新材料的分部分项工程，不熟悉的特殊结构工程或由专业施工单位施工的特殊专业工程等。选择施工方法时编写内容要求详细而具体，需提出质量要求以及相应的技术措施和安全措施，必要时可编制单独的分部分项工程的施工作业设计。

通常，施工方法选择的内容以下方面。

(1) 土石方工程。包括：①各类基坑开挖方法、放坡要求或支撑方法，所需人工、机械的型号及数量；②土石方平衡调配、运输机械类型和数量；③地下水、地表水的排水方法，排水沟、集水井、井点的布置方案。

(2) 基础工程。包括：①地下室施工的技术要求；②浅基础的垫层、混凝土基础和钢筋混凝土基础施工的技术要求；③桩基础施工的施工方法以及施工机械选择。

(3) 钢筋混凝土工程。包括：①模板类型、支模方法；②钢筋加工、运输、安装方法；③混凝土配料、搅拌、运输、振捣方法及设备，外加剂的使用，浇筑顺序，施工缝位置，工作班次，分层厚度，养护制度等；④预应力混凝土的施工方法、控制应力和张拉设备。

（4）砌筑工程。包括：①砖墙的组砌方法和质量要求；②弹线及皮数杆的控制要求；③确定脚手架搭设方法及安全网的挂设方法；④选择垂直和水平运输机械。

（5）结构安装工程。包括：①构件尺寸、自重、安装高度；②吊装方法和顺序、机械型号及数量、位置、开行路线；③构件运输、装卸、堆放的方法；④吊装运输对道路的要求。

（6）垂直、水平运输工程。包括：①标准层垂直运输量计算表；②水平运输设备、数量和型号、开行路线；③垂直运输设备、数量和型号、服务范围；④楼面运输路线及所需设备。

（7）装饰工程。包括：①室内外装饰抹灰工艺的确定；②施工工艺流程与流水施工的安排；③装饰材料的场内运输，减少临时搬运的措施。

（8）特殊项目。包括：①对四新（新结构、新工艺、新材料、新技术）项目，高耸、大跨、重型构件，水下、深基础、软弱地基，冬季施工项目均应单独编制，内容包括：工程平面图、剖面图，工程量，施工方法，工艺流程，劳动组织，施工进度，技术要求与质量、安全措施，材料、构件及设备需要量等；②对大型土方、打桩、构件吊装等项目，无论内外分包均应由分包单位编制专项施工方案。

2. 选择施工机械

施工机械选择的内容主要包括机械的类型、型号与数量。机械化施工是当今的发展趋势，是改变建设业落后面貌的基础，是施工方法选择的中心环节。在选择施工机械时，应着重考虑以下几个方面：

（1）结合工程特点和其他条件，确定最合适的主导工程施工机械。例如，装配式单层工业厂房结构安装起重机械的选择，当吊装工程量较大且比较集中时，宜选生产率较高的塔式起重机；当吊装工程量较小或较大但比较分散时，宜选用自行式起重机较为经济。无论选择何种起重机械，都应满足起重量、起重高度和起重半径的要求。

（2）各种辅助机械或运输工具，应与主导施工机械的生产能力协调一致，使主导施工机械的生产能力得到充分发挥。例如，在土方工程开挖施工中，若采用自卸汽车运土，汽车的容量一般应是挖掘机铲斗容量的整倍数，汽车的数量应保证挖掘机能连续工作。

（3）在同一建筑工地上，尽量使选择的施工机械的种类较少，以利于管理和维修。在工程量较大时，适宜专业化生产的情况下，应该采用专业机械；在工程量较小且分散时，尽量采用一机多能的施工机械，使一种施工机械能满足不同分部工程施工的需要。例如，挖土机不仅可以用于挖土，经工作装置改装后也可用于装卸、起重和打桩。

（4）施工机械选择应考虑到施工企业工人的技术操作水平，尽量利用施工单位现有施工机械。减少施工的投资额的同时又提高了现有机械的利用率，降低了工程造价。当不能满足时，再根据实际情况，购买或租赁新型机械或多用途机械。

2.2.2 主要施工方案编制方法

2.2.2.1 基础工程施工方案

1. 施工顺序的确定

基础工程施工是指室内地坪（±0.000）以下所有工程的施工。而且基础的类型有很多，基础的类型不同，施工顺序也不一样。下面分别以砖基础、混凝土基础和桩基础为例分析施工顺序。

（1）砖基础。砖基础的一般施工顺序为：挖土→做垫层→砌砖基础→铺设防潮层→回填土。

当在挖槽和勘探过程中发现地下有障碍物，如洞穴、防空洞、枯井、软弱地基等时，还应进行地基局部加固处理。

因基础工程受自然条件影响较大，各施工过程安排应尽量紧凑。挖土与垫层施工之间间隔时间不宜太长，垫层施工完成后，一定要留有技术间歇时间，使其具有一定强度之后，再进行下一道工序施工。回填土应在基础完成后一次分层回填压实，对地面（±0.000）以下室内回填土，最好与基槽（坑）回填土同时进行，如不能同时回填，也可留在装饰工程之前，与主体结构施工同时交叉进行。各种管道沟挖土和管道铺设等工程，应尽可能与基础工程配合平行搭接施工。

铺设防潮层等零星工作的工程量比较小，可不必单独列为一个施工过程项目，也可以合并在砌砖基础施工中。砖基础的施工顺序也可为：挖土→做垫层→砌砖基础→回填土。

（2）混凝土基础。混凝土基础的类型较多，有柱下独立基础、墙下（柱下）钢筋混凝土条形基础、杯口基础、筏形基础和箱形基础等，但其施工顺序基本相同。

钢筋混凝土基础的一般施工顺序如图2.3所示。

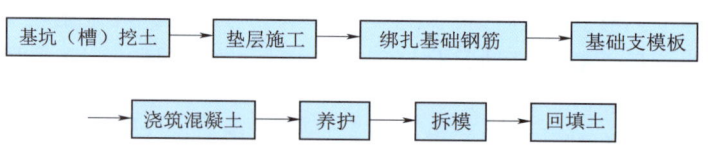

图2.3 钢筋混凝土基础的一般施工顺序

基坑（槽）在开挖过程中，如果开挖深度较大，地下水位较高，则在挖土前应进行土壁支护和施工降水等工作。

箱形基础的一般施工顺序如图2.4所示。

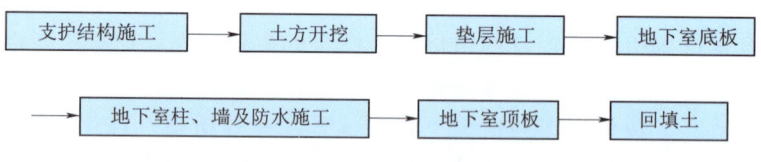

图2.4 箱形基础的一般施工顺序

含有地下室工程的高层建筑的基础均为深基础。在工期要求很紧的情况下也可采用逆作法施工，其一般施工顺序如图2.5所示。

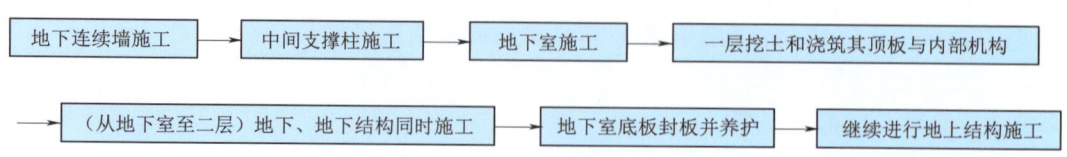

图2.5 逆作法的一般施工顺序

(3) 桩基础。

1) 预制桩的施工顺序为：预制桩制作→弹线定桩位→打桩→接桩→截桩→桩承台和承台梁施工，其桩承台和承台梁的施工顺序为：土方开挖→垫层施工→绑扎钢筋→支模板→浇筑混凝土→养护→拆模→回填土。

2) 灌注桩的施工顺序：弹线定桩位→成孔→验孔→吊放钢筋笼→浇筑混凝土→桩承台和承台梁施工。

灌注桩桩承台和承台梁施工的施工顺序基本与预制桩相同，灌注桩钢筋笼的绑扎可以和灌注桩成孔同时进行。如果采用人工挖孔桩，还要进行护壁的施工，护壁与成孔挖土交替进行。

2. 施工方法及施工机械

(1) 土石方工程。土石方工程是建筑施工中主要工程之一，包括土石方的开挖、运输、填筑、平整和压实等主要施工过程，以及排水、降水和土壁支撑等准备工作和辅助工作。土石方工程施工的特点是工程量大、施工工期长、施工条件复杂。土石方工程又多为露天作业，施工受地区的气候条件、地质和水文条件的影响很大，难以确定的因素较多。因此，在组织土方工程施工前，必须做好施工组织设计，合理地选择施工方案，实行科学管理，对缩短工期、降低工程成本和保证工程质量有很重要的意义。

1) 确定土石方开挖方法。土石方工程有人工开挖、机械开挖和爆破三种开挖方法。人工开挖只适用于小型基坑（槽）、管沟及土方量少的场所，对大量土方一般选择机械开挖。当开挖难度很大时，如对冻土、岩石土的开挖，也可以采用爆破技术进行爆破施工。如果采用爆破，则应选择炸药的种类、进行药包量的计算、确定起爆的方法和器材，并拟定爆破安全措施等。

土方开挖应遵循"开槽支撑、先撑后挖、分层开挖、严禁超挖"的原则。开挖基坑（槽）按规定的尺寸合理确定开挖顺序和分层开挖深度，连续地进行施工，尽快地完成。挖出的土除预留一部分用于回填外，应把多余的土运到弃土区或运出场外，以免妨碍施工。基坑（槽）挖好后，应立即做垫层，否则挖土时应在基底标高以上保留150～300mm厚的土层，待基础施工时再行开挖。当采用机械施工时，为防止基础基底土被扰动，结构被破坏，不应直接挖至坑（槽）底，应根据机械类型，挖至基底标高以上200～300mm的土层，待基础施工前用人工铲平修整。挖土时不得超挖，个别超挖处，应用与地基土相同的土料填补，并夯实到要求的密实度。若用原土填补不能达到要求的密实度，可采用碎石类土填补，并仔细夯实。重要部位若被超挖时，可用低强度等级的混凝土填补。

深基坑土方的开挖，常见的开挖方式有分层全开挖、分层分区开挖、中心岛法开挖和土壕沟式开挖等。实际施工时应根据开挖深度和开挖机械确定开挖方式。

2) 土方施工机械的选择。土方施工机械选择的内容包括确定土方施工机械型号、数量和行走路线，以充分利用机械能力，达到最高的机械效率。

在土方工程施工中应合理地选择土方机械，充分发挥机械效能，并使各种机械在施工中配合协调。土方机械的选择，通常先根据工程特点和技术条件提出几种可行方案，然后进行技术经济比较。选择效率高、费用低的机械进行施工，一般选用土方单价最小的机械。

土方施工中常用的土方施工机械有推土机、铲运机和单斗挖土机。单斗挖土机是土方工程施工中最常用的一种挖土机械，按其工作装置不同，又分为正铲、反铲、拉铲和抓铲挖土机。

选择土方施工机械的要点有以下四点：

a. 当地形起伏不大（坡度在20°以内），挖填平整土方的面积较大，平均运距较短（一般在1500m以内），土的含水量适当时，采用铲运机较为合适。

b. 在地形起伏较大的丘陵地带，挖土高度在3m以上，运输距离超过2000m，土方工程量较大又较集中时，一般选择正铲挖土机挖土，自卸汽车配合运土，并在弃土区配备推土机平整土堆。也可采用推土机预先把土堆成一堆，再采用装载机把土卸到自卸汽车上运走。

c. 当土的含水量较小，可结合运距长短和挖掘深浅，分别采用推土机、铲运机或正铲挖土机配合自卸汽车进行施工。基坑深度在1~2m，而长度不太长时可采用推土机；对于深度在2m以内的线状基坑，宜用铲运机开挖；当基坑面积较大，工程量又集中时，可选用正铲挖土机。当地下水位较高，又不采取降水措施，或土质松软，可能造成正铲挖土机和铲运机陷车，则采用反铲、拉铲或抓铲挖土机施工，优先选择反铲挖土机。

d. 移挖作填以及基坑和管沟的回填，当运距在100m以内时，可采用推土机施工。

3) 确定土壁放坡开挖的边坡坡度或土壁支护方案。当土质较好或开挖深度不是很深时，可以选择放坡开挖，根据土的类别及开挖深度确定放坡的坡度。这种方法较经济，但是需要很大的工作面。

当土质较差、开挖深度大，或受场地条件的限制不能选择放坡开挖时，可以采用土壁支护进行支护的计算，确定支护形式、材料及其施工方法，必要时绘制支护施工图。根据工程特点、土质条件、开挖深度、地下水位和施工方法等不同情况，土壁支护可以选择钢（木）支撑、钢（木）板桩、钢筋混凝土桩、土层锚杆或地下连续墙等。

4) 地下水、地表水的处理方法及有关配套设备。选择排除地面水和降低地下水位的方法，确定排水沟、集水井或井点的类型、数量和布置（平面布置和高程布置），确定施工降、排水所需设备。

地面水的排除通常采用设置排水沟、截水沟或修筑土堤等设施来进行。应尽量利用自然地形来设置排水沟，以便将水直接排至场外或低洼处再用水泵抽走。主排水沟最好设置在施工区域或道路的两旁，其横断面和纵向坡度根据最大流量确定。一般排水沟的横断面不小于0.5m×0.5m，纵向坡度根据地形确定，一般不小于3‰。在山坡地区施工，应在较高一面的坡上，先做好永久性截水沟，或设置临时截水沟，阻止山坡水流入施工现场。在低洼地区施工时，除开挖排水沟外，必要时还需修筑土堤，以防止场外水流入施工场地。出水口应设置在远离建筑物或构筑物的低洼地点，并保证排水通畅。

降低地下水位的方法有集水坑降水法和井点降水法两种。集水坑降水法一般宜用于降水深度较小且地层为粗粒土层或黏性土地区；井点降水法一般宜用于降水深度较大或土层为细砂和粉砂或是软土的地区。

集水坑降水法施工是在基坑（槽）开挖时，沿坑底周围或中央开挖排水沟，在沟底设置集水井，使坑（槽）内的水经排水沟流向集水井，然后用水泵抽走。抽出的水应引开，以防倒流。排水沟和集水井应设置在基础范围以外，一般排水沟的横断面不小于0.5m×0.5m，纵向坡度宜为1‰～2‰；根据地下水量的大小，基坑平面形状及水泵能力，集水井每隔20～40m设置一个，其直径和宽度一般为0.6～0.8m，其深度随着挖土的加深而加深，要始终低于挖土面0.7～1.0m。井壁可用竹、木等物简易加固。当基坑挖至设计标高后，集水井底应低于坑底1～2m，并铺设0.3m左右的碎石滤水层，以免抽水时将泥沙抽走，并防止集水井底的土被扰动。

井点降水法施工是在基坑（槽）开挖前，预先在基坑（槽）周围埋设一定数量的滤水管（井），利用抽水设备不断抽水，使地下水位降低到坑底以下，直至基础工程施工结束为止。井点降水的方法有轻型井点、喷射井点、电渗井点、管井井点和深井井点。施工时可根据土的渗透系数、要求降水的深度、工程特点、设备条件及技术经济比较等来选择合适的降水方法，其中轻型井点应用最广泛。由于降低地下水对周围建筑有影响，应在降水区域和原有建筑物之间的土层中设置一道固体抗渗屏幕，也可采用回灌井点法保持地下水位，防止降水使周围建筑物基础下沉或开裂等不利影响。

5）确定回填压实的方法。在土方填筑前，应清除基底的垃圾和树根等杂物，抽出坑穴中的水和淤泥。在水田、沟渠或池塘填方前，应根据实际情况采用排水疏干、挖除淤泥或抛填块石、砂砾等方法处理后再进行回填。填土区如遇有地下水或滞水，必须设置排水措施，以保证施工顺利进行。

a.填方土料的选择。含水量符合压实要求的黏性土，可用作各层填料；碎石土、石渣和砂土。可用作表层以下填料，在使用碎石方和石渣作填料时，其最大粒径不得超过每层铺填厚度的1/3；碎块草皮和有机质含量大于8%的土，以及硫酸盐含量大于5%的土均不能用作填料；淤泥和淤泥质土不能作填料。

b.土方填筑方法。土方应分层回填，并尽量采用同类土填筑。每层铺土厚度根据所采用的压实机械及土的种类而定。填方工程若采用不同土填筑，必须按类分层铺填，并将透水性大的土层置于透水性小的土层之下，不得将各种土料任意混杂使用。当填方位于倾斜的山坡上，应将斜坡挖成阶梯状，阶宽不小于1m，然后分层回填，以防填土横向移动。

c.填土压实方法。填方施工前，必须根据工程特点、填料种类、设计要求的压实系数和施工条件等合理地选择压实机械和压实方法，确保填土压实质量。填土的压实方法有碾压法、夯实法、振动压实及利用运土工具压实。碾压法主要适用于场地平整和大面积填土工程，压实机械有平碾、羊足碾和振动碾。平碾对砂类土和黏性土均可压实；羊足碾只适合压实黏性土，对砂土不宜使用；振动碾适用于压实爆破石渣、碎石类土、杂填土或粉土的大型填方，当填料为粉质黏土或黏土时，宜用振动凸块碾压。对小面积的填土工程，则宜采用夯实法，可人工夯实，也可机械夯实。人工夯实常用的工具有木夯、石夯等；机械夯实常用的机械主要有蛙式打夯机、夯锤和内燃夯土机。

6）确定土石方平衡调配方案。根据实际工程规模和施工期限，确定调配的运输机械的类型和数量，选择最经济合理的调配方案。在地形复杂的地区进行大面积平整场地时，除要确定土石方平衡调配方案外，还应绘制土方调配图表。

（2）基础工程。

1) 砖基础。在施工之前，应明确砌筑工程施工中的流水分段和劳动组合形式；确定砖基础的砌筑方法和质量要求；选择砌筑形式和方法；确定皮数杆的数量和位置；明确弹线及皮数杆的控制方法和要求。基础需设施工缝时，应明确施工缝留设位置、技术要求。

a. 基础弹线。垫层施工完毕后，即可进行基础的弹线工作。弹线之前应先将表面清扫干净，并进行一次找平，检查垫层顶面是否与设计标高相同。如符合要求，即可按下列步骤进行弹线工作。

第 1 步：在基槽四角各相对龙门板（也可是其他控制轴线的标志桩）的轴线标钉处拉线绳。

第 2 步：沿线绳挂线锤，找出线锤在垫层面上的投影点（数量根据需要选取）。

第 3 步：用墨斗弹出这些投影点的连线，即外墙基轴线。

第 4 步：根据基础平面图尺寸，用钢尺量出各内墙基的轴线位置，并用墨斗弹出，即内墙基轴线，所用钢尺必须事先校验，防止变形误差。

第 5 步：根据基础剖面图，量出基础砌体的扩大部分的外边沿线，并用墨斗弹出（根据需要可弹出一边或两边）。

第 6 步：按图纸和设计要求进行复核，无误后即可进行砖基础的砌筑。

b. 砖基础砌筑。砖基础大放脚一般采用"一顺一丁"的组砌形式和"三一"砌法。施工时先在垫层上找出墙轴线和基础砌体的扩大部分边线，然后在转角处、丁字交接处、十字交接处及高低踏步处立基础皮数杆（皮数杆上画出了砖的皮数、大放脚退台情况及防潮层的位置）。皮数杆应立在规定的标高处，因此，立皮数杆时要利用水准仪进行找平。砌筑前，应先用干砖试摆，以确定排砖方法和错缝的位置。砖基础的水平灰缝厚度和竖向灰缝宽度一般控制在 8～12mm。砌筑时，砖基础的砌筑高度是用皮数杆来控制的，可依皮数杆先在转角及交接处砌几皮砖，然后在其间拉准线砌中间部分。内外墙砖基础应同时砌起，如不能同时砌筑时应留置斜搓，斜搓长度不应小于斜搓高度。如发现垫层表面水平标高有高低偏差，可用砂浆或细石混凝土找平后再开始砌筑。如果偏差不大，也可在砌筑过程中逐步调整。砌大放脚时，先砌好转角端头，然后以两端为标准拉好线绳进行砌筑。砌筑不同深度的基础时，应从低处砌起，并由高处向低处搭接，搭接长度不应小于大放脚的高度，在基础高低处要砌成踏步式，踏步长度不小于 1m，高度不大于 0.5m。基础中若有洞口、管道等，砌筑时应及时按设计要求留出或预埋。砖基础水平灰缝的砂浆饱满度不得小于 80%，竖缝要错开。要注意丁字及十字接头处暗块的搭接，在这些交接处，纵横墙要隔皮砌通。大放脚的最下一皮及每层的最上一皮应以丁砌为主。基础砌完验收合格后，应及时回填。回填土要在基础两侧同时进行，并分层夯实。

2) 混凝土基础。

a. 混凝土基础的施工方案有以下三种。

a) 基础模板工程。根据基础结构形式、荷载大小、地基土类别、施工设备和材料供应等条件进行模板及其支架的设计；并确定模板类型，支模方法，模板的拆除顺序、拆除时间及安全措施；对于复杂的工程还需绘制模板放样图。

b) 基础钢筋工程。选择钢筋的加工（调直、切断、除锈、弯曲、成型和焊接）、运输、安装和检测方法；如钢筋做现场预应力张拉时，应详细制定预应力钢筋的制作、安装

2.2 主要施工方案编制

和检测方法。确定钢筋加工所需要的设备类型和数量。确定形成钢筋保护层的方法。

c) 基础混凝土工程。选择混凝土的制备方案，如采用现场制备混凝土或商品混凝土。确定混凝土原材料准备、拌制及输送方法；确定混凝土浇筑顺序、振捣和养护方法；施工缝的留设位置和处理方法；确定混凝土搅拌、运输或泵送，振捣设备的类型、规格和数量。

对于大体积混凝土，一般有三种浇筑方案：全面分层、分段分层和斜面分层。为防止大体积混凝土的开裂，根据结构特点的不同，确定浇筑方案，拟订防止混凝土开裂的措施。

在选择施工方法时，应特别注意大体积混凝土、特殊条件下混凝土、高强度混凝土及冬季混凝土施工中的技术方法，注重模板的早拆化、标准化以及钢筋加工中的联动化、机械化，混凝土运输中采用大型搅拌运输车，泵送混凝土，计算机控制混凝土配料等。

箱形基础施工还包括地下室施工的技术要求及地下室的防水施工方法。

b. 工业厂房的现浇钢筋混凝土杯形基础和设备基础的施工，通常有两种施工方案。

a) 当厂房柱基础的埋置深度大于设备基础埋置深度时，则采用"封闭式"施工方案，即厂房柱基础先施工，待上部结构全部完工后设备基础再施工。这种施工顺序的特点是：现场构件预制，起重机开行和构件运输较方便；设备基础在室内施工，不受气候影响；但会出现土方重复开挖，设备基础施工场地狭窄、工期较长的缺点。通常"封闭式"施工方案多用于厂房施工处于雨季或冬季施工以及设备基础不大时，在厂房结构安装完毕后对厂房结构稳定性并无影响，或对于较大较深的设备基础采用了特殊的施工方案（如采用沉井等特殊施工方法施工的较大较深的设备基础）时，可采用"封闭式"施工。

b) 当设备基础埋置深度大于厂房柱基础的埋置深度时，通常采用"开敞式"施工方案，即厂房柱基础和设备基础同时施工。这种施工顺序的优缺点与"封闭式"施工相反。通常，当厂房的设备基础较大较深，基坑的挖土范围连成一体，以及对地基的土质情况不明时，才采用"开敞式"施工方案。

如当设备基础与柱基础埋置深度相同或接近时，两种施工顺序均可选择。只有当设备基础比柱基深很多，其基坑的挖土范围已经深于厂房柱基础，以及厂房所在地点土质很差时，才可采用设备基础先施工的方案。

3) 桩基础。

a. 预制桩的施工方法。确定预制桩的制作程序和方法；明确预制桩起吊、运输和堆放的要求；选择起吊和运输的机械；确定预制桩打设的方法；选择打桩设备。

较短的预制桩多在预制厂生产，较长的桩一般在打桩现场或附近就地预制。现场预制桩多用叠浇法施工，重叠层数一般不宜超过4层。桩在浇筑混凝土时，应由桩顶向桩尖一次性连续浇筑完成。制桩时，应做好浇筑日期、混凝土强度、外观检查和质量鉴定等记录。混凝土预制桩在达到设计强度70%后方可起吊，达到100%后方可运输。桩在起吊和搬运时，吊点应符合设计规定。预制桩在打桩前应先做好准备工作，并确定合理的打桩顺序，其打桩顺序一般有逐排打设、从中间向四周打设、分段打设和间隔跳打等。打入时还应根据基础的设计标高和桩的规格，宜采用先浅后深、先大后小、先长后短的施工顺序。预制桩按打桩设备和打桩方法可分为锤击法、振动法、水冲法和静力压桩等。

锤击法是最常用的打桩方法，有重锤轻击和轻锤重击两种，但对周围环境的影响都较大；静力压桩适用于软土地区工程的桩基施工；振动法打桩在砂土中施工效率较高；水冲法打桩是锤击沉桩的一种辅助方法，适用于砂土和碎石土或其他坚硬的土层。施工时应根据不同的情况选择合理的打桩方法。

根据不同的土质和工程特点，施工中打桩的控制主要有两种：一是以贯入度控制为主，桩尖进入持力层或桩尖标高作参考；二是以桩尖设计标高控制为主，贯入度作参考。确定施工方案时，打桩的顺序和对周围环境的不利影响是两个主要考虑的因素。打桩的顺序是否合理，直接影响打桩的速度和质量，对周围环境的影响更大。根据桩群的密集程度，可选用下列打桩顺序：由一侧向单一方向逐排进行；自中间向两个方向对称进行；自中间向四周进行。

大面积的桩群多分成几个区域，由多台打桩机采用合理的顺序同时进行打设。

b. 灌注桩的施工方法。根据灌注桩的类型确定施工方法，选择成孔机械的类型和其他施工设备的类型及数量，明确灌注桩的质量要求，拟定安全措施等。

灌注桩按成孔方法可分为泥浆护壁灌注桩、干作业成孔灌注桩、沉管灌注桩、人工挖孔灌注桩和爆扩灌注桩等。

施工中通常要根据土质和地下水位等情况选择不同的施工工艺和施工设备。干作业成孔灌注桩适用于地下水位较低，在成孔深度内无地下水的土质。目前，常用螺旋钻机成孔，也有用洛阳铲成孔的。不论地下水位高低，泥浆护壁成孔灌注桩皆可使用，多用于含水量高的软土地区。锤击沉管灌注桩宜用于一般黏性土、淤泥质土、砂土和人工填土地基。振动沉管施工法有单打法、反插法和复打法，单打法适用于含水量较小的土层；反插法和复打法适用于软弱饱和土层，但在流动性淤泥以及坚硬上层中不宜采用反插法。大直径人工挖孔桩采用人工开挖，质量易于保证。即使在狭窄地区也能顺利施工。当土质复杂时，可以边挖边用肉眼验证土质情况，但人工消耗大，开挖效率低且有一定的危险。爆扩灌注桩适用于地下水位以上的黏性土、黄土、碎石土以及风化岩。

不同的成孔工艺在施工过程中需要着重考虑的因素不同，如钻孔灌注桩要注意孔壁塌陷和钻孔偏斜，而沉管灌注桩则常易发生断桩、缩颈和桩靴进水或进泥等问题。如出现问题，则应采取相应的措施及时予以补救。

3. 流水施工组织

(1) 基础工程流水施工组织的步骤。

第 1 步：划分施工过程。按照划分施工过程的原则，把起主导作用和影响工期的施工过程单独列项。

第 2 步：划分施工段。为了组织流水施工、按照划分施工段的原则，并结合实际工程情况划分施工段，施工段的数目一定要合理，不能过多或过少。

第 3 步：组织专业班组。按工种组织单一或混合专业班组，连续施工。

第 4 步：组织流水施工，绘制进度计划。按流水施工组织方式，组织搭接施工。进度计划常有横道图和网络图两种表达方式。

(2) 砖基础的流水施工组织。砖基础工程一般划分为土方开挖、垫层施工、砌筑基础和回填土四个施工过程，分三段组织流水施工，各施工段上的流水节拍均为 3 天。绘制的砖基础施工横道图和网络图如图 2.6 和图 2.7 所示。

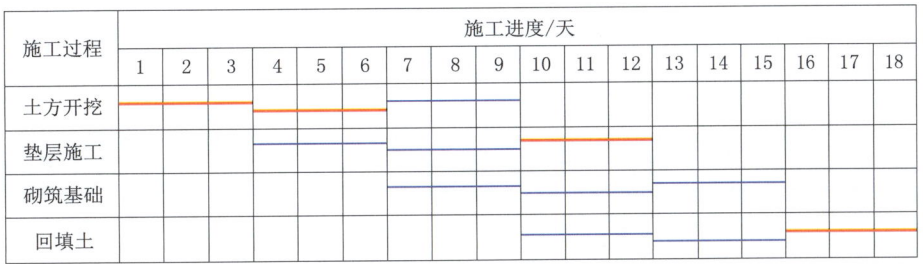

图 2.6　施工横道图

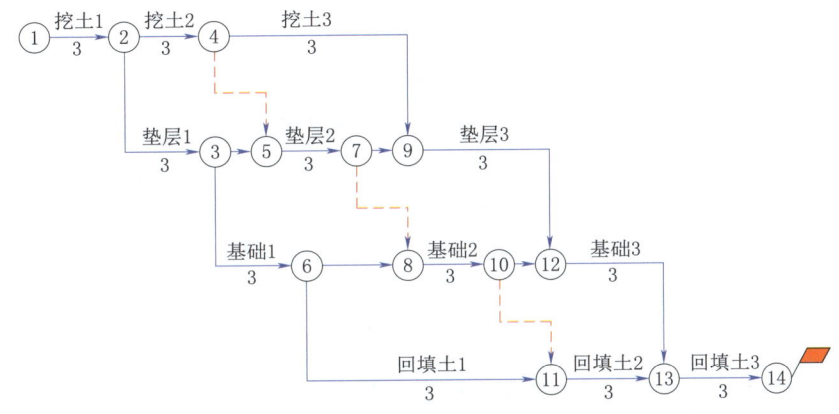

图 2.7　施工网络图

（3）钢筋混凝土基础的流水施工组织。按照划分施工过程的原则，钢筋混凝土基础可划分为挖土、垫层、支模板、绑扎钢筋、浇混凝土并养护和回填土 6 个施工过程；也可将支模板、绑扎钢筋、浇混凝土并养护合并为做基础一个施工过程，这样钢筋混凝土基础施工就可以划分为挖土、垫层、做基础和回填土 4 个施工过程。

1）若划分为挖土、垫层、做基础和回填土 4 个施工过程，其组织流水施工同砖基础工程。

2）若划分为挖土、垫层、支模板、绑扎钢筋、浇混凝土并养护、拆模及回填土 6 个施工过程，分两段施工，绘制钢筋混凝土基础两段施工横道图和网络图，如图 2.8 和图 2.9 所示。

2.2.2.2　主体工程施工方案

1. 施工顺序的确定

（1）砖混结构。砖混结构主体的楼板可预制也可现浇，楼梯一般都是现浇。

若楼板为预制构件，砖混结构主体工程的施工顺序一般为：搭脚手架→砌墙→安装门窗过梁→现浇圈梁和构造柱→现浇楼梯→安装楼板→浇板缝→现浇雨篷和阳台。

当楼板现浇时，砖混结构主体工程的施工顺序一般为：搭脚手架→构造柱钢筋绑扎→墙体砌筑→安装门窗过梁→支构造柱模板→浇构造柱混凝土→安装梁板梯模板→绑扎梁板梯钢筋→浇梁板梯混凝土→现浇雨篷及阳台等。

主导施工过程有两种划分形式。

一种是砌墙和浇筑混凝土（或安装混凝土构件）两个主导施工过程。砌墙施工过程中

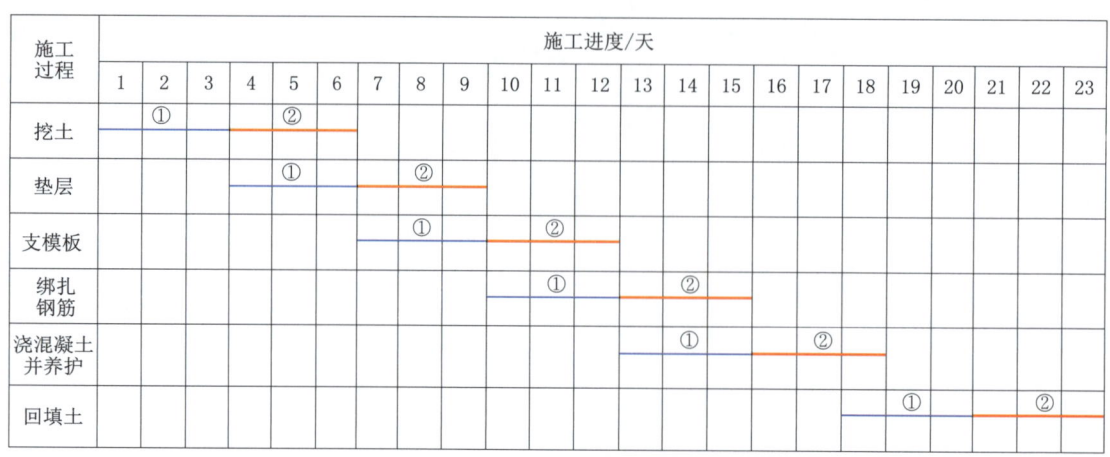

图 2.8　钢筋混凝土基础两段施工横道图

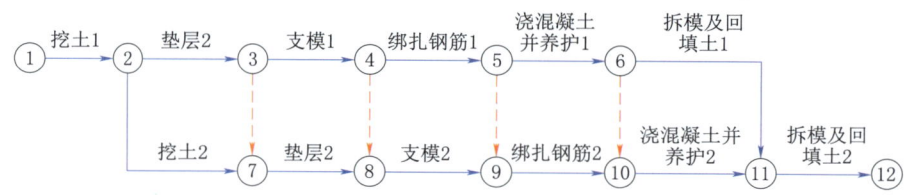

图 2.9　钢筋混凝土基础两段施工网络图

包括搭脚手架、运砖、砌墙、安门窗框、浇筑圈梁和构造柱、现浇楼梯等；浇筑混凝土（或安装混凝土构件）包括安装（或现浇）楼板及板缝处理、安装其他预制过梁和部分现浇楼盖等。墙体砌筑与安装楼板这两个主导施工过程，它们在各楼层之间的施工是先后交替进行的。砌筑墙体时，一般以每个自然层作为一个砌筑层，然后分层进行流水作业。现浇卫生间楼板的支模、绑扎钢筋可安排在墙体砌筑的最后一步插入，在浇筑圈梁和构造柱的同时浇筑厨房和卫生间楼板。

另一种是砌墙、浇混凝土和楼板施工三个主导施工过程。砌墙施工过程中包括搭脚手架、运砖、砌墙及安门窗框等。浇混凝土施工过程包括浇筑圈梁和构造柱、现浇楼梯等。楼板施工包括安装（或现浇）楼板及板缝处理、安装其他预制过梁等。

（2）多层钢筋混凝土框架结构。

1）当楼层不高或工程量不大时，柱、梁、板可一次整体浇筑，柱与梁、板间不留施工缝。柱浇筑后，须停顿 1~1.5h，待柱混凝土初步沉实后，再浇筑其上的梁、板，以避免因柱混凝土下沉在梁、柱接头处形成裂缝。

梁、板、柱整体现浇时，框架结构主体工程的施工顺序一般如图 2.10 所示。

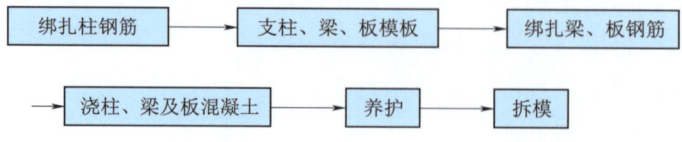

图 2.10　框架结构主体工程的施工顺序（梁板柱整体现浇）

2）当楼层较高或工程量较大时，柱与梁、板间分两次浇筑，柱与梁、板间施工缝留在梁底（或梁托下）。待柱混凝土强度达 1.2N/mm² 以上后，再浇筑梁和板。

先浇柱后浇梁、板时，框架结构主体工程的施工顺序一般如图 2.11 所示。

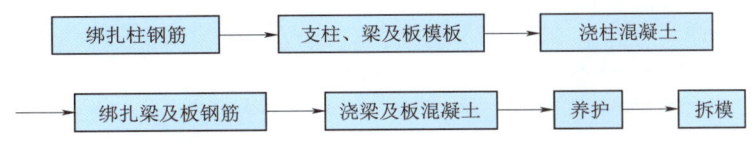

图 2.11 框架结构主体工程的施工顺序（先浇柱后浇梁、板）

3）浇筑钢筋混凝土电梯井的施工顺序一般如图 2.12 所示。

图 2.12 钢筋混凝土电梯井的施工顺序

4）柱的浇筑顺序：柱宜在梁板模板安装后钢筋未绑扎前浇筑，以便利用梁板模板作横向支撑和柱浇筑操作平台用；一施工段内的柱应按列或排由外向内对称地依次浇筑，不要从一端向另一端推进，以避免柱模因混凝土单向浇筑受推倾斜而使误差积累难以纠正。

与墙体同时浇筑的柱子，两侧浇筑的高差不能太大，以防柱子中心移动。

5）梁和楼板的浇筑顺序：肋形楼板的梁板应同时浇筑，顺次梁方向从一端向前推进。根据梁高分层浇筑成阶梯形，当达到板底位置时即与板的混凝土一起浇筑，而且倾倒混凝土的方向与浇筑方向相反。

梁高大于 1m 时，可先单独浇筑梁，其施工缝留在板底以下 20～30mm 处，待梁混凝土强度达到 1.2N/mm 以上时再浇筑楼板。

无梁楼盖浇筑时，在柱帽下 50mm 处暂停，然后分层浇筑柱帽，待混凝土接近楼板底面时，再连同楼板一起浇筑。

6）楼梯浇筑顺序：楼梯宜自下而上一次浇筑完成，当必须留置施工缝时，其位置应在楼梯长度中间 1/3 范围内。

（3）剪力墙结构。剪力墙结构浇筑前应先浇墙后浇板，同一段剪力墙应先浇中间后浇两边。门窗洞口应以两侧同时下料，浇筑高差不能太大，以免门窗洞口发生位移或变形。窗台标高以下应先浇筑窗台下部，后浇筑窗间墙，以防窗台下部出现蜂窝孔洞。

主体结构为现浇钢筋混凝土剪力墙时，可采用大模板或滑模工艺。

现浇钢筋混凝土剪力墙结构采用大模板工艺，分段组织流水施工，施工速度快，结构整体性、抗震性好。其标准层的一般施工顺序如图 2.13 所示。随着楼层施工，电梯井和楼梯等部位也逐层插入施工。

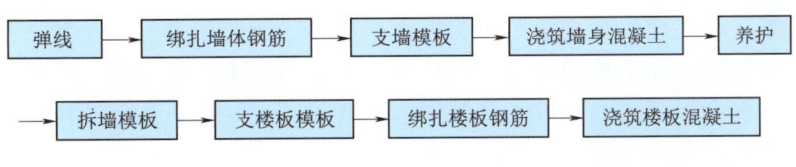

图 2.13 剪力墙标准层的一般施工顺序（大模板工艺）

采用滑升模板工艺时，其一般施工顺序如图2.14所示。

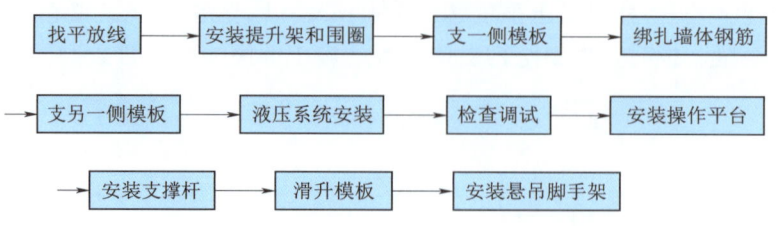

图2.14 剪力墙标准层的一般施工顺序（滑升模板工艺）

（4）装配式工业厂房。

1）现场预制钢筋混凝土柱的施工顺序如图2.15所示。

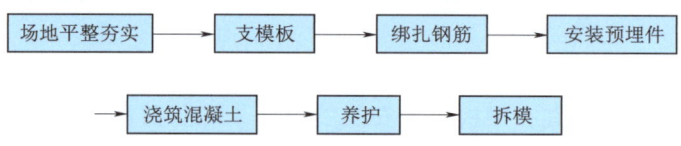

图2.15 现场预制钢筋混凝土柱的施工顺序

现场预制预应力屋架的施工顺序如图2.16所示。

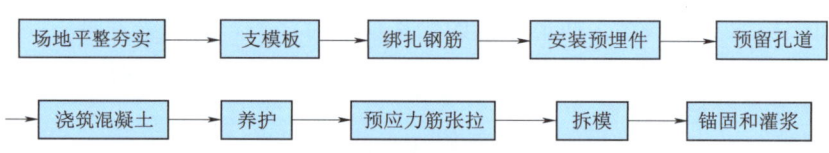

图2.16 现场预制预应力屋架的施工顺序

2）结构安装阶段的施工顺序：装配式工业厂房的结构安装是整个厂房施工的主导施工过程，其他施工过程应配合安装顺序。结构安装阶段的施工顺序如图2.17所示。每个构件的安装工艺顺序如图2.18所示。

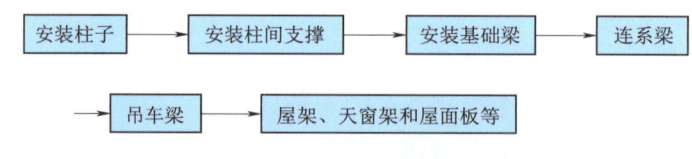

图2.17 结构安装阶段的施工顺序

图2.18 构件安装工艺顺序

构件吊装顺序取决于吊装方法，单层工业厂房结构安装法有分件吊装法和综合吊装法两种。分件吊装法的构件吊装顺序为：吊柱子→吊装吊车梁、托架梁、连系梁→屋架、天窗架和屋面板；综合吊装法的构件吊装顺序为：先吊4～6根柱子→吊装梁及屋架、天窗架和屋面板→依次逐个节间吊装。

（5）装配式大板结构。装配式大板标准层施工顺序如图2.19所示。

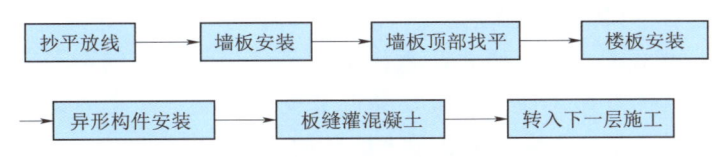

图 2.19 装配式大板结构标准层施工顺序

2. 施工方法及施工机械

(1) 测量控制工程。

1) 说明测量工作的总要求：测量工作应由专人操作，操作人员必须按照操作程序、操作规程进行，经常进行仪器、观测点和测量设备的检查验证，配合好各工序的穿插和检查验收工作。

2) 工程轴线的控制和引测：说明实测前的准备工作和建筑物平面位置的测定方法，首层及各层轴线的定位、放线方法及轴线控制要求。

3) 标高的控制和引测：说明实测前的准备工作，标高的控制和引测的方法。

4) 垂直度控制：说明建筑物垂直度控制的方法，包括外围垂直度和内部每层垂直度的控制方法，并说明确保控制质量的措施。

5) 沉降观测：可根据设计要求，说明沉降观测的方法、步骤和要求。

(2) 脚手架工程。脚手架应在基础回填土之后，配合主体高程搭设；在室外装饰之后，散水施工前拆除。

1) 明确脚手架的要求。脚手架应由架子工搭设，应满足工人操作、材料堆置和运输的需要；要坚固稳定，安全可靠；搭设简单，搬移方便；尽量节约材料，能多次周转使用。

2) 选择脚手架的类型。选择脚手架的依据主要有以下四点：

a. 工程特点包括建筑物的外形、高度、结构形式和工期要求等。

b. 材料配备情况，如是否可用拆下待用的脚手架或是否可就地取材。

c. 施工方法是斜道、井架还是采用塔吊等。

d. 安全、坚固、适用和经济等因素。

在高层建筑施工中经常采用如下方案：裙房或低于 30～50m 的部分采用落地式单排或双排脚手架；高于 30～50m 的部分采用外挂脚手架。外挂脚手架的种类非常多，目前常用的主要形式有支撑于三角托架上的外挂脚手架、附壁套管式外挂脚手架、附壁轨道式外挂脚手架和整体提升式脚手架等。

3) 确定脚手架搭设方法和技术要求。多立杆式脚手架有单排和双排两种形式，一般采用双排；确定脚手架的搭设宽度和每步架高；为了保证脚手架的稳定，要设置连墙杆、剪刀撑和抛撑等支撑体系，并确定其搭设方法和设置要求。

4) 脚手架的安全防护。为了保证安全，脚手架通常要挂安全网。确定安全网的布置，并对脚手架采用避雷措施。

(3) 垂直运输机械的选择。

1) 垂直运输体系的选择。高层建筑施工中垂直运输作业具有运输量大、机械费用大和对工期影响大的特点。施工的速度在一定程度上取决于施工所需物料的垂直运输速度。

垂直运输体系一般有下列组合方式：

a. 施工电梯＋塔式起重机：塔式起重机负责吊送模板、钢筋和混凝土，人员和零散材料由电梯运送。其优点是供应范围大，易调节安排；缺点是集中运送混凝土的效率不高。适用于混凝土量不是特别大而吊装量大的结构。

b. 施工电梯＋塔式起重机＋混凝土泵（带布料杆）：混凝土泵运送混凝土，塔式起重机吊送模板和钢筋等大件材料，人员和零散材料由电梯运送。其优点是供应范围大，供应能力强，更易调节安排；缺点是投资和费用很高。适用于工程量大、工期紧的高层建筑。

c. 施工电梯＋带拔杆高层井架：井架负责运送混凝土，拔杆负责运送模板，电梯负责运送人员和零散材料。其优点是垂直输送能力强，费用不高；缺点是供应范围和吊装能力较小，需要增加水平运输设施。适用于吊装量不大，特别是无大件吊装的情况且工程量不是很大、工作面相对集中的结构。

d. 施工电梯＋高层井架＋塔式起重机：井架负责运送大宗材料，塔式起重机负责吊送模板和钢筋等大件材料，人员和零散材料由电梯运送。其优点是供应范围大，供应能力强；缺点是投资和费用较高，有时设备能力过剩。适用于吊装量、现浇工程量均较大的结构。

e. 塔式起重机＋普通井架＋楼梯（室内）：塔式起重机吊送模板和钢筋等大件材料，井架负责运送混凝土等大宗材料，人员通过室内楼梯上下。其优点是费用较低，且设备比较常见；缺点是人员上下不太方便。适用于高度不超过50m的建筑。

选择垂直运输体系时，应全面考虑以下几个方面：①运输能力要满足规定工期的要求；②机械费用低；③综合经济效益好。

从我国的现状及发展趋势看，采用施工电梯＋塔式起重机＋混凝土泵方案的越来越多，国外的情况也类似。

2）塔式起重机的选择方法及其平面定位原则如下。

a. 选择方法：根据结构形式（附墙位置）、建筑物高度、采用的模板体系、现场周边情况、平面布局形式及各种材料的吊运次数，以起重量 Q、起重高度 H 和回转半径 R 为主要参数，通过吊次和台班费用分析比较，选择塔式起重机的型号和台数。

b. 平面定位原则：塔吊施工消灭死角；塔吊相互之间不干涉（塔臂与塔身不相碰）；塔吊立和拆安全方便。

3）施工电梯的选择方法及其平面定位原则。

a. 选择方法：以定额载重量和最大架设高度为主要性能参数满足本工程使用要求，可靠性高，经济效益好，能与塔吊组成完善的垂直运输系统。

b. 平面定位原则：布置便于人员上下及物料集散，距各部位的平均距离最近，且便于安装附着。

（4）砌筑工程。砌筑工程是一个综合的施工过程，它包括砂浆制备、材料运输、搭脚手架和墙体砌筑等。

1）明确砌筑质量和要求：砌体一般要求灰缝横平竖直，砂浆饱满，厚薄均匀，上下错缝，内外搭接，接样牢固，墙面垂直。

2）明确砌筑工程施工组织形式。砌筑工程施工采用分段组织流水施工，明确流水分段和劳动组合形式。

3）确定墙体的组砌形式和方法。普通砖墙的砌筑形式主要有一顺一丁、三顺一丁、两平一侧、梅花丁和全顺式。普通砖墙的砌筑方法主要有"三一"砌砖法、挤浆法、刮浆法和满口灰法。

4）确定砌筑工程施工方法。

a. 砖墙的砌筑方法一般有抄平放线、摆砖、立皮数杆、挂线盘角、砌筑和勾缝清理等工序。

砌墙前先在基础防潮层或楼面上定出各层标高，并用 M7.5 水泥砂浆或 C10 细石混凝土找平，然后根据龙门板上标记的轴线，弹出墙身轴线、边线及门窗洞口位置。二层以上墙体可以用经纬仪或垂球将轴线引测上去。然后根据墙身长度和组砌方式，先用干砖在放线的基面上试摆，使其符合模数，排列和灰缝均匀，以尽可能减少砍砖次数。一般在房屋外纵墙方向摆顺砖，在山墙方向摆丁砖，摆砖由一个大角摆到另一个大角，砖与砖留 10mm 缝隙。

皮数杆一般设置在房屋的四大角、纵横墙的交接处、楼梯间及洞口多的地方，墙过长时，应每隔 10～15m 立一根。砌砖前，先在皮数杆上挂通线，一般一砖墙、一砖半墙可单面挂线，一砖半以上墙体应双面挂线。墙角是控制墙面横平竖直的主要依据，一般砌筑前先盘角，每次盘角不得超过 6 皮砖，在盘角过程中应随时用托线板检查墙角是否竖直平整。砖层高度和灰缝是否与皮数杆相符合，做到"3 皮一吊，5 皮一靠"。

砌筑时全部砖墙应平行砌起，砖层必须水平，砖层正确位置用皮数杆控制，基础和每楼层砌完后必须校对一次水平，轴线和标高的偏差值应在基础或楼板顶面在允许范围内调整。砖墙的水平灰缝厚度和竖缝宽度一般为 10mm，但不小于 8mm，也不大于 12mm。水平灰缝的砂浆饱满度不低于 80%，砂浆饱满度用百格网检查。竖向灰缝宜用挤浆或加浆方法，使其砂浆饱满，严禁用水冲浆灌缝。

砖墙的转角处和交接处应同时砌筑。不能同时砌筑处，应砌成斜槎，斜槎长度不应小于高度的 2/3。如临时间断处留斜槎确有困难，除转角处外，也可以留直槎，但必须做成阳槎，并加设拉结筋。拉结筋的数量为每 120mm 墙厚设置一根直径为 6mm 的钢筋；间距沿墙高不得超过 500mm；埋入长度从墙的留槎处算起，每边不应小于 500mm；末端应有 90°弯钩。位于抗震设防地区的建筑的临时间断处不得留直槎。

隔墙与墙或柱若不能同时砌筑而又不留成斜槎时，可于墙或柱中引出直槎，或于墙或柱的灰缝中预埋拉结筋（其构造与上述相同，但每道不得少于 2 根）。抗震设防地区建筑物的隔墙，除应留直槎外，沿墙高每 500mm 配置 2ϕ6 钢筋与承重墙或柱拉结，伸入每边墙内的长度不应小于 500mm。

砖砌体接槎时，必须将接槎处的表面清理干净，浇水湿润，并应填实砂浆，保持灰缝平直。

每层承重墙的最上皮砖、梁或梁垫的下面及挑檐、腰线等处，应是整砖丁砌。填充墙砌至接近梁、板底时，应留一定空隙，待填充墙砌筑完并应至少间隔 7 天后，再将其补砌挤紧。设有钢筋混凝土构造柱的抗震多层砖混房屋，应先绑扎钢筋，而后砌砖墙，最后浇筑混凝土。墙与柱应沿高度方向 500mm 设 2ϕ6 钢筋，每边伸入墙内不应少于 500mm；构造柱应与圈梁连接；砖墙应砌成马牙槎，每一马牙槎沿高度方向的尺寸不超过 300mm，马牙槎从每层柱脚开始，应先退后进。该层构造柱混凝土浇完之后，才能进行上一层的施工。砖墙每天砌筑高度不宜超过 1.8m，雨天施工时，每天砌筑高度不宜超过 1.2m。砖砌体相邻工作段的高度差，不得超过一个楼层的高度，也不宜大于 4m。工作段的分段位置宜设在伸缩缝、沉降缝、防震缝或门窗洞口处。砌体临时间断处的高度差不得超过一步脚手架的高度。砌筑时宽度小于 1m 的窗间墙应选用整砖砌筑。半砖或破损的砖，应分散使用于墙的填心和受力较小的部位。砌好的墙体，当横隔墙很少，不能安装楼板或屋面板时，要设置必要的支撑，以保证其稳定性，防止被大风刮倒。

施工洞口必须按尺寸和部位进行预留。不允许砌成后，再凿墙开洞。那样会震动墙身，影响墙体的质量。对于大的施工洞口，必须留在不重要的部位，如窗台下，可暂时不砌，作为内外运输通道用；在山墙上留洞应留成尖顶形状，才不致影响墙体质量。

b. 砌块的砌筑方法。在施工之前，应确定大规格砌块砌筑的方法和质量要求，选择砌筑形式，确定皮数杆的数量和位置，明确弹线及皮数杆的控制方法和要求。绘制砌块排列图，选择专门设备吊装砌块。

砌块安装的主要工序为：铺灰、吊砌块就位、校正、灌缝和镶砖。砌块墙在砌筑吊装前，应先画出砌块排列图。

砌块安装有两种方案：轻型塔式起重机负责砌块、砂浆运输，台灵架负责吊装砌块；井架负责材料、砌块、砂浆的运输，台灵架负责砌块吊装。

c. 砖柱的砌筑方法。矩形砖柱的砌筑方法，应使柱面上下皮砖的竖缝至少错开 1/4 砖长，柱心无通缝。少砍砖并尽量利用 1/4 砖。不得采用光砌四周后填心的包心砌法。砖柱砌筑前应检查中心线及柱基顶面标高，多根柱子在一条直线上要拉通线。如发现中间柱有高低不平时，要用 C10 细石混凝土和砖找平，使各个柱第一层砖都在同一标高上。砌柱用的脚手架要牢固，不能靠在柱子上，更不能留脚手眼，影响砌筑质量。柱子每天砌筑高度不宜超过 1.8m。砌完一步架要刮缝，清扫柱子表面。在楼层上砌砖柱时，要检查弹的墨线位置与下层柱是否对中，防止砌筑的柱子不在同一轴线上。有网状配筋的砖柱，砌入的钢筋网在柱子一侧要露出 1~2mm，以便检查。

d. 砖垛的砌筑方法。砖垛的砌法，要根据墙厚的不同及垛的大小而定，无论哪种砌法都应使垛与墙身逐皮搭接，切不可分离砌筑，搭接长度至少为 1/4 砖长。根据错缝需要可加砌 3/4 砖或半砖。

当砌完一个施工层后，应进行墙面、柱面的勾缝和清理，并清理落地灰。

5）确定施工缝留设位置和技术要求。施工段的分段位置应设在伸缩缝、沉降缝、防震缝或门窗洞口处。

（5）钢筋混凝土工程。现浇钢筋混凝土工程由模板、钢筋和混凝土三个工种相互配合进行。

1）模板工程包括木模板施工、钢模板施工和模板拆除等。

a. 木模板施工包括以下几部分内容：

a）柱模板。柱模板是由两块相对的内拼板夹在两块外拼板之间钉成。安装柱模板前，应先绑扎好钢筋，测出标高并标在钢筋上，同时在已浇筑的基础顶面或楼面上弹出边线，并固定好柱模板底部的木框。根据柱边线及木框位置竖立模板,并用支撑临时固定,然后从顶部用垂球校正垂直度。检查无误后,将柱箍箍紧,再用支撑钉牢。同一轴线上的柱,应先校正两端的柱模板,再在柱模板上口拉中心线来校正中间的柱模。柱模板之间用水平撑及剪刀撑相互撑牢。

b）梁模板。梁模板主要由侧模、底模及支撑系统组成。梁底模下有支架（琵琶撑）支撑,支架的立柱最好做成可以伸缩的,以便调整高度,底部应支承在坚实的地面、楼板或垫木板上。在多层框架结构施工中,上下层支架的立柱应对准。支架间用水平和斜向拉杆拉牢,当层间高度大于 5m 时,宜选桁架作模板的支架。梁侧模板底部用钉在支架顶部的夹条夹住,顶部可由支承楼板的搁栅或支撑顶住。高大的梁,可在侧模板中上位置用钢丝或螺栓相互撑拉。梁跨度在 4m 及以上时,底模应起拱,若设计无规定,起拱高度宜为全跨长度的 1‰～3‰。

c）楼板模板。楼板模板是由底模和支架系统组成。底模支撑在搁栅上,搁栅支撑在梁侧模外的横档上,跨度大的楼板,搁栅中间加支撑作为支架系统。楼板模板的安装顺序是,在主次梁模板安装完毕后,按楼板标高往下减去楼板底模板的厚度和楞木的高度,在楞木和固定夹板之间支好短撑。在短撑上安装托板,在托板上安装楞木,在楞木上铺设楼板底模。铺好后核对楼板标高、预留孔洞及预埋件的尺寸和位置。然后对梁的顶撑和楼板中间支架进行水平撑和剪刀撑的连接。

d）楼梯模板。楼梯模板安装时,在楼梯间的墙上按设计标高画出楼梯段、楼梯踏步及平台板、平台梁的位置。先立平台梁和平台板的模板及支撑,然后在楼梯段基础梁侧模上钉托木,楼梯模板的斜楞钉在基础梁和平台梁侧模板的托木上。在斜楞上铺钉楼梯底模板,下面设杠木和斜向支撑,斜向支撑的间距为 1～2m,其间用拉杆拉结。再沿楼梯边立外帮板,用外帮板上的横档木、斜撑和固定夹木将外帮板钉固在杠木上。再在靠墙的一面把反三角模板立起,反三角模板的两端可钉在平台梁和梯基的侧板上。然后在反三角模板与外帮板之间逐块钉上踏步侧板。如果楼梯较宽,应在梯段中间再加设反三角板。在楼梯段模板放线时,特别要注意每层楼梯的第一踏步和最后一个踏步的高度,常因疏忽了楼地面面层厚度不同而造成高低不同的现象。

肋形楼盖模板安装的全过程如下：

安装柱模板底框→立柱模板→柱模板校正→水平和斜撑固定柱模板→安主梁底模板→立主梁底模板琵琶撑→安主梁侧模板→安次梁底模板→立次梁模板琵琶撑→安次梁固定夹板→立次梁侧模板→在次梁固定夹板立短撑→在短撑上放置楞木→在楞木上铺楼板底模板→纵横方向用水平撑和剪刀撑连接主次梁的琵琶撑→成为稳定坚实的临时性空间结构。

b. 钢模板施工。定型组合钢模板由钢模板、连接件和支撑件组成。施工时可在现场直接组装,也可以预拼装成大块模板用起重机吊运安装。组合钢模板的设计应使钢模板的块数最少,木板镶补量最少,并合理使用转角模板,使支撑件布置简单,钢模板尽量采用横排或竖排,不用横竖兼排的方式。

c. 模板拆除。现浇结构模板的拆除要求及过程描述如下。

现浇结构模板的拆除时间,取决于结构的性质、模板的用途和混凝土硬化速度。模板的拆除顺序一般是先支后拆、后支先拆,先拆除非承重部分、后拆除承重部分,一般是谁安谁拆。重大复杂的模板拆除,应事先制定拆除方案。框架结构模板的拆除顺序为:柱模板→楼板底模板→梁侧模板→梁底模板。

多层楼板模板支架的拆除,应按下列要求进行:上层楼板正在浇筑混凝土时,下一层楼板支柱不得拆除,再下一层楼板的支柱仅可拆除一部分;跨度4m及4m以上的梁下均应保留支柱,其间距不得大于3m。

2) 钢筋工程包括钢筋的加工、连接、绑扎和安装以及钢筋保护层施工等。

a. 钢筋加工。钢筋加工工艺流程为:材质复验及焊接试验→配料→调直→除锈→断料→焊接→弯曲成型→成品堆放。

由配料员在现场钢筋加工棚内完成配料;钢筋的冷加工包括钢筋冷拉和钢筋冷拔。

钢筋冷拉控制方法采用控制应力和控制冷拉率两种。用作预应力钢筋混凝土结构的预应力筋采用控制应力的方法,不能分清炉批号的钢筋采用控制应力的方法。钢筋冷拉采用控制冷拉率方法时,冷拉率必须由试验确定。预应力钢筋如由几段对焊而成,应焊接后再进行冷拉。

钢筋调直的方法有人工调直和机械调直两种。对于直径在12mm以下的圆盘钢筋,一般用铰磨、卷扬机或调直机,调直时要控制冷拉率;大直径钢筋可用卷扬机、弯曲机、平直机、平直锤或人工锤击法调直。经过调直的钢筋基本已达到除锈目的,但已调直除锈的钢筋时间长了又会生锈,其除锈方法有机械除锈(电动除锈机除锈)、手工除锈(钢丝刷、砂盘等)、喷砂及酸洗除锈等。

钢筋切断的方法有钢筋切断机切断和手动切断器切断两种,手动切断器一般用于切断直径小于12mm的钢筋,大直径钢筋的切断一般采用钢筋切断机。

钢筋弯曲成型的方法分人工和机械两种。手工弯曲是在成型工作台上进行的,施工现场常采用;大量钢筋加工时,应采用钢筋弯曲机。

b. 钢筋的连接。钢筋连接方法有绑扎连接、焊接和机械连接。根据相关施工规范规定:受力钢筋优先选择焊接和机械连接,并且接头应相互错开。

a) 钢筋的焊接方法有闪光对焊、钢筋电弧焊、电阻点焊、电渣压力焊和钢筋气压焊等。

闪光对焊广泛用于钢筋接长及预应力钢筋与螺丝端杆的焊接。热轧钢筋的焊接优先选择闪光对焊,条件达不到时才用电弧焊。闪光对焊适用于焊接直径10~40mm的钢筋。钢筋闪光对焊后,除对接头进行外观检查外,还应按《钢筋焊接及验收规程》(JGJ 18—2012)的规定进行抗拉强度和冷弯试验。

钢筋电弧焊可分为帮条焊、搭接焊、坡口焊和熔槽帮条焊四种接头形式。帮条焊适用于直径10~40mm的各级热轧钢筋;搭接焊接头只适用于直径10~40mm的HPB300和HRB335级钢筋;坡口焊接头有平焊和立焊两种,适用于在现场焊接装配式构件接头中直径18~40mm的各级热轧钢筋。帮条焊、搭接焊和坡口焊的焊接接头,除应进行外观质量检查外,还需抽样做抗拉试验。

电阻点焊主要用于焊接钢筋网片和钢筋骨架,适用于直径6~14mm的HPB300、HRB335级钢筋和直径3~5mm的冷拔低碳钢丝。电阻点焊的焊点应进行外观检查和强度试验,热轧钢筋的焊点应进行抗剪试验,冷处理钢筋除进行抗剪试验外,还应进行抗拉试验。

电渣压力焊主要适用于现浇钢筋混凝土框架结构中竖向钢筋的连接，宜采用自动或手工电渣压力焊进行焊接直径 14～40mm 的 HPB300 和 HRB335 级钢筋。电渣压力焊的接头应按规范规定的方法检查外观质量和进行抗拉试验。

钢筋气压焊属于热压焊，适用于各种位置的钢筋。气压焊接的钢筋要用砂轮切割机切断，不能用钢筋切断机切断，要求断面与钢筋轴线垂直。气压焊的接头，应按规定的方法检查外观质量和进行抗拉试验。

b）钢筋机械连接常用挤压连接和螺纹连接两种形式，是大直径钢筋现场连接的主要方法。

c. 钢筋的绑扎和安装。钢筋绑扎的程序是划线、摆筋、穿箍、绑扎和安放垫块等。划线时应注意间距和数量，标明加密箍筋位置。板类摆筋顺序一般先排主筋后排负筋；梁类一般先摆纵筋；有变截面的箍筋，应事先将箍筋排列清楚，然后安装纵向钢筋。绑扎钢筋用的钢丝可采用 20～22 号钢丝或镀锌钢丝，当绑扎楼板钢筋网时一般用单根 22 号钢丝；绑扎梁柱钢筋骨架则用双根钢丝绑扎。板和墙的钢筋网，除靠近外围两横钢筋的相交点全部扎牢外，中间部分的相交点可相隔交错扎牢；双向受力的钢筋，须将所有交叉点全部扎牢。

d. 钢筋保护层施工。控制钢筋的混凝土保护层可采用水泥砂浆垫块或塑料卡。水泥砂浆垫块的厚度等于保护层厚度，其平面尺寸：当保护层的厚度不大于 20mm 时为 30mm×30mm；当大于 20mm 时为 50mm×50mm；在垂直方向使用的垫块，应在垫块中埋入 20 号钢丝，用钢丝把垫块绑在钢筋上。塑料卡的形状有塑料垫块和塑料环圈两种，塑料垫块用于水平构件，塑料环圈用于垂直构件。

3）混凝土工程。确定混凝土制备方案（商品混凝土或现场拌制混凝土），确定混凝土原材料准备、搅拌、运输及浇筑顺序和方法，以及泵送混凝土和普通垂直运输混凝土的机械选择；确定混凝土搅拌、振捣设备的类型和规格、养护制度及施工缝的位置和处理方法。

a. 混凝土的搅拌。拌制混凝土可采用人工或机械的拌和方法，人工拌和一般用"三干三湿"法。只有当混凝土用量不多或无机械时才采用人工拌和，一般都用搅拌机拌和混凝土。

b. 混凝土的运输。分为地面运输、垂直运输和楼面运输。混凝土地面运输，如商品混凝土运输距离较远时，多用混凝土搅拌运输车；混凝土如来自工地搅拌站，则多用载重约 1t 的小型机动翻斗车，近距离也用双轮手推车，有时还用皮带运输机和窄轨翻斗车。混凝土垂直运输多用塔式起重机、混凝土泵、快速提升斗和井架；混凝土楼面运输以双轮手推车为主，也用小型机动翻斗车，如用混凝土泵则用布料机布料。

施工中常常使用商品混凝土，用混凝土搅拌运输车运送到施工现场，再由塔式起重机或混凝土泵运至浇筑地点。

塔式起重机运输混凝土应配备混凝土料斗联合使用；用井架和龙门架运输混凝土时，应配备手推车。

c. 混凝土的浇筑。混凝土浇筑前应检查模板、支架、钢筋和预埋件，并进行验收。

学习项目2 施工部署与主要施工方案编制

浇筑混凝土时一定要防止分层离析,为此需控制混凝土的自由倾落高度不宜超过2m,在竖向结构中不宜超过3m,否则应采用串筒、溜槽或溜管等下料。浇筑竖向结构混凝土前先要在底部填筑一层50~100mm厚与混凝土成分相同的水泥砂浆。

浇筑混凝土应连续进行,若需要长时间间歇,则应留置混凝土施工缝。混凝土施工缝宜留在结构剪力较小的部位,同时要方便施工;柱子宜留在基础顶面、梁或吊车梁牛腿的下面、吊车梁的下面、无梁楼盖柱帽的下面;和板连成整体的大截面梁应留在板底面以下20~30mm处,当板下有梁托时,留置在梁托下部。单向板可留在平行于板短边的任何位置。有主次梁的楼盖宜顺着次梁方向浇筑,施工缝应留在次梁跨度的中间1/3长度范围内。墙可留在门洞口过梁跨中1/3范围内,也可留在纵横墙的交接处。双向受力的楼板、大体积混凝土结构、拱、薄壳、多层框架及其他复杂结构,应按设计要求留置施工缝。在施工缝处继续浇筑混凝土时,应除掉水泥浮浆和松动石子,并用水冲洗干净,待已浇筑的混凝土的强度不低于1.2MPa时才允许继续浇筑,在结合面应先铺抹一层水泥浆或与混凝土砂浆成分相同的砂浆。

a)现浇多层钢筋混凝土框架的浇筑。浇筑这种结构首先要划分施工层和施工段,施工层一般按结构层划分,而每一施工层如何划分施工段,则要考虑工序数量、技术要求和结构特点等。要做到木工在第一施工层安装完模板,准备转移到第二施工层的第一施工段上时,该施工段所浇筑的混凝土强度应达到允许工人在上面操作的强度(1.2MPa)。施工层与施工段确定后,即可求出每班(或每小时)应完成的工程量,据此选择施工机具和设备并计算其数量。混凝土浇筑前应做好必要的准备工作,如模板、钢筋和预埋管线的检查和清理以及隐蔽工程的验收;浇筑用脚手架、走道的搭设和安全检查;根据实验室下达的混凝土配合比通知单准备和检查材料;并做好施工用具的准备。浇筑柱子时,施工段内的每排柱子应由外向内对称地顺序浇筑,不要由一端向另一端推进,预防柱子模板因湿胀造成受推倾斜而使误差积累难以纠正。截面在400mm×400mm以内,或有交叉箍筋的柱子,应在柱子模板侧面开孔用斜溜槽分段浇筑,每段高度不超过2m。截面在400mm×400mm以上、无交叉箍筋的柱子,如柱高不超过4m,可从柱顶浇筑;如用轻骨料混凝土从柱顶浇筑,则柱高不得超过3.5m。柱子开始浇筑时,底部应先浇筑一层厚50~100mm与所浇筑混凝土成分相同的水泥砂浆。浇筑完毕,如柱顶处有较大厚度的砂浆层,则应加以处理。柱子浇筑后,应间隔1~1.5h,待所浇混凝土拌和物初步沉实,再浇筑上面的梁板结构。梁和板一般应同时浇筑,从一端开始向前推进。只有当梁高大于1m时才允许将梁单独浇筑,此时的施工缝留在楼板板面下20~30mm处。梁底与梁侧面注意振实。振动器不要直接触及钢筋和预埋件。楼板混凝土的虚铺厚度应略大于板厚,用表面振动器或内部振动器捣实,用铁插尺检查混凝土厚度,振捣完后用长的木抹子抹平。

b)大体积混凝土结构的浇筑。选择大体积混凝土结构的施工方案时,主要考虑三方面的内容:一是应采取防止产生温度裂缝的措施;二是合理的浇筑方案;三是施工过程中的温度监测。为防止产生温度裂缝,应着重在控制混凝土温升、延缓混凝土降温速率、减少混凝土收缩、提高混凝土极限拉伸值、改善约束和完善构造设计等方面采取措施。大体积混凝土结构的浇筑方案需根据结构大小和混凝土供应等实际情况决定。一般有全面分层、分段分层和斜面分层浇筑等方案。

2.2 主要施工方案编制

对不同的工程，由于工程特点、工期、质量要求、施工季节、地域和施工条件的不同，采用的防止产生温度裂缝的措施和混凝土的浇筑方案、温度监测设备和监测方法也不相同。

d. 混凝土的振捣。混凝土的捣实方法有人工振捣和机械振捣两种。人工捣实是用钢钎、捣锤或插钎等工具进行的，这种方法仅适用于塑性混凝土或缺少振捣机械及工程量不大的情况。有条件时尽量采用机械振捣的方法，常用的振捣机械有内部振动器（振动棒）和表面振动器（平板振动器）。振动棒可振捣塑性和干硬性混凝土，适用于振捣梁、墙、基础和厚板，不适用于楼板、屋面板等构件。振捣时振动棒不要碰撞钢筋和模板，重点要振捣好下列部位：钢筋主筋的下面、钢筋密集处、石料多的部位、模板阴角处、钢筋与侧模之间等。表面振动器适用于捣实楼板、地面、板形构件和薄壳等厚度小、面积大的构件。

e. 混凝土的养护。混凝土养护方法分自然养护和人工养护。现浇构件多采用自然养护，只有在冬季施工温度很低时，才采用人工养护。采用自然养护时，在混凝土浇筑完毕后一定时间（12h）内要覆盖并浇水养护。

4）预应力混凝土的施工方法、控制应力和张拉设备。预应力混凝土施工时，要注意预应力钢材、锚夹具、张拉设备的选用和验收，成孔材料及成孔方法（包括灌浆孔和灌水孔），端部和梁柱节点处的处理方法，预应力张拉力、张拉程序以及灌浆方法、要求等；混凝土的养护及质量评定。如钢筋现场预应力张拉，应详细制定预应力钢筋的制作、安装和检测方法。

（6）结构安装工程。根据起重量、起重高度和起重半径选择起重机械，确定结构安装方法，拟订安装顺序，起重机开行路线及停机位置；确定构件平面布置设计，工厂预制构件的运输、装卸和堆放方法；确定现场预制构件的就位、堆放的方法，吊装前的准备工作，主要工程量和吊装进度。

1）确定起重机类型、型号和数量。在单层工业厂房结构安装工程中，如采用自行式起重机，一般选择分件吊装法，起重机在厂房内三次开行才能吊装完厂房结构构件；而选择桅杆式起重机，则必须采用综合吊装法。综合吊装法与分件吊装法开行路线及构件平面布置是不同的。

当厂房面积较大时，可采用两台或多台起重机安装，柱子和吊车梁、屋盖系统分别流水作业，可加速工期。对一般中、小型单层厂房，选用一台起重机为宜，这在经济上比较合理，对于工期要求特别紧迫的工程，则作为特殊情况考虑。

2）确定结构构件安装方法。工业厂房结构安装法有分件吊装法和综合吊装法两种。单层厂房安装顺序通常采用分件吊装法，即先顺序安装和校正全部柱子，然后安装屋盖系统等。采用这种方式，起重机在同一时间安装同一类型的构件，包括就位、绑扎、临时固定和校正等工序，并且使用同一种索具，劳动力组织不变，可提高安装效率；缺点是增加起重机开行路线。另一种方式是综合吊装法，即逐间安装，连续向前推进。方法是先安装4根柱子，立即校正后安装吊车梁与屋盖系统，一次性安装好纵向一个柱距的开间。采用这种方式可缩短起重机开行路线，并可为后续工序提前创造工作面，尽早搭接施工；缺点是索具安装和劳动力组织有周期性变化而影响生产率。上述两种方法在单层厂房安装工程中均有采用，也有混合采用，即柱子安装用大流水，而其余构件包括屋盖系统在内用综合安装。这些均取决于具体条件和安装队的施工经验。抗风柱可随一般柱子的开行路线从单层厂房一端开始安装,由于抗风柱的长度较大,安装后立即校正、灌浆,并用上下两道缆绳四周锚固。另一种方法是待单层厂房全部屋盖安装完之后再吊装全部抗风柱。

3)构件制作平面布置、拼装场地、机械开行路线。当采用分件吊装法时,预制构件的施工有三种方案。

a. 当场地狭小而工期又允许时,构件制作可分别进行,首先预制柱和吊车梁,待柱和梁安装完毕再进行屋架预制。

b. 当场地宽敞时,在柱、梁预制完后即进行屋架预制。

c. 当场地狭小而工期又紧时,可将柱和梁等预制构件在拟建厂房内就地预制,同时在拟建厂房外进行屋架预制。

4)其他方面包括确定构件运输、装卸、堆放和所需机具设备型号、数量和运输道路要求。

(7)围护工程。围护工程的施工包括搭脚手架、内外墙体砌筑和安装门窗框等。在主体工程结束后,或完成一部分区段后即可开始内外墙砌筑工程的分段施工。此时,不同工程之间可组织立体交叉、平行流水施工,内隔墙的砌筑则应根据内隔墙的基础形式而定;有的需在地面工程完成后进行,有的则可以在地面工程之前与外墙同时进行。

3. 流水施工组织

(1)主体工程流水施工组织的步骤。

第1步:划分施工过程。按照划分施工过程的原则,把起主导作用的和影响工期的施工过程单独列项。

第2步:划分施工段。为了组织流水施工,按照划分施工段的原则,并结合实际工程情况划分施工段,施工段的数目一定要合理,不能过多或过少。

第3步:组织专业班组。按工种组织单一或混合专业班组,连续施工。

第4步:组织流水施工,绘制进度计划。按流水施工组织方式,组织搭接施工。进度计划常有横道图和网络图两种表达方式。

(2)砖混结构的流水施工组织。砖混结构主体工程可以采用两种划分方法。第一种,划分为砌墙和楼板施工两个施工过程;第二种,划分为砌墙、浇混凝土和楼板施工三个施工过程。

1)砖混主体标准层划分砌砖墙和楼板施工两个施工过程,分三段组织流水施工,每个施工段上的流水节拍均为3天。绘制砖混主体两个施工过程三段施工的横道图和网络图如图2.20和图2.21所示。

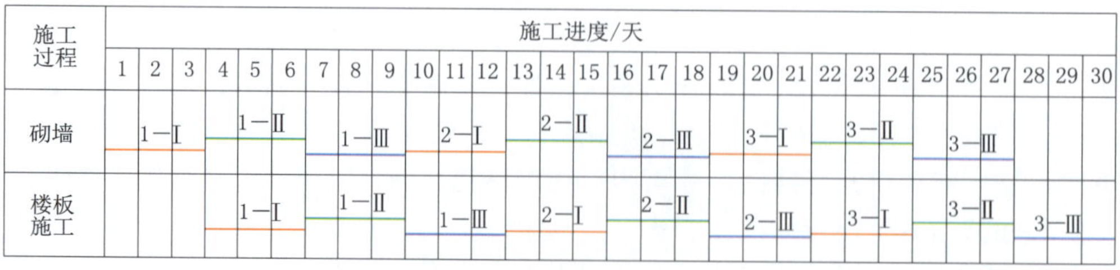

施工过程	施工进度/天																													
	1	2	3	4	5	6	7	8	9	10	11	12	13	14	15	16	17	18	19	20	21	22	23	24	25	26	27	28	29	30
砌墙	1-Ⅰ			1-Ⅱ			1-Ⅲ			2-Ⅰ			2-Ⅱ			2-Ⅲ			3-Ⅰ			3-Ⅱ			3-Ⅲ					
楼板施工				1-Ⅰ			1-Ⅱ			1-Ⅲ			2-Ⅰ			2-Ⅱ			2-Ⅲ			3-Ⅰ			3-Ⅱ			3-Ⅲ		

图 2.20　砖混主体 2 个施工过程 3 段施工横道图

2）砖混主体标准层划分砌砖墙、浇混凝土和楼板施工三个施工过程。分三段组织流水施工，绘制砖混主体三个施工过程三段施工的横道图和网络图，如图2.22和图2.23所示。

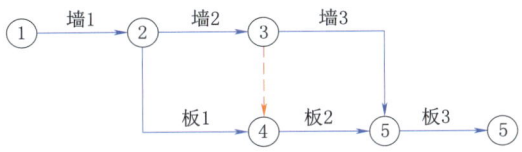

图2.21　砖混主体两个施工过程三段施工网络图

（3）框架结构主体工程的流水施工组织。按照划分施工过程的原则，把有些施工过程合并，框架结构主体梁板柱一起浇筑时，可划分为四个施工过程：绑扎柱钢筋、支梁板柱模板、绑扎梁板钢筋和浇筑混凝土。各施工过程均包含楼梯间部分的施工。

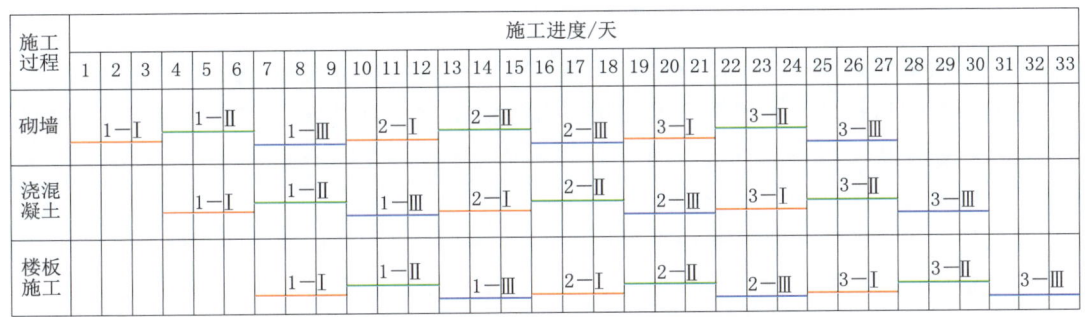

图2.22　砖混主体三个施工过程三段施工横道图

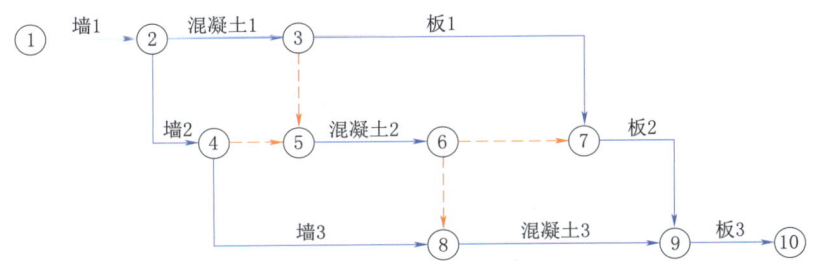

图2.23　砖混主体三个施工过程三段施工网络图

框架结构主体标准层划分为绑扎柱钢筋、支梁板柱模板、绑扎梁板钢筋和浇筑混凝土四个过程，分三段组织流水施工，绘制现浇框架主体标准层三段施工的网络图，如图2.24所示。

2.2.2.3　屋面防水工程施工方案

1. 施工顺序的确定

屋面防水工程的施工手工操作多，需要时间长，应在主体结构封顶后尽快完成，使室内装饰尽早进行。一般情况下，屋面防水工程可以和装饰工程搭接或平行施工。

屋面防水工程可分为柔性防水和刚性防水两种。防水工程施工工艺要求严格细致，一丝不苟，应避开雨季和冬季施工。

（1）柔性防水屋面的施工顺序。

南方平均气温较高，一般不做保温层。无保温层和架空层的柔性防水屋面的施工顺序

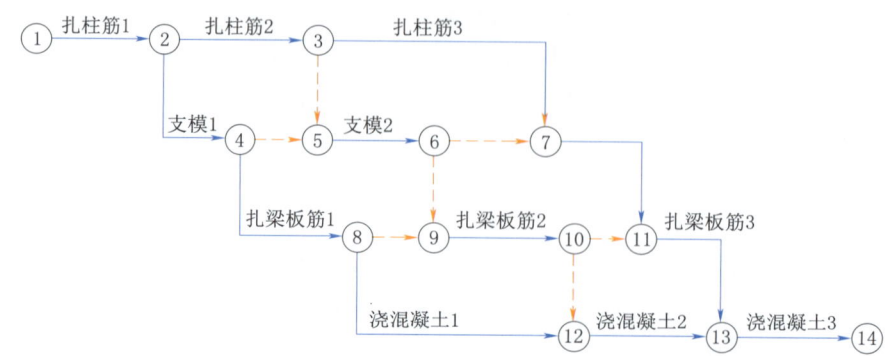

图 2.24 现浇框架主体标准层三段施工网络图

一般为：结构基层处理→找平层→冷底子油结合层→铺卷材防水层→做保护处。

北方平均气温较低，一般要做保温层。有保温层的柔性防水屋面的施工顺序一般为：结构基层处理→找平层→隔汽层→铺保温层→找平找坡→冷底子油结合层→铺卷材防水层→做保护处。

柔性防水屋面的施工待找平层干燥后才能刷冷底子油、铺贴卷材防水层。若是工业厂房，在铺卷材之前应将天窗扇及玻璃安装好，特别要注意天窗架部分的屋面防水和天窗围护工作等，确保屋面防水的质量。

（2）刚性防水屋面的施工顺序。刚性防水屋面最常用细石混凝土屋面。细石混凝土防水屋面的施工顺序为：结构基层处理→隔离层→细石混凝土防水层→养护→嵌缝。

对于刚性防水屋面的现浇钢筋混凝土防水层，分格缝的施工应在主体结构完成后开始，并应尽快完成，以便为室内装饰创造条件。季节温差大的地区，混凝土受温差的影响易开裂，故一般不采用刚性防水屋面。

2. 施工方法及施工机械

确定屋面材料的运输方式，屋面工程各分项工程的施工操作及质量要求；材料运输及储存方式，各分项工程的操作及质量要求，新材料的特殊工艺及质量要求，确定工艺流程和劳动组织进行流水施工。

（1）卷材防水屋面的施工方法。卷材防水屋面又称为柔性防水屋面，是用胶结材料粘贴卷材进行防水的。常用的卷材有沥青防水卷材、高聚物改性沥青防水卷材和合成高分子防水卷材三大系列。

卷材防水层施工应在屋面上其他工程完工后进行。铺设多跨和高低跨房屋卷材防水层时，应按先高后低、先远后近的顺序进行；在铺设同一跨时应先铺设排水比较集中的水落口、檐口、斜沟和天沟等部位及油毡附加层，按标高由低到高的顺序进行；坡面与立面的油毡，应由下开始向上铺贴，使油毡按流水方向搭接。油毡铺设的方向应根据屋面坡度或屋面是否存在振动而确定。当坡度小于3%时，油毡宜平行屋脊方向铺贴，当坡度为3%～15%时，油毡可平行或垂直屋脊方向铺贴；当坡度大于15%或屋面受震动时，应垂直屋脊铺贴。卷材防水屋面坡度不宜超过25%。油毡平行屋脊铺贴时，长边搭接不小于70mm；短边搭接平屋顶不应小于100mm，坡屋顶不宜小于150mm。当第一层油毡采用条贴、点粘或空铺时，长边搭接不应小于500mm，上下两层油毡应错开1/3或1/2幅宽；上下两层油毡不宜相互垂直铺贴；垂直于屋脊的搭接缝应顺主导风向搭接；接头顺水流方向，每幅油毡铺过屋脊的长度应不小于200mm。铺贴油毡时应弹出标线，油毡铺贴前应使找平层干燥。

1) 油毡的铺贴方法。具体包括以下几种。

a. 油毡热铺贴施工。该法分为满贴法、条贴法、空铺法和点粘法四种。满贴法是指在油毡下满涂玛琋脂使油毡与基层全部粘接。铺贴的工序为：浇油铺贴和收边滚压。条贴法是在铺贴第一层油毡时，不满涂浇玛琋脂而是用蛇形或条形撒贴的做法，使第一层油毡与基层之间形成若干互相连通的空隙构成"排汽屋面"，可从排汽孔处排出水汽，避免油毡起泡，空铺法、点粘法铺贴防水卷材的施工方法与条贴法相似。

b. 油毡冷粘法施工。是指在油毡下采用冷玛琋脂做钻结材料使之与基层粘接。施工方法与热铺法相同。冷玛琋脂使用时应搅拌均匀，可加入稀释剂调释稠度。每层厚度为1~1.5mm。

c. 油毡自粘法施工。是指采用带有自粘胶的防水卷材，不用热施工，也不需涂胶结材料而进行翻结的方法。铺贴前，基层表面应均匀涂刷基层处理剂，待干燥后及时铺贴卷材。铺贴时，应先将自粘胶底面隔离纸完全撕净，排除卷材下面的空气，并碾压粘贴牢固，不得空鼓。搭接部位必须采用热风焊枪加热后随即粘贴牢固，溢出的白粘胶随即刮平封口。接缝口用不小于100mm宽的密封材料封严。

d. 高聚物改性沥青卷材热熔法施工。该法又可分为滚铺法和展铺法两种。滚铺法是一种不展开卷材，而采用边加热边烤边滚动卷材铺贴，然后用排气辊滚压使卷材与基层粘贴牢固的方法。展铺法是先将卷材平铺于基层，再沿边缘掀开卷材予以加热粘贴，此法适用于条贴法铺贴卷材。所有接缝应用密封材料封严，涂封宽度不应小于100mm。对厚度小于3mm的高聚物改性沥青防水卷材，严禁采用热熔法施工。

e. 高聚物改性沥青卷材冷粘法施工。该法是在基层或基层和卷材底面涂刷胶粘剂进行卷材与基层或卷材与卷材的黏结。主要工序有胶粘剂的选择和涂刷、铺粘卷材以及搭接缝处理等。卷材铺贴要控制好胶粘剂涂刷与卷材铺贴的间隔时间，一般可凭经验，当胶粘剂不粘手时即可开始粘贴卷材。

f. 合成高分子防水卷材施工。合成高分子防水卷材可用冷粘法、自粘法和热风焊接法施工。自粘贴卷材施工方法是施工时只要剥去隔离纸后即可直接铺贴；带有防粘层时，在粘贴搭接缝前应将防粘层先熔化掉，方可达到粘接牢固。热风焊接法是利用热空气焊枪进行防水卷材搭接粘合的方法。焊接前卷材铺放应平整顺直，搭接尺寸正确；施工时焊接缝的结合面应清扫干净，应无水滴、油污及附着物。先焊长边搭接缝，后焊短边搭接缝，焊接处不得有漏焊、缺焊、焊焦或焊接不牢的现象，也不得损害非焊接部位的卷材。

铺贴卷材防水屋面时，檐口、女儿墙、檐沟、天沟、斜沟、变形缝、天窗壁、板缝、泛水和雨水管等处均为重点防水部位，均需铺贴附加卷材，做到粘接严密，然后由低标高处往上进行铺贴、压实，表面平整，每铺完一层立即检查，发现有皱纹、开裂、粘贴不牢实、起泡等缺陷，应立即割开，浇油灌填严实，并加贴一块卷材盖住。屋面与突出屋面结构的连接处，卷材贴在立面上的高度不宜小于250mm，一般用叉接法与屋面卷材相连接；

每幅油毡贴好后,应立即将油毡上端固定在墙上。如用铁皮泛水覆盖,泛水与油毡的上端应用钉子在墙内的预埋木砖上钉牢。在无保温层装配式屋面上,沿屋架、支承梁和支承墙上的屋面板端缝上,应先点贴一层宽度为200～300mm的附加卷材,然后再铺贴油毡,以避免结构变形将油毡防水层拉裂。

2)保护层施工包括绿豆砂保护层施工和预制板块保护层施工。

a. 绿豆砂保护层施工:油毡防水层铺设完毕后并经检查合格后,应立即进行绿豆砂保护层施工,以免油毡表面遭受破坏。施工时,应选用色浅、耐风化、清洁、干燥、粒径为3～5mm的绿豆砂、加热至100℃左右后均匀撒铺在涂刷过2～3mm厚的沥青胶结材料的油毡防水层上,并使其1/2粒径嵌入到表面沥青胶中。未粘接的绿豆砂应随时清扫干净。

b. 顶制板块保护层施工:当采用砂结合层时,铺砌块体前应将砂洒水压实刮平;块体应对接铺砌,缝隙宽度为10mm左右;板缝用1:2水泥砂浆勾成凹缝;为防止沙子流失,保护层四周500mm范围内,应改用低强度等级水泥砂浆做结合层。若采用水泥砂浆做结合层,应先在防水层上做隔离层,隔离层可用一单层油毡空铺,搭接边宽度不小于70mm。块体预先湿润后再铺砌,铺砌可用铺灰法或摆铺法。块体保护层每100mm² 以内应留设分格缝,缝宽20mm,缝内嵌填密封材料,可避免因热胀冷缩造成板块拱起或板缝开裂。

(2)细石混凝土刚性防水屋面的施工方法。刚性防水屋面最常用的是细石混凝土防水屋面,它是由结构层、隔离层和细石混凝土防水层三层组成。

1)结构层施工:当屋面结构层为装配式钢筋混凝土屋面板时,应采用细石混凝土灌缝,强度等级不应小于C20级,并可掺微膨胀剂,板缝内应设置构造钢筋,板端缝应用密封材料嵌缝处理,找坡应采用结构找坡,坡度宜为2%～3%,天沟和檐沟应用水泥砂浆找坡,找坡厚度大于20mm时,宜采用细石混凝土。刚性防水屋面的结构层宜为整体浇筑的钢筋混凝土结构。

2)隔离层施工:在结构层与防水层之间设有一道隔离层,以便结构层与防水层的变形互不制约,从而减少防水层受到的拉应力,避免开裂。隔离层可用石灰黏土砂浆或纸筋灰、麻筋灰、卷材和塑料薄膜等起隔离作用的材料制成。

a. 石灰黏土砂浆隔离层施工:基层板面清扫干净、洒水湿润后,将石灰膏:砂:黏土以配合质量比为1:2.4:3.6配制的料铺抹在板面上,厚度10～20mm,表面压实、抹光、平整和干燥后进行防水层施工。

b. 卷材隔离层施工:在干燥的找平层上铺一层3～8mm的干细砂滑动层,再铺一层卷材,搭接缝用热沥青胶结,或在找平层上铺一层塑料薄膜作为隔离层,注意保护隔离层。

刚性防水层与山墙、女儿墙、变形缝两侧墙体交接处应留有宽度为30mm的缝隙,并用密封材料嵌填。泛水处应铺设卷材或涂膜附加层,收头和变形缝做法应符合设计或规范要求。

3)刚性防水层施工:刚性防水层宜设分格缝,分格缝应设在屋面板支撑处、屋面转折处或交接处。分格缝间距一般宜不大于6m,或"一间一格"。分格面积不宜超过36m²,

缝宽宜为20～40mm，分格缝中应嵌填密封材料。

a. 现浇细石混凝土防水层施工。首先清理干净隔离层表面，支分格缝隔板，不设隔离层时，可在基层上刷一遍1∶1素水泥浆，放置双向冷拔低碳钢丝网片，间距为100～200mm，位置宜居中稍偏上，保护层厚度不小于10mm，且在分格缝处断开。混凝土的浇筑按先远后近，先低后高的顺序，一次浇完一个分格，不留施工缝，防水层厚度不宜小于50mm，泛水高度不应低于120mm，应同屋面防水层同时施工，泛水转角处要做成圆弧或钝角。混凝土宜用机械振捣，直至密实和表面泛浆，泛浆后用铁抹子压实抹平。混凝土收水初凝后，及时取出分格缝隔板，修补缺损，二次压实抹光；终凝前进行第三次抹光；终凝后，立即养护，养护时间不得少于14天，施工合适气温为5～35℃。

b. 补偿收缩混凝土防水层施工。在细石混凝土中掺入膨胀剂，硬化后产生微膨胀来补偿混凝土的收缩；混凝土中的钢筋约束混凝土膨胀，又使混凝土产生预压自应力，从而提高其密实性和抗裂性，提高抗渗能力。膨胀剂的掺量按配合比准确称量，膨胀剂与水泥同时投料，连续搅拌时间应不少于3min。

3. 流水施工组织

流水施工组织分为柔性防水和刚性流水施工。

（1）屋面防水工程流水施工组织的步骤。

第1步：划分施工过程。按照划分施工过程的原则，把起主导作用的、影响工期的施工过程单独列项。

第2步：划分施工段。为了组织流水施工，按照划分施工段的原则，并结合实际工程情况划分施工段。施工段的数目一定要合理，不能过多或过少。屋面工程组织施工时若没有高低层，或没有设置变形缝，一般不分段施工，而是采用依次施工的方式组织施工。

第3步：组织专业班组。按工种组织单一或混合专业班组，连续施工。

第4步：组织流水施工，绘制进度计划。按流水施工组织方式，组织搭接施工。进度计划常有横道图和网络图两种表达方式。

（2）防水屋面的施工组织。

1）无保温层和架空层的柔性防水屋面一般划分为找平找坡、铺卷材和做保护层三个施工过程。其施工网络计划如图2.25所示。

图2.25 无保温层和架空层的柔性防水屋面施工网络图

2）有保温层的柔性防水屋面一般划分找平层、铺保温层、找平找坡、铺卷材和做保护层五个施工过程。其施工网络计划如图2.26所示。

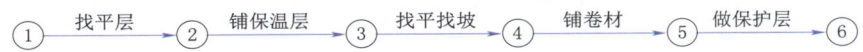

图2.26 有保温层的柔性防水屋面施工网络图

3）刚性防水屋面划分为细石混凝土防水层（含隔离层）、养护和嵌缝三个施工过程。对于工程量小的屋面也可以把屋面防水工程只作为一个施工过程对待。

2.2.2.4 装饰工程施工方案

1. 施工顺序的确定

(1) 室内装饰与室外装饰的施工顺序。装饰工程可分为室外装饰（外墙装饰、勒脚、散水、台阶、明沟和水落管等）和室内装饰（顶棚、墙面、楼地面、楼梯抹灰、门窗扇安装、门窗油漆、安玻璃、做墙裙和做踢脚线等）。室内外装饰工程的施工顺序通常有先内后外、先外后内和内外同时进行三种顺序，具体选用哪种顺序，应视施工条件和气候条件而定。通常室外装饰应避开冬季和雨季。当室内为水磨石楼面时，为防止楼面施工时水的渗漏对外墙面的影响，应先完成水磨石的施工，即采取先内后外的顺序；如果为了加快脚手架周转或要赶在冬季或雨季来之前完成外装修，则应采取先外后内的顺序。

(2) 室内装饰的施工顺序和施工流向。

1) 施工流向：室内装饰工程一般有自上而下、自下而上和自中而下再自上而中三种施工流向。

a. 自上而下施工流向指主体结构封顶、屋面防水层完成后，从屋顶开始，逐层向下进行。其优点是主体恒载已到位，结构物已有一定沉降时间；屋面防水完成后，可以防止雨水对屋面结构的渗透，有利于室内抹灰的质量；工序之间交叉作业少，相互影响少，有利于成品保护，施工安全。其缺点是不能尽早地与主体搭接施工，工期相对较长。这种顺序适用于层数不多且工期要求不太紧迫的工程，如图2.27所示。

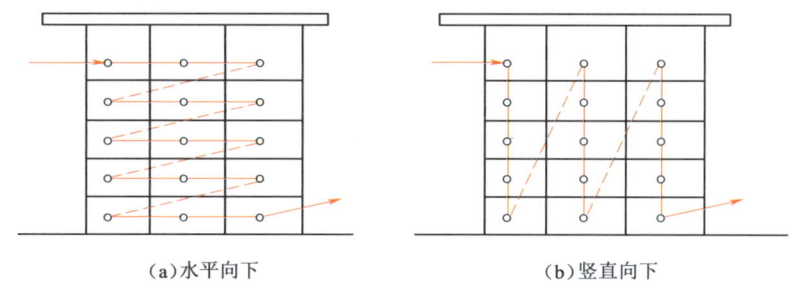

(a) 水平向下 (b) 竖直向下

图2.27 自上而下的施工流向

b. 自下而上施工流向指主体结构已完成3层以上时，室内抹灰自底层逐层向上进行。其优点是主体工程与装饰工程交叉进行施工，工期较短；其缺点是工序之间交叉作业多，质量、安全和成品保护不易保证。因此，采取这种流向，必须有一定的技术组织措施作保证，如相邻两层中，先做好上层地面，确保不会渗水，再做好下层顶棚抹灰。这种方法适用于层数较多且工期紧迫的工程，如图2.28所示。

c. 自中而下再自上而中施工流向。该工序集中了前两种施工顺序的优点，适用于高层建筑的室内装饰施工。

2) 室内装饰整体施工顺序。室内装饰工程施工顺序随装饰设计的不同而不同。例如某框架结构主体室内装饰工程施工顺序为：结构基层施工→放线→做轻质隔墙→贴灰饼冲筋→立门窗框→各类管道水平支管安装→墙面抹灰→管道试压→墙面喷涂贴面→吊顶→地面清理→做地面、贴地砖→安门窗扇→安风口、灯具和洁具→调试→清理。

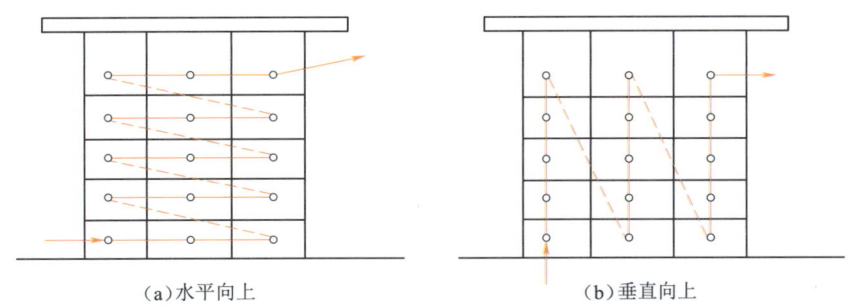

(a)水平向上　　　　　　　　(b)垂直向上

图 2.28　自下而上的施工流向

3）同一层的室内抹灰施工顺序有楼地面→顶棚→墙面和顶棚→墙面→楼地面两种。前一种顺序便于清理地面和保证地面质量，且便于收集墙面和顶棚的落地灰，节省材料。但由于地面需要养护时间及采取保护措施，使墙面和顶棚抹灰时间推迟，影响后续工序，工期较长。后一种顺序在做地面前，必须将楼板上的落地灰和渣子扫清洗净后，再做面层，否则会影响地面面层与混凝土楼板间的黏结，引起地面起鼓。

底层地面一般多是在各层顶棚、墙面和楼面做好之后进行。楼梯间和踏步抹面由于其在施工期间较易损坏，通常在整个抹灰工程完成后，自上而下统一施工。门窗扇的安装一般在抹灰之前或抹灰之后进行。视气候和施工条件而定，一般是先抹灰后安装门窗扇。若室内抹灰在冬季施工，为防止抹灰层冻结和加速干燥，则门窗扇和玻璃应在抹灰前安装好。门窗安玻璃一般在门窗扇油漆之后进行。

（3）室外装饰的施工流向和施工顺序。

1）室外装饰的施工流向：室外装饰工程一般都采用由上而下施工流向，即从女儿墙开始，逐层向下进行，在由上往下每层所有分项工程（工序）全部完成后，即开始拆除该层的脚手架，拆除外脚手架后，填补脚手眼，待脚手眼灰浆干燥后，再进行室内装饰。各层完工后，则可以进行勒脚、散水及台阶的施工。

2）室外装饰整体施工顺序：室外装饰工程施工顺序随装饰设计的不同而不同。例如某框架结构主体室外装饰工程施工顺序为：结构基层处理→放线→贴灰饼冲筋→立门窗框→抹墙面底层灰→墙面中层找平抹灰→墙面喷涂贴面→清理→拆本层外脚手架→进行下一层施工。

由于大模板墙面平整，只需在板面刮腻子，面层刷涂料。大模板不采用外脚手架，结构室外装饰采用吊式脚手架（吊篮）。

2. 施工方法及施工机械

（1）室内装饰施工方法和施工机具。

1）楼地面工程。可按地面材质不同分为以下六种。

a. 水泥砂浆地面的施工。

a）水泥砂浆地面施工工艺：基层处理→找规矩→基层润湿、刷水泥浆→铺水泥砂浆面层→拍实并分 3 遍压光→养护。

b）施工方法和施工机具的选择。在基层处理后，进行弹准线、做标筋，然后铺抹砂浆并压光。铺水泥砂浆，用刮尺赶平，并用木抹子压实。待砂浆初凝后终凝前，用铁抹子反复压光3遍，不允许撒干灰砂收水抹压。面层抹完后，在常温下铺盖草垫或锯末屑进行浇水养护。水泥砂浆地面施工常用机具有铁抹子、木抹子、刮尺和地面分格器等。

b. 细石混凝土地面的施工。

a）细石混凝土地面施工工艺：基层处理→找规矩→基层润湿、刷水泥浆→铺细石混凝土面层→刮平拍实→用铁滚筒滚压密实并进行压光→养护。

b）施工方法和施工机具的选择。混凝土铺设时，预先在地坪四周弹出水平线，并用木板隔成宽小于3m的条形区段，先刷水灰比为0.4~0.5的水泥浆，随刷随铺混凝土，用刮尺找平，用表面振动器振捣密实或采用滚筒交叉来回滚压3~5遍，至表面泛浆为止，然后进行抹平和压光。混凝土面层应在初凝前完成抹平工作，终凝前完成压光工作。混凝土面层3遍压光成活及养护同水泥砂浆地面面层常用的施工机具有铁抹子、木抹子、刮尺、地面分格器、振动器和滚筒等。

c. 现浇水磨石地面的施工。

a）现浇水磨石地面施工工艺：基层找平→设置分隔条、嵌固分隔条→养护及修复分隔条→基层湿润、刷水泥素浆→铺水磨石粒浆→拍实并用滚筒滚压→铁抹子抹平→养护→试磨→初磨→补粒上浆养护→细磨→补粒上浆养护→磨光→清洗、晾干、擦草酸→清洗、晾干、打蜡→养护。

b）施工方法。水磨石面层施工一般在完成顶棚、墙面抹灰后进行，也可以在水磨石磨光两遍后进行顶棚、墙面的抹灰，然后进行水磨石面层的细磨和打蜡工作，但水磨石半成品必须采取有效的保护措施。

铺设水泥石粒浆面层时，如在同一平面上有几种颜色的水磨石，应先做深色，后做浅色；先做大面，后做镶边；待前一种色浆凝固后，再抹后一种色浆。水磨石的磨光一般常用"二浆三磨"法，即整个磨光过程为磨光3遍，补浆2次。现浇水磨石地面的施工常用一般磨石机、湿式磨光机、滚筒、铁抹子、木抹子、刮尺和水平尺等。

d. 块材地面的施工。

块材地面主要包括陶瓷锦砖、瓷砖、地砖、大理石、花岗石、碎拼大理石以及预制混凝土、水磨石地面等。

a）块材地面施工工艺分为以下三种。

大理石、花岗石和预制水磨石施工工艺：基层清理→弹线→试拼、试铺→板块浸水→刷浆→铺水泥砂浆结合层→铺块材→灌缝、擦缝→上蜡。

碎拼大理石施工工艺：基层清理→抹找平层→铺贴→浇石碴浆→磨光→上蜡。

陶瓷地砖楼地面施工工艺：基层清理→做灰饼、冲筋→做找平层→板块浸水阴干→弹线→铺板块→压平拨缝→嵌缝→养护。

b）施工方法和施工机具的选择。铺设前一般应在干净湿润的基层上浇水灰比为0.5的素水泥浆，并及时铺抹水泥砂浆找平层。贴好的块材应注意养护，粘贴1天后，每天洒水少许，并防止地面受外力震动，需养护3~5天。块材地面常用的施工机具有石材切割机、钢卷尺、水平尺、方尺、墨斗线、尼龙线靠尺、木刮尺、橡皮锤或木槌、抹子、喷水壶、灰铲、台钻、砂轮和磨石机等。

e. 木质地面的施工。

a) 木质地面施工工艺分为以下三种。

普通实木地板格栅式的施工工艺：基层处理→安装木格栅、撑木→钉毛地板（找平、刨平）→弹线→钉硬木地板→钉踢脚板→刨光、打磨→油漆。

粘贴式施工工艺：基层处理→弹线定位→涂胶→粘贴地板→刨光、打磨→油漆。

复合地板的施工工艺：基层处理→弹线找平→铺垫层→试铺预排→铺地板→安装踢脚线→清洁表面。

b) 施工方法和施工机具的选择。木地板施工之前，应在墙四周弹水平线，以便于找平。面板的铺设有两种方法：钉固法和粘贴法。复合地板只能悬浮铺装，不能将地板粘固或者钉在地面上。铺装前需要铺设一层垫层，例如聚乙烯泡沫塑料薄膜或较厚的发泡底垫等材料，然后铺设复合地板。木地板铺设常用的机具有小电锯、小电刨、平刨、电动圆锯（台锯）、冲击钻、手电钻、磨光机、手锯、手刨、锤子、斧子、凿子、螺丝刀、撬棍、方尺、木折尺、墨斗、磨刀石和回力钩等。

f. 地毯地面的施工。

a) 地毯地面施工工艺分以下两种。

固定式地毯地面：基层处理→裁割地毯→固定踢脚板→固定倒刺钉板条→铺设垫层→拼接地毯→固定地毯→收口、清理。

活动式地毯地面：基层处理→裁割地毯→（接缝缝合）→铺设→收口、清理。

b) 施工方式和施工工具的选择。地毯铺设方式可分为满铺和局部铺设两种。铺设的方法有固定式和活动式。活动式铺设是将地毯直接铺在地面上，不需要将地毯与基层固定。固定式铺设是将地毯裁边，粘接拼缝成为整片，摊铺后四周与房间地面加以固定的铺设方法。固定方式又分为粘贴法和倒刺板条固定法。

活动式铺设是将地毯直接铺在地面上，不需要将地毯与基层固定的一种铺设方法。活动式铺设地毯的方法是：首先是基层处理，然后进行地毯的铺设。若采用方块地毯，先按地毯方块在基层上弹出方格控制线，然后从房间中间向四周展开铺排，逐块就位放平并且相互靠紧，收口部位应按设计要求选择适当的收口条。在人活动频繁且容易被人掀起的部位，也可以在地毯背面少刷一点胶，以增加地毯的耐久性，防止被掀起。常用的施工机具有：裁毯刀、地毯撑子、扁铲、用于缝合的尖嘴钳、熨斗、地毯修边器、直尺、米尺、手枪式电钻、调胶容器、修绒电铲和吸尘器等。

2）内墙装饰工程。按材料和施工方法不同可分为抹灰类、贴面类、涂料类和裱糊类四种。

a. 抹灰类内墙饰面的施工。

a) 内墙一般抹灰的施工工艺为：基层处理→做灰饼、冲筋→阴阳角找方→门窗洞口做护角→抹底层灰及中层灰→抹罩面灰。

b) 施工方法和施工机具的选择：做灰饼是在墙面的一定位置上抹上砂浆团，以控制抹灰层的平整度、竖直度和厚度，凡窗口和垛角处必须做灰饼。冲筋厚度同灰饼，应抹成八字形，普通抹灰要求阳角找方，高级抹灰要求阴阳角都要找方。方法是用阴阳角方尺检查阴阳角的直角度，并检查竖直度，然后定抹灰厚度，浇水湿润；或者用木制阴角器和阳角器分别进行阴阳角处抹灰，先抹底层灰，使其基本达到直角，再抹中层灰，使阴阳角方正。阴阳角找方应与墙面抹灰同时进行。标筋达到一定强度后即可抹底层及中层灰，这道

学习项目 2　施工部署与主要施工方案编制

工序也叫装档或刮糙，待底层灰 7～8 成干时即可抹中层灰，其厚度以垫平标筋为准，也可以略高于标筋。中层灰要用刮尺刮平，并用木抹子来回搓抹，去高补低，搓平后用 2m 靠尺检查，超过质量标准允许偏差时应修整至合格。在中层灰 7～8 成干后即可抹罩面灰，普通抹灰应用麻刀灰罩面，高级抹灰应用纸筋灰罩面。抹灰前先在中层灰上洒水，然后将面层砂浆分遍均匀抹涂上去，一般也应按从上到下、从左到右的顺序。抹满后用铁抹子分遍压实压光。铁抹子各遍的运行方向应互相垂直，最后一遍宜按竖直方向。常用的施工机具有：木抹子、塑料抹子、铁抹子、钢皮抹子、压板、阴角抹子、阳角抹子、托灰板、挂线板、方尺、八字靠尺、钢筋卡子、刮尺、筛子和尼龙线等。

b. 内墙饰面砖的施工。

a）内墙饰面砖（板）的施工工艺：基层处理→做找平层→弹线、排砖→浸砖→贴标准点→镶贴→擦缝。

b）内墙饰面砖的施工方法和施工机具的选择。不同的基体应进行不同的处理，以解决找平层与基层的粘接问题。基体基层处理好后，用 1∶3 水泥砂浆或 1∶1∶4 的混合砂浆打底找平。待找平层有 6～7 成干时，按图纸要求，结合瓷砖规格进行弹线。先量出镶贴瓷砖的尺寸，立好皮数杆，在墙面上从上到下弹出若干条水平线，控制好水平皮数，再按整块瓷砖的尺寸弹出竖直方向的控制线。先按颜色的深浅不同进行归类，然后再对其几何尺寸的大小进行分选。在同一墙面上的横竖排列，不宜有一行以上的非整砖，且非整砖要排在次要位置或阴角处。瓷砖在镶贴前应在水中充分浸泡，一般浸水时间不少于 2h，取出阴干备用，阴干时间以手摸无水感为宜。内墙面砖镶贴排列的方法主要有直缝排列和错缝排列。当饰面砖尺寸不一时，极易造成缝不直，这种砖最好采用错缝排列。若饰面砖厚薄不一时，按厚度分类，分别贴在不同的墙面上，如果分不开，则先贴厚砖，然后用面砖背面填砂浆加厚的方法贴薄砖，瓷砖铺贴方式有离缝式和无缝式两种。无缝式铺贴要求阳角转角铺贴时要倒角，即将瓷砖的阳角边厚度用瓷砖切割机打磨成 30°～45°以便对缝。依砖的位置，排砖有矩形长边水平排列和竖直排列两种。大面积饰面砖铺贴顺序是：由下向上，从阳角开始向另一边铺贴，饰面砖铺贴完毕后，应用棉纱或棉质毛巾蘸水将砖面灰浆擦净。常用的施工机具有：手提切割机、橡皮锤（木槌）、铅锤、水平尺、靠尺、开刀、托线板、硬木拍板、刮杠、方尺、墨斗、铁铲、拌灰桶、尼龙线、薄钢片、手动切割器、细砂轮片、棉丝、擦布和胡桃钳等。

c. 涂料类内墙面的施工。

a）涂料类内墙饰面的施工工艺为：基层清理→填补腻子、局部刮腻子→磨平→第一遍满刮腻子→磨平→第二遍满刮腻子→磨平→第一遍涂料→第二遍涂料→局部施涂涂料。

b）涂料类内墙饰面的施工方法和施工机具的选择。

内墙涂料品种繁多，其施涂方法基本上都是采用刷涂、喷涂、滚涂、抹涂和刮涂等。不同的涂料品种会有一些微小差别。常用的施工机具有：刮铲、钢丝刷、尖头锤、圆头锉、弯头刮刀、棕毛刷、羊毛刷、排笔、涂料辊、喷枪、高压无空气喷涂机和手提式涂料搅拌器等。

d. 裱糊类内墙饰面的施工。

a）裱糊类内墙饰面的施工工艺。壁纸裱糊施工工艺流程为：基层处理→弹线→裁纸编号→焖水→刷胶→上墙裱糊→清理修整表面。

金属壁纸的施工工艺流程为：基层表面处理→刮腻子→封闭底层→弹线→预拼→裁纸、编号→刷胶→上墙裱贴→清理修整表面。

墙布及锦缎裱糊施工工艺流程为：基层表面处理→刮腻子→弹线→裁剪、编号→刷胶→上墙裱贴→清理修整。

b）裱糊类内墙饰面的施工方法和施工机具的选择。裱糊壁纸的基层表面为了达到平整光洁、颜色一致的要求，应视基层的实际情况，采取局部刮腻子、满刮一遍或两遍腻子，每遍干透后用0～2号砂纸磨平。不同基体材料的相接处，如石膏板和木基层相接处，应用穿孔纸带粘糊，处理好的基层表面要喷或刷一遍汁浆。按壁纸的标准宽度找规矩，弹出水平及垂直准线。为了使壁纸花纹对称，应在窗户上弹好中线，再向两侧分弹。如果窗户不在中间，为保证窗间墙的阳角花饰对称。应弹窗间墙中线，由中心线向两侧再分格弹线。根据壁纸规格及墙面尺寸进行裁纸，裁纸长度应比实际尺寸大20～30mm。壁纸上墙前，应先在壁纸背面刷清水一遍，立即刷胶，或将壁纸浸入水中3～5min后，取出将水擦净，静置约15min后，再进行刷胶。塑料壁纸背面和基层表面都要涂刷胶粘剂。裱糊时先贴长墙面，后贴短墙面。每面墙从显眼处墙角开始，至阴角处收口，由上而下进行。上端不留余量，包角压实。遇有墙面上卸不下来的设备或附件，裱糊时可在壁纸上剪口裱上去。常用的施工机具有：活动裁纸刀、刮板、薄钢片刮板、胶皮刮板、塑料刮板、胶辊、铝合金直尺、裁纸案台、钢卷尺、水平尺、2m直尺、普通剪刀、粉线包、软布、毛巾、排笔、板刷、注射用针管及针头等。

e. 大型饰面板的安装施工。大型饰面板的安装多采用浆锚法和干挂法施工。

3）顶棚装饰工程。顶棚的做法有抹灰、涂料以及吊顶。抹灰及涂料顶棚的施工方法与墙面大致相同。吊顶顶棚主要是悬挂系统、龙骨架、饰面层及其相配套的连接件和配件组成。

a. 吊顶工程施工工艺：弹线→固定吊筋→吊顶龙骨安装→罩面板安装。

b. 施工方法和施工机具的选择。安装前，应先按龙骨的标高沿房屋四周在墙上弹出水平线，再按龙骨的间距弹出龙骨中心线，找出吊杆中心点。吊杆用$\phi 6 \sim \phi 10$的钢筋制作，上人吊顶吊杆间距一般为900～1200mm，不上人吊顶吊杆间距一般为1200～1500mm。按照已找出的吊杆中心点，计算好吊杆的长度，将吊杆上端焊接固定在预埋件上，下端套丝，并配好螺帽，以便与主龙骨连接。木龙骨需做防腐处理和防火处理，现多用轻钢龙骨。轻钢龙骨的断面形状可分为U形、T形、C形、Y形和L形等，分别作为主龙骨、次龙骨和边龙骨配套使用。吊顶轻钢龙骨架作为吊顶造型骨架，由大龙骨（主龙骨、承载龙骨）、次龙骨（中龙骨）、横撑龙骨及其相应的连接件组装而成。

a）主龙骨安装，用吊挂件将主龙骨连接在吊杆上，拧紧螺丝卡牢，然后以一个房间为单位，将大龙骨调整平直。调整方法可用60mm×60mm方木按主龙骨间距钉圆钉，将主龙骨卡住，临时固定。

b）中龙骨安装，中龙骨垂直于主龙骨，在交叉点用中龙骨吊挂件将其固定在主龙骨上，吊挂件上端搭在主龙骨上，挂件U形腿用钳子卧入龙骨内。中龙骨的间距因装饰面板是密缝安装还是离缝安装而异，中龙骨间距应计算准确并要翻样确定。

c）横撑龙骨安装。横撑龙骨应由中龙骨截取。安装时将截取的中龙骨的端头插入挂插件，扣在纵向龙骨上，并用钳子将挂插件弯入纵向龙骨内。组装好后，纵向龙骨和横撑龙骨底面（即饰面板背面）要求平齐。横撑龙骨间距应视实际使用的饰面板规格尺寸而定。灯具处理，一般轻型灯具可固定在中龙骨或附加的横撑龙骨上；较重的须吊于大龙骨或附加大龙骨上；重型的应按设计要求决定且不得与轻钢龙骨连接。

d）铝合金龙骨的安装。主、次龙骨安装时宜从同一方向同时安装，主龙骨（大龙骨）按已确定的位置及标高线，先将其基本就位。次龙骨（中、小龙骨）与主龙骨应紧贴安装就位。龙骨接长一般选用配套连接件。连接件可用铝合金，也可用镀锌钢板，在其表面冲成倒刺，与龙骨方孔相连。龙骨架基本就位后，以纵横两个方向满拉控制标高线（十字线），从一端开始边安装边进行调整，直至龙骨调平调直为止。如面积较大，在中间应适当起拱，起拱高度应不少于房间短向跨度的 1/300～1/200。钉固边龙骨，沿标高线固定角铝边龙骨，其底面与标高线齐平。一般可用水泥钉直接将角铝钉在墙面或柱面上，或用膨胀螺栓等方法固定，钉距宜小于 500mm。罩面板安装前应对吊顶龙骨架安装质量进行检验，符合要求后，方可进行罩面板安装。

e）罩面板的安装，一般采用粘合法、钉子固定法、方板搁置式或方板卡入式安装等。

吊顶常用的施工机具有：电动冲击钻、手电钻、电动修边机、木刨、槽刨、无齿锯、射钉枪、手锯、手刨、螺丝刀、扳手、方尺、钢尺、钢水平尺、锯、锤、斧、卷尺、水平尺和墨斗等。

（2）室外装饰施工方法。室外装饰施工方法和室内装饰大致相同，不同的是外墙受温度影响较大，通常需设置分格缝，只多了分格条的施工过程。

3. 流水施工组织

装饰工程流水施工组织的步骤分为以下几步。

第1步：划分施工过程。按照划分施工过程的原则，把起主导作用的、影响工期的施工过程单独列项。

第2步：划分施工段。为了组织流水施工，按照划分施工段的原则，并结合实际工程情况划分施工段。施工段的数目一定要合理，不能过多或过少。

第3步：组织专业班组。按工种组织单一或混合专业班组，连续施工。

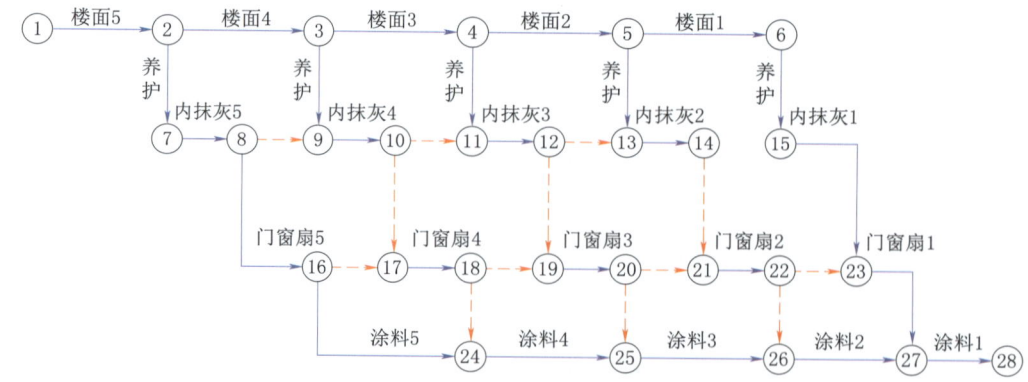

图 2.29 某装饰工程流水施工网络计划

第 4 步：组织流水施工，绘制进度计划。按流水施工组织方式，组织搭接施工进度计划常有横道图和网络图两种表达方式。

装饰工程平面上一般不分段，立面上分段，通常把一个结构楼层作为一个施工段。室外装饰只划分为一个施工过程，采用自上而下的流向组织施工。室内装饰一般划分为楼地面施工、顶棚及内墙抹灰（内抹灰）、门窗扇的安装和涂料工程四个施工过程。

以某 5 层建筑物为例，采用自上而下的流向组织施工，绘制时按楼层排列，其装饰工程流水施工网络计划如图 2.29 所示。

2.3 BIM 脚手架工程专项方案编制

2.3.1 脚手架工程专项方案编制背景

在我国改革开放初期，建筑规模比较小，高层建筑比例不高，编制建筑施工组织设计即可满足施工安全生产要求。简便的施工组织设计只包含"一案一表一图"，即施工方案、进度计划表和施工总平面图。随着我国经济的发展，城市化进程加快，建筑工程施工的难度增加，参建人员培训滞后，临时设施材料良莠不一，技术标准滞后等原因使得建筑施工安全生产任务越来越艰巨，相关管理部门颁发了多个管理办法，如建筑行业颁布的技术标准《建筑施工扣件式钢管脚手架安全技术规范》（JGJ 130—2011），住房和城乡建设部办公厅发布的《关于实施〈危险性较大的分部分项工程安全管理规定〉有关问题的通知》（建质〔2018〕31号）（《危险性较大的分部分项工程安全管理规定》自 2018 年 6 月 1 日起施行）等。

2.3.1.1 编制专项施工方案的脚手架工程

依据建质〔2018〕31 号住房和城乡建设部办公厅《关于实施〈危险性较大的分部分项工程安全管理规定〉有关问题的通知》，为加强对危险性较大的分部分项工程安全管理，要明确安全专项施工方案编制内容，规范专家论证程序，确保安全专项施工方案实施，积极防范和遏制建筑施工生产安全事故的发生。其中第五条规定：施工单位应当在危险性较大的分部分项工程施工前编制专项方案。

以下六项为危险性较大的脚手架工程，需要编制脚手架工程专项施工方案。

（1）搭设高度 24m 及以上的落地式钢管脚手架工程（包括采光井、电梯井脚手架）。

（2）附着式升降脚手架工程。

（3）悬挑式脚手架工程。

（4）高处作业吊篮。

（5）卸料平台、操作平台工程。

（6）异型脚手架工程。

2.3.1.2 组织专家论证的脚手架工程

符合以下三项规模的危险性较大的脚手架工程，施工单位应当组织专家对专项方案进行论证。

（1）搭设高度 50m 及以上落地式钢管脚手架工程。

（2）提升高度 150m 及以上附着式升降脚手架工程或附着式升降操作平台工程。

（3）分段架体高度 20m 及以上悬挑式脚手架工程。

2.3.2 BIM 建模与脚手架工程专项方案设计

随着信息技术的发展，BIM 技术被广泛应用于建筑工程之中，专项方案的编制也可以通过 BIM 技术得以解决。本教材以品茗公司研发的 BIM 脚手架工程设计软件为运行背景，使学生通过该软件的学习与使用，掌握 BIM 结构转化建模、脚手架工程专项方案设计的能力，能够完成脚手架工程专项施工方案、施工图、三维图等技术文件以及现场所需各类脚手架材料的统计报表。

2.3.2.1 BIM 脚手架工程设计软件功能组成

BIM 脚手架工程设计软件功能组成如图 2.30 所示。

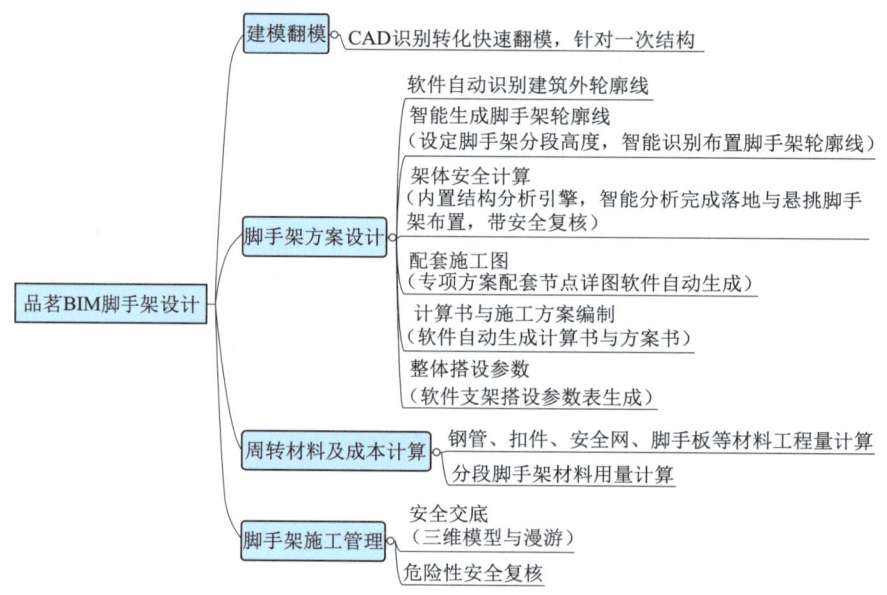

图 2.30　BIM 脚手架工程设计软件功能组成图

2.3.2.2 BIM 脚手架工程设计软件工作流程

BIM 脚手架工程设计软件工作流程如图 2.31 所示。

2.3.2.3 BIM 脚手架工程设计软件操作界面简介

成功运行软件进入 AutoCAD 平台，品茗 BIM 脚手架工程设计软件在 AutoCAD 平台接口左侧自动加载"BIM 脚手架工程"功能区和属性区。BIM 脚手架工程设计软件的界面如图 2.32 所示。

AutoCAD 平台左侧自动加载品茗 BIM 脚手架工程设计软件功能主菜单，包含各项功能目录和菜单，如图 2.33 所示。

2.3.2.4 BIM 脚手架工程设计软件工程信息设置

本书以位于某工业园区内的一幢 12 层的办公大楼为背景，进行 BIM 结构建模和脚手架搭设。本幢建筑地面以上部分共 12 层，总层高 43.500m，采用钢筋混凝土框架结构，基础为柱下独立基础。

2.3 BIM 脚手架工程专项方案编制

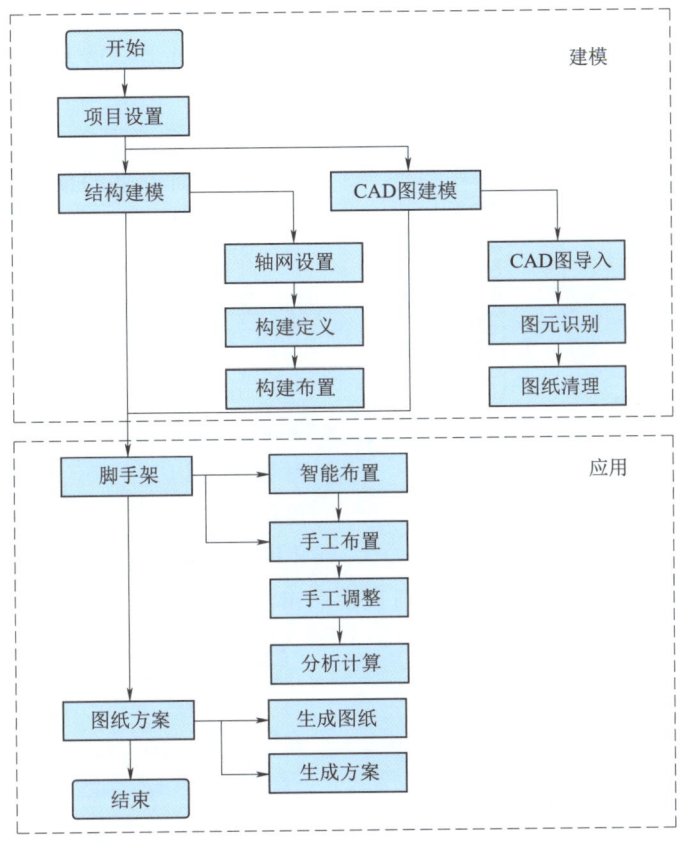

图 2.31 软件工作流程图

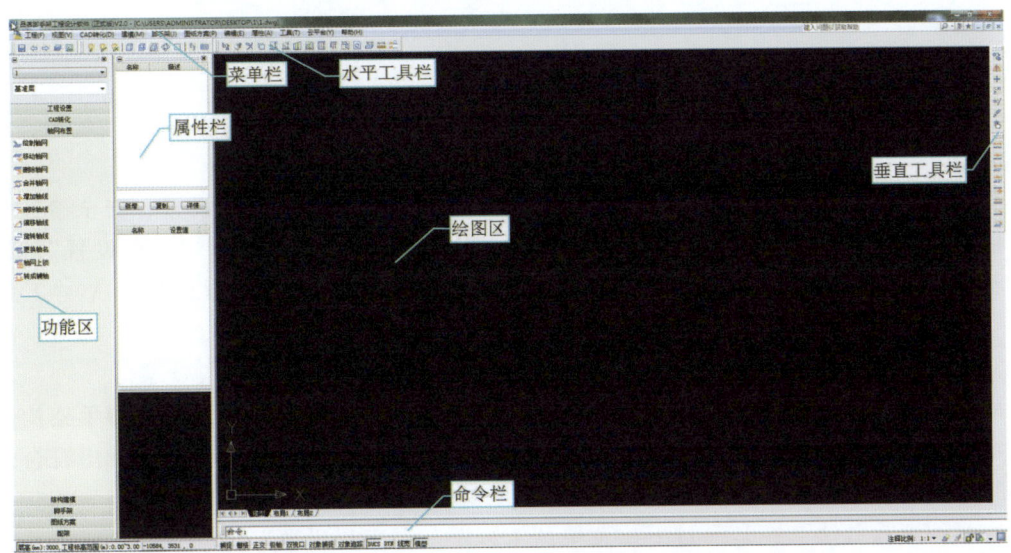

图 2.32 BIM 脚手架工程设计软件界面图

学习项目 2 施工部署与主要施工方案编制

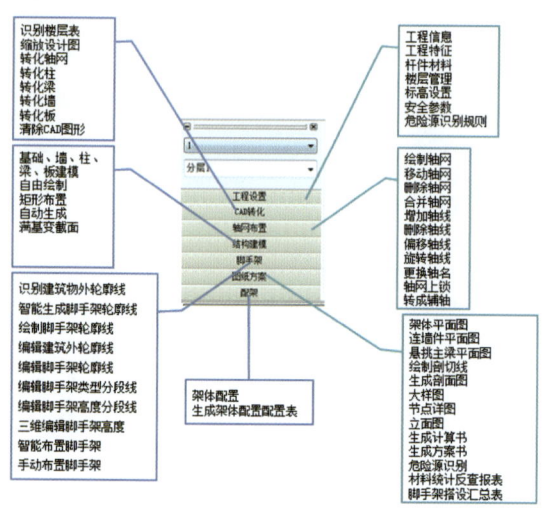

图 2.33 功能目录及菜单图

本项目源于真实工程,有一系列配套的完整图纸可供学员学习借鉴,从而帮助学员更好地理解图纸、BIM 模型和脚手架工程设计之间的转换关系,体会 BIM 技术给设计、施工等诸多方面带来的便捷和高效。[学员可通过以下网址下载本教材配套的案例图纸:http://qiniu.pmsjy.com/video/zl/1.rar?attname=办公楼图纸(脚、模).rar]。

1. 新建工程

双击桌面图标打开软件,界面如图 2.34 所示。在界面点击"新建工程",键入工程名,并以工程名.pmjsj 保存,完成新工程建立,如图 2.35 所示,软件同时自动创建同名文件夹,以下操作所产生文件均保存在此文件夹内。如已存在拟建工程,则直接点击"打开工程"找出对应工程即可。

图 2.34 软件界面

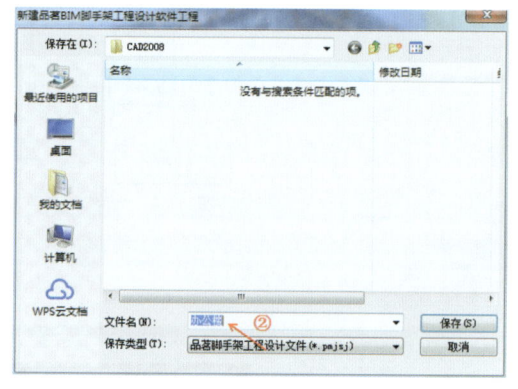

图 2.35 新建工程文件界面

2. 工程信息设置

工程设置即将工程信息、工程特征、杆件材料、楼层管理、标高设置、安全参数基本工程信息进行填写。有两种填写方法:一是通过下拉菜单"工程"\"工程设置",将本工程基本概况输入表中,如图 2.36 所示;二是通过功能菜单"工程设置"\"工程信息",将本工程基本概况输入表中,如图 2.37 所示。

3. 工程特征设置

认真研究本工程特点所需要采用的脚手架结构形式,本工程所处地区,脚手架构造规范规定,将工程特征值、地区选择、构造要求填写到工程特征对话框中,设计出符合规范要求的脚手架搭设体系、构造要求。

有两种填写方法:一是通过下拉菜单"工程"\"工程设置",如图 2.38 所示;二是通过功能菜单"工程设置"\"工程特征",将本工程的计算依据、地区选择、构造要求的情况输入表中,如图 2.39 所示。

2.3 BIM 脚手架工程专项方案编制

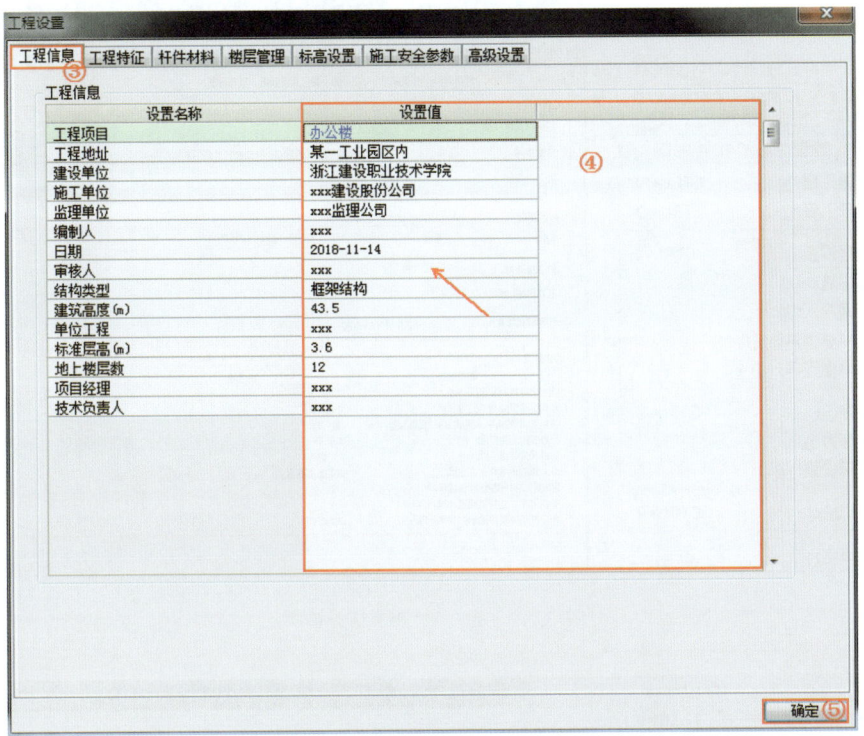

图 2.36 工程设置界面

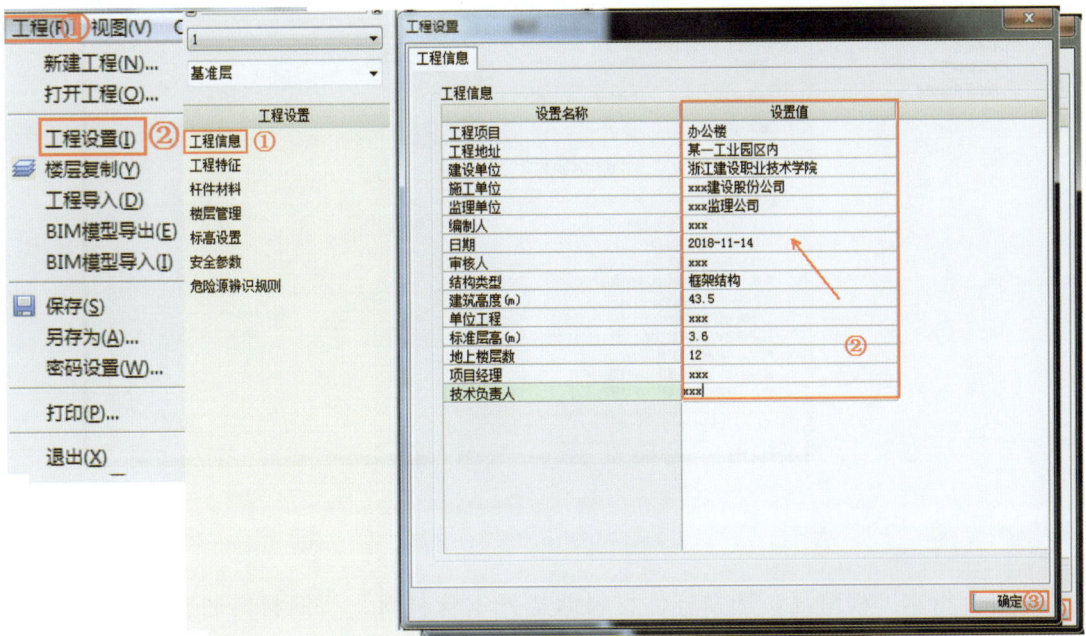

图 2.37 工程概况输入

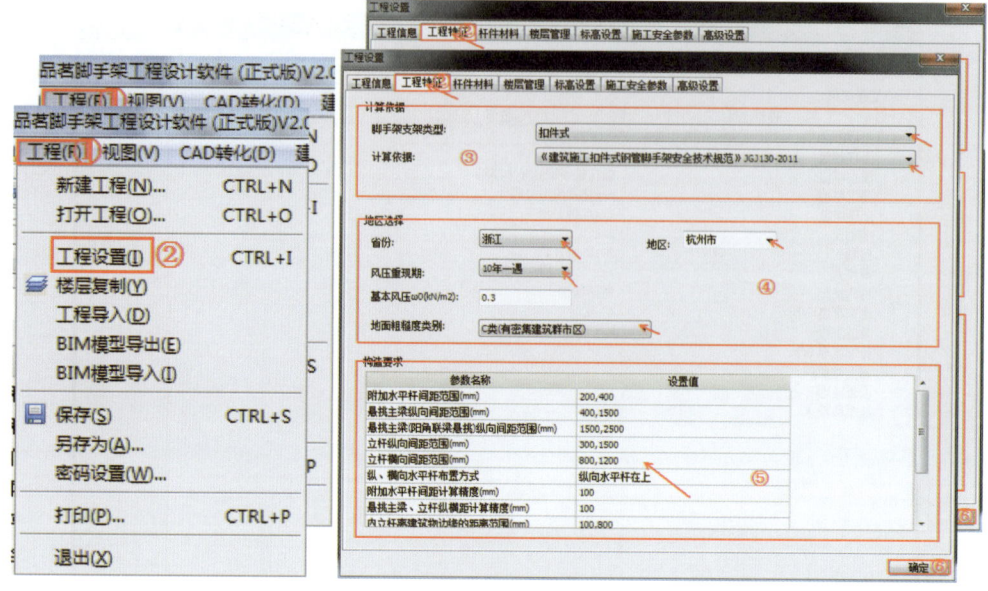

图 2.38 填写工程特征（一）

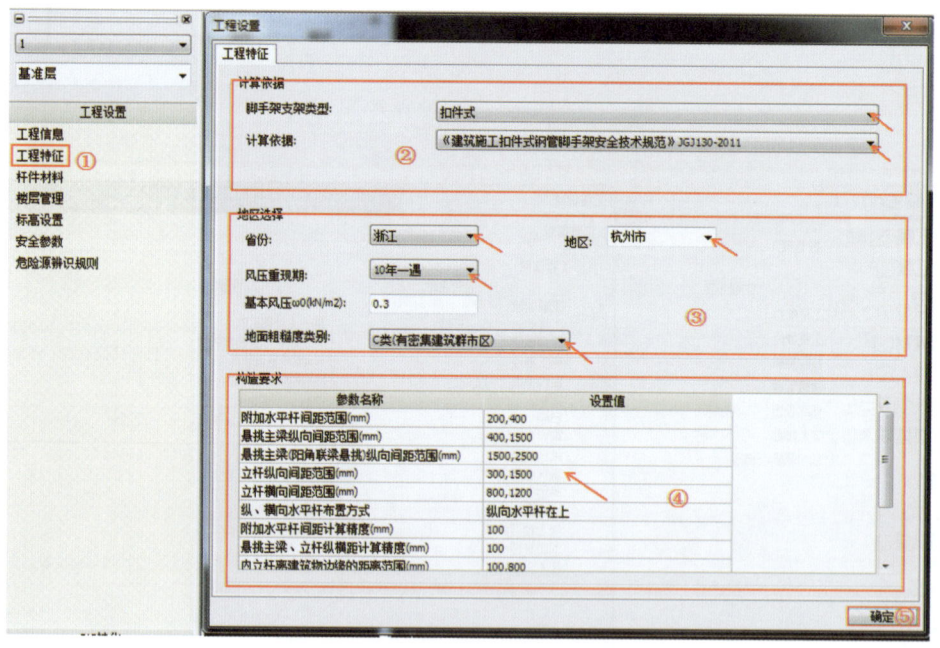

图 2.39 填写工程特征（二）

4. 杆件材料设置

通过分析本工程情况，选择杆件材料即选择钢管材料、型钢材料的型号、规格、尺寸、重量，通过下拉菜单"工程"\"工程设置"\"杆件材料"，如图 2.40 所示。本功能适用于脚手架工程设计完成后的配架功能，不影响脚手架架体设计，此处可不做修改。

2.3 BIM 脚手架工程专项方案编制

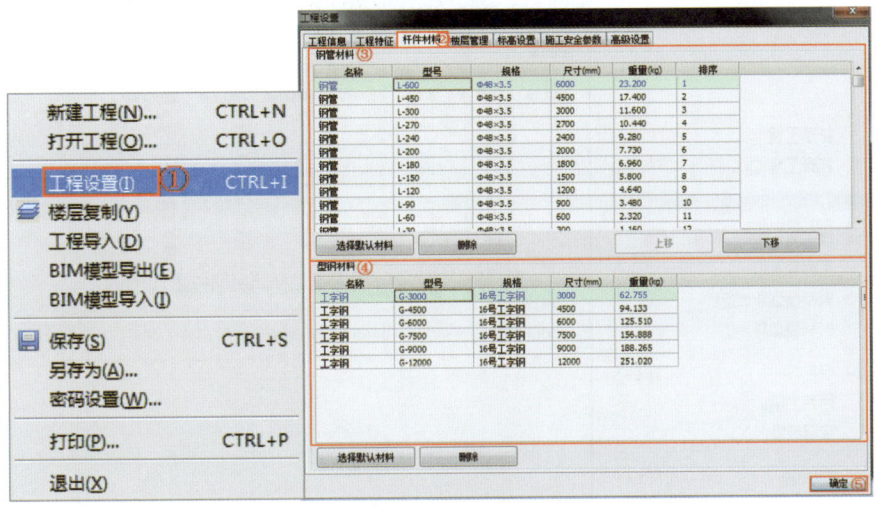

图 2.40 设置杆件材料

5. 楼层管理

楼层管理指依据设计结构图纸将工程单栋楼体的楼层、层高、标高及梁板、柱墙混凝土强度信息汇总，有两种填写方法：一是通过下拉菜单＼"工程"＼"工程设置"＼"楼层管理，如图 2.41 所示；二是通过功能菜单"工程设置"＼"楼层管理"，使用"添加楼层"，并根据工程情况更改楼层性质，层高，梁板、柱墙混凝土强度，如添加楼层各参数相同，点击"复制楼层"即可，楼地面标高软件自动累加，根据设计图纸，输入室外设计地平标高及自然设计地平标高，设置完毕点击"确定"，如图 2.42 所示。（注：楼层管理表格也可暂不填写，可在 CAD 转化过程中识别楼层表时自动生成楼层表后再根据工程情况进行编辑。）

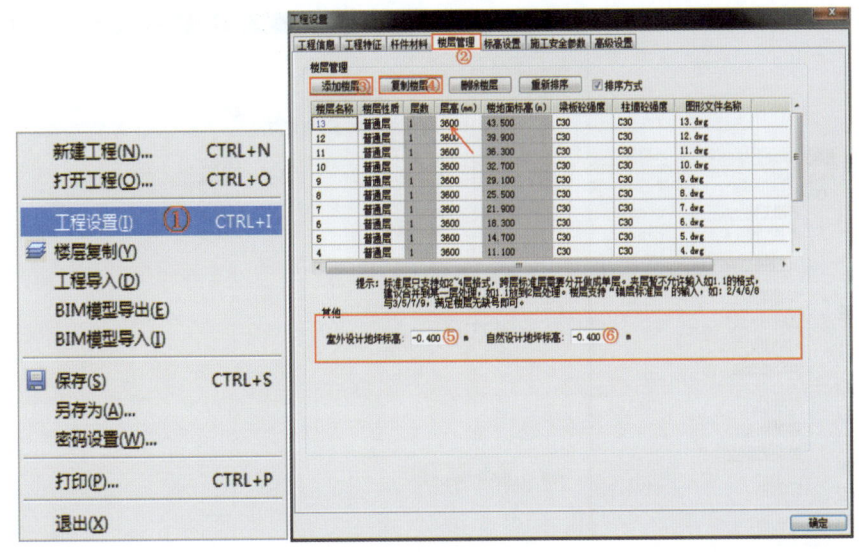

图 2.41 楼层管理设置（一）

学习项目2　施工部署与主要施工方案编制

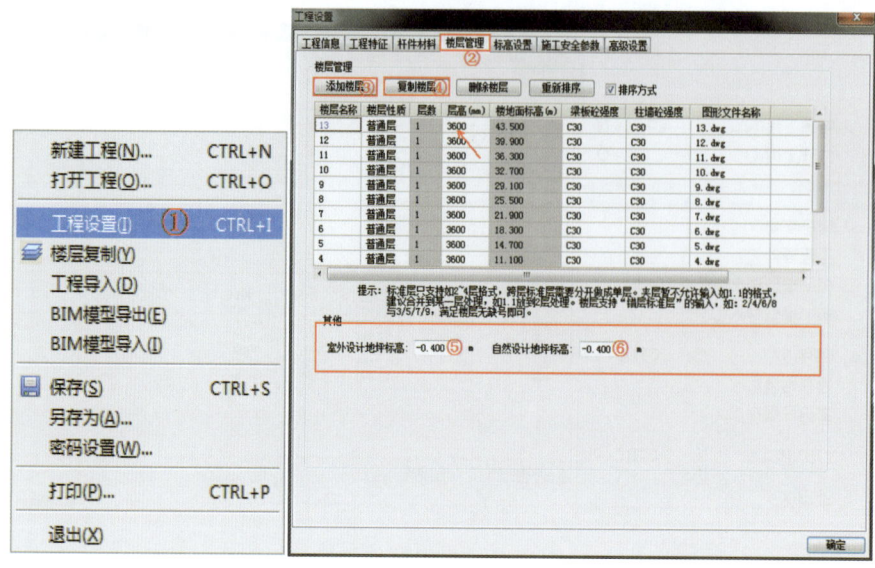

图2.42　楼层管理设置（二）

6. 标高设置

标高设置是指，选择标注模式是楼层标高或工程标高，有两种填写方法：一是通过下拉菜单"工程"\"工程设置"\"标高设置"，如图2.43所示；二是通过功能菜单"工程设置"\"标高设置"，如图2.44所示。在查改构件标高过程中，楼层标高标注模式是以当前构件所在层底板±0.00m为基准标高，工程标高标注模式是以当前工程相对标高±0.00m为基准标高，因工程图纸中常见标高标注均以工程相对标高±0.00m为基准标高，所以此处标高设置建议采用工程标高，在图2.43中，第4点选择工程标高时可整栋修改为按工程标高进行标注。

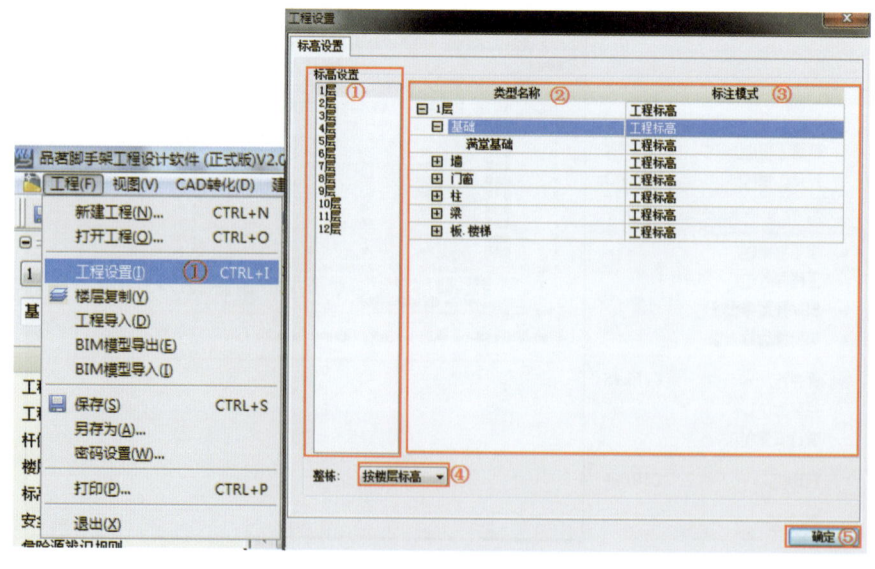

图2.43　标高设置（一）

2.3 BIM 脚手架工程专项方案编制

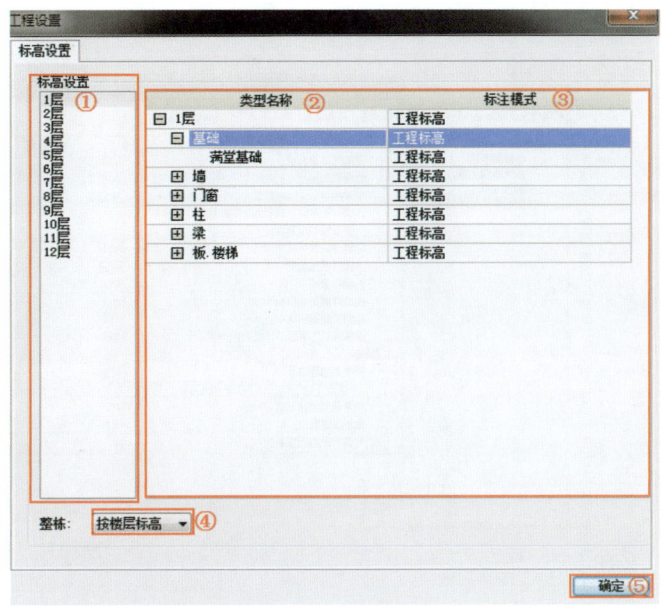

图 2.44 标高设置（二）

7. 安全参数设置

安全参数指按照规范要求并结合施工现场工况设置脚手架搭设形式、材料、荷载等参数；安全参数中，学员可结合项目情况选择脚手架搭设形式以及材料的选用，荷载参数依据规范要求给定不建议修改。安全参数设置有两种填写方法：一是通过下拉菜单"工程"\"工程设置"\"施工安全参数"，如图 2.45 所示；二是通过功能菜单"工程设置"\"施工安全参数"，设置成功后，点击"应用到工程"，将所设定的参数应用到工程中，点击"确定"退出，如图 2.46 所示。

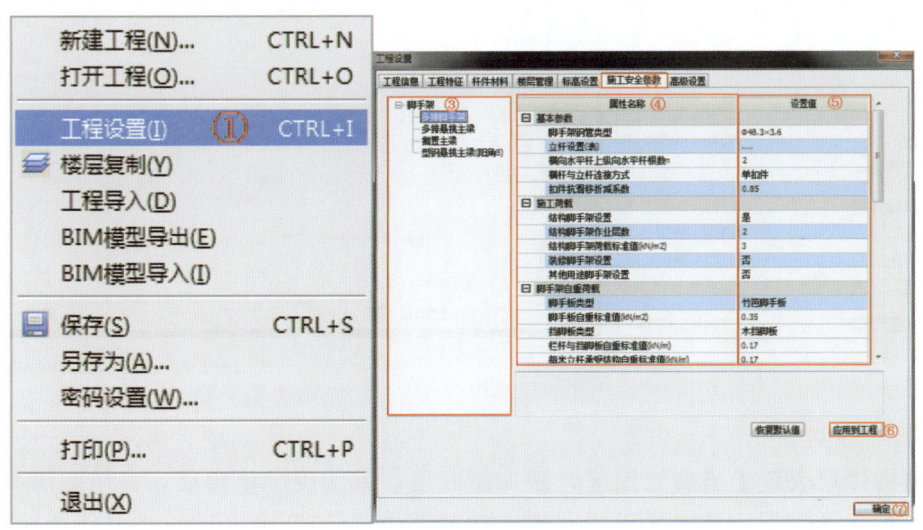

图 2.45 安全参数设置（一）

学习项目2　施工部署与主要施工方案编制

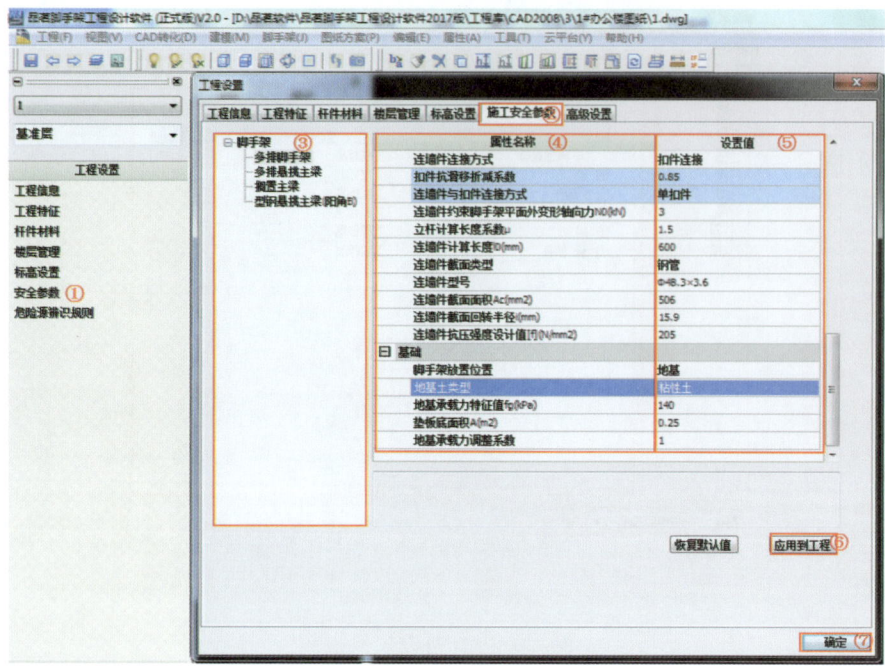

图 2.46　安全参数设置（二）

2.3.2.5　BIM 结构建模

通过 CAD 转化下拉菜单或 CAD 转化快捷键，调入有楼层表的 CAD 文件或在 AutoCAD 中将楼层表复制至本软件中，如图 2.47 所示。

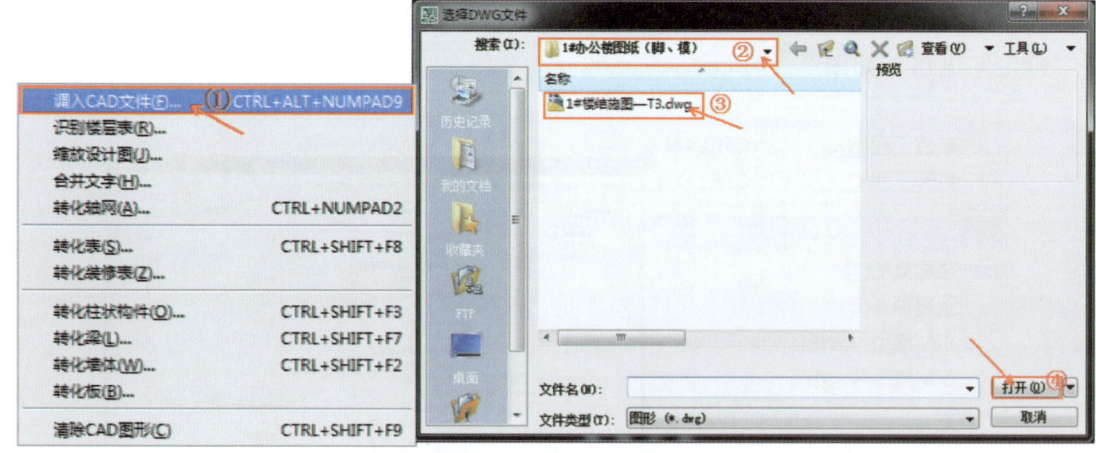

图 2.47　调入 CAD 文件

1. 识别楼层表

将结构楼层表置于当前绘图区，添加屋面层，添加顶层楼梯层，并填写层高，楼地面标高，检查各数据，核对无误后，点击功能菜单"CAD 转化"\"识别楼层"，按住左键框选图 2.48 所示的整个楼层表，显示如图 2.49 所示，添加屋面层，检查无误后

76

2.3 BIM脚手架工程专项方案编制

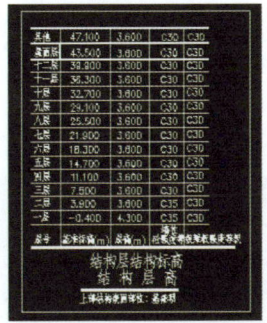
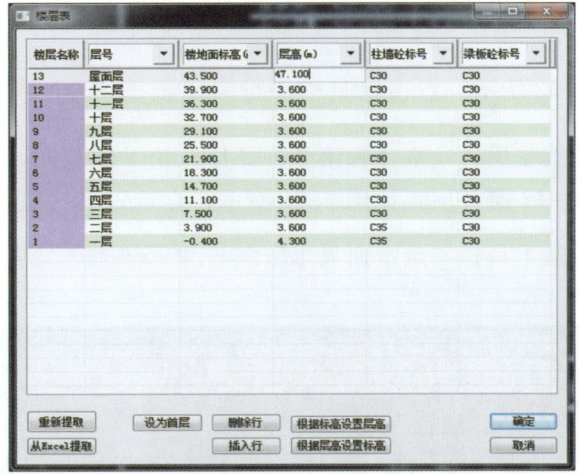

图 2.48 左键框选整个楼层表

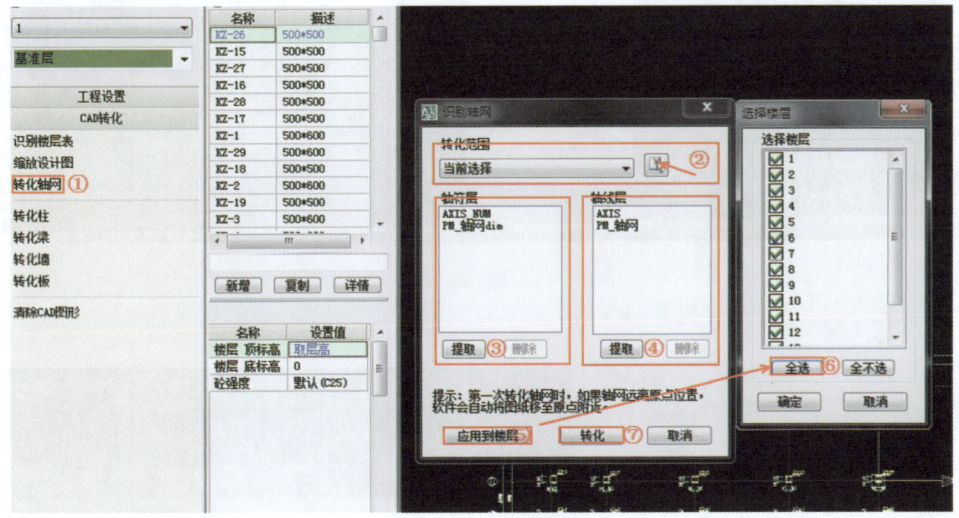

图 2.49 整个楼层表显示

点击"确定"。

2. 转化轴网

将-0.400～43.500m层柱结构平面图用左键全选后，右键打开快捷菜单选择"带基点复制"（注意命令行提示：指定基点），选择 A 和①轴线交点为基点，"粘贴"至绘图区任意位置，如图 2.50 所示；点击功能菜单或 CAD 转化下拉菜单中的"转化轴网"，通过提取图形中的轴符层（轴线标准对应图层）及轴线层（轴线对应图层）完成轴网的有效转化；本工程以上各楼层如与1层相同，选择应用到楼层，选择楼层号点击楼层，完毕后点选"转化"，如图 2.51 所示。

3. 转化柱

将当前层设置为第1层，在已转化的轴网图上，设置结构平面图中需转化的柱识别

77

符,通过提取图中混凝土柱标注层、边线层完成混凝土柱的转化,完成第 1 层柱子转化,如图 2.52 所示,点击工具栏进行三维预览　　　　　　　,如图 2.53 所示;同理转化第 2 层柱,本工程第 3～12 层与第 2 层相同,点击工具栏"楼层复制"　　,复制至第 3～12 层各层,如图 2.54 所示;点选工具"整栋三维显示"进行预览,如图 2.55 所示;点选工具栏"全平面显示"　　　　　　,返回平面显示。

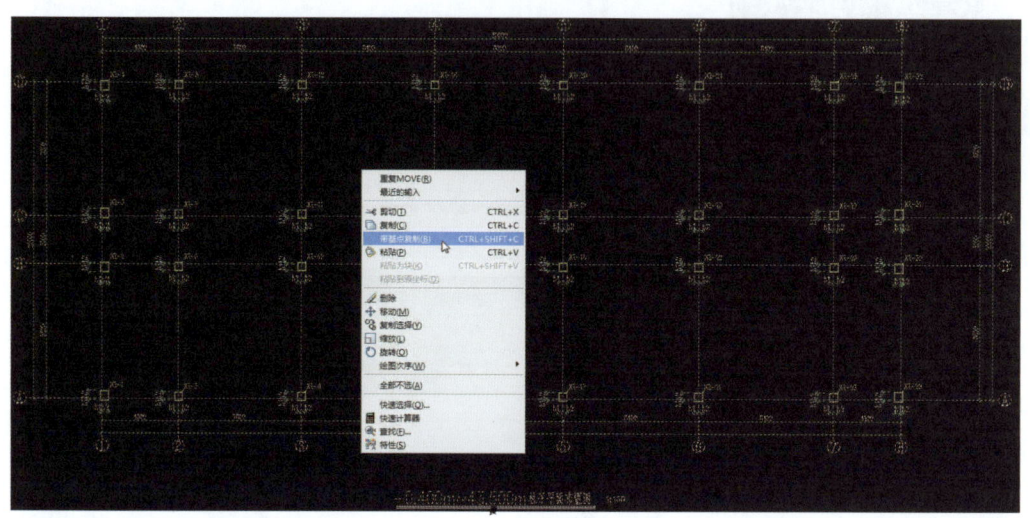

图 2.50　轴网转化(一)

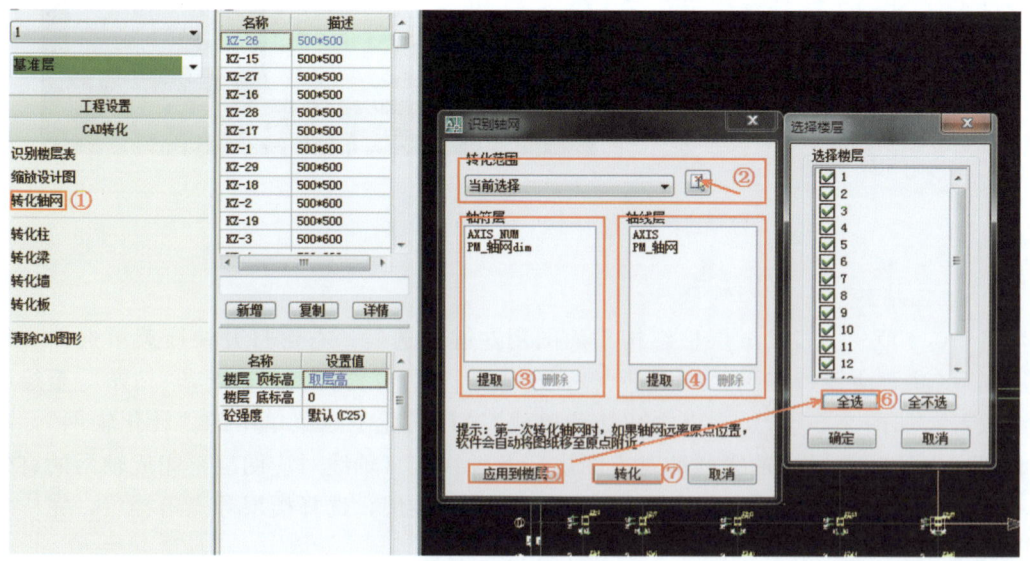

图 2.51　轴网转化(二)

2.3 BIM 脚手架工程专项方案编制

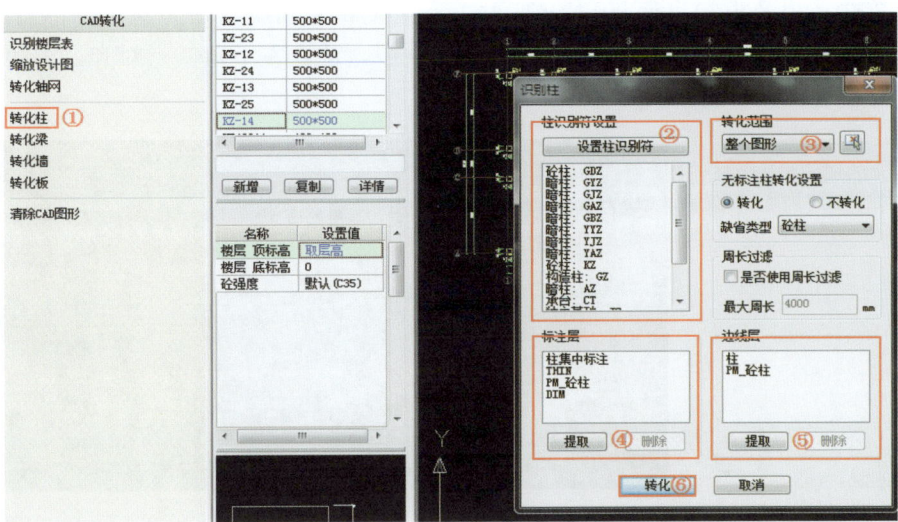

图 2.52 柱转化

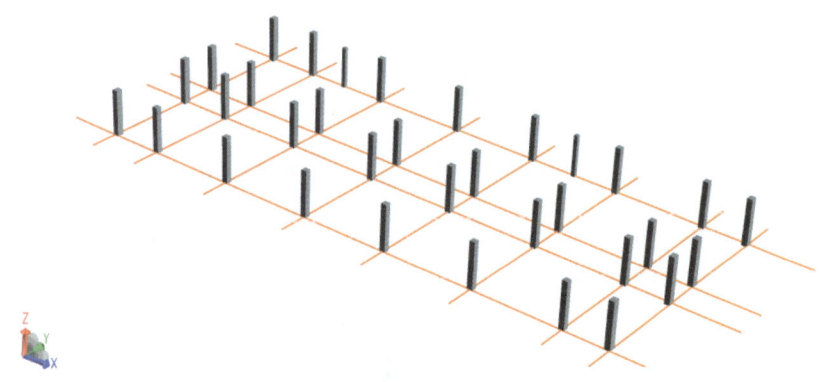

图 2.53 柱模型本层三维显示

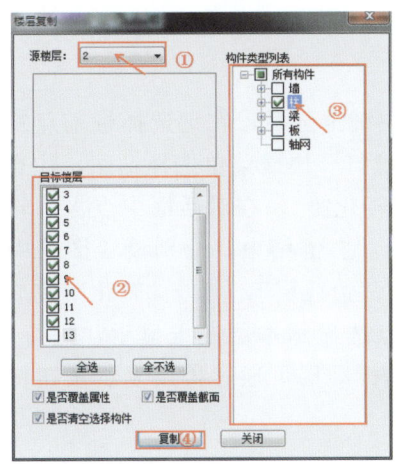

图 2.54 柱模型楼层复制

图 2.55 柱模型整栋三维显示

左键全选楼梯及电梯屋面板配筋图,左下角 A 和①轴线交点为基点,将当前层由 1 层改为 13 层,如图 2.56 所示,选择粘贴至第 13 层,注意左下角基点对齐,如图 2.57 所示,然后完成第 13 层柱转化。

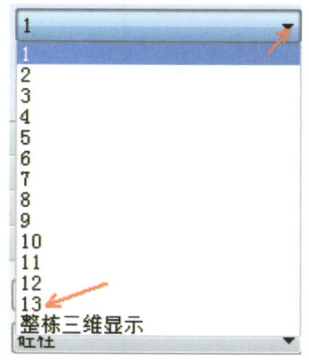

图 2.56　楼层改变图

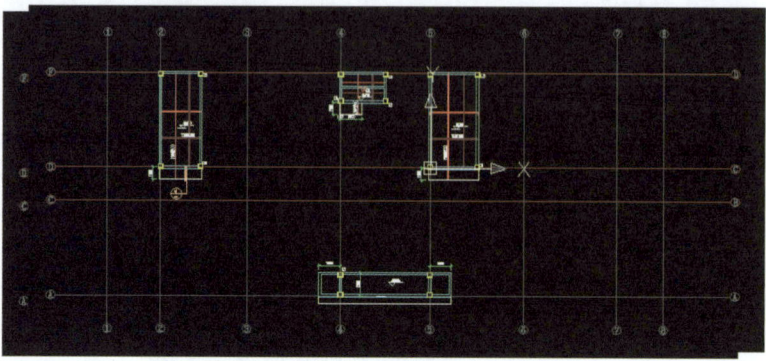

图 2.57　选择粘贴至第 13 层

选择 预览当前层柱子建模全图,如图 2.58 所示。

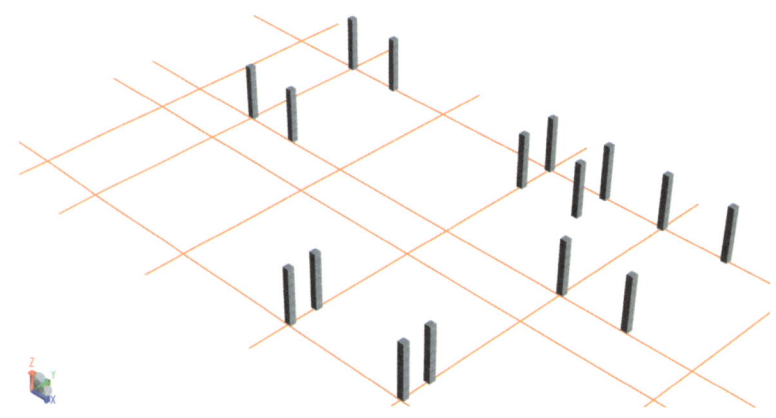

图 2.58　顶层柱模型三维显示

4. 转化梁

转化梁同柱体转化。将 3.900m 标高处的梁,用左键全选后,右键选择带基点复制至剪贴板中,再将当前层设置为第 2 层,在建模区用右键打开快捷菜单选择粘贴,注意与左下角所选基点重合,点击功能菜单"CAD 转化"\"转化梁",在对话框中点击"转化范围",左键框选 3.900m 标高梁结构平面图为当前选择,右键结束,分别设置图纸中对应"梁识别符"及"梁宽范围",再通过提取梁"标注层""边线层",点击"转化"完成混凝土梁转化,如图 2.59 所示;修改四角处梁角缺损,点选显示本层三维显示,进行预览,如图 2.60 所示;同理,依次完成其余楼层的梁转化,标准层可通过楼层复制按钮快速完成楼层的构件复制。

5. 转化板

转化板同梁转化。将 3.900m 标高处板,用左键全选后,右键选择带基点复制至剪贴

2.3 BIM 脚手架工程专项方案编制

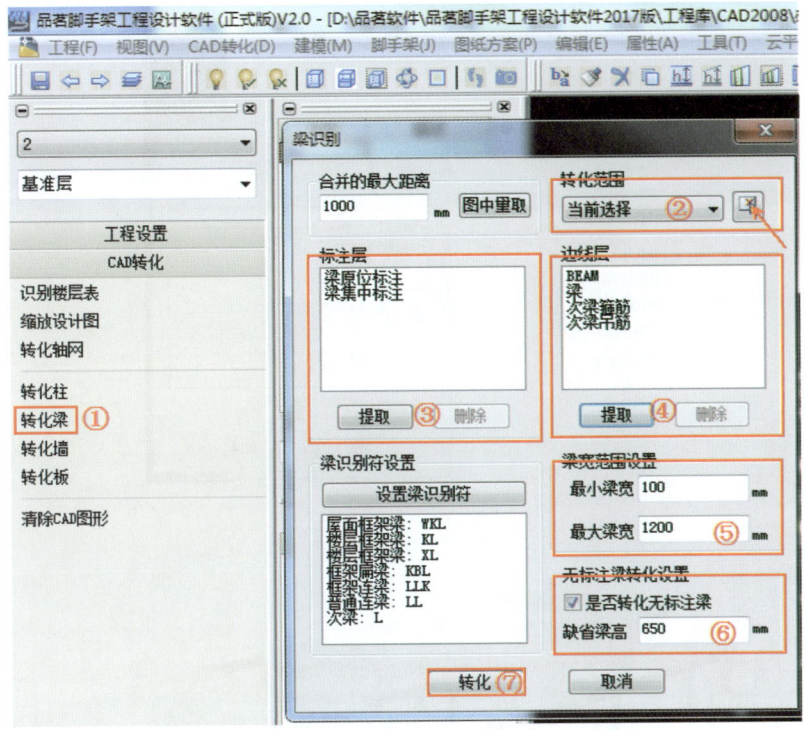

图 2.59 梁转化

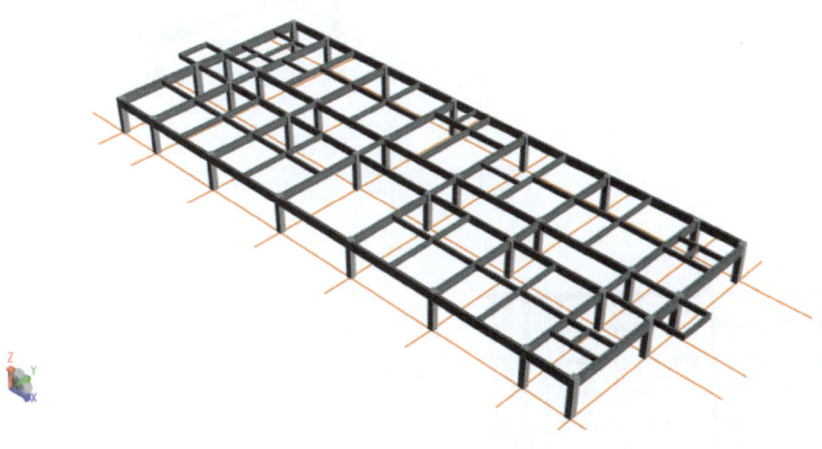

图 2.60 梁本层三维显示

板中,再将当前层设置为第 2 层,在建模区与右键打开快捷菜单选择"粘贴",注意与左下角所选基点重合,点击功能菜单"CAD 转化"\"转化板",在对话框中点击"转化范围",左键框选 3.900m 标高板结构平面图为当前选择,右键结束,点击"CAD 转化"\"转化板",在弹出的对话框中选择转化范围为当前层,如图 2.61 所示,提取标注层,再设置缺省板厚值,点击"转化",完成第 2 层转化,删除开孔处的转化板,选择预览本层建模,如图 2.62 所示。其他各层参照以上步骤操作,预览建模全图,如图 2.63 所示。

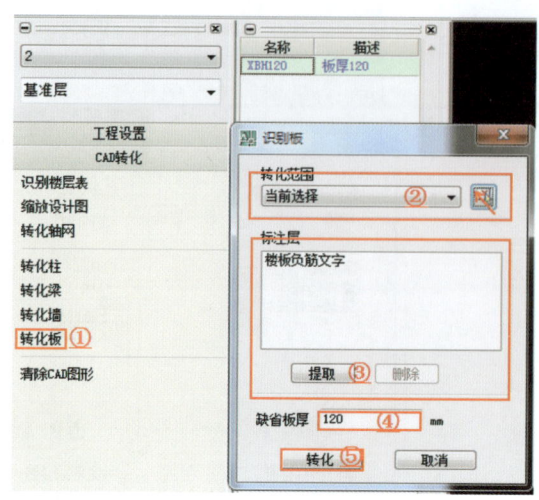

图 2.61 楼板转化

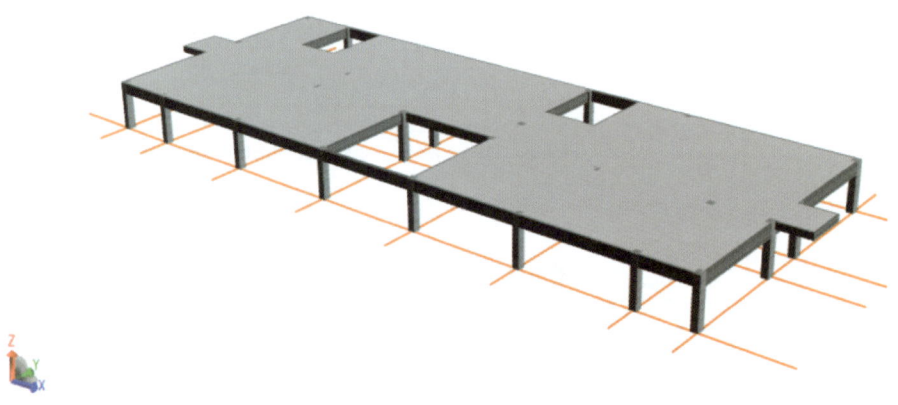

图 2.62 板本层三维显示

图 2.63 预览建模全图

6. 清除 CAD 图形

按上述步骤已转化完各类、各层混凝土构件后,可以点击"清除 CAD 图形"按钮将原有图纸删除,保留完成的框架结构模型。

2.3.2.6 BIM 脚手架工程智能优化布置

在已建好模型中,通过"识别建筑外轮廓线""智能生成脚手架轮廓线""智能布置脚手架"、"智能布置连墙件"、"智能布置围护杆件""智能布置剪刀撑"功能按钮实现脚手架的智能优化布置。

1. 识别建筑外轮廓线

在建好模型的视图中,将当前图层改为第 1 层,选择"脚手架"下拉菜单或功能区中

2.3 BIM 脚手架工程专项方案编制

"脚手架"\"识别建筑外轮廓线",生成红色建筑外轮廓线,如图 2.64 所示;根据当前属性区显示,修改各层板厚、混凝土强度、顶标高;如果需要对建筑外轮廓线编辑,则选择"脚手架"下拉菜单或功能区中"脚手架"\"编辑建筑外轮廓线",如图 2.65 所示。

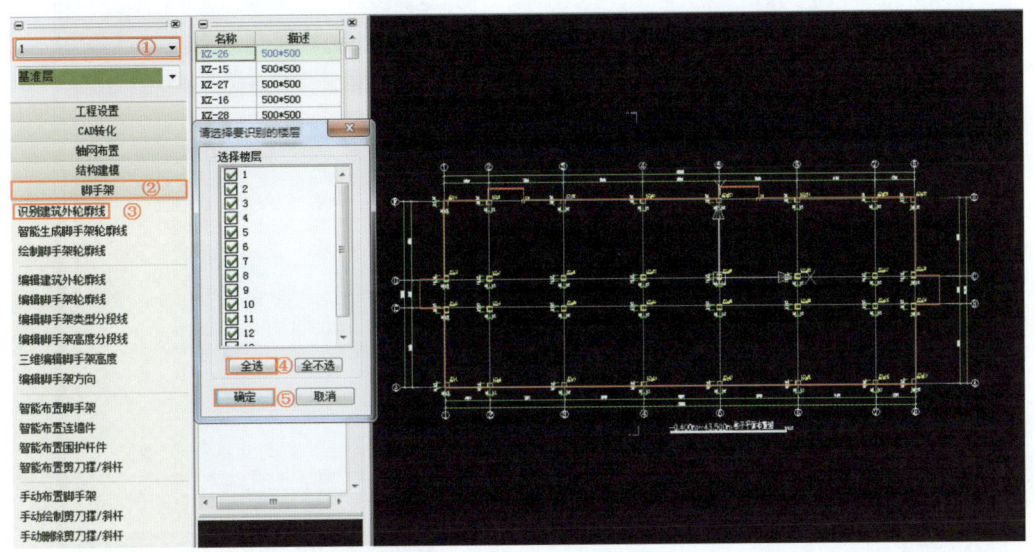

图 2.64 识别建筑外轮廓线

2. 智能生成脚手架轮廓线

选择脚手架下拉菜单或功能区"脚手架"\"智能生成脚手架轮廓线",如图 2.66 所示;会弹出脚手架分段高度设置,在此处对脚手架分段进行设置,一般默认第一层起为落地式脚手架,以更高楼层为起始楼层的则默认为悬挑式脚手架;一般落地式脚手架不超过 50m,悬挑式脚手架不超过 20m,学院可根据项目情况设计脚手架分段高度;分段设计完成后,软件根据各分段内建筑外立面变化情况生成脚手架轮廓线,如图 2.67 所示,紫色线条为脚手架外轮廓线。

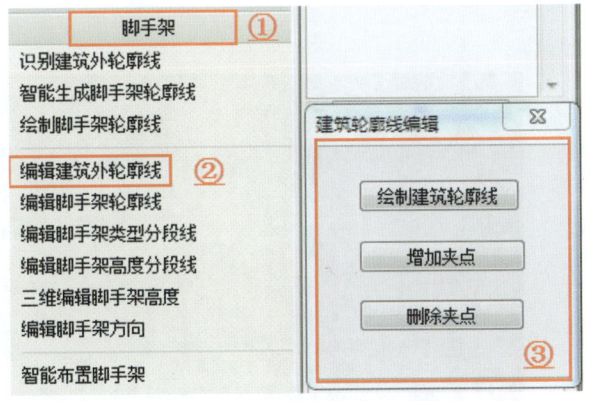

图 2.65 生成外轮廓线

3. 智能布置脚手架

脚手架下拉菜单或功能区"脚手架"\"智能布置脚手架",在命令行中根据需要选择布置方式"区域布置(A)"\"整栋布置(D)"\"分段布置(S)",可根据需求布置某区域、某分段或整栋脚手架工程;选择"整栋布置(D)",软件根据结构模型立面轮廓线、工程安全参数设置结合规范要求对脚手架工程进行设计并完成架体布置,三维显示如图 2.68 所示,针对不同的分段类型布置落地式脚手架或悬挑式脚手架。

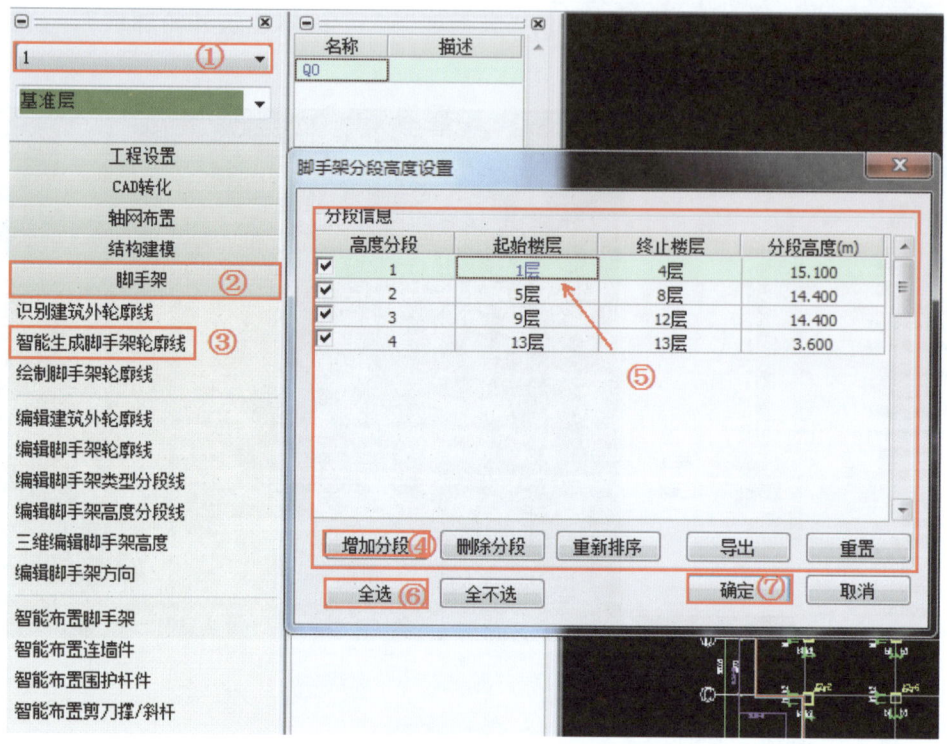

图 2.66 智能生成脚手架轮廓线

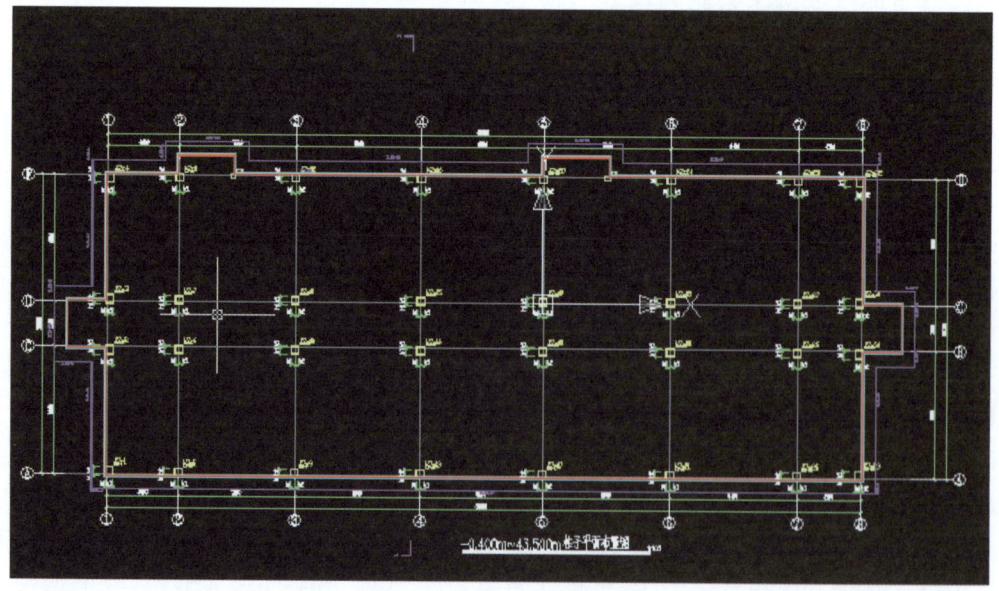

图 2.67 脚手架外轮廓线

2.3 BIM 脚手架工程专项方案编制

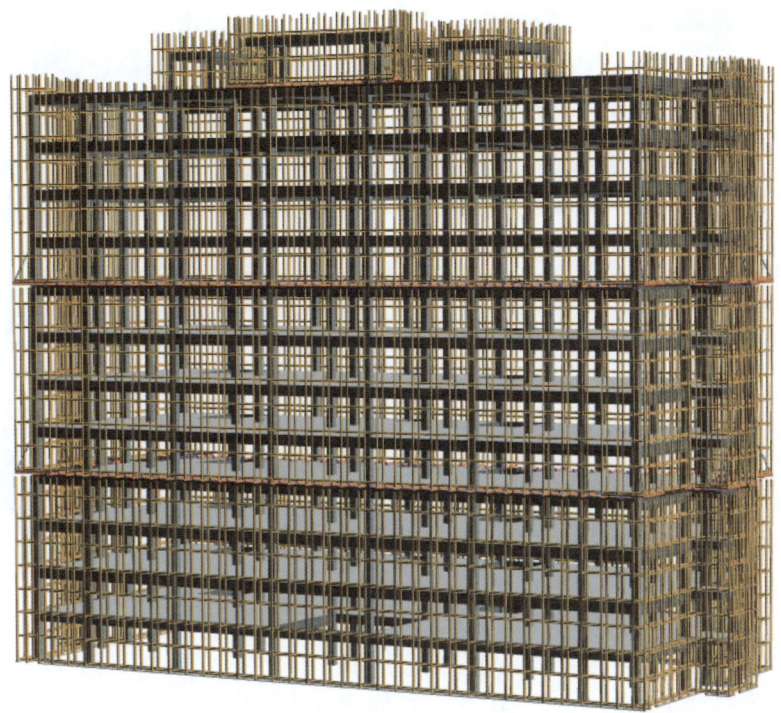

图 2.68 脚手架三维图

4. 智能布置连墙件

选择脚手架下拉菜单或功能区"脚手架"\"智能布置连墙件",在命令行选择布置方式"分段布置(S)"\"整栋布置(D)",如图 2.69 所示对连墙件向外延伸(跨)和连墙件水平间距(跨)进行设置,如图 2.70 所示是连墙件三维图。

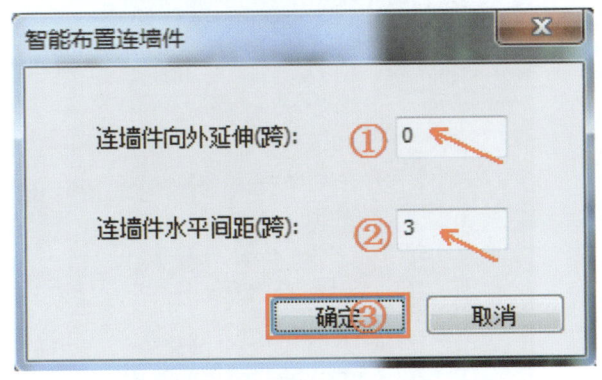

图 2.69 连墙件水平间距设置

图 2.70 连墙件三维图

5. 智能布置围护杆件

选择脚手架下拉菜单或功能区"脚手架"\"智能布置围护杆件",在命令行选择布置方式"本分段布置(S)"\"整栋布置(D)"出现如图 2.71 的对话框,根据本工程及规程规定,对参数进行设置;如图 2.72 所示是围护栏杆三维图。

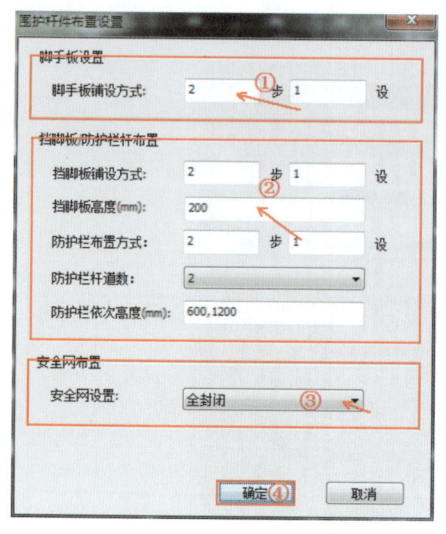

图 2.71　围护参数设置

图 2.72　围护栏杆三维图

6. 智能布置剪刀撑

根据规程设定剪刀撑布置规则，选择脚手架下拉菜单或功能区"脚手架"\"智能布置剪刀撑"，在命令行中选择布置方式有"整体布置（D）"\"本分段布置（S）"，根据需要选择"整体布置（D）"，在出现的剪刀撑参数设置对话框中，设置相关参数，如图 2.73 所示，点击"确定"，即可自动布置最优剪刀撑，点击 ，三维图形如图 2.74 所示。

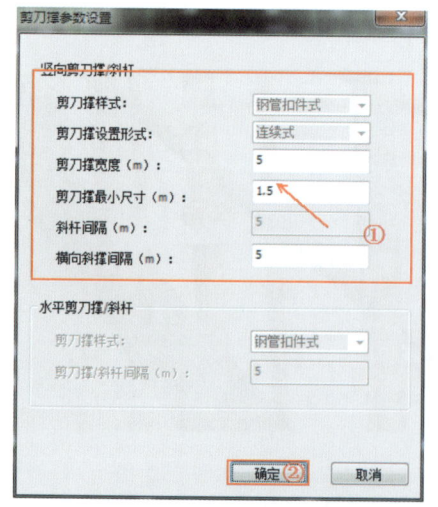

图 2.73　剪刀撑参数设置

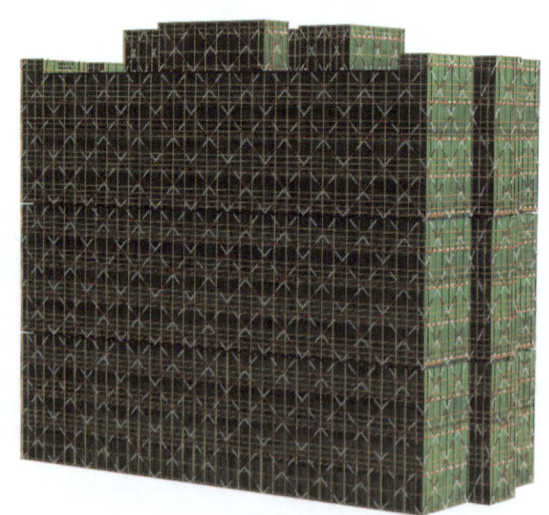

图 2.74　脚手架三维图

7. 安全复核

软件除智能布置外还支持手动布置，可通过安全复核按钮对布置完成的架体进行安全验算，验算其安全合理性。

8. 方案与图纸输出

方案与图纸输出是品茗脚手架设计软件成果输出的环节，可一键生成脚手架架体平面图、连墙件平面图、悬挑主梁平面图、剖面图、大样图、立面图、脚手架计算书、脚手架工程专项方案书、材料统计报表、脚手架搭设汇总表等相关技术文件，同时还可识别危险源。

（1）生成平面图。选择下拉菜单"图纸方案"或功能区菜单"图纸方案"\"架体平面图"、"连墙件平面图"、"悬挑主梁平面图"，选择导出"本层（S）"\"整栋（D）"。

（2）生成剖面图。可导出本层或整栋脚手架剖面图，选择下拉菜单"图纸方案"\"剖面图"或功能区菜单"绘制剖切线""生成剖面图"，首先选择"绘制剖切线"，指定剖切方向，再选择"生成剖面图"，导出方式有本层（S）\整栋（D）/区域（A），选择剖切线，输入剖切深度，回车后，会根据选定的导出方式自动生成图纸。

（3）生成节点大样图。选择下拉菜单"图纸方案"\"节点大样"、"节点详图"或功能菜单"图纸方案"\"大样图"、"节点详图"，通过选择脚手架分段线，导出脚手架搭设大样图和大样图。

（4）生成立面图。选择下拉菜单"图纸方案"\"立面图"或功能区菜单"立面图"，自动导出脚手架搭设四个方向的立面图。

（5）生成计算书。选择下拉菜单"图纸方案"\"计算书"或功能区菜单\"生成计算书"，选择脚手架分段线生成脚手架计算书。

（6）生成方案书。选择下拉菜单"图纸方案"\"生成方案书"或功能区菜单"生成方案书"，选择导出"本层（A）"/"整栋（B）"\"区域（C）"，选择后自动根据选择导出结果。

（7）识别危险源。智能分析脚手架是否属于超高脚手架。

（8）生成材料统计报表。自动生成脚手架中包括立杆、水平杆、剪刀撑、安全网等使用材料统计报表。

（9）生成脚手架搭设汇总表。自动生成脚手架搭设参数汇总表。

2.4　BIM 模板工程专项方案编制

2.4.1　模板工程专项方案编制背景

据《危险性较大的分部分项工程安全管理规定》（住房和城乡建设部令第 37 号）的规定，施工单位应当在危大工程施工前组织工程技术人员编制专项施工方案。对于超过一定规模的危大工程，施工单位应当组织召开专家论证会对专项施工方案进行论证。实行施工总承包的，由施工总承包单位组织召开专家论证会。专家论证前专项施工方案应当通过施工单位审核和总监理工程师审查。

住房和城乡建设部办公厅发布的《关于实施〈危险性较大的分部分项工程安全管理规定〉有关问题的通知》（建办质〔2018〕31 号）中在危险性较大的分部分项工程范围中的第二条对模板工程及支撑体系进行了规定。

(1)各类工具式模板工程:包括滑模、爬模、飞模、隧道模等工程。

(2)混凝土模板支撑工程:搭设高度5m及以上,或搭设跨度10m及以上,或施工总荷载(荷载效应基本组合的设计值,以下简称设计值)10kN/m² 及以上,或集中线荷载(设计值)15kN/m 及以上,或高度大于支撑水平投影宽度且相对独立无联系构件的混凝土模板支撑工程。

(3)承重支撑体系:用于钢结构安装等满堂支撑体系。

以上三类的模板工程及支撑体系非常常见,因此,大多数项目都需编制模板工程专项施工方案。其中,建设工程施工现场混凝土构件模板支撑高度超过8m,或搭设跨度超过18m,或施工总荷载大于15kN/m²,或集中线荷载大于20kN/m的模板支撑系统称为高大模板支撑系统。

2.4.2　BIM模板工程专项方案编制过程

本教材以品茗公司研发的BIM模板工程设计软件为运行背景,通过该软件的学习与使用,掌握BIM结构转化建模、模板工程专项方案设计的能力,要求完成模板工程专项施工方案、施工图、三维图等技术文件以及现场所需各类模板材料的统计报表。以真实工程项目为例,有一系列配套的完整图纸可供学习借鉴,有助于更好地理解图纸、BIM模型和脚手架工程设计之间的转换关系,体会BIM技术给设计、施工等诸多方面带来的便捷和高效,软件整体操作应用流程如图2.75所示。[学员可通过以下网址下载本教材配套的案例图纸:http://qiniu.pmsjy.com/video/zl/1.rar? attname=办公楼图纸(脚、模).rar]。

通过前一节BIM脚手架工程专项方案编制学习,了解BIM结构建模方法,BIM模板工程设计软件亦是基于AutoCAD平台完成结构建模,并通过结构模型结合规范要求,对模板工程进行设计计算与布置,输出模板工程专项方案与节点详图等内容。以下教材中省略BIM结构建模过程。同时,如果已通过BIM脚手架设计软件完成的结构模型,也可以通过P-BIM模型导出模型,再导入BIM模板工程设计软件进行BIM模型复用,节约建模时间。本节主要讲解通过BIM模型完成模板工程设计与专

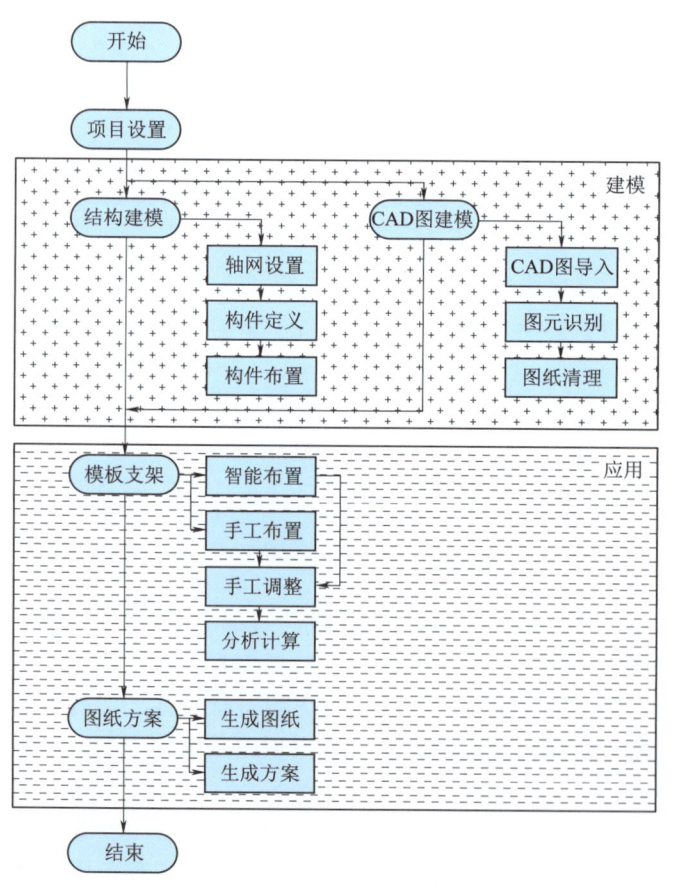

图2.75　BIM模板工程设计流程图

2.4 BIM模板工程专项方案编制

项方案编制过程应用。

完成结构模型后如图 2.76 所示，即可进行模板支架的布置，模板支架的布置包括智能布置和手动布置两种方式。对于一般工程的处理，通常是先进行智能布置，再使用手动布置进行调整，最后通过智能优化和安全复合来确定模板支架设计最终方案。

2.4.2.1 模板支架智能布置

品茗模板工程设计软件通过内置计算引擎和布置引擎，实现对已建结构模型的模板支架进行智能布置，能够极大地提升模板工程设计的工作效率。模板支架智能布置建立在相关技术规程和规范之上，在进行智能布置前，先要设置好模板支架计算和布置的相关参数，如设计计算依据、设计风载、构造参数、安全计算参数等。

1. 模板支架相关参数

以"工程特征"对话框为例进行说明。本工程选择"架体类型"为"扣件式"，"计算依据"采用"《建筑施工扣件式钢管脚手架安全技术规范》（JGJ 162—2008）"。根据工程所在地选择省份和地区，软件会根据地区读取基本风压。在"构造要求"一栏，"梁底

图 2.76 整栋结构的三维模型

立杆纵向间距范围"默认值为"300，1200"，这里表示其间距范围为 300~1200mm，对于高支模等有更高要求的，可进行更改，其他参数根据实际工程需要类似设置。

2. 模板支架智能布置步骤

（1）选定要操作的标准层，这里从办公楼第 1 层开始。

（2）点击"智能布置"，框选所有构件，完成当前层柱、墙、梁、板的模板支架智能布置。软件根据智能算法，完成所有构件的受力分析，并结合规范要求完成架体设计与布置。图 2.77 是模板支架智能布置后的平面图，图 2.78 是模板支架智能布置部分模型三维示意图。

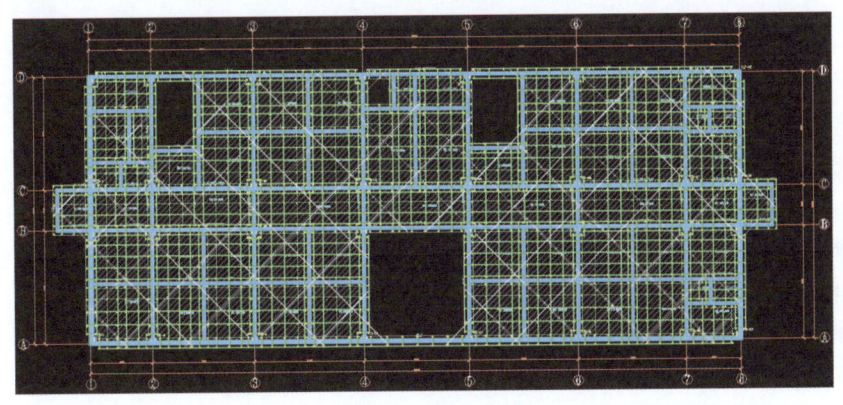

图 2.77 模板支架智能布置平面图

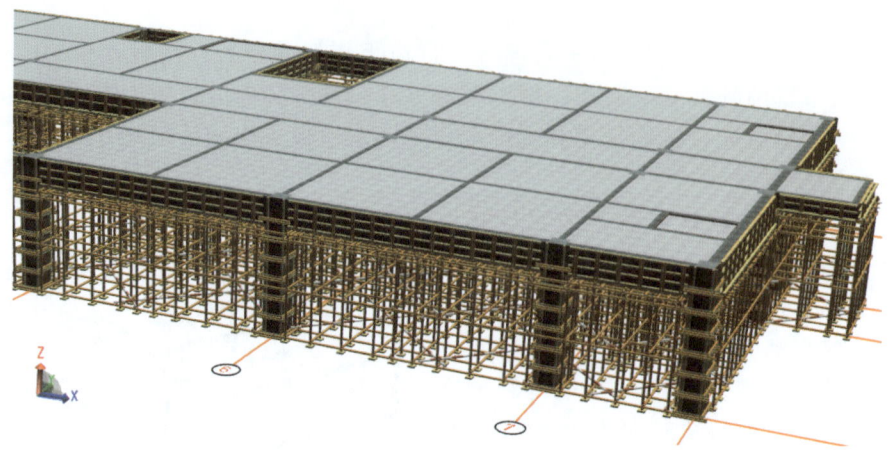

图2.78　模板支架智能布置部分模型三维示意图

（3）点击"智能布置剪刀撑"，完成剪刀撑智能布置，如图2.79所示。

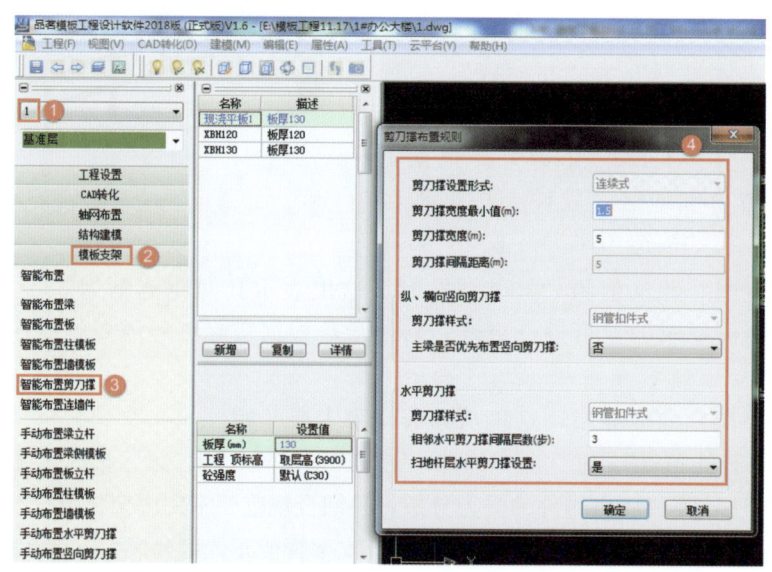

图2.79　剪刀撑智能布置

（4）"智能布置连墙件"，在一些特殊的、高宽比超限等的模板工程上需要增加连墙件以增强稳定性，可通过此按钮进行布置。

（5）"智能布置梁""智能布置板"等按钮可对单一构件进行单独布置，区别于"智能布置"，单一构件布置时，不同种类构件的模板工程都是单独支撑、不衔接的。一般建议直接"智能布置"，或单一构件智能布置后，通过点击"智能优化"，框选所有构件，完成构件衔接的优化。

2.4.2.2　模板支架手动布置

品茗模板工程设计软件不仅可以对模板支架智能布置，还可以响应用户输入的模板支架布置参数，实现更贴切现场、满足个性需求的设计和手动布置。手动布置更适合技术高

2.4 BIM模板工程专项方案编制

深、经验丰富的用户。同智能布置模板支架相同,手动布置也要设置好模板支架计算和布置的相关参数,如设计计算依据、设计风载、构造参数、安全计算参数等,这里不再重复。

2.4.2.3 模板支架编辑与搭设优化

完成模板支架布置后,需对模板支架平面布置进行调整和优化。

1. 模板支架编辑

点击"模板支架编辑",在"模板支架编辑"对话框中,可点击各项分别对模板支架进行手动编辑和修改(图2.80中③处),也可以点击"立杆编辑""横杆编辑""水平杆编辑""立杆关联到横杆""解除立杆关联横杆"等功能对模板支架进行手动调整(图2.80中④处)。模板支架编辑是通过修改水平杆线条来实现对模板支架进行手动调整,同时通过梁底水平杆、梁侧水平杆、板底水平杆来区分杆件的类型,在线条的交叉点自动生成夹点,把夹点变成立杆(图2.81)。

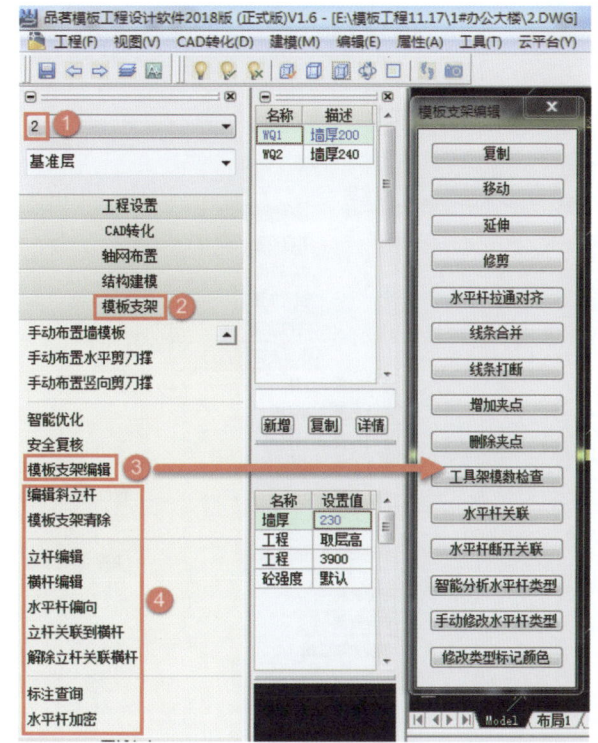

图2.80 模板支架编辑(一)

图2.81 模板支架编辑(二)

2. 模板设计安全复合

点击"安全复核",框选需要进行复核的部位,右键确认,然后选择要复核的构件类型,如图2.82所示,本工程对全部构件进行安全复核。如图2.83所示,有4根梁未通过安全复核,以KL1为例说明。双击汇总表中KL1,快速定位不通过的梁段,通过"手动布置梁侧模板",选择该根梁,改变参数,进行重新布置,然后重新进行"安全复核",直至通过。

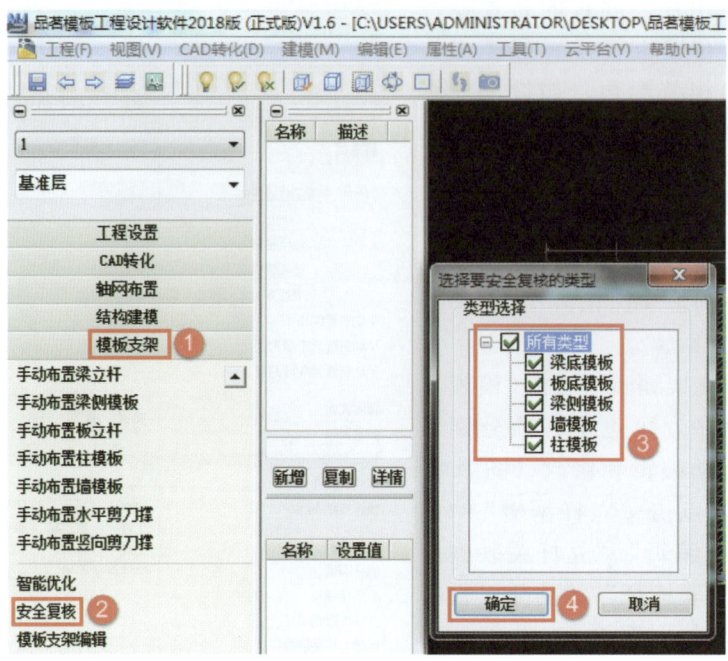

图 2.82 安全复核

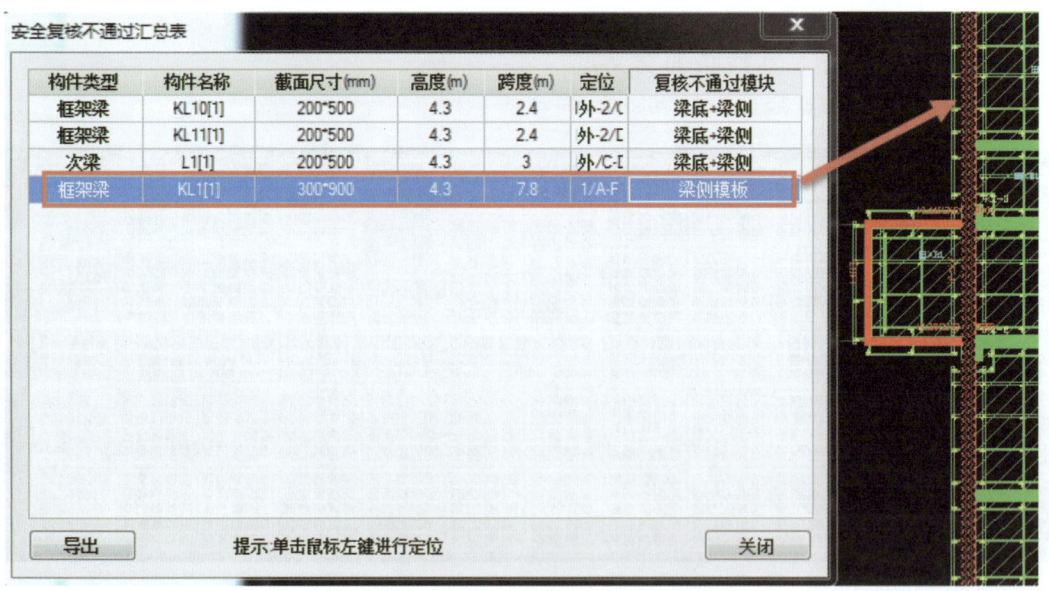

图 2.83 复核结果

3. 优化梁板立杆搭接关系

查看布置后结果，发现梁、板交接处水平杆多处未拉通布置，可以通过"智能优化"命令进行优化。点击"智能优化"，框选要优化的部位，右键确认。优化前后对比如图 2.84 和图 2.85 所示。

2.4 BIM模板工程专项方案编制

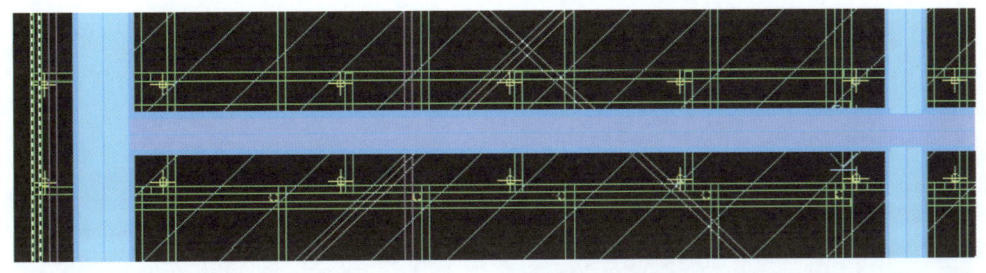

图 2.84　梁板立杆搭接关系优化前

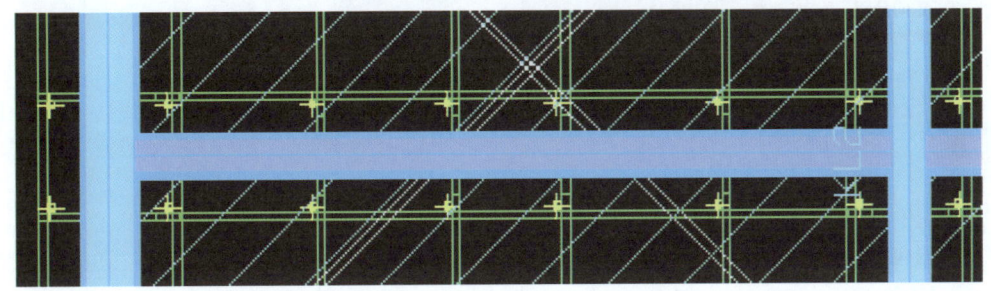

图 2.85　梁板立杆搭接关系优化后

2.4.2.4　BIM 模板工程面板配置设计

品茗模板工程设计软件支持木模板的散拼配模方式，对于一般工程的处理，模板配置的一般顺序是：建立模型→完成模板支架布置→确定配模规则→进行模板配置→导出配置结果，具体介绍如下。

1. 配模参数设置

（1）标准板尺寸和梁下模板分割方式。打开"工程设置"中"配模配架"，可以对配模总体规则进行参数设置（图 2.86）。双击"模板成品规格"一栏中"设置值"处，可对标准板尺寸进行修改。梁下模板分割方式有三种，其中横向分割如图 2.87 所示，竖向分割如图 2.88 所示，凹形切割如图 2.89 所示。

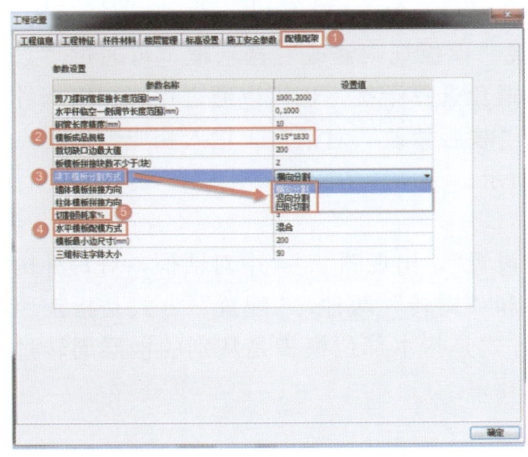

图 2.86　配模配架参数设置

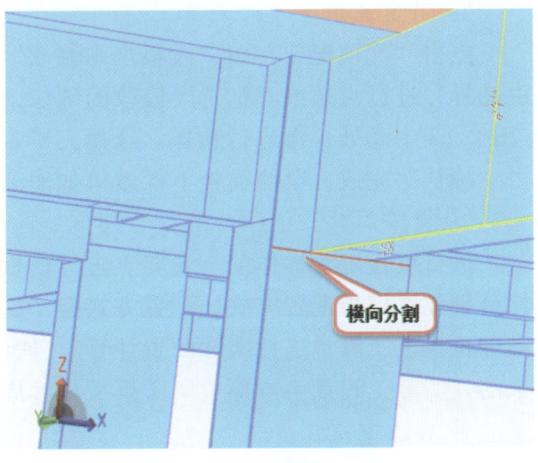

图 2.87　横向分割

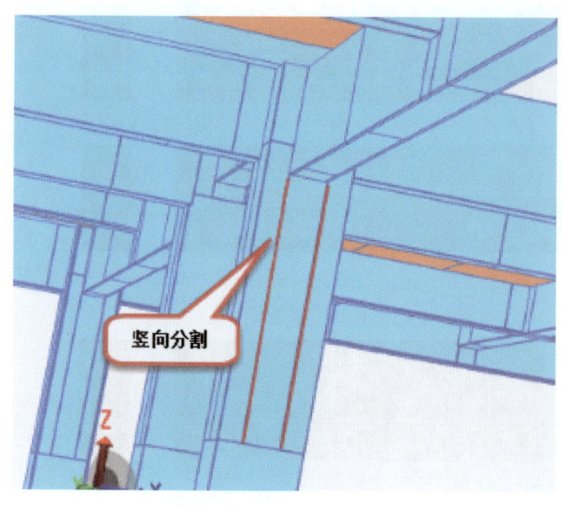

图 2.88 竖向分割

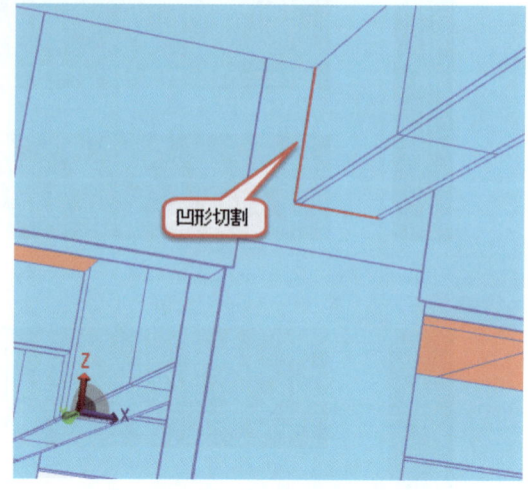

图 2.89 凹形切割

（2）水平模板配模方式。"配模配架"中"水平模板配模方式"（图 2.86）有两种，其中单向配模方式如图 2.90 所示，纵横向混合配模方式如图 2.91 所示。

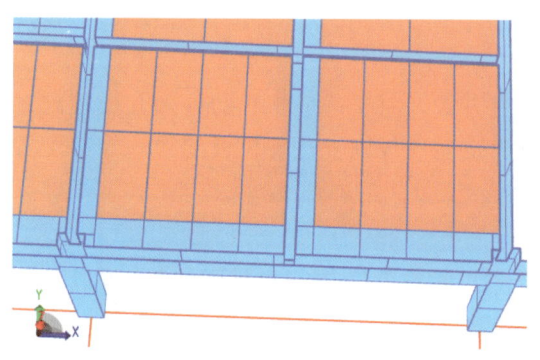

图 2.90 单向配模方式

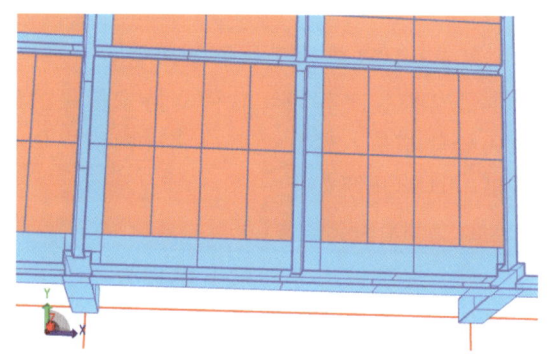

图 2.91 纵横向混合配模方式

2. 配置规则修改

点击"配模配架"中"模板规则修改"，出现"模板规则修改"选项框，可通过"自由选择"进行点选或者框选要修改的部位。为了避免选择干扰，也可以通过点选相应构件（图 2.92 中③处）再进行选择。选择完毕，出现"模板修改"对话框，输入相应数值，点击"确认"完成，梁侧模板下探效果如图 2.93 所示。

3. 模板周转设置

进行模板配置操作前，先要点击"模板周转设置"，出现图 2.94 中对话框，对每种构件分别设置模板配置方式。配置方式有"配置"和"周转"两种，"配置"方式是指按照本部位模板工程量进行实际配置计算，"周转"方式是指本部位模板是从别的楼层周转过来的，实际工程量＝本部位所需模板量×周转损耗率。

4. 模板配置

点击"模板配置"，如图 2.95 所示，选择模板的配置方式。既可以仅对本层进行模板

2.4 BIM模板工程专项方案编制

配置,也可以在配置设置相同的前提下对整栋楼进行模板配置;既可以通过"自由选择"选择局部进行模板配置,也可以按照施工段进行模板配置。办公大楼项目可以对整栋楼进行模板配置。

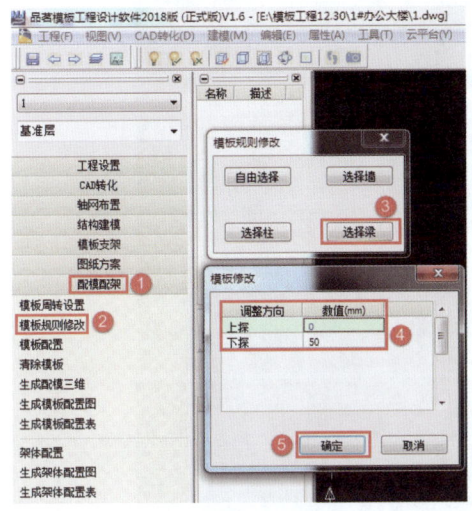

图 2.92 配置规则修改

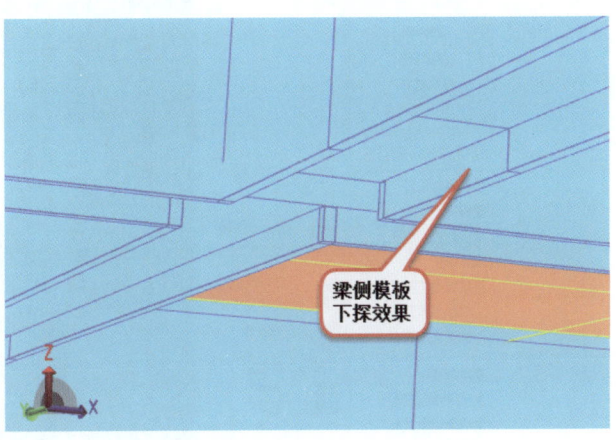

图 2.93 梁侧模板下探效果

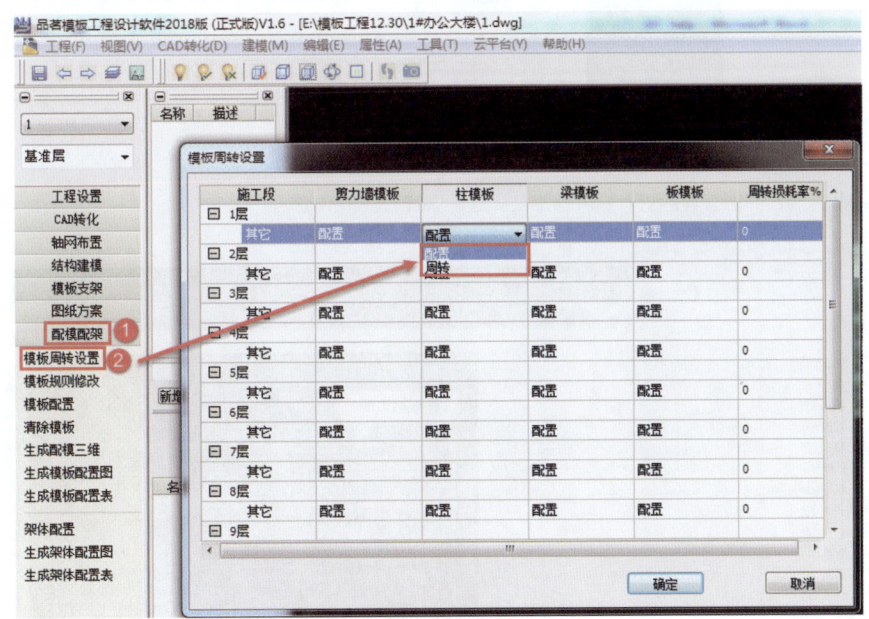

图 2.94 模板周转设置

5. 三维查看配模结果

点击"生成配模三维",如图 2.96 所示,出现"查看配模图"对话框,可通过勾选构件左侧的方框,来单独查看相应构件的模板加工图,还可通过点击"三维显示",查看整层的三维配模图(图 2.97)。

95

学习项目 2　施工部署与主要施工方案编制

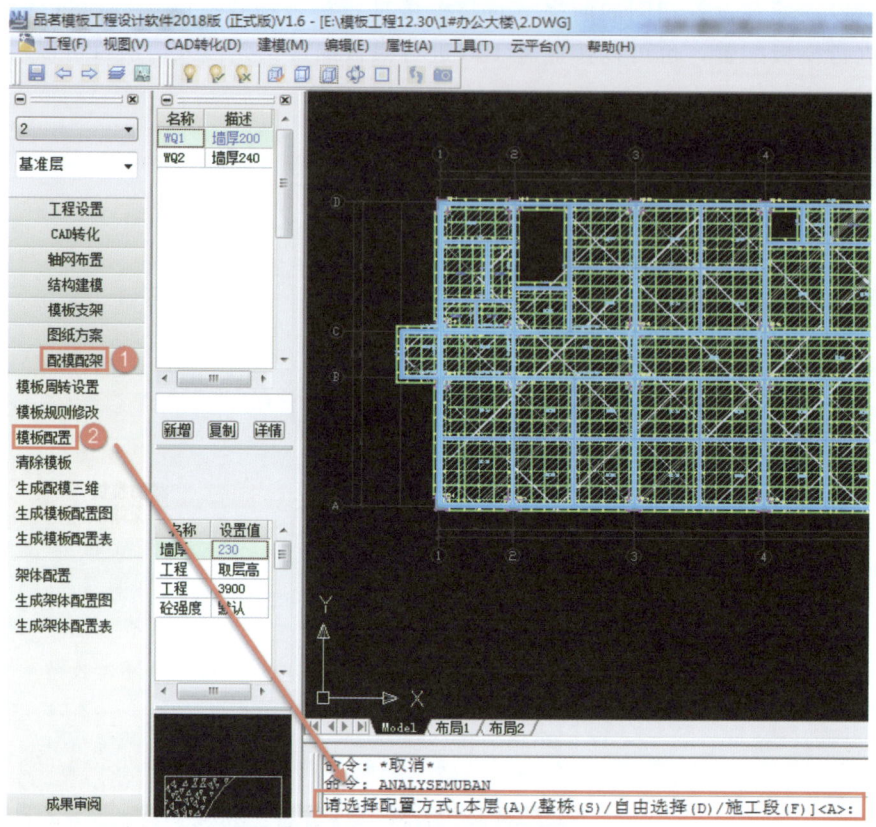

图 2.95　模板配置

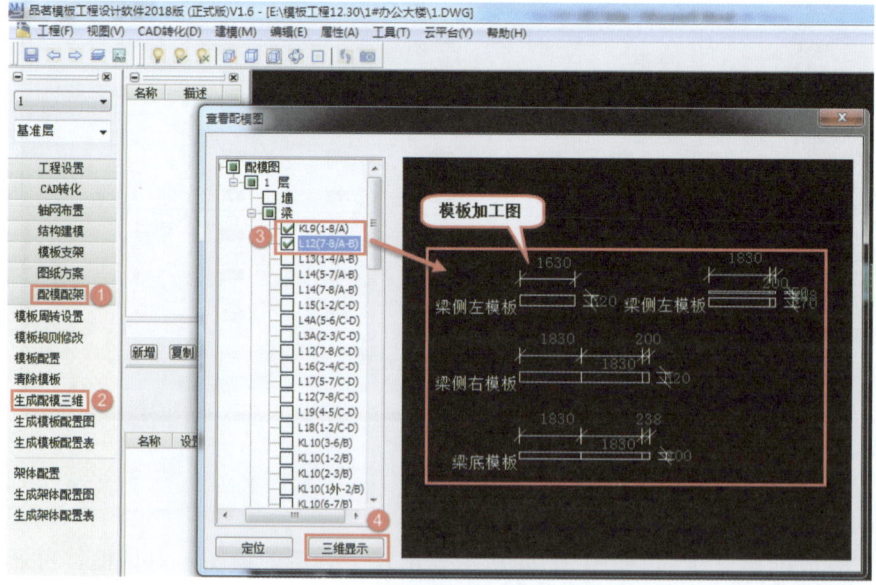

图 2.96　配模三维图生成

2.4 BIM模板工程专项方案编制

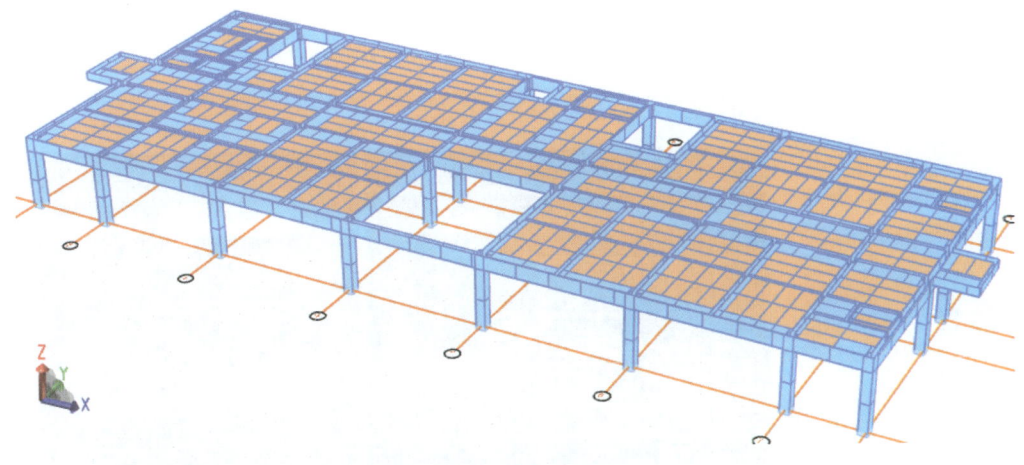

图 2.97 配模三维图展示

6. 手工修改配模结果

在三维配模图中,双击需手工调整的配模单元,进入配模修改界面"自定义模板"对话框(图 2.98)。点击"绘制切割线"对模板内部分割进行修改,并"执行切割";点击"绘制轮廓线",修改配模单元的外部轮廓线;如对修改后结果不满意,可点击"恢复默认",最后确认完成。

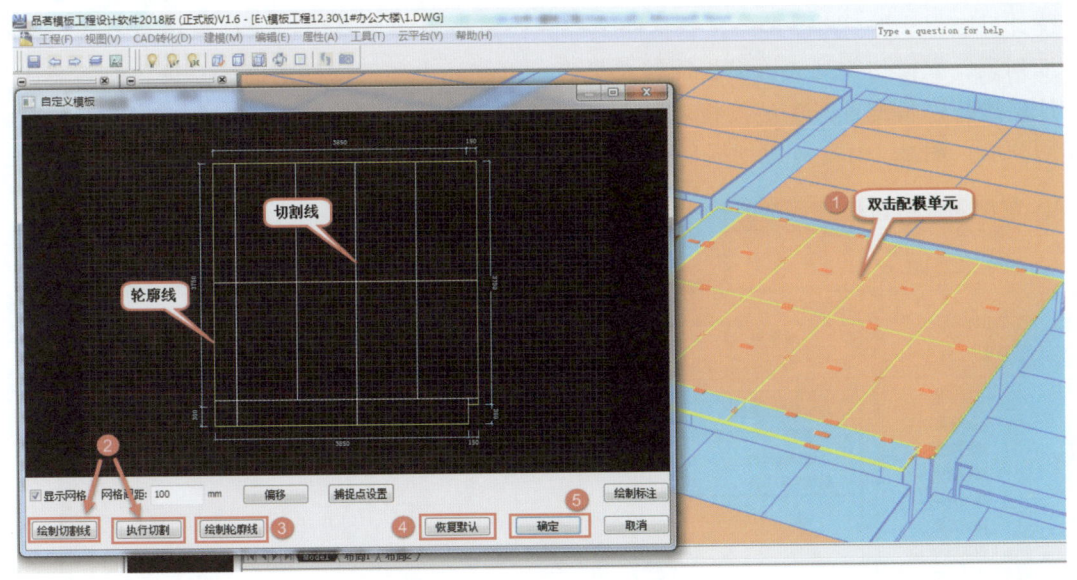

图 2.98 手工修改配模结果

7. 配模成果生成

(1)模板配置图生成。点击"生成模板配置图",根据需要选择导出方式,这里选择导出"本层"模板配置图,导出结果如图 2.99 所示。本层模板配置图包括水平模板配置图和竖向模板配置图,水平模板配置图主要说明板模板编号和尺寸、梁模板编号和底板尺

97

寸以及柱编号等,竖向模板配置图主要说明梁和柱的竖向模板尺寸。本层模板配置图可以保存为.dwg格式以便工程使用。

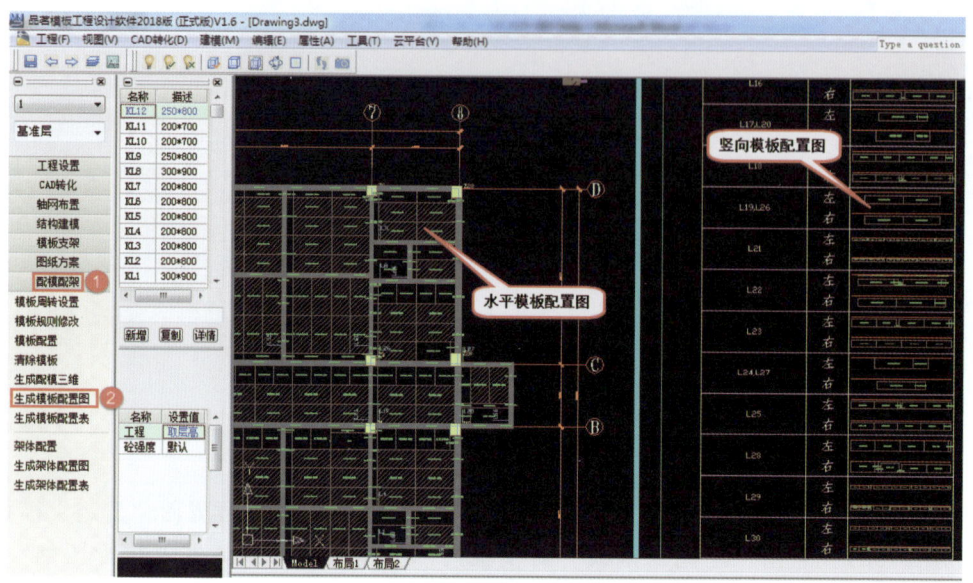

图 2.99　生成模板配置图

(2) 模板配置表生成。点击"生成模板配置表",品茗模板工程设计软件会生成"配模统计反查报表"(图 2.100),包括四个部分:模板周转总量表、本层模板总量表、配模详细列表、配模切割列表。模板周转总量表可以统计出各种构件的周转总量,但需要先将统计层进行模板配置;本层模板总量表仅统计含自定义切割损耗量的本层模板总量;配模切割列表(图 2.101)对切割损耗率作出统计。

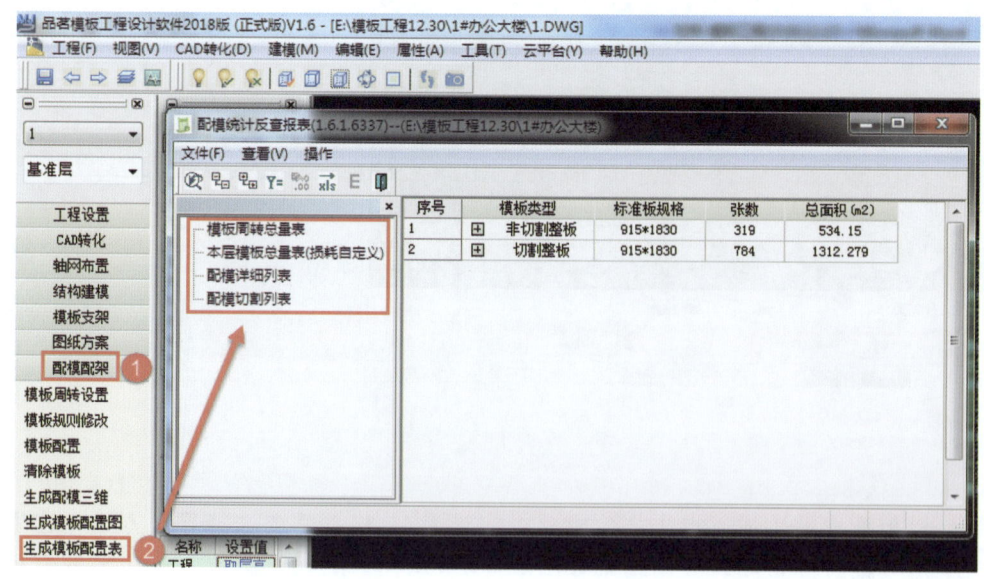

图 2.100　生成模板配置表

2.4 BIM模板工程专项方案编制

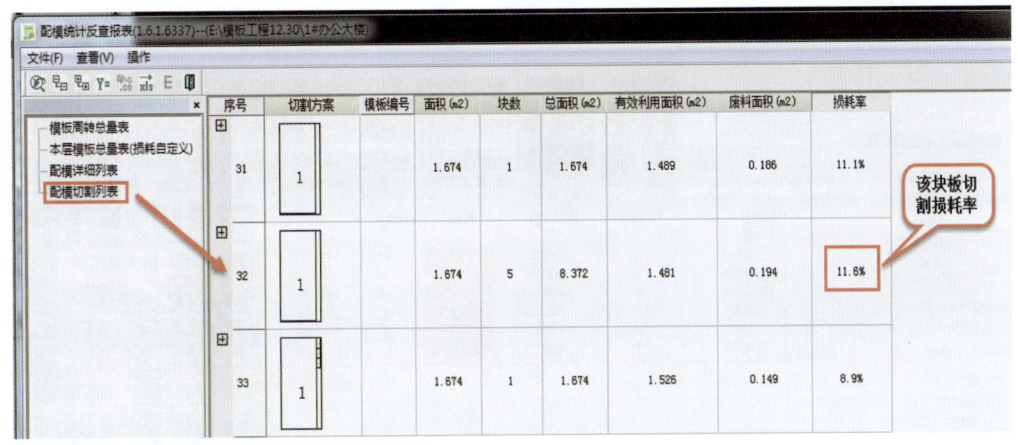

图 2.101 配模切割列表

2.4.2.5 BIM 模板方案制作与成果输出

品茗模板工程设计软件不仅具备生成方案、生成计算书等传统计算软件的功能，还具有自动生成平面图、剖面图、大样图以及材料统计等设计成果智能输出功能。这些功能能够帮助用户极大地提升工作效率、缩短模板工程方案设计时间和成本。

1. 高支模辨识与调整

高大支模架工程由于其危险性较高、技术难度较大等原因，按相关规定需要编制专项的施工技术方案并组织论证后实施。所以高大支模架工程专项方案设计是技术方案设计的一个重点、难点。品茗模板工程设计软件除常规的分析设计功能外，还针对高大支模架工程具有辨识高支模、计算、导出搭设参数等功能。

（1）首先要找到高支模区域，点击"图纸方案"中"高支模辨识"，按需要选择查找方式，这里选择"整栋"，发现除了楼梯处（因模型中开洞处理，可忽略），在办公楼2层存在高支模区域。

（2）选择办公楼第2层，如图2.102所示，点击"高支模辨识"，选择查找方式"本层"，在"高支模区域汇总表"对话框里出现高支模区域内所有构件信息，点击单个构件信息，视图区中对应构件会显示红色。

（3）对照2.4.1节中提到的高大模板支撑系统辨识规则，发现辨识标准第一条：模板支架搭设高度限值为8m，2层这部分区域在1层中开洞所以支架搭设高度为8.2m，超出标准。

（4）在模板支架整体布置后，对高支模区域进行调整。打开"工程设置"中"工程特征"，根据工程需要修改梁底、板底立杆纵横向间距（对于高支模支持体系，国家或地方有更严格政策，如浙江省要求板立杆纵横向间距最大为900mm）。然后对高支模区域的梁、板的模板支架进行重新智能布置，最后进行智能优化。高支模区域的方案制作和成果输出同普通模板处，将在下文进行介绍。

2. 计算书生成与方案输出

品茗模板工程设计软件可根据结构模型和布置参数自动生成指定构件的模板支架计算

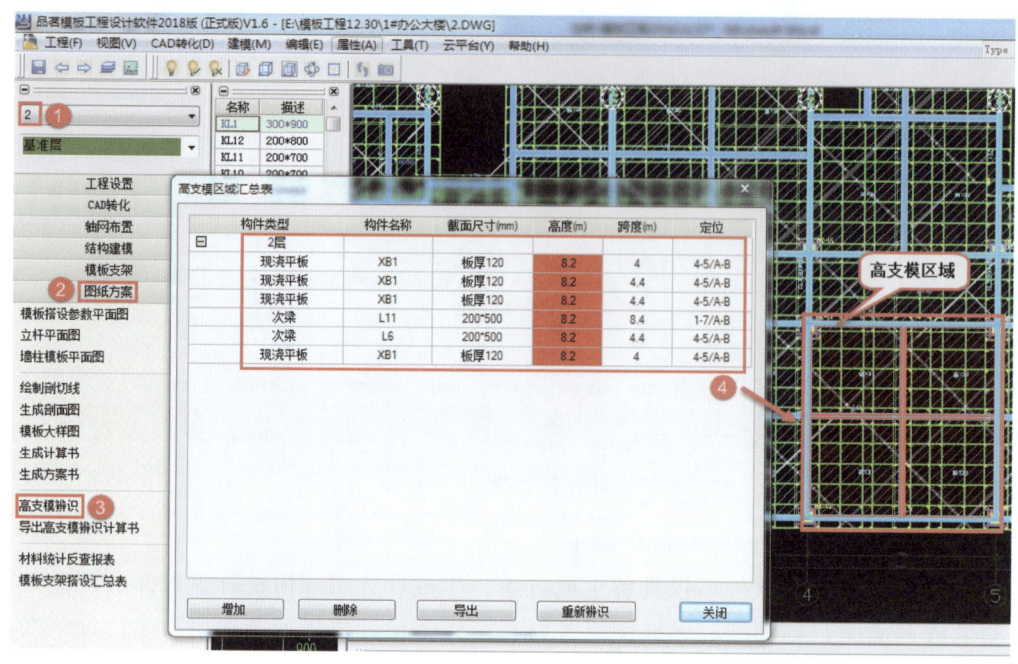

图 2.102　高支模辨识

书以及施工方案。计算书的生成和方案的输出可自动读取参数，无需人工干预，且可保存为".doc"格式，以便后续的打印和修改。

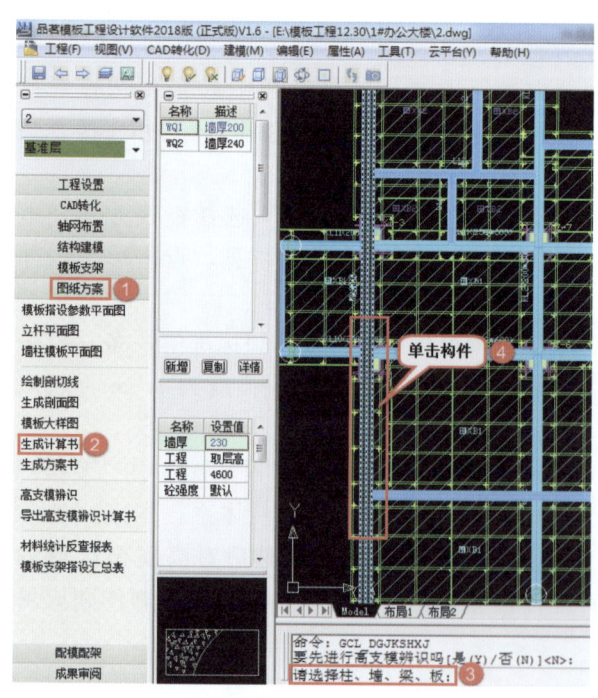

图 2.103　计算书生成

（1）计算书生成。如图 2.103 所示，点击"生成计算书"，按照提示选择构件，这里以梁为例，在视图区点击所选构件，如图 2.104 所示。此时会生成两份计算书，一份梁模板，一份梁侧模板；点击"合并计算书"，可将两份计算书合并，并在 word 中打开；点击图 2.104 中③处，可将当前计算书在 word 中打开；计算书包括计算依据、计算参数、图例、计算过程、评定结论等，如果评定结论不合格，还会提供建议和措施。

（2）方案输出。点击"生成方案书"，按照提示选择导出方式，"本层"和"整栋"两种导出方式会自动筛选最不利梁、板等构件，生成三份计算书：一份梁模板、一份梁侧模板、一份板模板。这里选用"区域"导出方式，选择一块板做计算，点击板构件，出现方案

100

2.4 BIM模板工程专项方案编制

样式对话框（图2.105），生成包含计算书的施工方案。

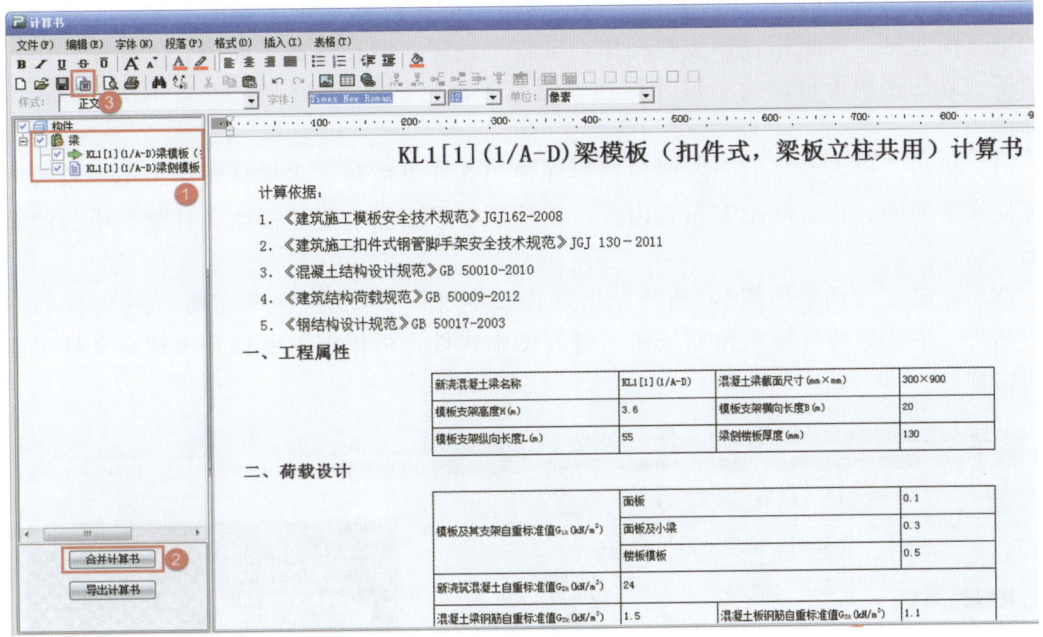

图 2.104 梁模板计算书内容展示

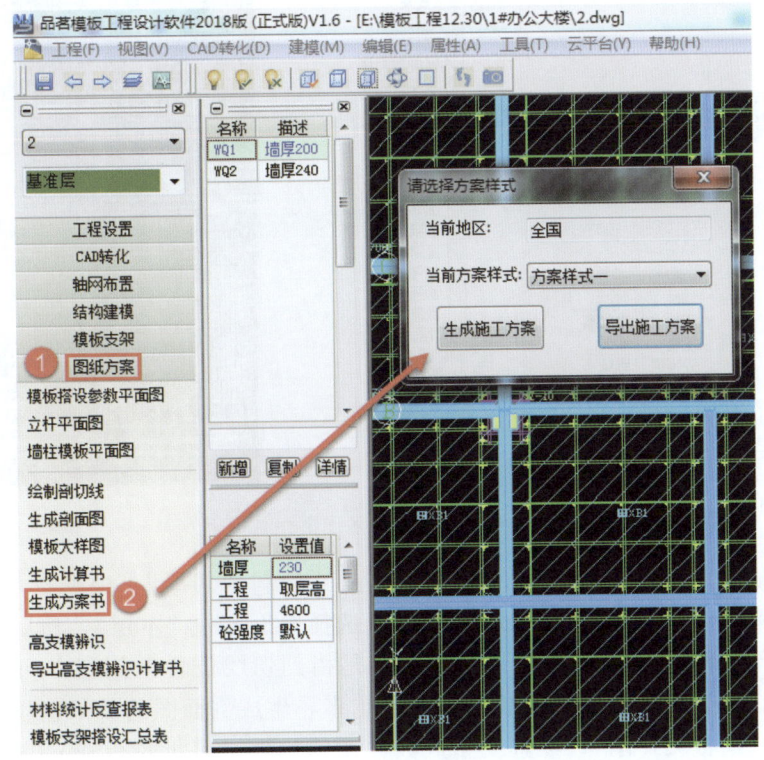

图 2.105 方案生成

3. 施工图生成

品茗模板工程设计软件利用 BIM 技术可出图的特点实现快速输出专业施工图。可生成的施工图包括：模板搭设参数平面图、立杆平面图、墙柱模板平面图、剖面图、模板大样图等，且图纸内可自动绘制尺寸标注、图框等信息，并默认保存为".dwg"格式以便后续应用。

（1）模板搭设参数平面图主要包括梁和板的立杆纵横距、水平杆步距、小梁根数、对拉螺栓水平间距、垂直间距等布置内容；墙柱模板平面图主要包括墙和柱竖向模板的布置情况。

（2）点击"立杆平面图"，选择导出方式"本层"，生成立杆平面图（图2.106），通过图 2.106 中③处构件显示控制按钮，打开图中构件，可根据需要选择出现在立杆平面图中的构件。

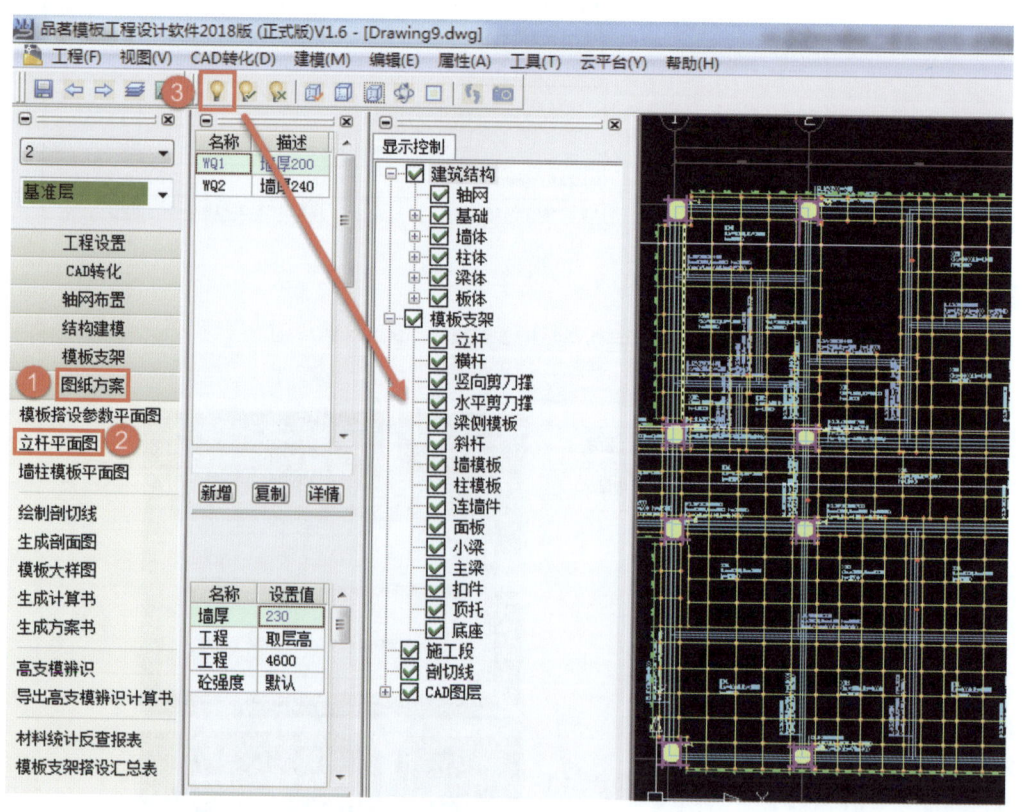

图 2.106　立杆平面图生成

（3）要生成剖面图，需先绘制剖切线。点击"绘制剖切线"，根据提示，选择起点、终点和方向，完成绘制。点击"生成剖面图"，选择导出方式"本层"，然后选择绘制好的剖切线，输入剖切深度（图2.107）。剖切深度是指剖切线位置向剖切方向可投影到剖面图的深度尺寸；剖切深度越大，绘制的内容也越多，生成剖面图的效果也越好。

（4）点击"模板大样图"，点选要生成大样图的构件（可批量生成），输入剖切深度，这里选默认值，确认完成，如图 2.108 所示。

2.4 BIM模板工程专项方案编制

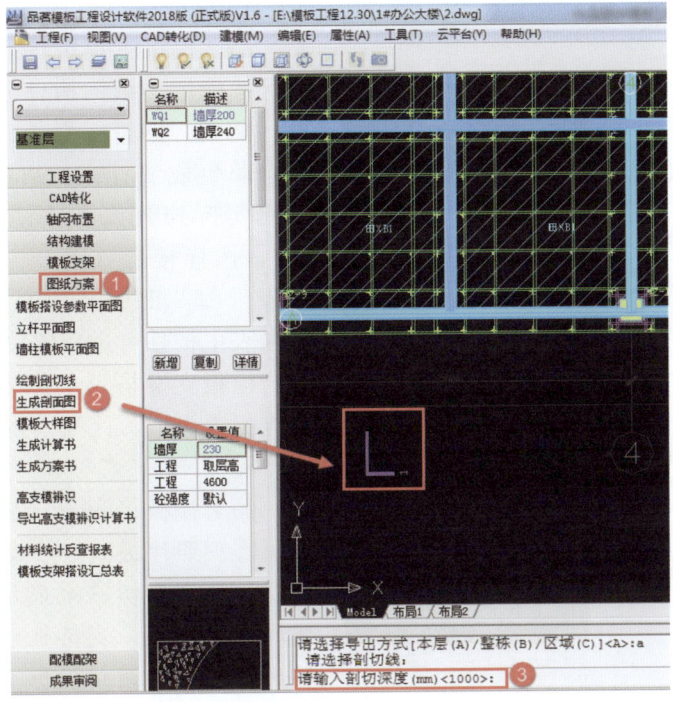

图 2.107　剖面图生成

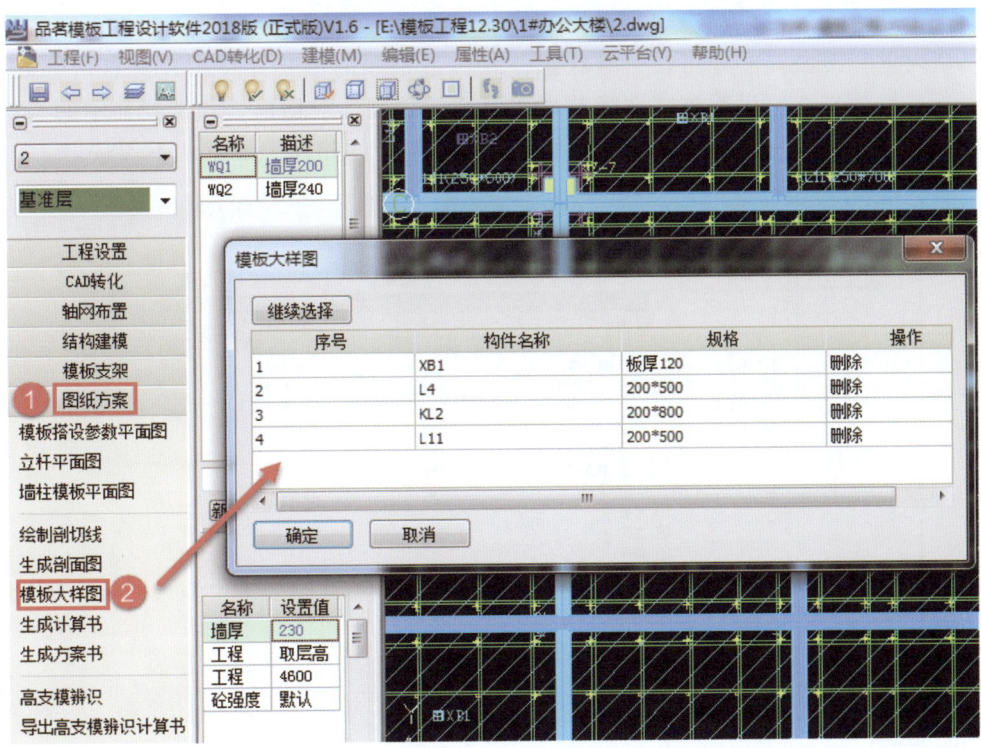

图 2.108　模板大样图生成

图 2.109　材料统计表生成

4. 材料统计输出与模板支架搭设汇总

品茗模板工程设计软件的材料统计功能可按楼层、结构构件分类别统计出混凝土、模板、钢管、方木、扣件等用量，支持自动生成统计表，可导出“.xls”格式以便实际应用。点击“材料统计反查报表”，选择楼层（图 2.109），生成材料统计表（图 2.110），材料表可精确到构件，点击表中构件可进行定位。

模板支架搭设汇总表操作与材料统计反查报表类似，此处不再介绍。

5. 三维成果展示

品茗模板工程设计软件的三维显示功能可实现照片级模型渲染效果，支持整栋、整层、任意剖切三维显示，有助于技术交底和细节呈现，支持任意视角的高清图片输出，可用于编制投标文件、技术交底文件等。

如图 2.111 所示，①处按钮可用来观察本层三维模型，②处的按钮可用来观察区域三维显示，③处可通过三维动态观察来全方位观察模型，④处可返回平面图界面，⑤处可在三维模型内进行漫游，⑥处可在三维状态任意通过拍照的形式保存图片。点击①处按钮，观察本层三维模型，可以看到“选择要本层显示的类型”对话框，勾选要显示的构件即可（图 2.112）。为了不占用较多的电脑资源，模板支架中的扣件一般默认不勾选。

序号	构件信息	单位	工程量
1	砼量		
1.1	砼强度[C30]	m3	223.704
1.1.1	现浇平板	m3	103.558
1.1.1.1	1层	m3	103.558
1.1.1.1.1	其他	m3	103.558
1.1.1.1.1.1	XBH120	m3	101.049
1.1.1.1.1.2	XBH130	m3	2.509
1.1.2	砼柱	m3	42
1.1.3	框架梁	m3	59.137
1.1.4	次梁	m3	19.009
2	模板		
3	立杆		
4	横杆		
5	剪刀撑		
6	主梁		
7	小梁		
8	对拉螺栓		
9	固定支撑		
10	底座\垫板		
11	扣件		

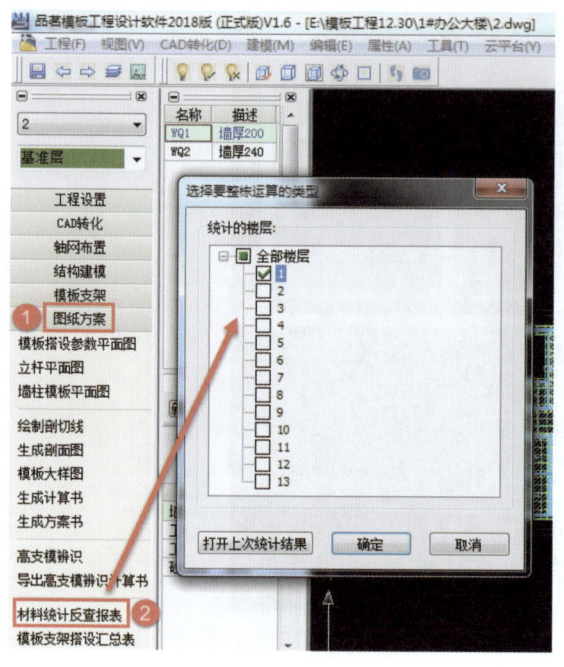

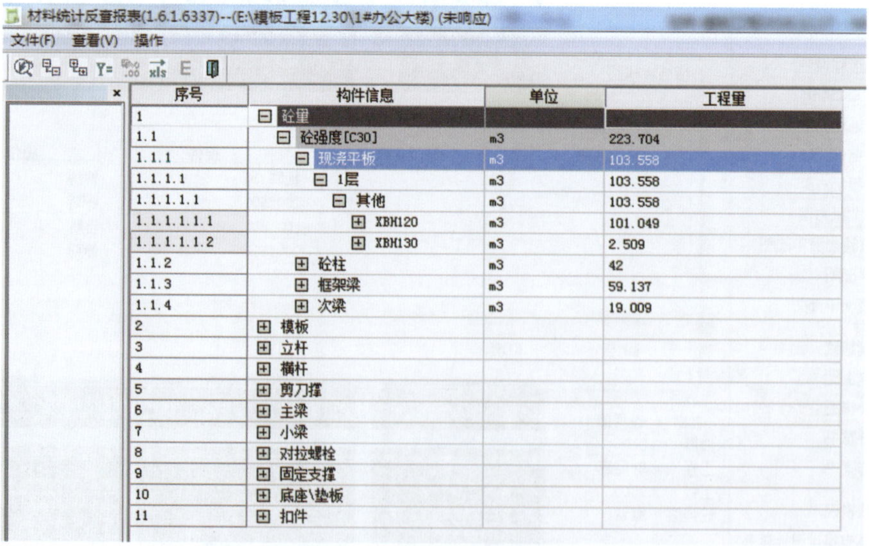

图 2.110　材料统计表展示（图中“砼”表示混凝土）

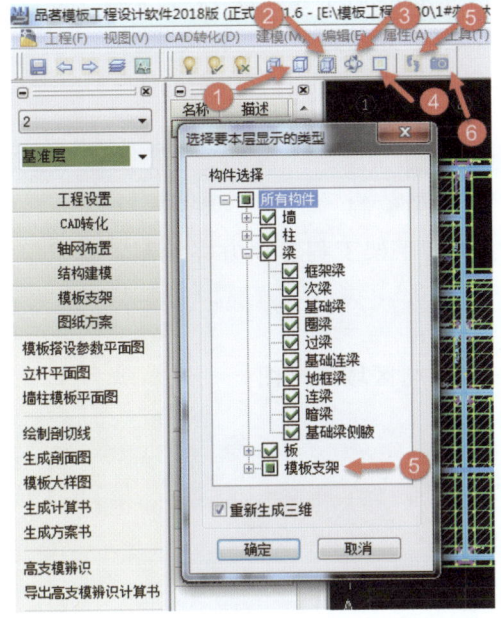
图 2.111 三维展示

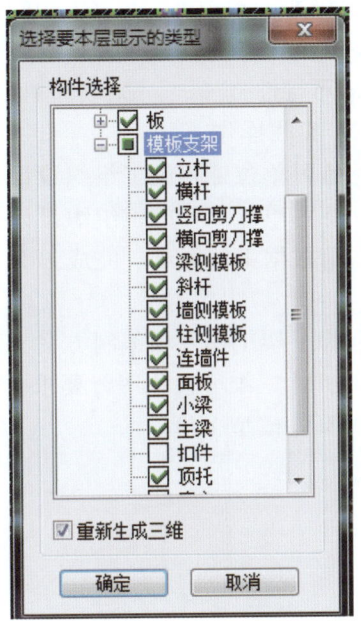
图 2.112 模板支架选项

练 习 题

一、填空题

1. 单位工程施工一般应遵循先地下后地上、（   ）、（   ）、先土建后设备的程序原则。

2. 对于一般机械工业厂房，常采用先（   ）后（   ）的程序，也称为"封闭式"施工。

3. 对于建筑物外墙面的装饰抹灰或涂料等施工，宜采用（   ）的流向以利于成品保护。

4. 施工组织设计的核心内容包括"一案一表一图"，其中，"一案"是指（   ）。

5. 施工方案是对（   ）进行的设计。

二、单项选择题

1. 单位工程施工组织设计的施工部署中不包括（   ）。
   A. 确定项目组织机构及岗位职责　　B. 划分施工任务
   C. 制定管理目标　　　　　　　　　D. 选择施工方法和施工机械

2. 单位工程施工组织设计中，施工方案包括以下的（   ）。
   A. 编制进度计划　　　　　　　　　B. 选择主要施工方法
   C. 确定基本建设程序　　　　　　　D. 进行技术经济分析

3. 室外装饰工程的面层施工，宜采用（   ）流向，有利于工程质量和成品保护。
   A. 自上而下　　B. 自下而上　　C. 自中向上向下　　D. 前两种均可

4. 重工业厂房的施工不宜采取（   ）展开程序。

105

A. 先地下后地上　B. 先主体后围护　C. 先设备后土建　D. 先土建后设备

5. 在选择和确定施工方法与施工机械时，要首先满足（　　）要求。

A. 可行性　　　　B. 合理性　　　　C. 经济性　　　　D. 先进性

三、实践操作

1. 练习单位工程施工组织设计施工部署的编制。
2. 练习单位工程施工组织设计主要施工方案的编制。
3. 请根据案例图纸，完成 BIM 结构建模与脚手架工程专项方案编制，要求输出以下成果：

① 脚手架工程专项编制方案与配套节点详图；

② BIM 三维可视化图，要求包含整体三维图与区域三维图；

③ BIM 模型 1 份。

学习项目 3　施工进度计划编制

【学习目标】
(1) 掌握施工进度计划的编制方法。
(2) 掌握组织施工的几种方式,尤其掌握流水作业方式,并会灵活运用。
(3) 掌握网络计划技术,并会灵活运用。
(4) 能够根据实际项目编制科学、合理的施工进度计划。
(5) 掌握智绘进度计划软件的基本功能与使用。

施工进度计划的编制(表达)可以采用横道图(横道计划),也可以采用网络图(网络计划)。其中,横道计划相对简单,可作为初学者的首选学习内容。因此,为便于学习,本学习项目亦是先从横道计划开始入手。

3.1　横道计划编制

3.1.1　流水施工简介
3.1.1.1　流水施工的概念

流水施工或流水作业法,是组织产品生产的科学理想的方法。生活中采用流水作业的例子很常见,比如我们在学校里打扫教室卫生就是一例。假如班级教室共有 3 个房间,每次安排一男二女两名值日生,洒水和扫地的作业时间均为 3min/(人·间),要求女生洒水男生扫地(为了避免扬尘,对应房间应洒过水之后再扫地),试组织作业。

通常的作业方式为女生先洒水之后男生开始扫地,这样的组织方式非常简单易于操作,整个教室打扫完毕需要的时间为:$3×3+3×3=18$(min),如图 3.1 所示,此类组织方式称为顺序作业。

此外,我们还可以采取图 3.2 所示的作业方式,即女生在房间①洒水完成之后到房间②去洒水,而男生到房间①去扫地,等女生在房间②洒水完成后男生又可以到房间②去扫地,女生在房间②洒水完成后到房间③洒水,等女生在房间③洒水完成后男生又可以到房间③去扫地。这里虽然没有增加人手,也没有工作量变化,但是,打扫完 3 个教室却节省了不少时间,这种组织方式称为流水作业。可见不同的组织作业方式,效果差别很明显,因此,应对组织作业方式予以重视。

进一步研究,可以发现,如果具有足够的人手,还可采用第三种作业方式,如图 3.3 所示,称为平行作业。采用平行作业完成 3 个教室的打扫,所需时间大大缩短,但是人手需增加到原来的 3 倍。除了人手或作业队伍条件具备外,组织平行作业还须具备相应的资源、工具等。因此通常条件下不易组织平行作业。

以上是生活中比较普遍的组织作业方式,那么在工程中该怎样组织施工作业呢?下面通过例子进行阐述。

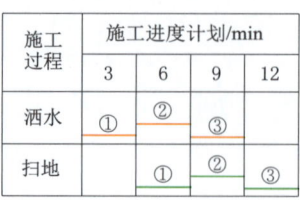

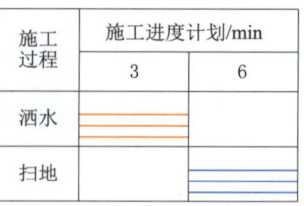

图 3.1 顺序作业　　　　　　图 3.2 流水作业　　　　　　图 3.3 平行作业

【例 3.1】　现有三幢相同建筑物的基础部分施工，其施工过程为挖土、垫层、基础混凝土和回填土。每个施工过程在每幢楼的作业时间均为 1 天，每个施工过程所对应的施工人数分别为 6 人、10 人、10 人、8 人。试分别采用顺序作业、平行作业和流水作业方式组织施工。

1. 顺序作业

顺序作业在工程施工中即为依次施工，是指各施工队依次开工、依次完工的一种作业方式，如图 3.4、图 3.5 所示。

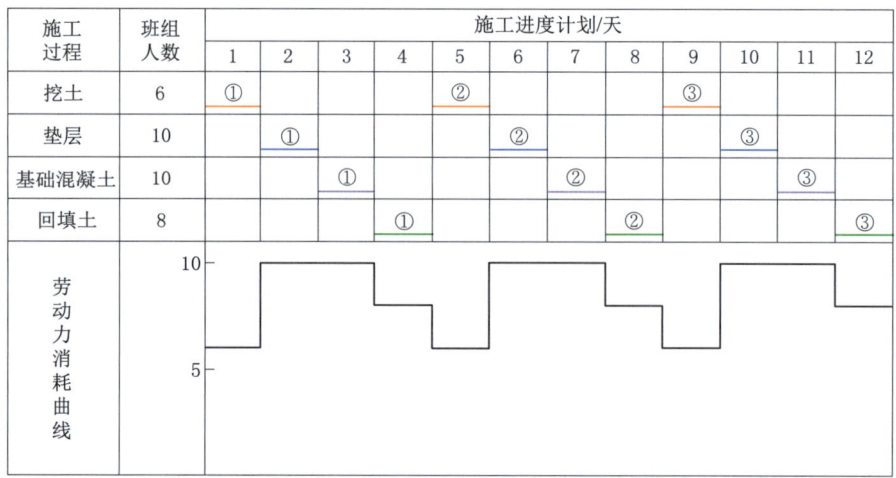

图 3.4　按幢（或施工段）依次施工

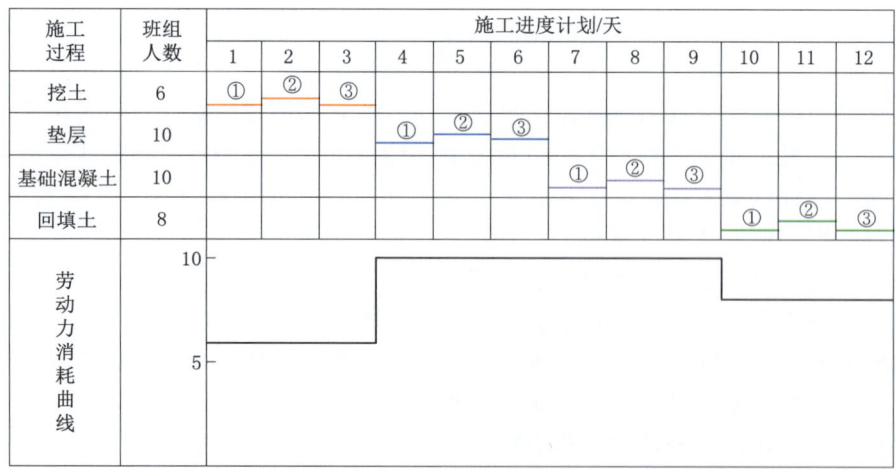

图 3.5　按施工过程依次施工

3.1 横道计划编制

由图 3.4、图 3.5 可以看出,依次施工是按照单一的顺序组织施工,单位时间内投入的劳动力等物资资源比较少,有利于资源供应的组织工作,现场管理也比较简单。同时可看出,采用依次施工方式组织施工要么是各专业施工队的作业不连续,要么是工作面有停歇,时空关系没有处理好,工期拉得很长。因此,依次施工方式适用于规模较小、工作面有限和工期不紧的工程。

2. 平行作业

平行作业在工程施工中即为平行施工,是指所有的三幢房屋的同一施工过程,同时开工、同时完工的一种作业方式(图 3.6)。

由图 3.6 可以看出,平行施工的总工期大大缩短,但是各专业施工队的数目成倍增加,单位时间内投入的劳动力等资源以及机械设备也大大增加,资源供应的组织工作难度剧增,现场组织管理相当困难。因此,该方法通常只用于工期十分紧迫的施工项目,并且资源供应有保证以及工作面能满足要求。

3. 流水作业

流水作业在工程施工中即为流水施工是将施工对象(此为三幢房屋)按照一定的时间依次搭接(如挖土②和垫层①两者搭接,挖土③、垫层②、基础混凝土①三者搭接等),各施工段上陆续开工、陆续完工的一种作业方式,如图 3.7 所示。流水施工强调要充分合理地利用工作面,专业施工队伍的作业要尽可能地连续,少停歇。

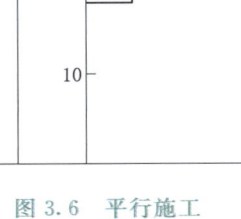

图 3.6 平行施工

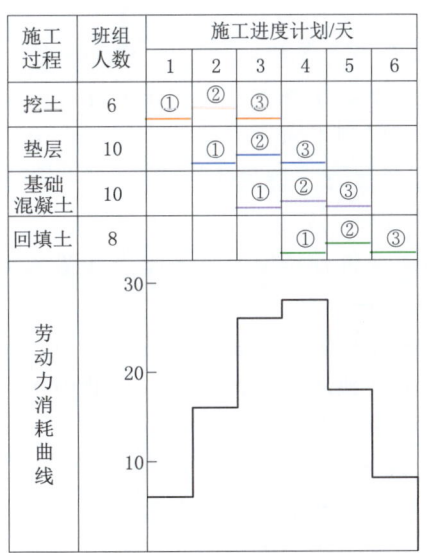

图 3.7 流水施工

由图 3.7 可以看出,流水施工方式具有以下特点:
(1) 恰当地利用了工作面,争取了时间,节省了工期,工期比较合理。
(2) 各专业施工队的施工作业连续,避免或减少了间歇、等待时间。
(3) 不同施工过程尽可能地进行搭接,时空关系处理得比较理想。
(4) 各专业施工队实现了专业化施工,能够更好地保证质量和提高劳动生产率。
(5) 资源消耗较为均衡,有利于资源供应的组织工作。

3.1.1.2 流水施工的组织技巧

1. 划分施工段

和工厂流水生产线生产大批量产品一样，建筑工程流水施工也需要具备批量产品，倘若是只有1幢建筑物（即单件产品）的施工生产，如何实现批量产品的流水施工或生产呢？这时应将单件产品（如基础）在平面上或空间上划分为若干个大致相等的部分（即划分施工段）从而实现批量生产。

2. 划分施工过程

工厂流水生产线上的产品需经过若干个生产过程（即多道生产工序）。同样，建筑产品的生产过程也需要经过若干个生产工序（即施工过程）。因此，流水施工的实现需要划分若干施工过程。

3. 每个施工过程应组织独立的施工班组

每个施工过程组织独立的施工班组方能保证各个施工班组能够按照施工顺序依次、连续均衡地从一个施工段转移到下一个施工段进行相同的专业化施工。

4. 主导施工过程的施工作业要连续

有时，由于条件限制，不能够做到所有施工过程均能进行连续施工。此时，应保证工程量（劳动量）大、施工作业时间长的施工过程（即主导施工过程）能够进行连续施工，其他的施工过程可以考虑从充分利用工作面、缩短工期的角度来组织间断施工。

5. 相关施工过程之间应尽可能地进行搭接

按照施工顺序要求，在工作面许可的条件下，除必要的间歇时间外，应尽可能地组织搭接施工，以利于缩短工期。

3.1.1.3 流水施工的表达形式

1. 横道图

横道图亦称甘特图或水平图表（图3.1～图3.7），其优点是简单、直观、清晰明了。

2. 斜线图

斜线图亦称垂直图表，如图3.8所示。斜线图以斜率形象地反映了各施工过程的施工节奏性（速度）。

3. 网络图

其形式见3.2节的学习内容，网络图的优点在于逻辑关系表达清晰，能够反映出计划任务的主要矛盾和关键所在，并可利用计算机进行全面管理。

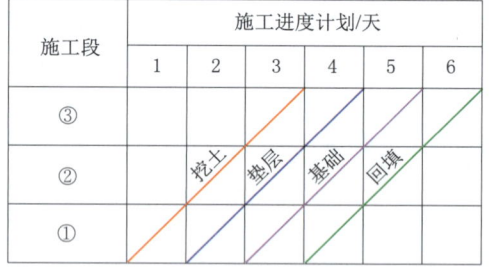

图3.8 用斜线图表达的流水施工进度计划

3.1.2 流水施工参数

为了清晰地表达或描述流水施工方式在施工工艺、空间布置和时间安排上所处的状态，仅仅依靠图形是不能解决问题的。此时，需引入一些参数，通过借助参数将其量化，使之明晰。此类参数称为流水施工参数，包括工艺参数、空间参数和时间参数。

3.1.2.1 工艺参数

1. 施工过程数（用 n 表示）

施工过程是指用来表达流水施工在工艺上开展层次的相关过程。一幢建筑物的建造过程，是由许多施工过程（如挖土、做基础、浇筑混凝土等）所组成的。一般情况下，一幢建筑物的施工过程数 n 的多少，与建筑物的复杂程度、施工方法等有直接关系；工业建筑的施工过程数要多一些。在组织流水施工时，施工过程数要取得恰当：若取得过多、过细，会给计算增添麻烦，也会带来主次不分的缺点；若取得过少，又会使计划过于笼统，失去指导施工的作用。施工过程划分的数目多少和粗细程度，一般与下列因素有关。

（1）施工计划的性质和作用。对于长期计划和建筑群体及规模大、结构复杂、工期长的工程施工控制性进度计划，其施工过程划分可以粗一些，综合性大一些，如基础工程、主体结构工程、装饰工程等。对于中小型单位工程及工期不长的工程施工实施性计划，其施工过程划分可以细一些、具体一些，一般可划分至分项工程。如挖土方、钢筋混凝土基础、回填土等。对于月度作业性计划，有些施工过程还可以分解至工序，如支模板、绑扎钢筋、浇筑混凝土等。

（2）施工方案。施工方案确定了施工顺序和施工方法，不同的施工方案就有不同的施工过程划分，如框架结构采用的模板不同，其施工过程划分的数目就不同。

（3）劳动力的组织和工程量的大小。施工过程的划分与施工队伍施工习惯有一定的关系。例如，安装玻璃、油漆的施工，可以将它们合并为一个施工过程即玻璃油漆施工过程，它的施工队就是一个混合队伍，也可以将它们分为两个施工过程，即玻璃安装施工过程和油漆施工过程，这时的施工队为单一工种的施工队伍。

同时，施工过程的划分还与工程量的大小有关。对于工程量小的施工过程，当组织流水施工有困难时，可以与其他施工过程合并。例如，地面工程，如果做垫层的工程量较小，可以与混凝土面层相结合，合并为一个施工过程，这样就可以使各个施工过程的工程量大致相等，便于组织流水施工。

2. 流水强度（用 V 表示）

流水强度是指某施工过程在单位时间内所完成的工程数量。

人工操作或机械施工施工过程的流水强度为

$$V = \sum N_i P_i$$

式中　N_i——投入施工过程的专业工作队人数或某种机械台数；

P_i——投入施工过程的工人的产量定额或某种机械产量定额。

3.1.2.2 空间参数

空间参数是用以表达流水施工在空间上开展状态的参数，一般包括工作面、施工段和施工层。

1. 工作面（用 a 表示）

工作面是指某专业工种进行施工作业所必需的活动空间。主要工种工作面的参考数据，见表 3.1。

表3.1 主要工种工作面的参考数据

工作项目	工作面大小	工作项目	工作面大小
砌砖墙	8.5m/人	预制钢筋混凝土柱、梁	3.6m³/人
现浇钢筋混凝土墙	5m³/人	预制钢筋混凝土平板、空心板	1.91m³/人
现浇钢筋混凝土柱	2.45m³/人	卷材屋面	18.5m²/人
现浇钢筋混凝土梁	3.2m³/人	门窗安装	11m²/人
现浇钢筋混凝土楼板	5.3m³/人	内墙抹灰	18.5m²/人
混凝土地坪及面层	40m²/人	外墙抹灰	16m²/人

2. 施工段（用 m 表示）

为了实现流水施工，通常将施工项目划分为若干个劳动量大致相等的部分，即施工段（用 m 表示）。通常，每个施工段在某一段时间内，只能供一个施工过程的专业工作队使用。

划分施工段的目的，就在于保证不同的工作队能在不同的工作面上同时进行作业，从而使各施工队伍能够按照一定的时间间隔从一个施工段转移到另一个施工段进行连续施工。这样，消除了由于各工作队不能依次连续进入同一工作面上作业而产生互等、停歇现象，为流水施工创造了条件。因此，施工段划分的合理与否将直接影响流水施工的效果。

施工段的划分应遵守以下原则：

（1）施工段的数目及分界要合理。施工段的数目划分过少，则每段上的工程量较大，会引起劳动力、机械、材料供应的过分集中，有时会造成供应不足的现象，使工期拖长；若划分过多，则施工段有空闲得不到充分利用，工期长。施工段的分界应尽可能与施工对象的结构界限相一致，或设在对结构整体性影响较小的部位，如温度缝、沉降缝或单元界线等，如果必须将其设在墙体中间时，可将其设在门窗洞口处，以减少施工留槎，确保工程质量。

（2）各施工段上的劳动量应大致相等。为了保证流水施工的连续、均衡，各专业工种在各施工段上所消耗的劳动量应大致相等。

（3）工作面应满足施工要求。为了充分发挥专业工人和机械设备的生产效率，应考虑施工段对于机械台班、劳动力容量大小，满足各专业工种对工作面的空间要求，尽量做到劳动力资源的优化组合。

（4）分层施工时，施工段的划分应能确保主导施工过程的施工连续。划分施工段时，应能保证主导施工过程连续施工。主导施工过程是指劳动量较大或技术复杂、对总工期起控制作用的施工过程，如多层全现浇钢筋混凝土结构的混凝土工程就是主导施工过程。

3. 施工层（用 r 表示）

对于多层的建筑物和构筑物，为组织流水施工，应既分施工段，又分施工层。施工层是指在组织多层建筑物的竖向流水施工时，将施工项目在竖向上划分为若干个作业层，这些作业层称为施工层。通常以建筑物的结构层作为施工层，有时为了满足专业工种对操作高度和施工工艺的要求，也可以按一定高度划分施工层，如单层工业厂房砌筑工程一般按1.2～1.4m（即一步脚手架的高度）划分为一个施工层。

3.1.2.3 时间参数

1. 流水节拍（用 t 表示）

各专业施工班组在某一施工段上的作业时间称为流水节拍，用 t_i 表示。流水节拍的大小可以反映施工速度的快慢、节奏感的强弱和资源消耗的多少。

流水节拍的确定，通常可以采用以下方法：

(1) 定额计算法。

$$t_i = Q_i/S_i R_i N_i = P_i/R_i N_i$$

式中　Q_i——施工过程 i 在某施工段上的工程量；

　　　S_i——施工过程 i 的人工或机械产量定额；

　　　R_i——施工过程 i 的专业施工队人数或机械台班；

　　　N_i——施工过程 i 的专业施工队每天工作班次；

　　　P_i——施工过程 i 在某施工段上的劳动量。

(2) 经验估算法。

$$t_i = (a + 4c + b)/6$$

式中　a——最长估算时间；

　　　b——最短估算时间；

　　　c——正常估算时间。

(3) 工期计算法。首先根据工期倒排进度，确定某施工过程的工作持续时间 D_i；然后确定某施工过程在某施工段上流水节拍 t_i。

$$t_i = D_i/m$$

需要说明一下，在确定流水节拍时应考虑以下几点：

1) 专业工作队人数要符合最小劳动组合的人数要求和工作面对人数的限制条件。最小劳动组合就是指某一施工过程进行正常施工所必需的最低限度的班组人数及其合理组合。如砌砖墙施工技工与普工要按 2∶1 的比例配置，技工过多，会使个别技工去干技术含量低的工作，造成人才浪费；普工过多，主导工序操作人员不足，影响工期，多余普工不能发挥效力，使技工的工作不能保证质量和速度。

2) 工作班制要适当。工作班制是某一施工过程在一天内轮流安排的班组次数。有一班制、两班制、三班制。工作班制应根据工期、工艺等要求而定。当工期不紧迫，工艺上无连续施工的要求时，可采用一班制；当工期紧迫，工艺上要求连续施工，或为了充分发挥设备效率时，可安排两班制，甚至三班制。如现浇混凝土楼板，为了满足工艺上的要求，常采用两班制或三班制施工。需要指出的是，安排两班制或三班制施工，涉及夜间施工，要考虑到照明、安全、扰民以及后勤辅助方面的成本支出。

3) 机械台班效率或机械台班产量的大小。这是确定机械数量和专业工作队人数的依据。机械设备数量变化程度较小，确定人数要考虑人机配套，使机械达到相应的产量定额。

4) 先确定主导施工过程的流水节拍。主导施工过程的流水节拍值大小对工期的影响比重很大，因此，应先确定主导施工过程的流水节拍。

5) 为了便于现场管理和劳动安排，流水节拍值一般取整数，必要时保留 0.5 天（或台班）的整数倍。

2. 流水步距（用 K 表示）

流水步距是指相邻两个施工过程相继开始施工的时间间隔，用 $K_{i,i+1}$ 表示。流水步距可反映出相邻专业施工过程之间的时间衔接关系。通常，当有 n 个施工过程时，则有（$n-1$）个流水步距值。流水步距在确定时，需注意以下几点：

(1) 要满足相邻施工过程之间的相互制约关系。

(2) 保证各专业施工班组能够连续施工。

(3) 以保证质量和安全为前提，对相邻施工过程在时间上进行最大限度地、合理地搭接。

3. 间歇时间（用 Z 表示）

间歇时间是指根据工艺、技术要求或组织安排，而留出的等待时间。按其性质，分为技术间歇 t_j 和组织间歇 t_z。技术间歇时间按其部位，又可分为施工层内技术间歇时间 t_{j1}、施工层间技术间歇时间 t_{j2} 和施工层内技术组织时间 t_{z1}、施工层间组织间歇时间 t_{z2}。

4. 搭接时间（用 t_d 表示）

前一个工作队未撤离，后一施工队即进入该施工段。两者在同一施工段上同时施工的时间称为平行搭接时间，用 t_d 表示。

5. 流水工期（用 T_L 表示）

自参与流水的第一个队组投入工作开始，至最后一个队组撤出工作面为止的整个持续时间称为流水工期。

$$T_L = \sum K + T_n$$

式中　K——流水步距；

　　　T_n——最后一个施工过程的作业时间。

3.1.3 流水施工的基本方式

根据流水节拍的特征，可将流水施工方式划分有节奏流水施工和无节奏流水施工。其中，有节奏流水施工方式又可分为全等节拍流水施工、成倍节拍流水施工和异节拍流水施工。

3.1.3.1 全等节拍流水施工

全等节拍流水施工，顾名思义，指所有施工过程在任意施工段上的流水节拍均相等，也称固定节拍流水。根据其有无间歇时间，而将全等节拍流水分为无间歇全等节拍流水和有间歇全等节拍流水。

1. 无间歇全等节拍流水施工

(1) 无间歇全等节拍流水施工方式的特点。

1) 各施工过程流水节拍均相等，为一常数 t，即 $t_i = t$。

2) 流水步距均相等，且与流水节拍相等，即 $K_{i,i+1} = t_i = t$。

3) 专业工作队的数目 N 与施工过程数 n 相等，即 $N = n$。

4) 各专业工作队均能连续施工，工作面没有停歇。

(2) 无间歇全等节拍流水施工方式的工期计算。

1) 不分层施工。无间歇全等节拍流水施工方式不分层施工的进度计划如图 3.9 所示。

施工过程	施工进度计划/天				
	1	2	3	4	5
A	①	②	③		
B		①	②	③	
C			①	②	③

$(n-1)t$　　$T_n=mt$

$T_L=(m+n-1)t$

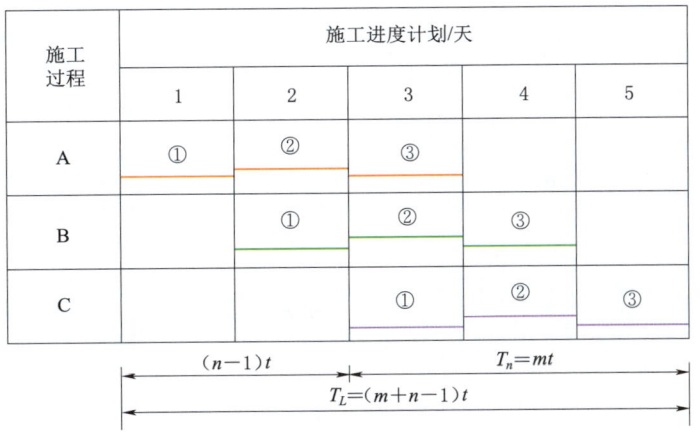

图 3.9　无间歇全等节拍流水施工进度计划（不分层）

$$T_L=\sum K+T_n=(n-1)t+mt=(m+n-1)t$$

式中　T_L——流水施工工期；

m——施工段数；

n——施工过程数；

t——流水节拍。

2）分层施工。无间歇全等节拍流水施工方式分层施工的进度计划如图 3.10、图 3.11（$m=n$ 情形）所示。

施工过程	施工进度计划/天							
	1	2	3	4	5	6	7	8
A	Ⅰ—①	Ⅰ—②	Ⅰ—③	Ⅱ—①	Ⅱ—②	Ⅱ—③		
B		Ⅰ—①	Ⅰ—②	Ⅰ—③	Ⅱ—①	Ⅱ—②	Ⅱ—③	
C			Ⅰ—①	Ⅰ—②	Ⅰ—③	Ⅱ—①	Ⅱ—②	Ⅱ—③

$(n-1)t$　　mrt

$T_L=(mr+n-1)t$

图 3.10　无间歇全等节拍流水施工进度计划（分层，横向排列）

（注：图中Ⅰ、Ⅱ分别表示两相邻施工层编号）

$$T_L=(mr+n-1)t$$

或

$$T_L=(m+nr-1)t$$

式中　r——施工层数；

其他符号含义同前。

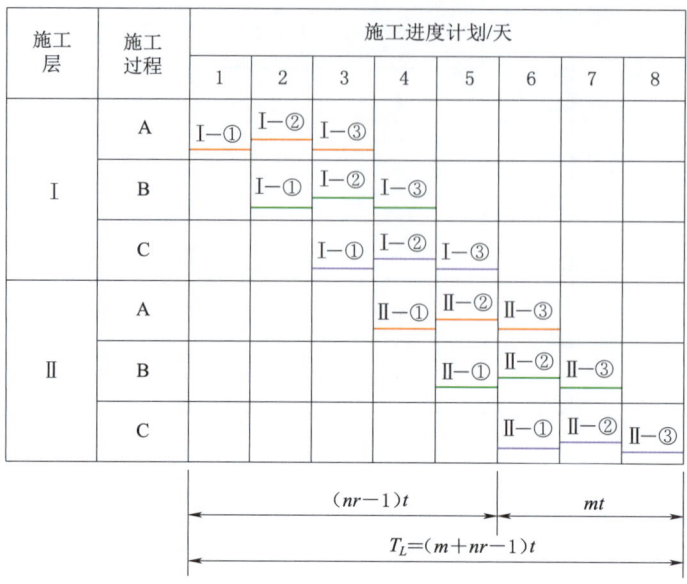

图 3.11 无间歇全等节拍流水施工进度计划（分层，竖向排列）
（注：图中Ⅰ、Ⅱ分别表示两相邻施工层编号）

2. 有间歇全等节拍流水

（1）特点。

1）各施工过程流水节拍均相等，为一常数 t，即 $t_i = t$。

2）流水步距 $K_{i,i+1}$ 与流水节拍 t_i 不会全等。

3）专业工作队的数目 N 与施工过程数 n 相等，即 $N = n$。

4）有间歇时间或同时有搭接时间。

（2）有间歇全等节拍流水施工方式的工期计算

1）不分层施工（图 3.12）。

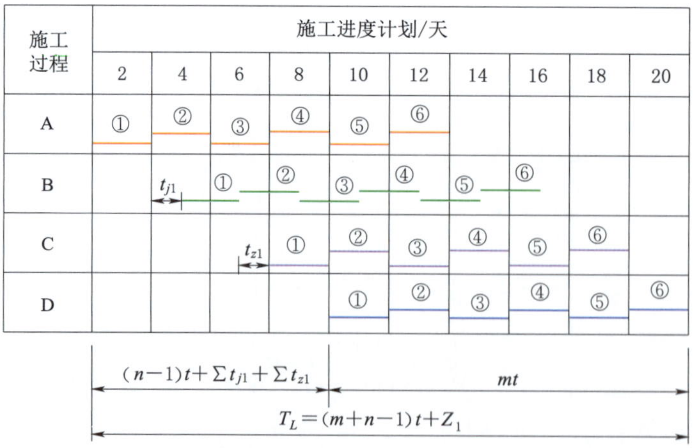

图 3.12 有间歇全等节拍流水施工进度计划（不分层）

$$T_L = \sum K + T_n = (n-1)t + Z_1 + mt = (m+n-1)t + Z_1$$

其中
$$Z_1 = \sum t_{j1} + \sum t_{z1}$$

式中 Z_1——层内间歇时间之和；

其他符号含义同前。

说明：一般不存在搭接时间，倘若有搭接时间应从工期中减去，此处略。

2) 分层施工（图 3.13、图 3.14）。

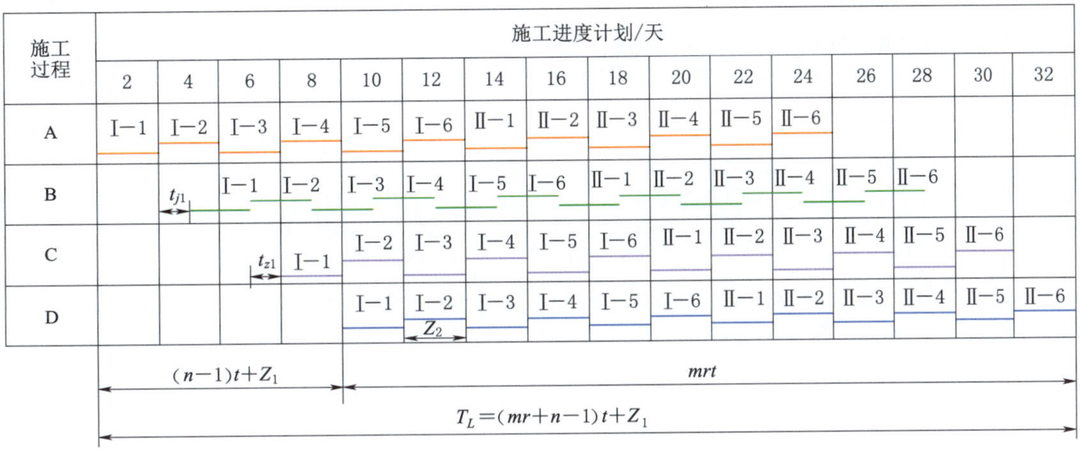

图 3.13 有间歇全等节拍流水施工进度计划（分层，横向排列）

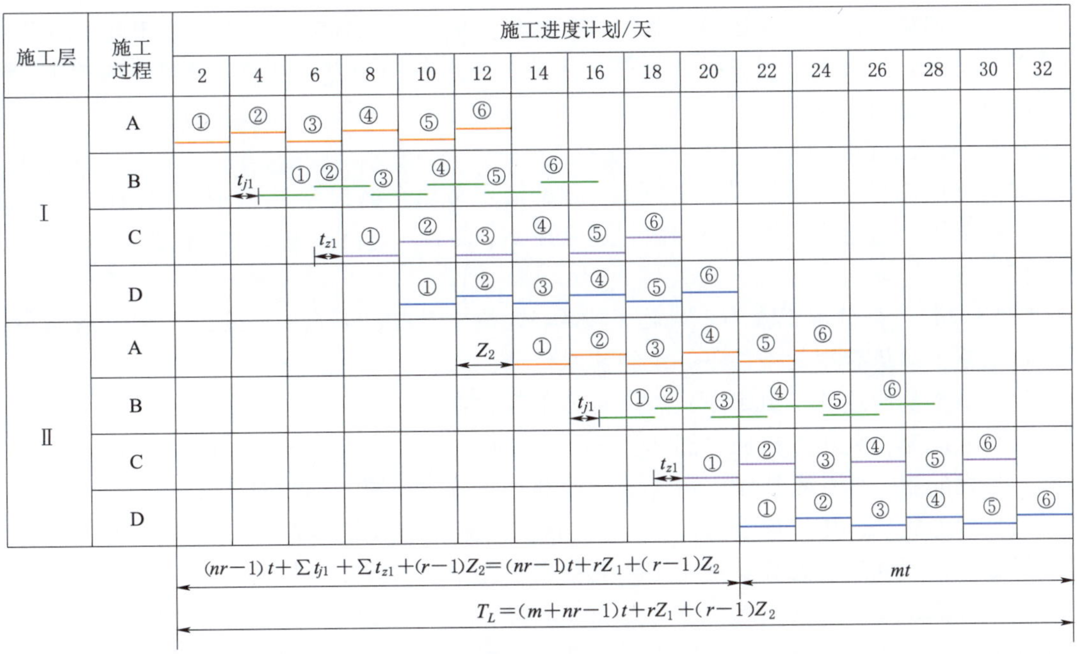

图 3.14 有间歇全等节拍流水施工进度计划（分层，竖向排列）

$$T_L = \sum K + T_n$$
$$= (n-1)t + Z_1 + mrt$$
$$= (mr + n - 1)t + Z_1$$

或
$$T_L = (nr - 1)t + rZ_1 + Z_2 + mt$$
$$= (m + nr - 1)t + rZ_1 + Z_2$$

其中
$$Z_1 = \sum t_{j1} + \sum t_{z1}$$

式中 Z_1——某层内间歇时间之和；

Z_2——某相邻两层间的间歇时间；

其他符号含义同前。

（3）分层施工时，m 与 n 之间的关系。由图 3.13 和图 3.14 可以看出，当 $r=2$ 时，有

$$T_L = (mr + n - 1)t + Z_1 = (2m + n - 1)t + t_{j1} + t_{z1}$$

或 $T_L = (m + nr - 1)t + rZ_1 + (r-1)Z_2 = (m + 2n - 1)t + 2t_{j1} + 2t_{z1} + Z_2$

联立两式，可得 $(2m + n - 1)t + t_{j1} + t_{z1} = (m + 2n - 1)t + 2t_{j1} + 2t_{z1} + Z_2$

即 $(m - n)t = t_{j1} + t_{z1} + Z_2 = Z_1 + Z_2$

最终可得 $m = n + (Z_1 + Z_2)/t$

因为 $(Z_1 + Z_2)/t \geqslant 0$。所以 $m \geqslant n$。

$m \geqslant n$ 为全等节拍流水施工中专业工作队连续施工时需满足的关系式。另，若有间歇时间，则 $m > n$（图 3.13）；若没有任何间歇，则 $m = n$（图 3.10、图 3.11）。

3. 全等节拍流水适用范围

全等节拍流水方式比较适用于施工过程数较少的分部工程流水，主要见于施工对象结构简单、规模较小房屋工程或线性工程。其对于流水节拍要求较严格，组织起来较困难，故实际应用不是很广泛。

3.1.3.2 成倍节拍流水施工

成倍节拍流水施工是指同一个施工过程的流水节拍全都相等，不同施工过程之间的流水节拍不全等，但均为其最大公约数（通常用 K_b 表示，其值不取 1）的整数倍。

1. 示例

【例 3.2】 某分部工程施工，施工段为 5，流水节拍为：$t_A = 4$ 天；$t_B = 2$ 天；$t_C = 4$ 天。请在施工队伍有限的条件下，组织流水作业。

【解】：本例所述施工组织方式，可有如下几种：

（1）考虑充分利用工作面（图 3.15）。该流水施工方式能够充分利用工作面，但是有些施工过程的施工作业不连续。由于工作面利用充分，使得工期相对较短。

（2）考虑施工队施工连续（图 3.16）。该流水施工方式虽然各施工过程的施工作业连续，但是工作面利用不充分。由于工作面利用不充分，导致工期较长。

（3）考虑工作面及施工均连续。如图 3.17 所示，该流水施工方式通过增加班次将其组织成为全等节拍流水施工，既实现了各施工过程的施工作业连续，也实现了工作面的充分利用。由于工作面利用充分、施工过程施工作业连续，使得该施工组织方式的工期最短。

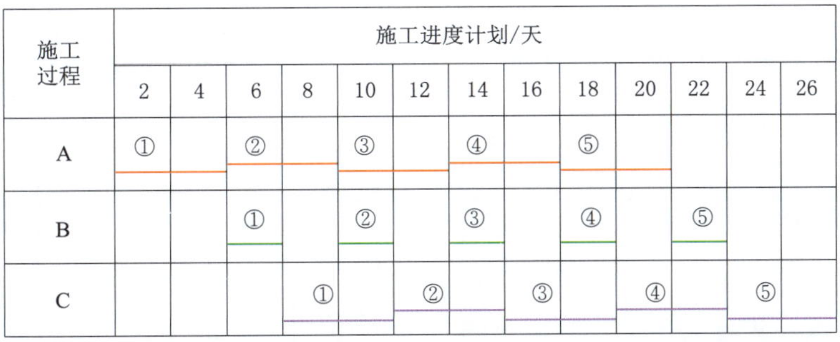

3.1 横道计划编制

施工过程	施工进度计划/天												
	2	4	6	8	10	12	14	16	18	20	22	24	26
A	①		②		③		④		⑤				
B				①		②		③		④	⑤		
C						①		②		③		④	⑤

图 3.15 工作面不停歇施工组织方式（断续式，工作面衔接紧凑）

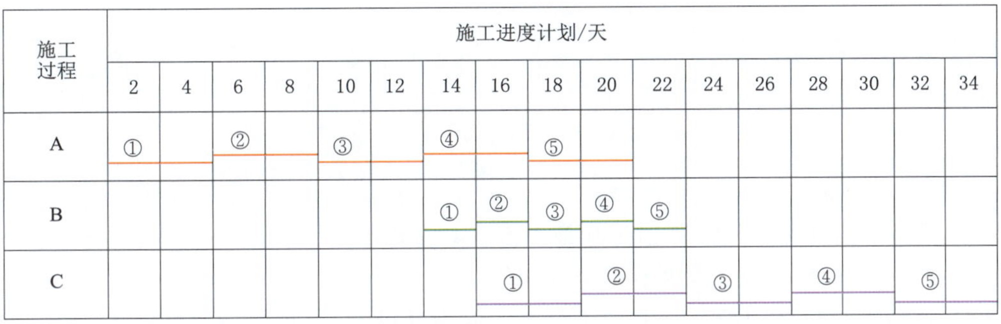

施工过程	施工进度计划/天																
	2	4	6	8	10	12	14	16	18	20	22	24	26	28	30	32	34
A	①		②		③		④		⑤								
B							①	②	③	④	⑤						
C								①		②		③		④		⑤	

图 3.16 施工队不停歇施工组织方式（连续式）

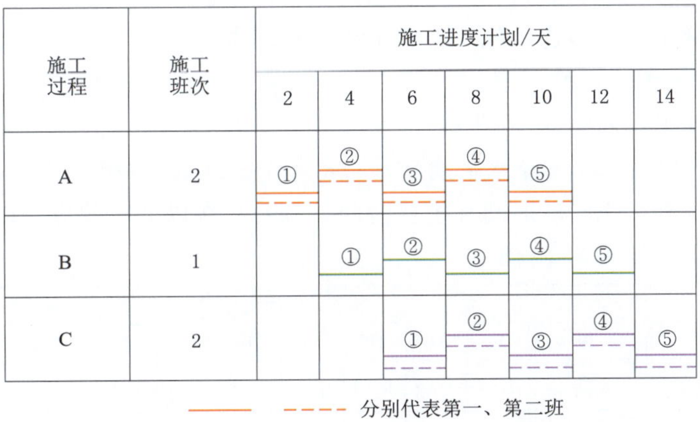

施工过程	施工班次	施工进度计划/天						
		2	4	6	8	10	12	14
A	2		①	②	③	④	⑤	
B	1			①	②	③	④	⑤
C	2			①	②	③	④	⑤

——— - - - - 分别代表第一、第二班

图 3.17 增加班次后的成倍节拍流水施工进度计划

如果有足够的施工队伍，也可采用图 3.18 所示的流水施工方式。该施工组织方式实质上亦为全等节拍流水施工方式，其同样实现了施工过程的施工作业连续和工作面的充分利用，但工期较图 3.17 所示施工方式稍长。图 3.17 所示流水施工方式在日常工作生活中极为普遍，该施工组织方式对于加快进度，节省作业人员或机械数量以及临建设施均具有重要意义。因此，如果作业班组能够加班，图 3.17 所示流水施工方式是非常理想的选择。

施工过程	施工班组	施工进度计划/天								
		2	4	6	8	10	12	14	16	18
A	A₁	①	②	③	④	⑤				
	A₂		①	②	③	④	⑤			
B	B			①	②	③	④	⑤		
C	C₁					①	②	③	④	⑤
	C₂						①	②	③	④	⑤

图 3.18 增加工作队后的成倍节拍流水进度计划

2. 成倍节拍流水施工方式的特点

由［例 3.1］可得出成倍节拍流水施工方式具有以下特点。

（1）同一个施工过程的流水节拍全都相等。

（2）各施工过程之间的流水节拍不全等，但为其最大公约数的整数倍。

（3）若无间歇和搭接时间流水步距彼此相等，且等于各施工过程流水节拍的最大公约数。

（4）需配备的施工班组数目 $N=\sum t_i/K_b$ 大于施工过程数，即 $N>n$。

（5）各专业施工队能够连续施工，施工段没有间歇。

3. 成倍节拍流水施工的计算

（1）不分层施工，如图 3.18 所示。

$$流水工期\ T=(m+N-1)K_b$$

说明：此处没有考虑间歇时间和搭接时间，倘若存在以上时间应予以加上或减去。

（2）分层施工，如图 3.19 所示。

施工过程	施工班组	施工进度计划/天													
		2	4	6	8	10	12	14	16	18	20	22	24	26	28
A	A₁	Ⅰ-1	Ⅰ-2	Ⅰ-3	Ⅰ-4	Ⅰ-5	Ⅱ-1	Ⅱ-2	Ⅱ-3	Ⅱ-4	Ⅱ-5				
	A₂		Ⅰ-1	Ⅰ-2	Ⅰ-3	Ⅰ-4	Ⅱ-1	Ⅱ-2	Ⅱ-3	Ⅱ-4	Ⅱ-5				
B	B			Ⅰ-1	Ⅰ-2	Ⅰ-3	Ⅰ-4	Ⅰ-5	Ⅱ-1	Ⅱ-2	Ⅱ-3	Ⅱ-4	Ⅱ-5		
C	C₁				Ⅰ-1	Ⅰ-2	Ⅰ-3	Ⅰ-4	Ⅰ-5	Ⅱ-1	Ⅱ-2	Ⅱ-3	Ⅱ-4	Ⅱ-5	
	C₂					Ⅰ-1	Ⅰ-2	Ⅰ-3	Ⅰ-4	Ⅰ-5	Ⅱ-1	Ⅱ-2	Ⅱ-3	Ⅱ-4	Ⅱ-5

$(N-1)K_b$ ｜ mrK_b

$$T=(mr+N-1)K_b+Z_1-\Sigma t_d$$

图 3.19 成倍节拍流水施工进度计划（分层）

$$T=(mr+N-1)K_b+Z_1-\sum t_d$$

说明：m——施工段数，$m=N+(Z_1+Z_2-t_d)/K_b$；

Z_1——层内间歇时间；

Z_2——层间间歇时间；

t_d——搭接时间。

4. 举例

【例 3.3】 题意同［例 3.2］。请在施工队伍不受限制的条件下，组织流水作业。

【解】：根据题意可组织成倍节拍流水

(1) 计算流水步距。

$$K=K_b=2d$$

(2) 计算专业工作队数。

$$N_A=t_A/K_b=4/2=2(个)；\quad N_B=1个；\quad N_C=2个。$$

所以，$N=\sum t_i/K_b=(2+1+2)=5(个)$。

(3) 计算工期。

$$T=(m+N-1)K_b+Z-\sum t_d=(5+5-1)\times 2=18(天)$$

(4) 绘制施工进度计划表，如图 3.18 所示。

5. 成倍节拍流水施工方式的适用范围

从理论上讲，很多工程均具备组织成倍节拍流水施工的条件，但实际工程若不能划分成足够的流水段或配备足够的资源，则不能采用该施工方式。

成倍节拍流水施工方式比较适用于线性工程（如管道工程、道路工程等）的施工。

3.1.3.3 异节拍流水施工

1. 示例

【例 3.4】 某分部工程有 A、B、C、D 四个施工过程，分三段施工，每个施工过程的节拍值分别为 3d、2d、3d、2d。试组织流水施工。

【解】：由流水节拍的特征可以看出，既不能组织全等节拍流水施工也不能组织成倍节拍流水施工。

(1) 考虑施工队施工连续的施工计划，如图 3.20 所示。

(2) 考虑充分利用工作面的施工计划，如图 3.21 所示。

2. 异节拍流水施工方式的特点

［例 3.4］中，同一施工过程的流水节拍相等，但不同的施工过程其流水节拍特征既不同于全等节拍流水施工，也不同于成倍节拍流水施工，我们称之为异节拍流水施工。异节拍流水施工方式的特点如下。

(1) 同一施工过程流水节拍值相等。

(2) 不同施工过程之间流水节拍值不完全相等，且相互间不完全成倍比关系（即不同于成倍节拍）。

(3) 专业工程队数与施工过程数相等（即 $N=n$）。

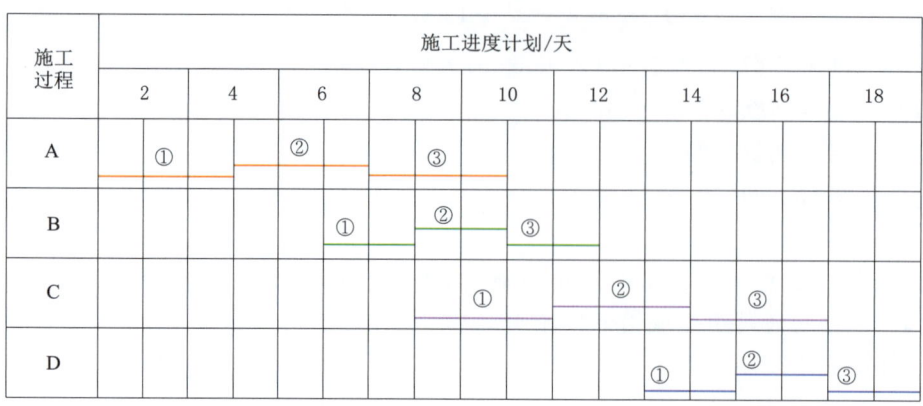

图 3.20　异节拍流水施工进度计划［连续式（施工作业连续）］

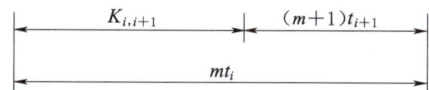

图 3.21　异节拍流水施工进度计划［断续式（工作面衔接紧凑）］

3. 流水步距的确定

图 3.21 所示断续式异节拍流水施工方式的流水步距确定比较简单，此处略。而图 3.20 所示连续式异节拍流水施工方式，其流水步距的确定相对复杂，可分两种情形进行。

(1) 当 $t_i \leqslant t_{i+1}$ 时，$K_{i,i+1} = t_i$。

(2) 当 $t_i > t_{i+1}$ 时，$K_{i,i+1} = mt_i - (m-1)t_{i+1}$。

4. 流水工期的确定

$$T = \sum K_{i,i+1} + mt_n \text{（连续式）}; \quad T = (m-1)t_{max} + \sum t_i \text{（断续式）}$$

说明：以上所说的流水步距和工期的确定均不含间歇时间和搭接时间的情形，若有间歇时间和搭接时间则需将它们考虑进去（加上间歇时间，减去搭接时间），此处从略。

5. 示例

【例 3.5】 题意同［例 3.4］。

【解一】：根据题意知该施工组织方式为异节拍流水施工方式，组织连续式流水施工步骤如下：

(1) 确定流水步距。
$$K_{A,B} = m\,t_A - (m-1)t_B = 3\times 3 - 2\times 2 = 5(\text{天})$$
$$K_{B,C} = t_B = 2d \quad K_{C,D} = 3\times 3 - 2\times 2 = 5(\text{天})$$

(2) 确定流水工期。
$$T = (5+2+5) + 3\times 2 = 18(\text{天})$$

(3) 绘制施工计划（图3.20）。

【解二】：根据题意知该施工组织方式为异节拍流水施工方式，组织断续式流水施工步骤如下：

(1) 确定流水步距。
$$K_{A,B} = t_A = 3\text{ 天} \quad K_{B,C} = t_B = 2\text{ 天} \quad K_{C,D} = t_C = 3\text{ 天}$$

(2) 确定流水工期。
$$T = (m-1)t_{\max} + \sum t_i = (3-1)\times 3 + (3+2+3+2) = 16(\text{天})$$

(3) 绘制施工计划（图3.21）。

比较两图可以发现，组织断续式异节拍流水施工方式相对节省工期，实际中应用更为广泛。当有层间关系时，断续式异节拍流水施工方式的组织详见3.1.5.2部分实例。

6. 异节拍流水施工方式的适用范围

异节拍流水施工方式对于不同施工过程的流水节拍限制条件较少，因此在计划进度的组织安排上比全等节拍和成倍节拍流水施工灵活得多，实际应用最为广泛。

3.1.3.4 无节奏流水施工

1. 示例

【例3.6】 某A、B、C三个施工过程，分三段施工，流水节拍值见表3.2。试组织流水施工。

表3.2　　　　　　　　A、B、C三个施工过程的流水节拍值

施工过程	施工段		
	①	②	③
A	1	4	3
B	3	1	3
C	5	1	3

【解】：由流水节拍的特征可以看出，不能组织有节奏流水施工，只好组织图3.22、3.23所示的无节奏流水施工进度计划。

2. 无节奏流水施工方式的特点

[例3.6]中，各施工过程的流水节拍不全等，不同的施工过程其流水节拍必不全等，流水节拍无规律性，此种流水施工方式我们称之为无节奏流水施工方式。通过上述示例可以发现无节奏流水的特点如下：

(1) 同一施工过程的流水节拍值未必全等。

(2) 不同施工过程之间的流水节拍值不完全相等。

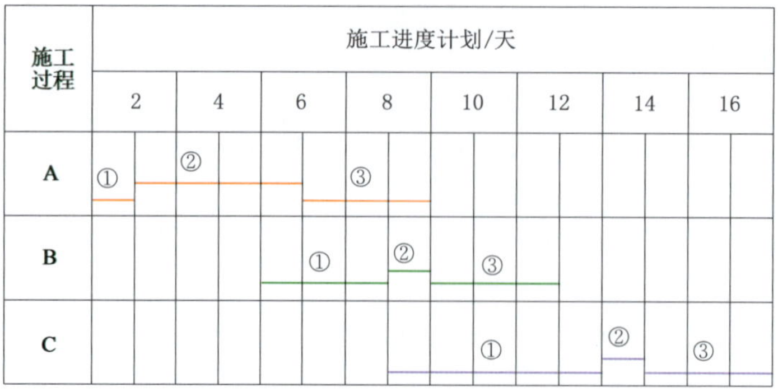

学习项目3 施工进度计划编制

图 3.22 无节奏流水施工进度计划
[连续式(施工作业连续)]

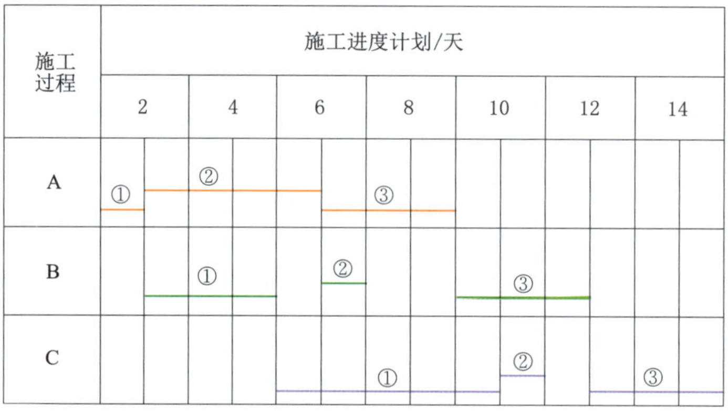

图 3.23 无节奏流水施工进度计划
[断续式(工作面衔接紧凑)]

（3）专业工程队数目与施工过程数相等（即 $N=n$）。
（4）各专业施工队能够连续施工，但工作面可能有闲置。

3. 流水步距的确定

（1）连续式无节奏流水施工。连续式无节奏流水施工方式的流水步距采用"潘特考夫斯基法"求解，"潘特考夫斯基法"即"累加—斜减—取大差"法，为求解连续式流水施工流水步距的通用公式，下面以［例3.6］为例介绍其操作方法。

1）累加。将流水节拍值逐段累加，累加结果见表3.3。

表 3.3　　　　　　　　流水节拍值逐段累加结果

施工过程	所在施工段		
	①	②	③
A	1	5	8
B	3	4	7
C	5	6	9

2）斜减。斜减也称错位相减，即将上述相邻的累加数列错位相减，过程如下：

A－B	1	5	8	
－		3	4	7
	1	2	4	－7

B－C	3	4	7	
－		5	6	9
	3	－1	1	－9

3）取大差。由上述各组数列斜减结果取最大值，即可得出对应的流水步距 K 值，结果如下：

$$K_{A,B} = \max\{1,2,4,-7\} = 4 \text{ 天}$$
$$K_{B,C} = \max\{3,-1,1,-9\} = 3 \text{ 天}$$

说明：以上为不考虑间歇时间和搭接时间的情形，如有间歇或搭接时间应对相应的 K 值进行调整。

（2）断续式无节奏流水施工。断续式无节奏流水施工方式的流水步距即为前面施工过程的流水节拍值。

4. 流水工期的确定

仍以［例 3.6］为例，连续式无节奏流水施工工期为

$$T = \sum K_{i,i+1} + T_n = (4+3) + 9 = 16(\text{天})$$

断续式无节奏流水施工工期采用直接编阵法计算为 14 天（计算表格见表 3.4）。

表 3.4　　　　　　　　　直接编阵法计算流水施工工期

工　序	施　工　段		
	①	②	③
A	1	4（5）	3（8）
B	3（4）	1（6）	3（11）
C	5（9）	1（10）	3（14）

注　（　）中的数值为新元素，施工总工期为 14 天。

于是，可以绘出流水施工进度计划如前面图 3.22、图 3.23 所示。

5. 无节奏流水施工方式的使用范围

无节奏流水施工方式的流水节拍没有时间约束，在施工计划安排上比较自由灵活，因此能够适应各种结构各异、规模不等、复杂程度不同的工程，具有广泛的应用性。在实际施工中，该施工方式较常见。

3.1.4　流水施工的合理组织

流水施工是一种科学的、有效的施工组织方式，在建筑工程施工中应尽量采取流水施工的组织方式，尽可能连续地、均衡地进行施工，加快施工速度。实际上，每个建筑工程各有特色，不可能按同一定式进行流水施工。为了合理地组织流水施工，就要按照一定的程序进行组织安排。

3.1.4.1 组织程序

合理组织流水施工，就是要结合各个工程的不同特点，根据实际工程的施工条件和施工内容，合理确定流水施工的各项参数。通常按照下列工作程序进行。

1. 确定施工流水线，划分施工过程

施工流水线是指不同工种的施工队按照施工过程的先后顺序，沿着建筑产品的一定方向相继对其进行加工而形成的一条工作路线。由于建筑产品体型庞大和整体难分，在施工流水线终端所生产出来的常常并非一个完整的建筑产品，而只是一个或大或小的部分，即一个分部（项）工程，因此包含在一条流水线中的施工过程（专业施工队）的数目就并非固定的。通常总是按分部（项）工程这种假想的建筑"零件"分别组织多条流水线，然后再将这些流水线联系起来，例如一般民用住宅的建筑施工中，可以组织基础、主体结构、内装修、外装修等几条流水线。当然，流水线也可以划分得更细一些。总之，各流水线要适当地连接起来，等前一条流水线提供了一定的工作面后，后一条流水线即可插入，同时进行施工。

流水线中的所有施工活动，划分为若干个施工过程。制备类施工过程和运输类施工过程不占用施工对象的空间，不影响工期的长短，因此可以不列入施工进度计划。建造类施工过程占用施工对象的空间且影响工期，所以划分施工过程时主要按照建造类施工过程来划分。

在实际工程中，如果某一施工过程工程量较少，并且技术要求也不高时，可以将它与相邻的施工过程合并，而不单列为一个施工过程。例如某些工程的垫层施工过程有时可以合并到挖土方施工过程中，由一个专业施工队完成，这样既可以减少挖土方和做垫层两个施工过程之间的流水步距，还可以避免开挖后基坑（槽）长时间的暴露、日晒雨淋，既缩短了工期，又保证了工程质量。

施工过程数目 n 确定的主要依据是工程的性质和复杂程度、所采用的施工方案、对建设工期的要求等因素。为了合理组织流水施工，施工过程数目 n 要确定得适当，施工过程划分得过粗或过细，都达不到良好的流水效果。

2. 划分施工层，确定施工段

为了合理组织流水施工，需要按照建筑的空间情况和施工过程的工艺要求，确定施工层数量 r，以便在平面上和空间上组织连续均衡的流水施工。划分施工层时，要求结合工程的具体情况，主要根据建筑物的高度和楼层来确定。例如砌筑工程的施工高度一般为 1.2～1.4m，因此可按 1.2～1.4m 划分，而室内抹灰、木装饰、油漆和水电安装等装饰施工，可按结构楼层划分施工层。

合理划分施工段的原则前面已经介绍了。不同的施工流水线中，可以采取不同的划分方法，但在同一流水线中最好采用统一的划分方法。在划分施工段时，施工段数目要适当，过多或过少都不利于合理组织流水施工。

需要注意的是，组织划分施工层的流水施工时，为了保证专业施工队不但能够在本层的各个施工段上连续作业，而且在转入下一个施工层的施工段时，也能够连续作业，对于全等节拍流水施工方式而言，划分的施工段数目应满足 $m \geqslant n$。当不涉及层间关系或没有分层施工时，施工段的划分不受此限制。

3.1 横道计划编制

3. 计算各施工过程在各个施工段上的流水节拍

施工层和施工段划分以后,就可以计算各施工过程在各个施工段上的流水节拍了。流水节拍的大小可以反映出流水施工速度的快慢、节奏的强弱和资源消耗的多少。若某些施工过程在不同的施工层上的工程量不尽相同,则可按其工程量分层计算。流水节拍的计算方法前面已经介绍,此处不再赘述。

4. 确定流水施工组织方式和专业施工队数目

根据计算出的各个施工过程的流水节拍的特征、施工工期要求和资源供应条件,确定流水施工的组织方式是全等节拍流水施工或成倍节拍流水施工,还是分别流水施工。

按照确定的流水施工组织方式,得出各个施工过程的专业施工队数目。有节奏流水施工和分别流水施工这两种组织方式,均按每个施工过程成立一个专业施工队;成倍节拍流水施工中,各施工过程对应的专业施工队数目是按照其流水节拍之间的比例关系来确定的。一般而言,分工协作是流水施工的基础,因此各个施工过程都有其对应的专业施工队。但是在可能的条件下,同一专业施工队在同一条流水线中,可以担任两个或多个施工过程的施工任务。例如在普通砖基础工程的流水线中,承担挖土的专业施工队在时间上能够连续时,可以接着去完成回填土的施工任务,支模板的木工队组也可以去完成拆模的工作。

在确定各专业施工队的人数时,可以根据最小施工段上的工作面情况来计算,一定要保证每一个工人都能够占据能充分发挥其劳动效率所必需的最小工作面,施工段上可容纳的工人数为

$$施工段上可容纳的工人数 = \frac{最小施工段上的工作面}{每个工人所需最小工作面}$$

需要注意的是,最小施工段上可能容纳的工人数并非是决定专业施工队人数的唯一依据,它只决定了最多可以有多少人数。即使在劳动力不受限制的情况下,也还要考虑合理组织流水施工对每段作业时间的要求,从而适当分配人数。这样决定的人数可能会比最多人数少,但不能少到破坏合理劳动组织的程度,因为一旦破坏了这种合理的组织,就会大大降低劳动效率甚至无法正常工作。例如吊装工作,除了指挥以外,上下都需要摘钩和挂钩的工人,砌砖和抹灰除了技工以外,还必须配备供料的辅助工,否则就难以正常工作。

5. 确定各施工过程之间的流水步距

根据施工方案和施工工艺的要求,按照不同流水施工组织方式的特点,采用相应的公式计算各施工过程之间的流水步距。

6. 计算流水施工工期

按照不同流水施工组织方式的特点和相关参数计算流水施工的工期。

7. 绘制施工进度计划表

按照各施工过程的顺序、流水节拍、专业施工队数目、流水步距和相关参数,绘制施工进度计划表。实际工程中,应注意在某些主导施工过程之间穿插和配合的施工过程也要适时地、合理地编入施工进度计划表。例如框架结构主体流水施工中的搭脚手架和砌体工程施工等施工过程,按主体结构施工过程的进度计划,适时地将其编入施工进度计划表。

在组织流水施工时,其基本程序为:划分施工过程,确定流水施工过程数目 n →确定

划分施工层数 r 和施工段数 m→计算流水节拍 t→确定流水施工方式和专业工作队数目→计算流水步距 K→计算流水施工工期 T→绘制施工进度计划表。为了合理地组织好流水施工，还需要结合具体工程的特点，进行调整和优化。可能会对流水施工的组织程序进行反复，从而组织最为合理的流水施工计划。

3.1.4.2 流水施工的合理组织方法

建筑产品的单件性特点，说明各单位工程的施工过程各不相同。但是就其整体而言，都是由若干个分项工程组成的。通常，单位工程流水施工组织工作主要是按照一般流水施工的方法，组织各分部（项）工程内部的流水施工，然后将各分部（项）工程之间的相邻的分项工程，按流水施工的方法或根据工作面、资源供应、施工工艺情况以及对施工工期的要求，使其尽可能地搭接起来，组成单位工程的综合流水施工。其组织工作步骤如下。

1. 组织各分部（项）工程流水施工

结合各分部（项）工程的特点，确定各自流水施工的组织方式，按照合理组织流水施工的方法和步骤，分别组织各个分部（项）工程的流水施工，计算出各个分部（项）工程的流水施工工期。

2. 平衡流水施工速度

由于各个施工过程的复杂程度不同，流水施工组织方式不同，所以各自的施工速度很难统一，有快有慢。为了缩短单位工程的总工期，可以采取平衡其中某些分部（项）工程的流水施工速度的方法。例如，对于成倍节拍流水施工，如果增加专业施工队的数目，某些流水节拍较长的施工过程的流水施工速度会加快；对于流水节拍较长的施工过程，还可以增加专业施工队的工作班次，使其流水施工速度加快。

当然，并不是所有施工过程的施工速度都可以调整、平衡，这需要结合各个施工过程的特点，以及相邻施工过程之间的工艺技术搭接要求。

【例 3.7】 某分部工程包括 A、B、C 三个施工过程，其流水节拍各自相等，流水节拍为：$t_A=6$ 天；$t_B=2$ 天；$t_C=4$ 天，划分为 5 个施工段进行施工，由此得出的流水施工进度计划表如图 3.24 所示，工期为 48 天。若在无其他条件限制的情况下，要将工期缩短到原工期一半之内，应该如何平衡其流水施工速度？

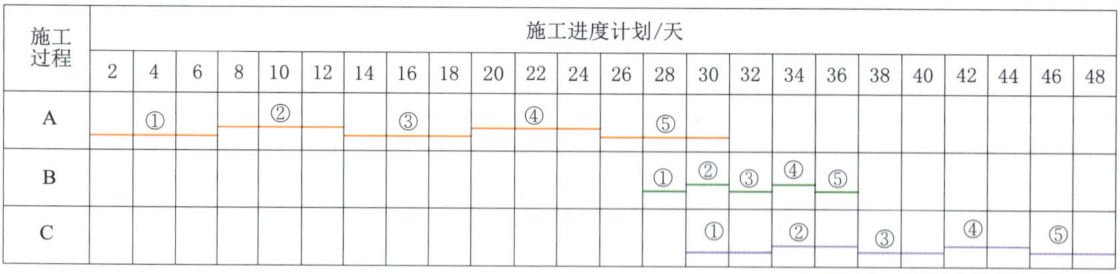

施工过程	施工进度计划/天																							
	2	4	6	8	10	12	14	16	18	20	22	24	26	28	30	32	34	36	38	40	42	44	46	48
A	①		②			③			④			⑤												
B													①	②	③	④	⑤							
C														①		②		③		④		⑤		

图 3.24 ［例 3.7］原方案流水施工进度计划表

【解】：（1）增加施工过程 A、C 的专业施工队（方案 1）。将施工过程 A、C 分别设计为由 3 个和 2 个专业施工班组进行的成倍节拍流水施工，从而平衡其流水施工速度，工期缩短为 20 天，其施工进度计划表如图 3.25 所示。

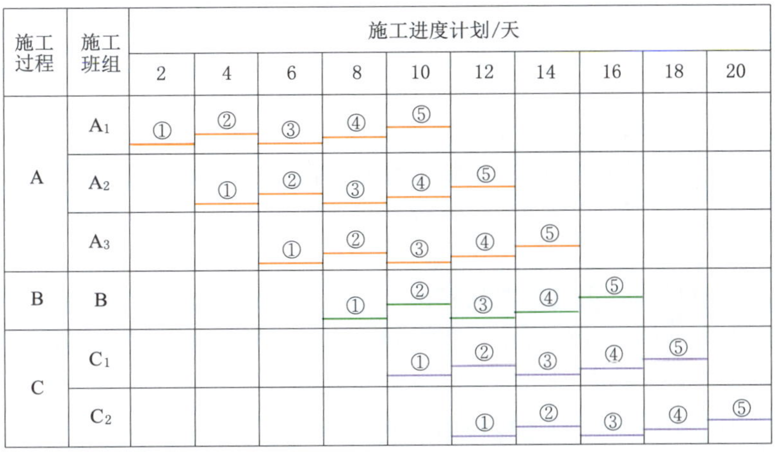

3.1 横道计划编制

图 3.25 ［例 3.7］按方案 1 平衡后的流水施工
进度计划表（增加工作队）

（2）增加施工过程 A、C 的专业施工班组的工作班次（方案 2）。施工过程 A、C 分别采用 3 班和 2 班作业，由此工期缩短为 14 天，其施工进度计划表如图 3.26 所示。

应予以说明：2 班制或 3 班制作业，对于人工操作一般不宜采用，对于机械作业则可以采用。

3. 各分部工程间相邻的分项工程最大限度地搭接

当条件允许时，可以根据实际资源的供应情况和相邻施工过程之间的工艺技术搭接要求，对各分部工程间相邻的分项工程进行最大限度地、合理地搭接，尽可能地缩短工期。例如砖混结构建筑的基础分部工程中的回填土施工过程与主体分部工程中的砌筑施工过程之间往往采用搭接施工的方法。

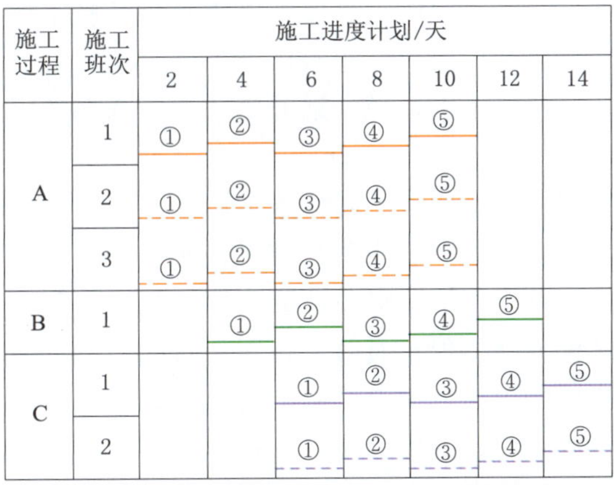

图 3.26 ［例 3.7］采用多班制作业平衡后的
流水施工进度计划表

4. 设置流水施工的平衡区段

设置流水施工的平衡区段，就是在进行流水施工的施工对象范围之外，同时开工某个小型工程或设置制备场地，使流水施工中的一些穿插的施工过程和劳动量很少的施工过程在不能流水施工的间断时间里，或使因某种原因，不能按计划连续地进入下一个施工段的专业施工队，进入该平衡区段，从事本专业施工队的有关制备工作或同类工程的施工工作。例如，安装门窗框施工过程和钢筋混凝土圈梁工程的施工过程，在完成一个施工段或一个施工层的任务之后，必然出现作业中断现象，有计划地安排他们进入平衡区段进行支模板、钢筋的加工制备或钢筋混凝土工程的施工，可以使其不产生窝工现象，并充分发挥专业特长。

3.1.5 横道计划编制
3.1.5.1 编制步骤
1. 划分施工过程

编制施工进度计划时,首先按施工图纸和施工顺序把拟建单位工程的各个施工过程(分部分项工程)列出,并结合施工方法、施工条件、劳动组织等因素,加以适当调整,使其成为编制施工进度计划所需的施工过程。再逐项填入施工进度计划表的分部分项工程名称栏中。

在确定施工过程时,应注意以下问题。

(1) 明确施工过程的划分内容。一般只列出直接在建筑物(或构筑物)上进行施工的砌筑安装类施工过程,而不必列出构件制备类和运输类施工过程。但当某些构件采用现场就地预制方案,单独占施工工期,对其他分部分项工程的施工有影响,或某些运输工作与其他分部分项工程施工密切配合时,也要将这些制备类和运输施工过程列入。

(2) 施工过程划分的粗细程度,主要根据单位工程施工进度计划的客观指导作用而确定。对控制性施工进度计划,施工过程可划分得粗一些,通常只列出分部工程名称。如混合结构居住房屋的控制性施工进度计划,可以只列出基础工程、主体工程、屋面防水工程和装饰工程四个施工过程。对实施性施工进度计划,施工过程应当划分得细一些,通常要列到分项工程或更具体,以满足指导施工作业的要求。如屋面防水工程要划分为找平层、隔气层、保温层、防水层等分项工程。

(3) 施工过程的划分要结合所选择的施工方案。如单层工业厂房结构安装工程,若采用分件吊装法,则施工过程的名称、数量和内容及其安装顺序应按照构件不同来划分;若采用综合吊装法,则按施工单元(节间、区段)来划分。

(4) 注意适当简化施工进度计划的内容,避免工程项目划分过细、重点不突出。因此,可以将某些穿插性的分项工程合并到主要分项工程中去,如安装门窗框可以并入砌墙这个分项工程;而对于在同一时间内、由同一专业班组施工的施工过程也可以合并,如工业厂房中的钢窗油漆、钢门油漆、钢支撑油漆等,可合并为钢构件油漆一个施工过程;对于次要的、零星的分项工程,可以合并为"其他工程"一项列入。

(5) 水、电、暖、卫工程和设备安装工程,通常由专业机构负责施工。因此,在单位工程的施工进度计划中,只要反映出这些工程与土建工程如何衔接即可,不必细分。

(6) 所有划分的施工过程应按施工的先后顺序排列,所采用的工程项目名称,一般应与现行定额手册上的项目名称相同。

2. 计算工程量

单位工程的工作量应根据施工图纸、有关计算规则及相应的施工方法进行计算,是一项十分繁琐的工作,但一般在工程概算、施工图预算、投标报价、施工预算等文件中,已有详细的计算,数值是比较准确的,故在编制单位工程施工进度计划时不需要重新计算,只要将预算中的工程量总数根据施工组织要求,按施工图上的工程量比例加以划分即可。施工进度计划中的工程量,仅是作为计算劳动力、施工机械、建筑材料等各种施工资源需要的依据,而不能作为计算工资或进行工程结算的依据。

在工程量计算时,应注意以下几个问题。

（1）各施工过程的工程量计算单位，应与现行定额手册中所规定的单位一致，以避免在计算劳动力、材料和机械台班数量时再进行换算，从而产生换算错误。

（2）要结合选定的施工方法和安全技术要求计算工程量。如在基坑的土方开挖中，要考虑到采用的开挖方法和边坡稳定的要求。

（3）结合施工组织的要求，分区、分项、分段、分层计算工程量，以便组织流水作业，同时避免产生漏项。

（4）直接采用预算文件（或其他计划）中的工程量，以免重复计算。但要注意按施工过程的划分情况，将预算文件中有关项目的工程量汇总。如"砌筑砖墙"一项，要将预算中按内墙、外墙，按不同墙厚，不同砌筑砂浆及标号计算的工程量进行汇总。

3. 套用施工定额

根据所划分的施工项目和施工方法，即可套用施工定额（当地实际采用的劳动定额及机械台班定额），以确定劳动量和机械台班量。

施工定额有两种形式，即时间定额和产量定额。两者互为倒数关系。

套用国家或地方颁发的定额，必须注意结合本单位工人的技术等级、实际施工操作水平、施工机械情况和施工现场条件等因素，确定完成定额的实际水平，使计算出来的劳动量、机械台班量符合实际需要，为准确编制施工进度计划打下基础。

有些采用新技术、新材料、新工艺或特殊施工方法的项目，施工定额中尚未编入的，可参考类似项目的定额、经验资料或实际情况确定。

4. 确定劳动量和机械台班数量

劳动量和机械台班数量的确定，应当根据各分部分项工程的工程量、施工方法、机械类型和现行的施工定额等资料，并结合当时的实际情况进行计算。一般可由 $P=Q/S$ 或 $P=QH$ 计算。

5. 确定各施工过程的施工持续时间（流水节拍）

计算出本单位工程各分部分项工程的劳动量和机械台班数量后，就可以确定各施工过程的施工持续时间。施工持续时间的计算方法参见流水节拍值的计算方法。各施工过程的施工持续时间确定后，根据项目具体情况划分施工段（层），进一步组织流水施工（需要确定流水节拍）或其他施工方式。

6. 编制施工进度计划的初始方案

流水施工是组织施工、编制施工进度计划的主要方式。编制单位工程施工进度计划时，必须考虑各分部（项）工程的合理施工顺序，尽可能组织流水施工，力求主要工种的施工队连续施工，其编制方法如下。

（1）划分工程的主要施工阶段（分部工程），尽量组织流水施工。首先安排其中主导施工过程的施工进度，使其尽可能连续施工，其他穿插性的施工过程尽可能与主导施工过程配合、穿插、搭接或平行作业。如现浇钢筋混凝土框架结构房屋中的主体结构工程，其主导施工过程为钢筋混凝土框架的支模、扎筋和浇混凝土。

（2）配合主要施工阶段，安排其他施工阶段的施工进度。与主要分部工程相结合的同时，也尽量考虑组织流水施工。

（3）按照工艺的合理性和工序间的关系，尽量采用穿插、搭接或平行作业方法，将各施工阶段（分部工程）的流水作业图最大限度地搭接起来，即得到单位工程施工进度计划的初始方案。

7. 施工进度计划的检查与调整

初始施工进度计划编制后，不可避免会存在一些不足之处，必须进行检查与调整。目的在于经过一定修改使初始方案满足规定的计划目标。一般从以下几方面进行检查与调整。

（1）各施工过程的施工顺序是否正确，流水施工的组织方法应用得是否正确，技术间歇是否合理。

（2）工期方面，初始方案的总工期是否满足合同工期。

（3）劳动力方面，主要工种工人是否连续施工，劳动力消耗是否均衡。劳动力消耗的均衡性是针对整个单位工程或各个工种而言，应力求每天出勤的工人人数不发生过大变动。

劳动力消耗的均衡性指标可以采用劳动力不均衡系数（K）来评估，K 值取高峰出勤工人数除以平均出勤工人数的比值。最为理想的情况是劳动力不均衡系数为 $K \in (1, 2]$，超过 2 则不正常。

（4）物资方面，主要机械、设备、材料等的利用是否均衡，施工机械是否充分利用。主要机械通常是指混凝土搅拌机、灰浆搅拌机、自行式起重机和挖土机等。机械的利用情况是通过机械的利用率来反映的。

初始方案经过检查，对不符合要求的部分需进行调整。调整方法一般有：增加或缩短某些施工过程的施工持续时间；在符合工艺关系的条件下，将某些施工过程的施工时间向前或向后移动。必要时，还可以改变施工方法。

应当指出，上述编制施工进度计划的步骤不是孤立的，而是互相依赖、互相联系的，有的可以同时进行。还应看到，由于建筑施工是一个复杂的生产过程，受周围客观条件影响的因素很多，在施工过程中，由于劳动力和机械、材料等物资的供应及自然条件等因素的影响，使其经常不符合原计划的要求，因而在工程进展中应随时掌握施工动态，经常检查，不断调整计划。

3.1.5.2 实例

某四层学生公寓，建筑面积为 $3278m^2$。基础为钢筋混凝土独立基础，主体采用全现浇框架结构，其劳动量一览表见表 3.5。

为了便于计划的编排，常将一个单位工程分为基础工程、主体工程和装饰工程三大部分。然后，根据施工经验估算各个部分的控制工期。这三大部分的估算工期分别为

基础工程估算工期 = 计划控制工期 $T_p \times (8\% \sim 15\%)$

主体工程估算工期 = 计划控制工期 $T_p \times (43\% \sim 50\%)$

装饰工程估算工期 = 计划控制工期 T_p － 基础工程估算工期 － 主体工程估算工期

由于本工程各分部的劳动量差异较大，因此先分别组织各分部工程的流水施工，然后再考虑各分部之间的相互搭接施工。具体组织方法如下。

1. 基础工程

基础工程包括机械挖土、混凝土垫层、绑扎基础钢筋、支设基础模板、浇筑基础混凝

土、回填土等施工过程。其中基础挖土采用机械开挖，考虑到工作面及土方运输的需要，将机械挖土与其他手工操作的施工过程分开考虑，不纳入流水。混凝土垫层劳动量较小，为了不影响其他施工过程的流水施工，将其安排在挖土施工过程完成之后，也不纳入流水。

表 3.5　　　　　　　　某幢四层框架结构公寓楼劳动量一览表

序号	分项工程名称	劳动量/工日或台班	序号	分项工程名称	劳动量/工日或台班
	基 础 工 程		14	砌空心砖墙（含门窗框）	1095
1	机械挖土	6		屋 面 工 程	
2	混凝土垫层	30	15	加气混凝土保温隔热层（含找坡）	236
3	绑扎基础钢筋	59	16	屋面找平层	52
4	基础模板	73	17	屋面防水层	49
5	基础混凝土	87		装 饰 工 程	
6	回填土	150	18	顶棚墙面中级抹灰	1648
	主 体 工 程		19	外墙面砖	957
7	脚手架	—	20	楼地面及楼梯地砖	929
8	柱筋	135	21	顶棚龙骨吊顶	148
9	柱、梁、板模板（含楼梯）	2263	22	铝合金窗扇安装	68
10	柱混凝土	204	23	胶合板门	81
11	梁、板筋（含楼梯）	801	24	顶棚墙面涂料	380
12	梁、板混凝土（含楼梯）	939	25	油漆	69
13	拆模	398	26	水、电	—

基础工程在平面上划分两个施工段组织流水施工（$m=2$），在 6 个施工过程中，参与流水的施工过程有 4 个，即 $n=4$，组织全等节拍流水施工如下：

基础绑扎钢筋劳动量为 59 个工日，施工班组人数为 10 人，采用一班制施工，其流水节拍为

$$t_{筋} = \frac{59}{2 \times 10 \times 1} = 3（天）$$

尝试组织全等节拍流水施工，即各施工过程的流水节拍均取 3 天，施工班组人数选择如下：基础支模板施工班组人数 $R_{木} = \frac{73}{2 \times 3} = 12$（人）（可行）；浇筑基础混凝土施工班组人数为 $R_{混凝土} = \frac{87}{2 \times 3} = 15$（人）（可行）；回填土施工班组人数 $R_{回填} = \frac{150}{2 \times 3} = 25$（人）（可行）。

于是，可以计算流水工期为

$$T = (m+n-1)t = (2+4-1) \times 3 = 15（天）$$

考虑另外两个不纳入流水施工的施工过程——机械挖土和混凝土垫层，其组织如下：
基槽挖土劳动量为 6 个台班，用一台机械二班制施工，则作业持续时间为 6/2＝3

(天)。

混凝土垫层劳动量为 30 个工日，15 人采用一班制施工，其作业持续时间为 30/15＝2（天）。

于是，可得基础工程的工期为 $T_{基础}＝3＋2＋15＝20$（天）。

2. 主体工程

主体工程包括立柱子钢筋，安装柱、梁、板模板，浇筑柱子混凝土，梁、板、楼梯钢筋绑扎，浇筑梁、板、楼梯混凝土，拆模板，砌空心砖墙等施工过程。具体流水节拍计算列表见表 3.6：

表 3.6　　　　　　　　　　　　主体工程流水节拍计算

施工过程	劳动量	班组人数	班制	施工层数	施工段数	流水节拍/天
柱筋	135	17	1	4	2	1
柱、梁、板模板（含楼梯）	2263	25	2	4	2	6
柱混凝土	204	14	2	4	2	1
梁、板筋（含楼梯）	801	25	2	4	2	2
梁、板混凝土（含楼梯）	939	20	3	4	2	2
拆模	398	25	1	4	2	2
砌空心砖墙（含门窗框）	1095	45	1	4	2	3

注　拆模施工过程计划须在梁、板混凝土浇捣养护 12 天后进行。

根据流水节拍特征，宜组织异节拍流水施工。由于主体工程有层间关系，此时要使主导施工过程能够实现连续施工，须满足主导施工过程流水节拍（$t_{主导}$）乘"$m－1$"不小于与之相关联的其他施工过程流水节拍之和（$\sum t_{其他}$）即 $(m－1)t_{主导} \geqslant \sum t_{其他}$。主导施工过程组织流水施工，其他施工过程应根据施工工艺要求，尽量搭接施工即可。

主体工程的工期为 $T_{主体}＝1＋6×8＋1＋2＋2＋12＋2＋3＝71$（天）。

3. 屋面工程

屋面工程包括屋面保温层（含找坡）、找平层和防水层三个施工过程。考虑屋面防水要求高，因此，施工时不分段，采用依次施工的组织方式，具体流水节拍计算见表 3.7。

表 3.7　　　　　　　　　　　　屋面工程流水节拍计算

施工过程	劳动量	班组人数	班制	施工段数	流水节拍/天
屋面保温层（含找坡）	236	40	1	1	6
屋面找平层	52	18	1	1	3
屋面防水层	49	10	1	1	5

注　屋面找平层完成后，安排 14 天的养护和干燥时间，之后方可进行屋面防水层的施工。

屋面工程流水施工工期为 $T_{屋面}＝6＋3＋5＋14＝28$（天）。

4. 装饰工程

装饰工程包括顶棚及墙面抹灰、外墙面砖、楼地面及楼梯地砖、一层顶棚龙骨吊顶、铝合金窗扇安装、胶合板门安装、顶棚墙面涂料、油漆等施工过程。装修工程采用自上而下

3.1 横道计划编制

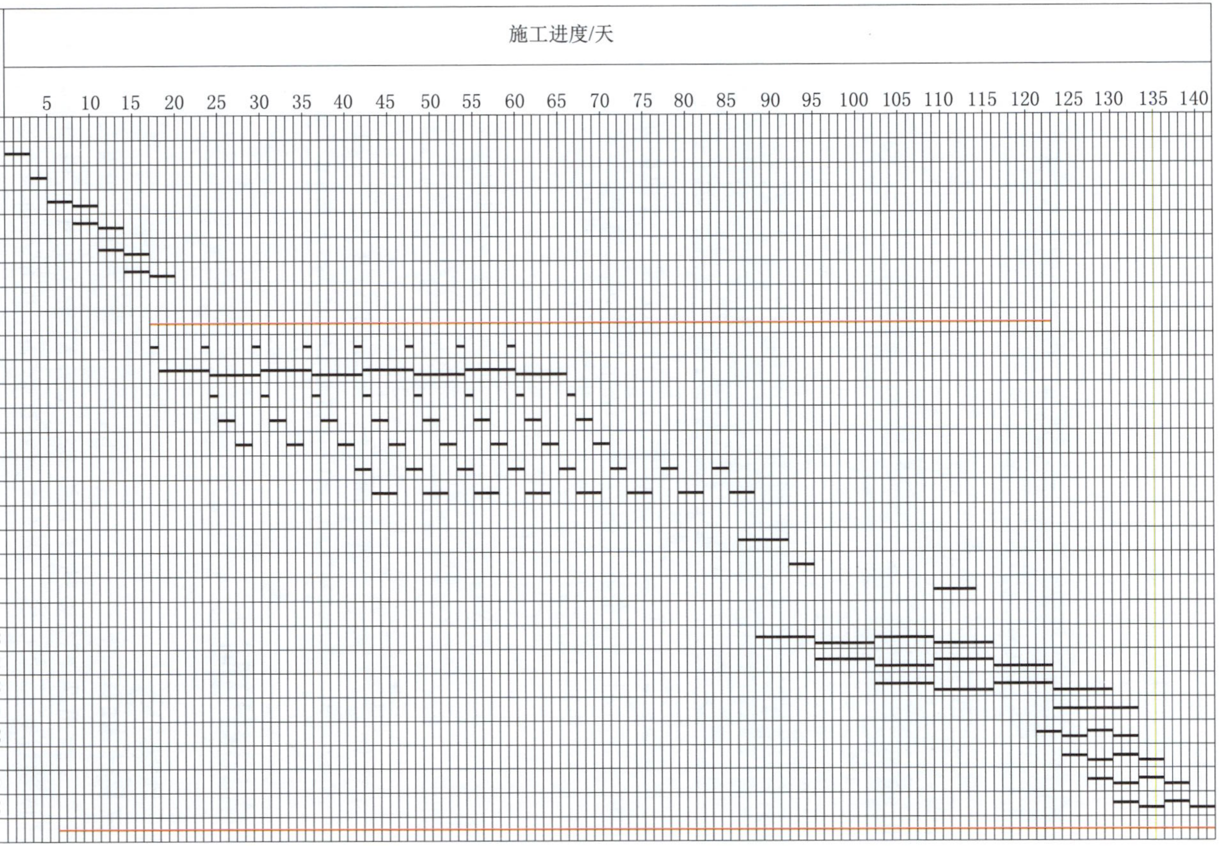

图 3.27 某公寓楼施工横道计划

的施工流向。结合装修工程的特点，把每一楼层视为一个施工段，共 4 个施工段（$m=4$）。具体流水节拍计算见表 3.8。

表 3.8　　　　　　　　　　　装饰工程流水节拍计算

施工过程	劳动量/工日	班组人数	班制	施工段数	流水节拍/天
顶棚及墙面中级抹灰	1648	60	1	4	7
外墙面砖	957	34	1	4	7
楼地面及楼梯地砖	929	33	1	4	7
一层顶棚龙骨吊顶	148	15	1	1	10
铝合金窗扇安装	68	6	1	4	3
胶合板门	81	7	1	4	3
顶棚墙面涂料	380	30	1	4	3
油漆	69	6	1	4	3

通过流水节拍值的计算，可以看出装饰工程施工除一层顶棚龙骨吊顶宜组织穿插施工，不参与流水作业外，其余施工过程宜组织异节拍流水施工。

装饰分部流水施工工期计算如下：

$$K_{外墙、抹灰}=K_{抹灰、地面}=7 \text{ 天}$$

$$K_{地面、窗扇}=4\times 7-(4-1)\times 3=19(\text{天})$$

$$K_{窗扇、门}=K_{门、涂料}=K_{涂料、油漆}=3 \text{ 天}$$

所以　　　　　　$T_{装饰}=(7+7+19+3+3+3)+4\times 3=54(\text{天})$

将以上 4 个分部工程进行合理穿插搭接，将脚手架及水、电视作辅助工作配合进行，即可完成本工程的流水施工进度计划安排，施工进度计划表如图 3.27 所示。

3.2　网络计划编制

3.2.1　网络计划介绍

3.2.1.1　网络计划的概念

网络计划是指用网络图表达任务构成、工作顺序并加注工作时间参数的施工进度计划。其中，网络计划技术是指用网络计划对任务的工作进度进行安排和控制，以保证实现预定目标的科学的计划管理技术。而网络图是指由箭线和节点组成、用来表达工作流程的有向、有序的网状图形，包括单代号网络图和双代号网络图（图 3.28）。

顾名思义，单代号网络图是指以一个节点及其编号（即一个代号）表示工作的网络图；双代号网络图是指以两个代号表示工作的网络图。工程中最为常见的是双代号时标网络图 [图 3.28（c）]。

3.2.1.2　网络计划技术的基本内容与应用程序

1. 网络计划技术的基本内容

（1）网络图。网络图是指网络计划技术的图解模型，是由节点和箭线组成的、用来表示工作流程的有向、有序网状图形。网络图的绘制是网络计划技术的基础工作。

3.2 网络计划编制

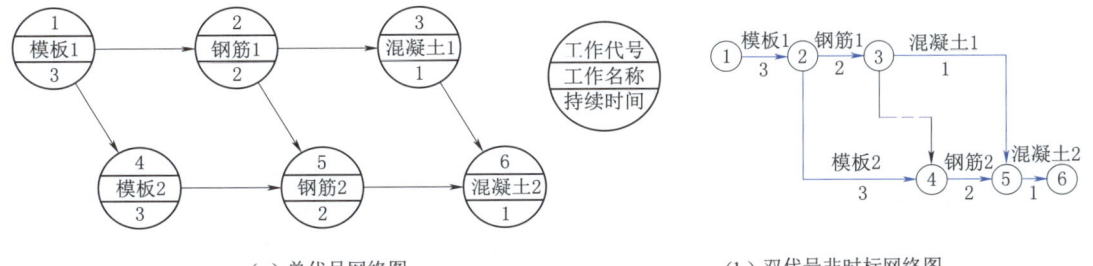

（a）单代号网络图　　　　　　　（b）双代号非时标网络图

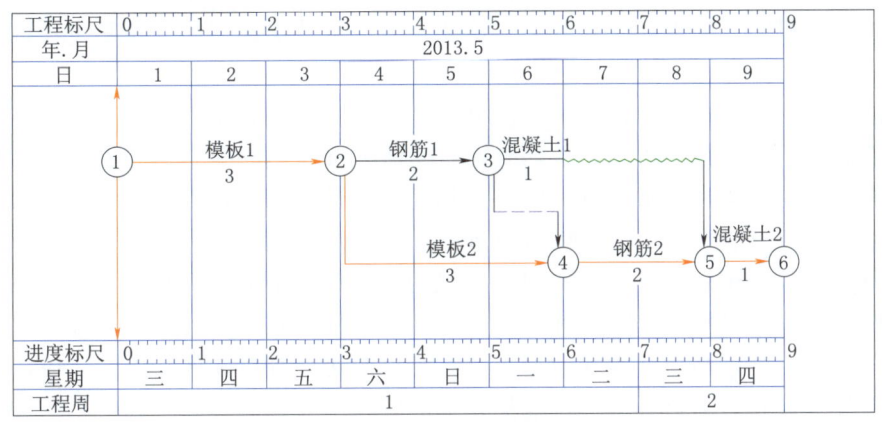

（c）双代号时标网络图

图 3.28　单代号、双代号网络图

（2）时间参数。在实现整个工程任务过程中，需要借助时间参数反映人、事、物的运动状态，包括：各项工作的作业时间、开工与完工的时间、工作之间的衔接时间、完成任务的机动时间及工期等。

通过计算网络图中的时间参数，求出工程工期并找出关键路径和关键工作。关键工作完成的快慢直接影响着整个计划的工期，在计划执行过程中关键工作是管理的重点。

（3）网络优化。网络优化是指根据关键线路法，通过利用时差，不断改善网络计划的初始方案，在满足一定的约束条件下，寻求管理目标达到最优化的计划方案。网络优化是网络计划技术的主要内容之一，也是较之其他计划方法优越的主要方面。

（4）实施控制。前面所述计划方案毕竟只是计划性的东西，在计划执行过程中往往由于种种因素的影响，需要对原有网络计划进行有效的监督与控制，并不断地进行适时调整、完善，保证合理地使用人力、物力和财力，以最小的消耗取得最大的经济效果。

2. 网络计划技术的应用程序

（1）理清某项工程中各施工过程的开展顺序和相互制约、相互依赖的关系，正确绘制出网络图。

（2）通过对网络图中各时间参数进行计算，找出关键工作和关键线路。

（3）利用最优化原理，改进初始方案，寻求最优网络计划方案。

（4）在计划执行过程中，通过信息反馈进行监督与控制，以保证达到预定的计划目标,确保以最少的消耗,获得最佳的经济效果。

3.2.1.3 网络计划的优点

与横道计划相比,网络计划有以下优点。

(1) 能明确表达工作之间的先后顺序和相互制约、相互依赖的关系,即逻辑关系表达明确。

(2) 可通过时间参数计算,找出关键工作和关键线路,掌握关键工作的机动时间,有利于管理人员集中精力抓住施工中的主要矛盾,确保按期竣工,避免盲目抢工。

(3) 可通过计算掌握非关键工作的机动时间,对其机动时间做到心中有数,有利于在工作中利用这些机动时间提高管理水平、优化资源、支持关键工作、调整工作进度和降低工程成本。

(4) 网络计划能够提供项目管理所需要的许多信息,有利于加强管理。网络计划可以提供工期信息,工作的最早时间、最迟时间、总时差和自由时差等信息;网络计划通过优化可以提供可靠的资源和成本信息;网络计划通过统计工作的辅助,还可以提供管理效果信息。足够的信息量是管理工作得以有效进行的依据和支柱。这一特点使网络计划成为项目管理最典型、最有用的方法,它使项目管理的科学化水平大大提高。

(5) 网络计划是应用计算机软件进行全过程管理的理想模型。绘图、计算、优化、检查、调整、统计、分析和总结等管理过程,都可以利用计算机软件完成。所以,在信息化时代,网络计划被发达国家公认为目前最先进的管理工具。

3.2.2 双代号网络图绘制(非时标)

3.2.2.1 双代号网络图的构成

双代号网络图由节点、箭线以及形成的线路构成。

1. 节点

节点用圆圈或其他形状的封闭图形画出,表示工作或任务的开始或结束,起联结作用,不消耗时间与资源。根据节点位置的不同,分为起点节点、终点节点和中间节点。

(1) 起点节点。起点节点是网络图的第一个节点,表示一项任务的开始。

(2) 终点节点。终点节点是网络图的最后一个节点,表示一项任务的完成。

(3) 中间节点。中间节点又包括箭尾节点和箭头节点。箭尾节点和箭头节点是相对于一项工作(不是任务)而言,若节点位于箭线的箭尾即为箭尾节点;若节点位于箭线的箭头即为箭头节点。箭尾节点表示本工作的开始、紧前工作的完成;箭头节点表示本工作的完成、紧后工作的开始。

2. 箭线

箭线与其两端节点表示一项工作,有实箭线和虚箭线之分。实箭线表示的工作有时间的消耗或同时有资源的消耗,被称为实工作(图 3.29);虚箭线表示的是虚工作(图 3.30),它没有时间和资源的消耗,仅用以表达逻辑关系。

图 3.29 实工作　　　　　　　　　　图 3.30 虚工作

3.2 网络计划编制

网络图中的工作可大可小,可以是单位工程也可以是分部(项)工程。网络图中,工作之间的逻辑关系分为工艺逻辑关系和组织逻辑关系两种,具体表现为紧前、紧后关系,先行、后续关系以及平行关系,如图3.31所示。

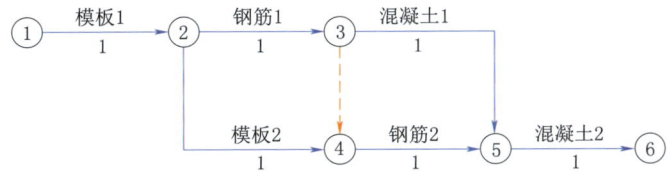

图 3.31 某混凝土工程双代号网络图

相对于某一项工作(称其为本工作)来讲,紧接在其前边的工作称为紧前工作(如钢筋1是混凝土1的紧前工作,同时钢筋1也是钢筋2的紧前工作);紧接在其后边的工作称为紧后工作(如混凝土1是钢筋1的紧后工作,同时,钢筋2也是钢筋1的紧后工作);与本工作同时进行的工作称为平行工作(如钢筋1和模板2互为平行工作);从网络图起点节点开始到达本工作之前为止的所有工作,称为本工作的先行工作;从紧后工作到达网络图终点节点的所有工作,称为本工作的后续工作。

3. 线路

网络图中,由起点节点出发沿箭头方向顺序通过一系列箭线与节点,到达终点节点的通路称为线路。其中,线路上总的工作持续时间最长的线路称为关键线路,关键线路上的工作称为关键工作,用粗箭线、红色箭线或双箭线画出。关键线路上的各工作持续时间之和,代表整个网络计划的工期。

3.2.2.2 双代号网络图的绘制(非时标网络计划)

1. 要正确表达逻辑关系(表3.9)

表 3.9 各工作之间逻辑关系的表示方法

序号	各工作之间的逻辑关系	双代号表示方法
1	A、B、C 依次进行	
2	A 完成后进行 B 和 C	
3	A 和 B 完成后进行 C	
4	A 完成后同时进行 B、C,B 和 C 完成后进行 D	

续表

序号	各工作之间的逻辑关系	双代号表示方法
5	A、B 完成后进行 C 和 D	
6	A 完成后，进行 C；A、B 完成后进行 D	
7	A、B 活动分 3 段进行流水施工	

2. 遵守网络图的绘制规则

（1）在同一网络图中，工作或节点的字母代号或数字编号，不允许重复（图 3.32）。

（2）在同一网络图中，只允许有一个起点节点和一个终点节点（图 3.33）。

（3）在网络图中，不允许出现循环回路（图 3.34）。

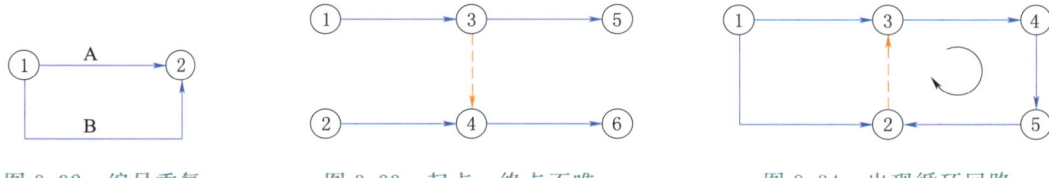

图 3.32　编号重复　　　　图 3.33　起点、终点不唯一　　　　图 3.34　出现循环回路

（4）网络图的主方向是从起点节点到终点节点的方向，绘制时应尽量做到横平竖直。

（5）严禁出现无箭头和双向箭头的连线（图 3.35）。

（6）代表工作的箭线，其首尾必须有节点（图 3.36）。

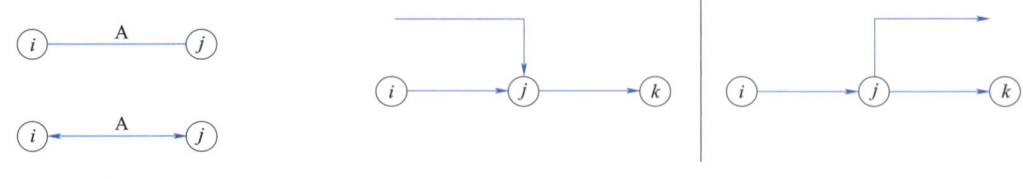

图 3.35　无箭头和双向箭头　　　　　　　图 3.36　少节点

（7）绘制网络图时，应尽量避免箭线交叉。如有箭线交叉可采用过桥法处理（图 3.37）。

（8）当某一节点与多个（≥4 个）内向或外向箭线相连时应采用母线法绘制（图 3.38）。

另，网络图中不应出现不必要的虚箭线（图 3.39）。

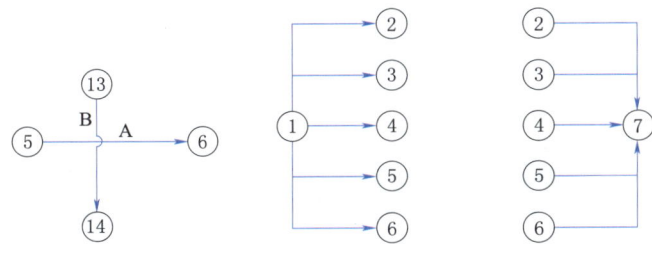
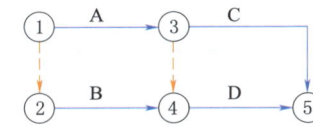

图 3.37　过桥法　　　　　图 3.38　母线法　　　　图 3.39　①→②间有多余虚箭线

3. 双代号网络图绘制方法与步骤

（1）按网络图的类型，合理确定排列方式与布局。
（2）从起始工作开始，自左至右依次绘制，直到全部工作绘制完毕为止。
（3）检查工作和逻辑关系有无错漏并进行修正。
（4）按网络图绘图规则的要求完善网络图。
（5）按箭尾节点小于箭头节点的编号要求对网络图各节点进行编号。

4. 虚箭线的判定

（1）若 A、B 两工作的紧后工作中既有相同的又有不同的，那么 A、B 两工作的结束节点之间须用虚箭线连接。且虚箭线的个数为：①当只有一方有区别于对方的紧后工作时，用 1 条虚箭线（图 3.40）；②当双方均有区别于对方的紧后工作时，用 2 条虚箭线（图 3.40）。

（2）若有 n 个工作同时开始、同时结束（即为并行工作），那么这 n 个工作的结束节点或开始节点之间须用 $n-1$ 条虚箭线连接（图 3.41 和图 3.42）。

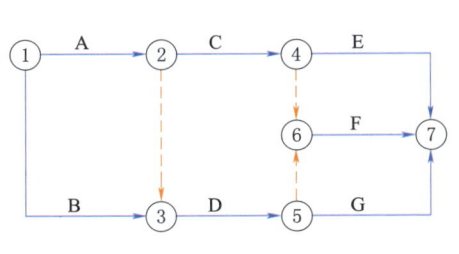
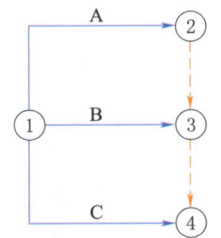
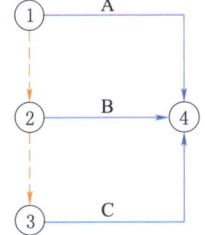

图 3.40　［例 3.8］网络图　　图 3.41　［例 3.9］　　　图 3.42　［例 3.9］
　　　　　绘制结果　　　　　　　双代号网络图之一　　　双代号网络图之二

5. 双代号网络图绘制示例

【例 3.8】　工作关系明细表见表 3.10，试绘制双代号网络图。

表 3.10　　　　　　　　　　　［例 3.8］工作关系明细

本工作	A	B	C	D	E	F	G
紧前工作	—	—	A	A、B	C	C、D	D
紧后工作	C、D	D	E、F	F、G	—	—	—

【解】：由虚箭线的判定（1）可以判断工作 A、B 间有 1 条虚箭线，工作 C、D 间有 2 条虚箭线，于是可画出如图 3.40 所示网络图。

【例 3.9】 工作关系明细见表 3.11，试绘制双代号网络图。

表 3.11　　　　　　　　　　　　［例 3.9］工作关系明细

本工作	A	B	C
紧前工作	—	—	—
紧后工作	—	—	—

【解】：由虚箭线的判定（2）可以画出如图 3.41 或图 3.42 所示网络图。

3.2.3　双代号网络图的时间参数确定（非时标）

3.2.3.1　基本时间参数

1. 工作持续时间（duration）

工作持续时间是指一项工作从开始到完成的时间，用 D_{i-j} 表示。工作持续时间 D_{i-j} 的计算，可采用公式计算法、三时估计法、倒排计划法等方法计算。

（1）公式计算法。公式计算法为单一时间计算法，主要是根据劳动定额、预算定额、施工方法、投入的劳动力、机具和资源量等资料进行确定的。计算公式如下：

$$D_{i-j} = \frac{Q}{SRn}$$

式中　D_{i-j}——完成 $i-j$ 工作需要的持续时间；

　　　Q——该项工作的工程量；

　　　R——投入 $i-j$ 工作的人数或机械台数；

　　　S——产量定额（机械为台班产量）；

　　　n——工作班制。

（2）三时估计法。由于网络计划中各项工作的可变因素多，若不具备一定的时间消耗统计资料，则不能确定出一个肯定的单一时间值。此时需要根据概率计算方法，首先估计出三个时间值，即最短、最长和最可能持续时间，再加权平均算出一个期望值作为工作的持续时间。这种计算方法叫做"三时估计法"，其计算公式如下：

$$m = \frac{a + 4c + b}{6}$$

式中　m——工作的平均持续时间（即持续时间 D）；

　　　a——最短估计时间（亦称乐观估计时间）；

　　　b——最长估计时间（亦称悲观估计时间）；

　　　c——最可能估计时间（完成某项工作最可能的持续时间）。

2. 工期

（1）计算工期（calculated project duration）是指通过计算求得的网络计划的工期，用 T_c 表示。

（2）要求工期（required project duration）是指任务委托人所提出的指令性工期，用 T_r 表示。

（3）计划工期（planned project duration）是指根据要求工期和计算工期所确定的作为实施目标的工期，用 T_p 表示。

通常，$T_p \leqslant T_r$ 或 $T_p = T_c$。

3.2.3.2 工作的时间参数

1. 工作的最早开始时间（earliest start time）

工作的最早开始时间是指各紧前工作全部完成后，本工作有可能开始的最早时刻，用 ES_{i-j} 表示。

2. 工作的最早完成时间（earliest finish time）

工作的最早完成时间是指各紧前工作全部完成后，本工作有可能完成的最早时刻，用 EF_{i-j} 表示。

3. 工作的最迟开始时间（latest start time）

工作的最迟开始时间是指在不影响整个任务按期完成的前提下，工作必须开始的最迟时刻，用 LS_{i-j} 表示。

4. 工作的最迟完成时间（latest finish time）

工作的最迟完成时间是指在不影响整个任务按期完成的前提下，工作必须完成的最迟时刻，用 LF_{i-j} 表示。

5. 工作的自由时差（free float）

工作的自由时差是指在不影响其紧后工作最早开始时间的前提下，本工作可以利用的机动时间，用 FF_{i-j} 表示。

6. 工作的总时差（total float）

工作的总时差是指在不影响总工期的前提下，本工作可以利用的机动时间，用 TF_{i-j} 表示。

注意：以上所说工作均指的是实工作，虚工作本身不是工作，不做时间参数计算。

3.2.3.3 节点的时间参数

1. 节点的最早时间（earliest event time）

节点的最早时间是指双代号网络计划中，以该节点为开始节点的各项工作的最早开始时间，用 ET_i 表示。

2. 节点的最迟时间（latest event time）

节点的最迟时间是指双代号网络计划中，以该节点为完成节点的各项工作的最迟完成时间，用 LT_i 表示。

3.2.3.4 非时标网络计划时间参数确定

1. 按工作计算法确定时间参数

按工作计算法是指以网络计划中的工作为对象计算工作的六个时间参数。下面以图 3.43 为例介绍一下按工作计算法确定时间参数的过程，并将结果标示于图 3.44。

（1）确定工作的最早时间。工作的最早时间即最早开始时间和最早完成时间。计算时应从网络计划的起点节点开始，顺箭线方向逐个进行计算。具体计算步骤如下

1）最早开始时间。

a. 以起点节点为开始节点的工作，其最早开始时间若未规定则为零。

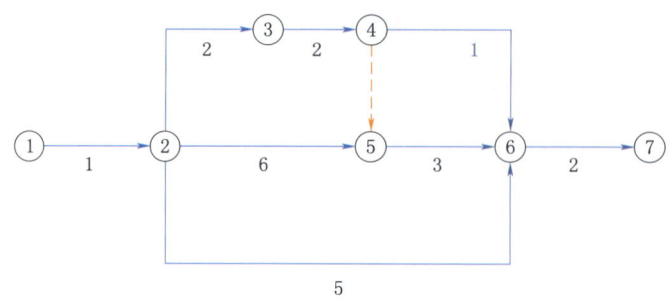

图 3.43 双代号网络计划

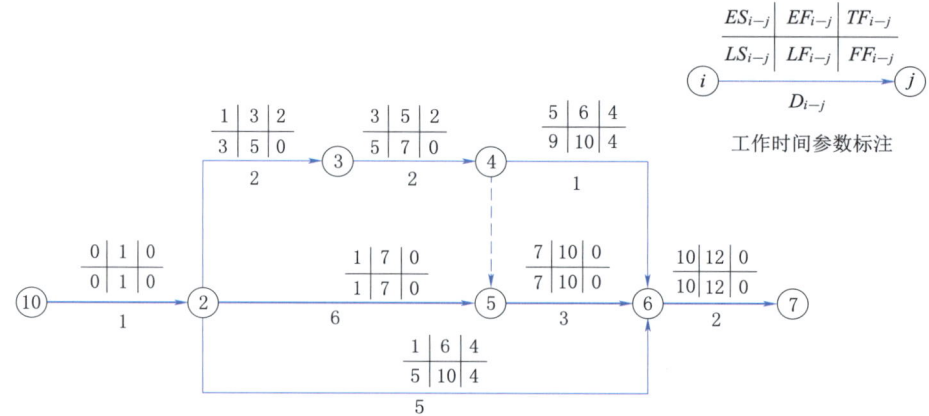

图 3.44 双代号网络计划计算结果

b. 其他工作的最早开始时间：

a) 若其紧前工作只有 1 个时，$ES_{i-j}=EF_{h-i}=ES_{h-i}+D_{h-i}$。

b) 若其紧前工作有 2 个或以上时，$ES_{i-j}=\max\{EF_{紧前}\}=\max\{ES_{紧前}+D_{紧前}\}$。

式中　EF_{h-i}、$EF_{紧前}$——工作 $i-j$ 的紧前工作的最早完成时间；

　　　ES_{h-i}、$ES_{紧前}$——工作 $i-j$ 的紧前工作的最早开始时间；

　　　$D_{紧前}$——工作 $i-j$ 的紧前工作对应的持续时间。

以上求解工作最早开始时间的过程可以概括为"顺线累加，逢内取大"。

2) 最早完成时间。

$$EF_{i-j}=ES_{i-j}+D_{i-j}$$

应指出：$T_c=\max\{EF_{x-n}\}=12$。通常 $T_p=T_c$。

式中　x——与终点节点 n 所对应工作的开始节点。

(2) 确定工作的最迟时间。

1) 确定工作的最迟完成时间。

a. 以终点节点为结束节点的工作的最迟完成时间：$LF_{x-n}=T_p$。

式中　x——以终点节点为结束节点的对应工作的开始节点。

b. 其他工作的最迟完成时间：

a) 若只有 1 个紧后工作时，$LF_{i-j}=LF_{紧后}-D_{紧后}=LS_{紧后}$。

b) 若有 2 个或以上紧后工作时，$LF_{i-j} = \min\{LF_{紧后} - D_{紧后}\} = \min\{LS_{紧后}\}$。

以上求解工作最迟完成时间的过程可以概括为"逆线递减，逢外取小"。其意思为逆着箭线方向将依次经过的工作的持续时间逐步递减，若是遇到外向节点（即有 2 个或以上箭线流出的节点，如图 3.43 中的节点②和节点④），则应取经过各外向箭线的所有线路上工作的持续时间的最小值，作为本工作的最迟完成时间。

可以看出：求解工作的最迟完成时间与求解工作的最早开始时间其过程是相反的。

2) 确定工作的最迟开始时间。

$$LS_{i-j} = LF_{i-j} D_{i-j}$$

(3) 确定工作的总时差。

$$TF_{i-j} = LF_{i-j} - EF_{i-j} = LS_{i-j} - ES_{i-j}$$

(4) 确定工作的自由时差。

1) 对于有紧后工作（紧后工作不含虚工作）的工作，其自由时差为

$$FF_{i-j} = ES_{紧后} - EF_{i-j} = ES_{紧后} - ES_{i-j} - D_{i-j} = LAG_{i-j,紧后}$$

若该工作有 2 个或以上紧后工作时，则应为

$$FF_{i-j} = \min\{LAG_{i-j,紧后}\}$$

式中　$LAG_{i-j,紧后}$——工作 $i-j$ 与其紧后工作之间的时间间隔，紧前、紧后两个工作之间的时间间隔等于紧后工作的最早开始时间减去本工作的最早完成时间，即 $LAG_{i-j,紧后} = ES_{紧后} - EF_{i-j}$。

2) 对于无紧后工作的工作，即以终点节点为结束节点的工作，其自由时差为

$$FF_{x-n} = T_p - EF_{x-n} = T_p - ES_{x-n} - D_{x-n}$$

说明：以终点节点为结束节点的工作的自由时差涵义同其总时差，即 $FF_{x-n} = TF_{x-n}$。

(5) 确定关键工作和关键线路。总时差为 0 的工作为关键工作，如工作①→②、②→⑤、⑤→⑥、⑥→⑦。由关键工作形成的线路即为关键线路（图 3.44）。线路①→②→⑤→⑥→⑦为关键线路。

2. 按节点计算法

(1) 确定节点的最早时间和最迟时间。

1) 节点最早时间。节点最早时间是指该节点具有代表性的最早时刻。

a. 起点节点最早时间 $ET_1 = 0$。

b. 其他节点最早时间 $ET_j = ET_i + D_{i-j}$。若该节点是内向节点，则

$$ET_j = \max\{ET_i + D_{i-j}\}$$

式中　ET_j——工作 $i-j$ 的完成节点 j 的最早时间；

ET_i——工作 $i-j$ 的开始节点 i 的最早时间；

D_{i-j}——工作 $i-j$ 的持续时间（若为虚工作，则持续时间为 0）。

可见，确定节点的最早时间可按照前面的方法——"顺线累加，逢内取大"进行计算。需要强调的是终点节点的最早时间应等于计划工期，即 $ET_n = T_p$。

2) 节点最迟时间。节点最迟时间是指该节点具有代表性的最迟时刻。若迟于这个时刻，紧后工作就要推迟开始或直接影响工期，最终整个网络计划的工期就要延迟。

a. 终点节点的最迟时间。由于终点节点代表整个网络计划的结束，因此要保证计划

总工期，终点节点的最迟时间应等于此工期，即 $LT_n = T_p$。

b. 其他节点的最迟时间 $LT_i = LT_j - D_{i-j}$。若该节点是外向节点，则
$$LT_i = \min\{LT_x - D_{i-j}\}$$

式中　LT_i——工作 $i-j$ 的开始节点 i 的最迟时间；

　　　LT_j——工作 $i-j$ 的完成节点 j 的最迟时间；

　　　D_{i-j}——工作 $i-j$ 的持续时间（若为虚工作，则持续时间为 0）；

　　　x——与 i 节点所对应（虚）工作的箭头节点。

确定节点的最迟时间可按照前面的方法——"逆线递减，逢外取小"进行。节点时间参数计算结果如图 3.45 所示。

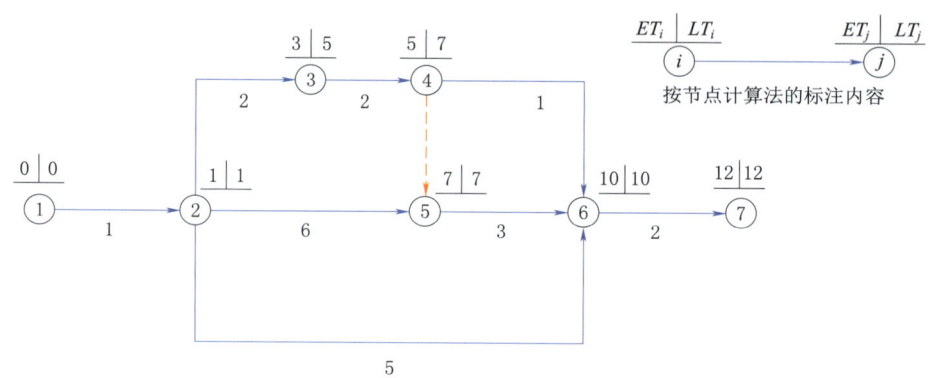

图 3.45　节点时间参数计算

（2）采用节点的时间参数确定工作的时间参数。

1）利用节点确定工作的最早开始时间和最早完成时间。
$$ES_{i-j} = ET_i$$
$$EF_{i-j} = ES_{i-j} + D_{i-j} = ET_i + D_{i-j}$$

2）利用节点确定工作的最迟完成时间和最迟开始时间。
$$LF_{i-j} = LT_j$$
$$LS_{i-j} = LF_{i-j} - D_{i-j} = LT_j - D_{i-j}$$

3）利用节点确定工作的自由时差。
$$FF_{i-j} = \min\{LAG_{i-j,\text{紧后}}\}$$
$$= \min\{ES_{\text{紧后}} - ES_{i-j} - D_{i-j}\}$$
$$= \min\{ES_{\text{紧后}}\} - ES_{i-j} - D_{i-j}$$
$$= ET_j - ET_i - D_{i-j}$$

说明：当 $i-j$ 无紧后工作时，即 j 为终点节点，上式仍然成立，此处证明从略。

4）利用节点确定工作的总时差。
$$TF_{i-j} = LF_{i-j} - EF_{i-j} = LT_j - (ES_{i-j} + D_{i-j}) = LT_j - ET_i - D_{i-j}$$

3. 图上计算法

利用节点时间和工作时间以及工作时差之间的位置关系直接从图上计算，如图 3.46 所示。

3.2.4 单代号网络图
3.2.4.1 单代号网络图的构成

单代号网络图又称工作节点网络图，是网络计划的另一种表示方法。同双代号网络图一样，单代号网络图也是由节点、箭线以及线路构成的。

1. 节点

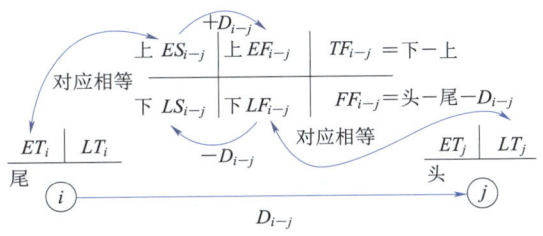

图 3.46 "图上计算法"确定工作时间参数

单代号网络图中的每一个节点表示一项工作，节点宜用圆圈或矩形等封闭图形表示。节点所表示的工作名称、持续时间和工作代号等应标注在节点内，如图 3.47 所示。

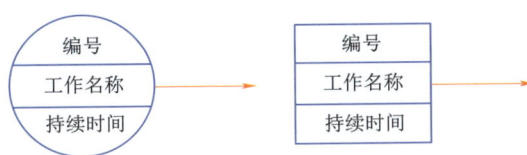

图 3.47 单代号网络图中节点表示法

单代号网络图中一般的工作节点，有时间或资源的消耗。但是，当网络图中出现多项没有紧前工作的工作节点或多项没有紧后工作的工作节点时，应在网络图的两端分别设置虚拟的起点节点（S_t）或虚拟的终点节点（F_{in}）。

单代号网络图中的节点必须编号。编号标注在节点内，其号码可间断，但严禁重复，箭线的箭尾节点编号应小于箭头节点的编号，一项工作必须有唯一的一个节点及相应的一个编号。

2. 箭线

单代号网络图中箭线仅用于表达逻辑关系，且绘制时无虚箭线。

由于单代号网络图绘制时没有虚箭线，所以单代号网络图绘制比较简单。

3. 线路

和双代号网络图一样，单代号网络图自起点节点向终点节点形成若干条通路。同样，持续时间最长的线路是关键线路。

3.2.4.2 单代号网络图的绘制

1. 绘制规则

单代号网络图的绘图规则与双代号网络图的绘图规则基本相同，但也有不同之处，主要区别如下。

（1）起点节点和终点节点。当网络图中有多项开始工作时，应增设一项虚拟工作（S_t），作为该网络图的起点节点，当网络图中有多项结束工作时，应增设一项虚拟工作（F_{in}），作为该网络图的终点节点。

（2）无虚工作。单代号网络图中，紧前工作和紧后工作直接用箭线表示，其逻辑关系不需要引入虚工作来表达。

2. 绘图方法

（1）正确表达逻辑关系，常见的逻辑关系表示方法见表 3.12。

（2）箭线不宜交叉，否则采用过桥法。

（3）其他同双代号网络图绘图方法。

表 3.12　　　　　　　　　　单代号网络图常见的逻辑关系表示方法

序号	工作间的逻辑关系	单代号网络图（不含节点编号和持续时间）
1	A 完成后进行 B，B 完成后进行 C	A → B → C
2	A 完成后进行 B 和 C	A → B；A → C
3	A 和 B 完成后进行 C	A → C；B → C
4	A、B 完成后进行 C 和 D	A、B → C、D
5	A 完成后，进行 C；A、B 完成后进行 D	A → C；A、B → D
6	A、B 完成后，进行 D；A、B、C 完成后，进行 E；D、E 完成后，进行 F	A、B → D；A、B、C → E；D、E → F
7	A、B 活动分成三段组织流水作业	A₁→A₂→A₃；B₁→B₂→B₃

【例 3.10】　根据表 3.13 提供的工作及逻辑关系，试绘制单代号网络图。

表 3.13　　　　　　　　　　工　作　及　逻　辑　关　系

工　作	A	B	C	D	E	G
紧后工作	B、C、D	E	G	—	—	—

绘制结果如图 3.48 所示。

3.2.4.3 单代号网络图时间参数计算

单代号网络图时间参数的计算方法基本上与双代号网络计划时间参数的计算相同。

1. 工作最早开始时间与最终完成时间的计算

工作最早开始时间和最早完成时间的计算应从网路计划的起点节点开始，顺箭线的方向按节点的编号从小到大的顺序依次进行。其步骤如下。

（1）起点节点的最早开始时间 ES_i 未规定时取值

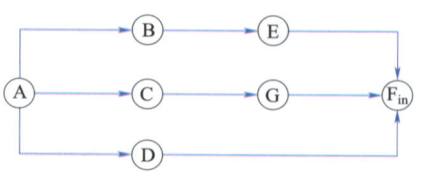

图 3.48　单代号网络图

为零,即
$$ES_i = 0$$

(2) 其他工作的最早开始时间 ES_j 为
$$ES_j = \max\{EF_i\} = \max\{ES_i + D_i\}$$

式中　ES_j——工作 j 的最早开始时间;
　　　EF_i——工作 j 的紧前工作 i 的最早完成时间;
　　　ES_i——工作 j 的紧前工作 i 的最早开始时间;
　　　D_i——工作 i 的持续时间。

(3) 工作的最早完成时间等于本工作的最早开始时间与其持续时间之和,即
$$EF_i = ES_i + D_i$$

2. 网络计划计算工期 T_c 的计算

网络计划的计算工期等于其终点节点所代表工作的最早完成时间,即
$$T_c = EF_n$$

式中　EF_n——终点节点 n 的最早完成时间。

3. 相邻两工作 i 和 j 之间的时间间隔计算

相邻两工作之间的时间间隔是指其紧后工作的最早开始时间与本工作最早完成时间的差值,即
$$LAG_{i,j} = ES_j - EF_i$$

式中　$LAG_{i,j}$——工作 i 与工作 j 之间的时间间隔;
　　　ES_j——工作 i 的紧后工作 j 的最早开始时间;
　　　EF_i——工作 i 的最早完成时间。

4. 确定网络计划的计划工期

(1) 当已规定了要求工期时
$$T_p \leqslant T_r$$

(2) 当未规定要求工期时
$$T_p = T_c$$

5. 工作总时差的计算

工作总时差的计算应从网络计划的终点节点开始,逆箭线的方向按节点编号从小到大的顺序依次进行。当完成部分工作分期完成时,有关工作的总时差必须从分期完成的节点开始逆箭线方向逐项计算。

(1) 网络计划终点节点 n 所代表工作的总时差应等于计划工期与计算工期之差,即
$$TF_n = T_p - T_c$$

当计划工期等于计算工期时,该工作的总时差为零。

(2) 其他工作的总时差 TF_i 应等于本工作与其各紧后工作之间的时间间隔加上该紧后工作的总时差所得之和的最小值,即
$$TF_i = \min\{LAG_{i,j} + TF_j\}$$

式中　TF_j——工作 i 紧后工作 j 的总时差。

当已知各项工作的最迟完成时间 LF_i 或最迟开始时间 LS_i 时,工作的总时差 TF_i 计

算也可按下式进行：

$$TF_i = LS_i - ES_i \text{ 或 } TF_i = LF_i - EF_i$$

6. 工作自由时差的计算

（1）网络计划终点节点 n 所代表工作的自由时差等于计划工期与本工作的最早完成时间之差，即

$$FF_n = T_p - EF_n$$

式中　FF_n——终点节点 n 所代表的工作的自由时差；

　　　T_p——网络计划的计划工期；

　　　EF_n——终点节点 n 所代表工作的最早完成时间（即计算工期）。

（2）其他工作的自由时差等于本工作与其紧后工作之间时间间隔的最小值，即

$$FF_i = \min\{LAG_{i,j}\}$$

7. 工作最迟完成时间和最迟开始时间的计算

工作最迟完成时间和最迟开始时间的计算应从网络计划的终点节点开始，逆箭线的方向按节点编号从小到大的顺序依次进行。当部分工作分期完成时，有关工作的最迟完成时间可从分期完成的节点开始逆箭线方向逐项计算。

（1）网络计划终点节点 n 所代表工作的最迟完成时间等于该网络计划的计划工期，即

$$LF_n = T_p$$

分期完成工作的最迟完成时间应等于分期完成的时刻。

（2）其他工作的最迟完成时间等于该工作的各紧后工作最迟开始时间的最小值，即

$$LF_i = \min\{LS_j\} = \min\{LF_j - D_j\}$$

式中　LS_j——工作 i 的紧后工作 j 的最迟开始时间；

　　　LF_j——工作 i 的紧后工作 j 的最迟完成时间；

　　　D_j——工作 i 的紧后工作 j 的持续时间。

（3）工作的最迟开始时间等于本工作的最迟完成时间与其持续时间之差，即

$$LS_i = LF_i - D_i$$

工作最迟完成时间或最迟开始时间也可以利用工作最早完成时间或最早开始时间加上对应总时差计算，即 $LF_i = EF_i + TF_i$、$LS_i = ES_i + TF_i$。

8. 关键工作和关键线路的确定

（1）关键工作的确定。网络计划中机动时间最少的工作称为关键工作。因此，网络计划中工作总时差最小的工作也就是关键工作。当计划工期等于计算工期时，总时差为零的工作就是关键工作；当计划工期小于计算工期时，关键工作的总时差为负值，说明应研究更多措施以缩短计算工期；当计划工期大于计算工期时，关键工作的总时差为正值，说明计划已留有余地，进度控制变主动了。

（2）关键线路的确定。单代号网络计划中将相邻两项关键工作之间的间隔时间为零的工作连接起来，形成的自起点节点到终点节点的通路就是关键线路。

1）利用关键工作确定关键线路。如前所述，总时差最小的工作为关键工作。将这些

3.2 网络计划编制

关键工作相连,并保证两项关键工作之间的时间间隔为零而构成的线路就是关键线路。

2)利用相邻两项工作之间的时间间隔确定关键线路。从网络计划的终点节点开始,箭线的方向依次找出相邻两项工作之间时间间隔为零的线路就是关键线路。

3.2.4.4 单代号搭接网络计划

1. 基本概念

在上述单代号网络图中,工作之间的关系都是前面工作完成后,后面工作才能开始,这也是一般网络计划的正常连接关系。而在实际施工中,为充分利用工作面,前一工序开始一段时间后,即可进行后一工序的施工,而不需要等前一工序全部完成之后再开始,工作之间的这种关系称之为搭接关系,其横道图如图 3.49 所示。

要表示这一搭接关系,一般单代号网络图如 3.50 所示。如果施工段和施工过程较多时,这样绘制出的网络图的节点,箭线会更多,计算也较为麻烦。为了简单直接地表达这种搭接关系,使编制网络计划得以简化,以节点表示工作、时距箭线表达工作间的逻辑关系,形成单代号搭接网络计划(图 3.51)。

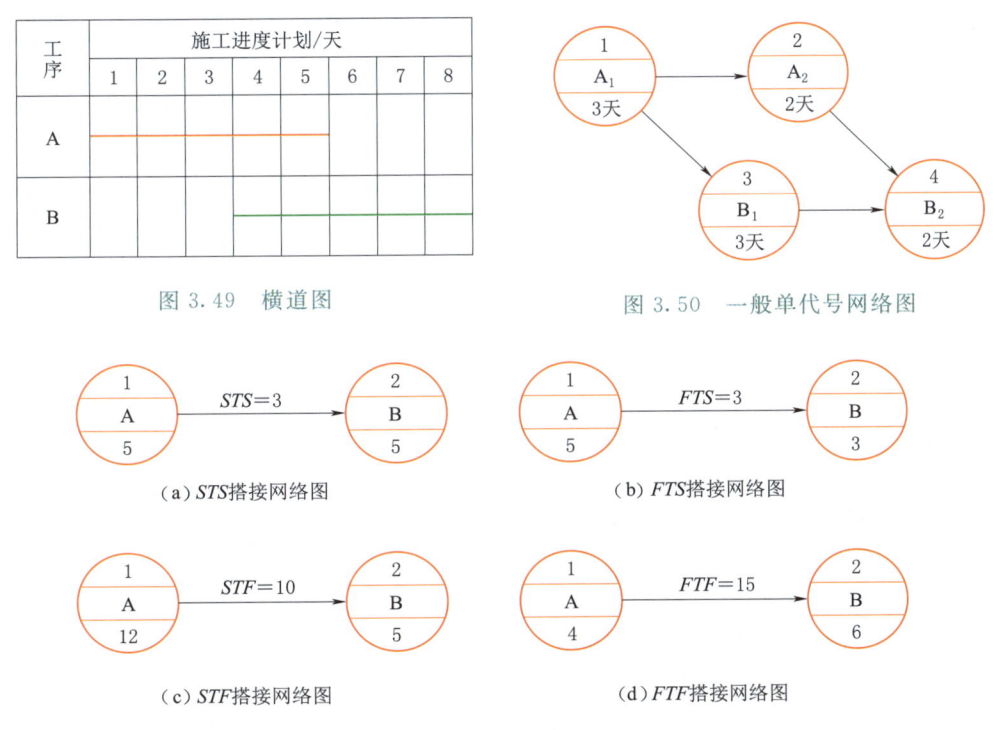

图 3.49 横道图

图 3.50 一般单代号网络图

(a) STS 搭接网络图

(b) FTS 搭接网络图

(c) STF 搭接网络图

(d) FTF 搭接网络图

图 3.51 单代号搭接网络图

2. 搭接关系

在单代号搭接网络图中,绘制方法、绘制规则同一般单代号网络图相同,不同的是工作间的搭接关系用时距关系表达。时距就是前后工作的开始或结束之间的时间间隔,可表达出以下搭接关系。

(1)开始到开始的关系($STS_{i,j}$)。前面工作的开始到后面工作开始之间的时间间隔,表示前项工作开始后,要经过 STS 时距后,后项工作才能开始。如图 3.51(a)所示,某基坑挖土（A 工作）开始 3 天后，完成了一部分施工任务，垫层（B 工作）才可开始。

（2）结束到开始的关系（$FTS_{i,j}$）。前面工作的结束到后面工作开始之间的时间间隔，表示前项工作结束后，要经过 FTS 时距后，后项工作才能开始。如图 3.51（b）所示，某工程窗油漆（A 工作）结束 3 天后，油漆干燥了，再安装玻璃（B 工作）。当 FTS 时距等于零时，即紧前工作的完成到本工作的开始之间的时间间隔为零，这就是一般单代号网络图的正常连接关系，所以，可将一般单代号网络图看成是单代号搭接网络图的一个特殊情况。

（3）开始到结束的关系（$STF_{i,j}$）。前面工作的开始到后面工作结束之间的时间间隔，表示前项工作开始后，经过 STF 时距后，后项工作必须结束。如图 3.51（c）所示，某工程梁模板（A 工作）开始后，钢筋加工（B 工作）何时开始与模板没有直接关系，只要保证在 10 天内完成即可。

（4）结束到结束的关系（$FTF_{i,j}$）。前面工作的结束到后面工作结束之间的时间间隔，表示前项工作结束后，经过 FTF 时距后，后项工作必须结束。如图 3.51（d）所示，某工程楼板浇筑（A 工作）结束后，模板拆除（B 工作）安排在 15 天内结束，以免影响上一层施工。

（5）混合连接关系。在搭接网络计划中除了上面的四种基本连接关系之外，还有一种情况，就是同时由 STS、FTS、STF、FTF 四种基本连接关系中两种以上来限制工作间的逻辑关系。

3.2.5 网络计划编制

目前，国内所用网络计划为双代号时标网络图，因此，下文介绍网络计划编制如非特别说明，均是指双代号时标网络图。双代号时标网络计划是吸取了横道计划的优点，以时间坐标（工程标尺）为尺度绘制的网络计划。在时标网络图中，用工作箭线的水平投影长度表示其持续时间的多少，从而使网络计划具备直观、明了的特点，更加便于使用。双代号时标网络计划以及其他形式网络计划的编制步骤与横道计划相同，关于此问题这里不再赘述。下文仅介绍时标网络计划的绘制技术。

3.2.5.1 时标网络计划的绘制技术

1. 时标网络计划的绘制方法

常见时标网络图为早时标网络计划，宜采用标号法绘制。采用标号法可以迅速确定节点的标号值（即坐标或位置），同时还可以迅速地确定关键线路和计算工期，确保能够快速、正确地完成时标网络图的绘制。

节点标号的格式为（源节点，标号值）。下面仍以图 3.43 所示网络图为例说明标号法的操作步骤，结果如图 3.52 所示，具体过程如下。

（1）起点节点的标号值。起点节点的标号值为零。本例中节点①的标号值为零，即 $b_1=0$。

（2）其他节点的标号值根据下式按照节点编号由小到大的顺序逐个计算：

$$b_j = \max\{b_i + D_{i-j}\}（顺线累加，逢内取大）$$

式中　b_j——工作 $i-j$ 的完成节点的标号值；

　　　b_i——工作 $i-j$ 的开始节点的标号值；

D_{i-j}——工作 $i-j$ 的持续时间。

求解其他节点标号值的过程，可用"顺线累加，逢内取大"八个字来概括，即顺着箭线方向将流向待求节点的各个工作的持续时间累加在一起，若是该节点为内向节点（有 2 个或以上箭线流入的节点称为内向节点，如节点⑤和节点⑥），则应取各线路工作持续时间累加结果的最大值。

本例中，各节点的标号值为

$$b_2 = b_1 + D_{1-2} = 0 + 1 = 1$$
$$b_3 = b_2 + D_{2-3} = 1 + 2 = 3$$
$$b_4 = b_3 + D_{3-4} = 3 + 2 = 5$$
$$b_5 = \max\{b_2 + D_{2-5}, \ b_4 + D_{4-5}\} = \max\{1+6, \ 5+0\} = 7$$
$$b_6 = \max\{b_2 + D_{2-6}, \ b_4 + D_{4-6}, \ b_5 + D_{5-6}\} = 10$$
$$b_7 = b_6 + D_{6-7} = 10 + 2 = 12$$

（3）终点节点的标号值。终点节点的标号值即为网络计划的计算工期。本例中终点节点⑦的标号值 12 即为该网络计划的计算工期。

（4）确定网络计划的关键线路。通过标号计算，逆着箭线根据源节点，还可以确定网络计划的关键线路。如本例中，可以找出关键线路：①→②→⑤→⑥→⑦，标示于图 3.52。

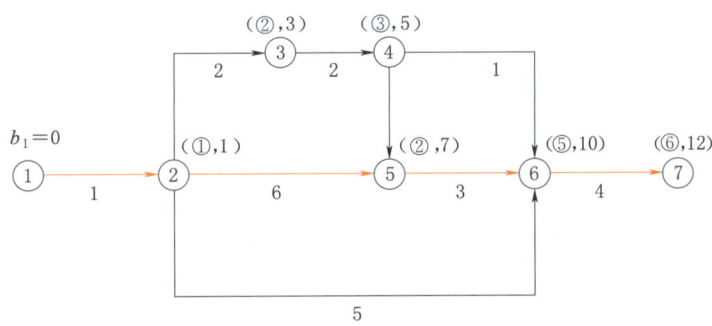

图 3.52　某双代号网络图的标号值

（5）绘制时标网络图。通过采用标号法计算出各节点的标号值之后，根据标号值将各节点定位在时间坐标上，然后根据关键线路划出关键工作。非关键工作在连接时应根据其工作持续时间连接开始与结束节点，除去工作持续时间之后，时间刻度如有剩余，则划波形线。绘图结果如图 3.53（a）所示。如若按最迟时间绘制，可绘制出迟时标网络图，如图 3.53（b）所示。

2. 时标网络计划的时间参数确定

实际工程上所用网络计划多为时标网络计划，因此编制时标网络计划切不可忽视时标网络计划的时间参数计算。这里仍然以图 3.43 为例，进行时间参数计算。

（1）工作最早开始时间和最早完成时间。图 3.53（a）所示时标网络图为早时标网络图，早时标网络图即是以工作的最早时间进行绘制的。因此，工作箭线左端节点中心所对

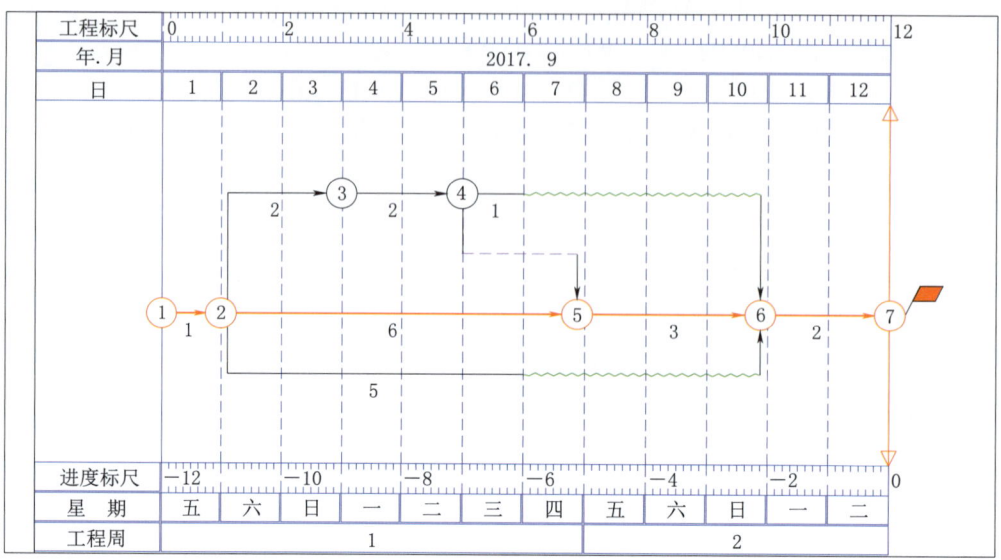

（a）早时标网络图

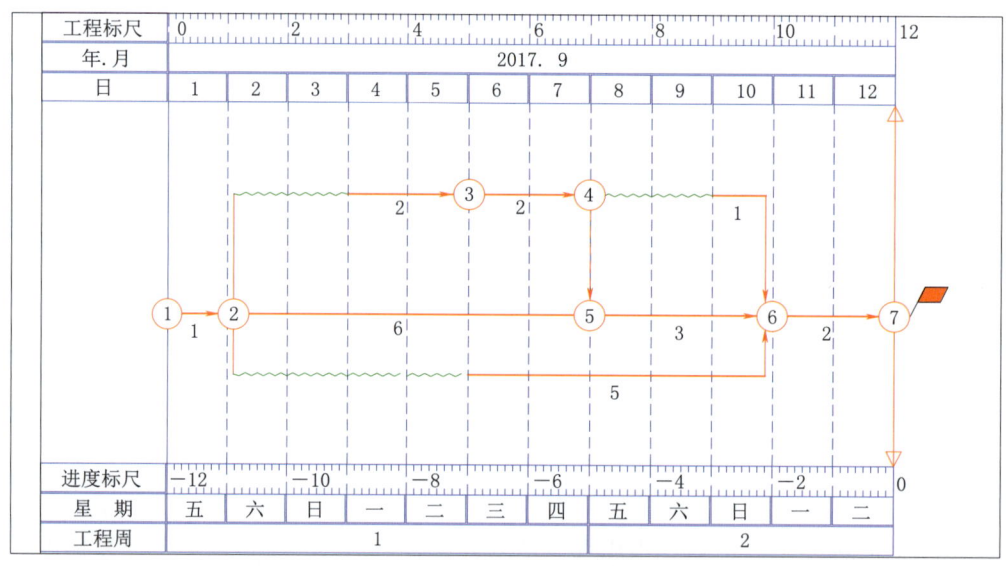

（b）迟时标网络图

图 3.53 某双代号时标网络图

应的时标值（工程标尺）即为该工作的最早开始时间。工作箭线实线部分右端点所对应的时标值即为该工作的最早完成时间。各工作（不包括虚工作）的最早开始时间和最早完成时间见表 3.14。

（2）工作自由时差的确定。工作的自由时差可由计算确定。对于早时标网络图工作的自由时差，也可以由图确定。工作的自由时差应为该工作箭线中波形线的水平投影长度或其后较短的虚箭线长度。各工作的自由时差见表 3.14。

3.2 网络计划编制

表 3.14   时 间 参 数 表

工作	时 间 参 数						
	D	ES	EF	FF	TF	LS	LF
①—②	1	0	1	0	0	0	1
②—③	2	1	3	0	2	3	5
②—⑤	6	1	7	0	0	1	7
②—⑥	5	1	6	4	4	5	10
③—④	2	3	5	0	2	5	7
④—⑥	1	5	6	4	4	9	10
⑤—⑥	3	7	10	0	0	7	10
⑥—⑦	2	10	12	0	0	10	12

（3）工作总时差的确定。工作总时差的判定应从网络计划的终点节点开始，逆着箭线方向依次进行。

以终点节点为箭头节点的工作，其总时差应等于计划工期与本工作最早完成时间之差，即

$$TF_{x-n} = T_P - EF_{x-n}$$

式中　TF_{x-n}——以网络计划终点节点为完成节点的工作的总时差；

T_P——网络计划的计划工期；

EF_{x-n}——以网络计划终点节点 n 为箭头节点的工作的最早完成时间。

其他工作的总时差等于其紧后工作的总时差加本工作与该紧后工作之间的时间间隔所得之和的最小值，即

$$TF_{i-j} = \min\{TF_{紧后} + LAG_{i-j,紧后}\}$$

式中　$TF_{紧后}$——工作 $i-j$ 的紧后工作的总时差。

各工作的总时差见表 3.5。

（4）工作最迟开始时间和最迟完成时间的确定。工作的最迟开始时间与最迟完成时间可以通过绘制迟时标网络图来确定，也可以通过计算确定。

1）工作的最迟开始时间。其值等于本工作的最早开始时间与其总时差之和，即

$$LS_{i-j} = ES_{i-j} + TF_{i-j}$$

2）工作的最迟完成时间。其值等于本工作的最早完成时间与其总时差之和，即

$$LF_{i-j} = EF_{i-j} + TF_{i-j}$$

各工作的最迟开始时间和最迟完成时间计算结果见表 3.15。

表 3.15   各工作的最迟时间参数表

工作	①—②	②—③	②—⑤	②—⑥	③—④	④—⑥	⑤—⑥	⑥—⑦
最迟开始时间 LS	0	4	1	5	6	9	7	10
最迟完成时间 LF	1	6	7	10	7	10	10	12

3.2.5.2 时标网络计划的绘制技巧

1. 双代号搭接网络计划

在编制网络计划的过程中，常常会遇到搭接施工，此时可能很多人会认为应采用单代号网络计划来表达，但是若是要编制时标网络计划，用单代号网络计划又不可以，这时便会无从入手。下面介绍一些用双代号网络计划表达的搭接关系，见表 3.16。

表 3.16 双代号网络计划表达的搭接关系

2. 分层分段流水施工网络计划

在多层建筑的主体结构施工中，手工绘制流水施工网络计划几乎不可能，倘若是高层及超高层建筑，则更不可能。此时，通常需要借助专业软件进行绘制。图3.54是采用软件绘制的某流水施工网络计划。限于纸张大小这里所画流水施工网络计划为2层3段施工网络计划，实际上，对于任意层任意段流水施工网络计划都可以用同样的方法进行绘制，只不过是流水段数和流水层数不同而已，建议读者自己尝试进行绘制。

3.2.6 网络计划优化

网络计划的优化是指在一定的约束条件下，按照既定目标对网络计划进行不断地完善与调整，直到寻找出满意的结果。施工进度计划编制完成后根据追求目标的不同，可从不同角度进行网络计划的优化，通常网络计划优化的内容分为工期优化、资源优化和费用优化三个方面。

3.2.6.1 工期优化

1. 基本原理

工期优化就是通过压缩计算工期，达到既定工期目标，或在一定约束条件下，使工期最短的过程。

工期优化一般是通过压缩关键线路（关键工作）的持续时间来满足工期要求的。在优化过程中要保证被压缩的关键工作不能变为非关键工作，且能够控制住工期。当出现多条关键线路时，如需压缩关键线路上的关键工作，必须将各线路上对应关键工作的持续时间同步压缩。

2. 方法与步骤

（1）找出关键线路，求出计算工期 T_c。

（2）根据要求工期 T_r，计算出应缩短的时间 $\Delta T = T_c - T_r$。

（3）缩短关键工作的持续时间，在选择应优先压缩工作持续时间的关键工作时，须考虑下列因素：

1）该关键工作的持续时间缩短后，对工程质量和施工安全影响不大。

2）该关键工作资源储备充足。

3）该关键工作缩短持续时间后，所需增加的费用最少。

通常，优先压缩优选系数最小或组合优选系数最小的关键工作或其组合。

（4）将应优先压缩的关键工作的持续时间压缩至某适当值，并找出关键线路，计算工期。

（5）若计算工期不满足要求，重复上述过程直至工期满足要求或无法再缩短为止。

3. 示例

【例3.11】 已知原始网络计划如图3.55所示。箭线下方括号外数据为该工作的正常持续时间，括号内数据为该工作的最短持续时间，各工作的优选系数见表3.17。根据实际情况并考虑选择优选系数（或组合优选系数）最小的关键工作缩短其持续时间。假定要求工期为 $T_r = 19$ 天，试对该网络计划进行工期优化。

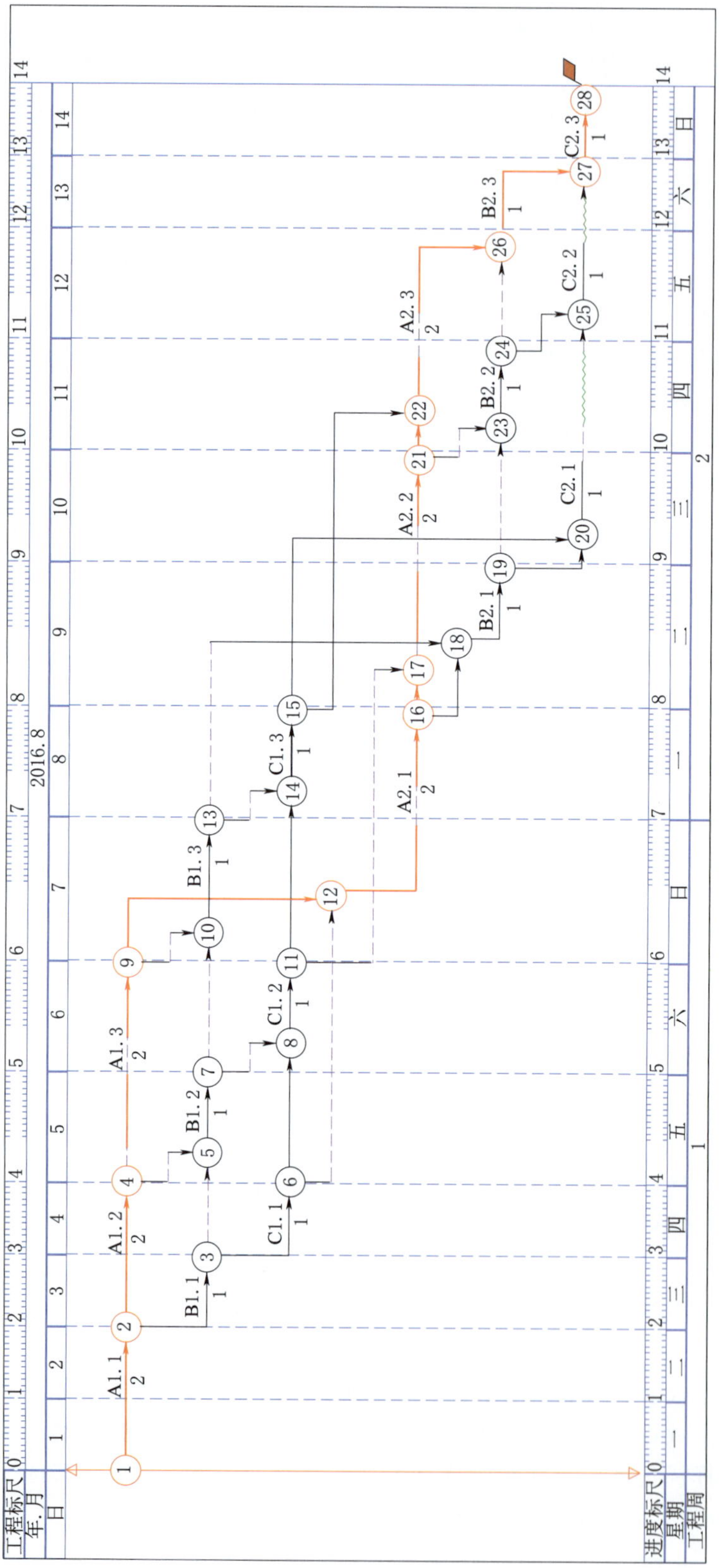

图 3.54 某分层分段流水施工网络计划

(注：箭线上方字母表示工作名称，字母后第一个数字表示楼层号，圆点后数字表示施工段号。)

3.2 网络计划编制

表 3.17 各工作的优选系数

工作	A	B	C	D	E	F	G	H
优选系数	7	8	5	2	6	4	1	3

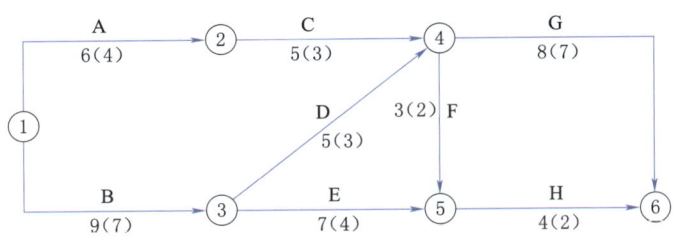

图 3.55 原始网络计划

【解】：（1）确定关键线路和计算工期。

原始网络计划的关键线路的工期 $T_c=22$ 天，如图 3.56 所示。

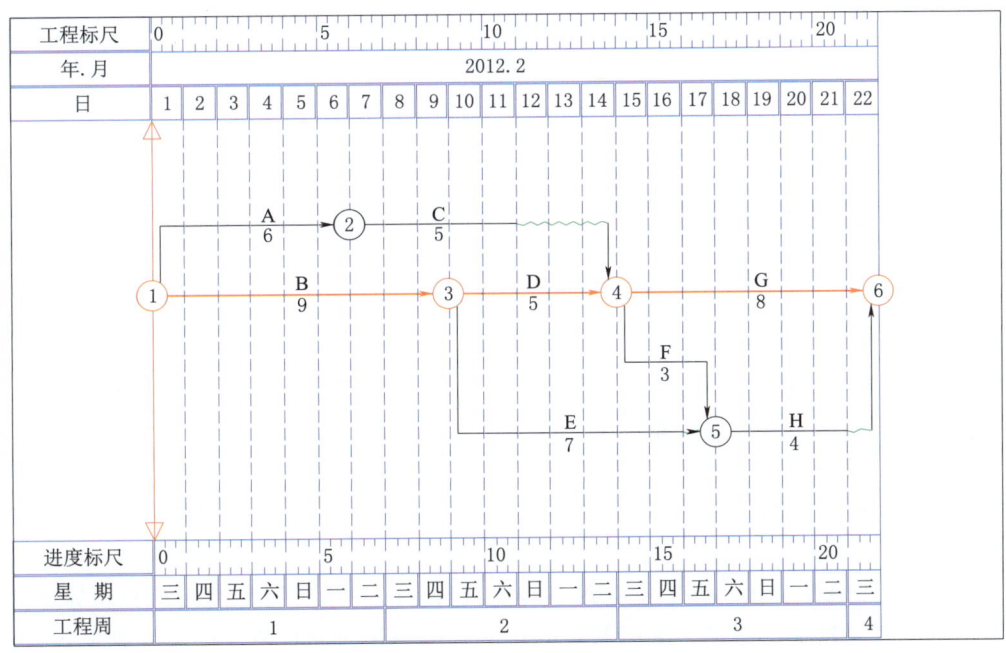

图 3.56 原始网络计划的关键线路和工期

（2）计算应缩短工期。

$$\Delta T = T_c - T_r = 22 - 19 = 3（天）$$

（3）确定工作 G 的持续时间压缩 1 天后找出关键线路和工期，如图 3.57 所示。

（4）继续压缩关键工作。将工作 D 压缩 1 天，网络计划如图 3.58 所示。

（5）继续压缩关键工作。将工作 D、H 同步压缩 1 天，此时计算工期为 $20-1=19$（天），满足要求工期。最终优化结果见图 3.59。

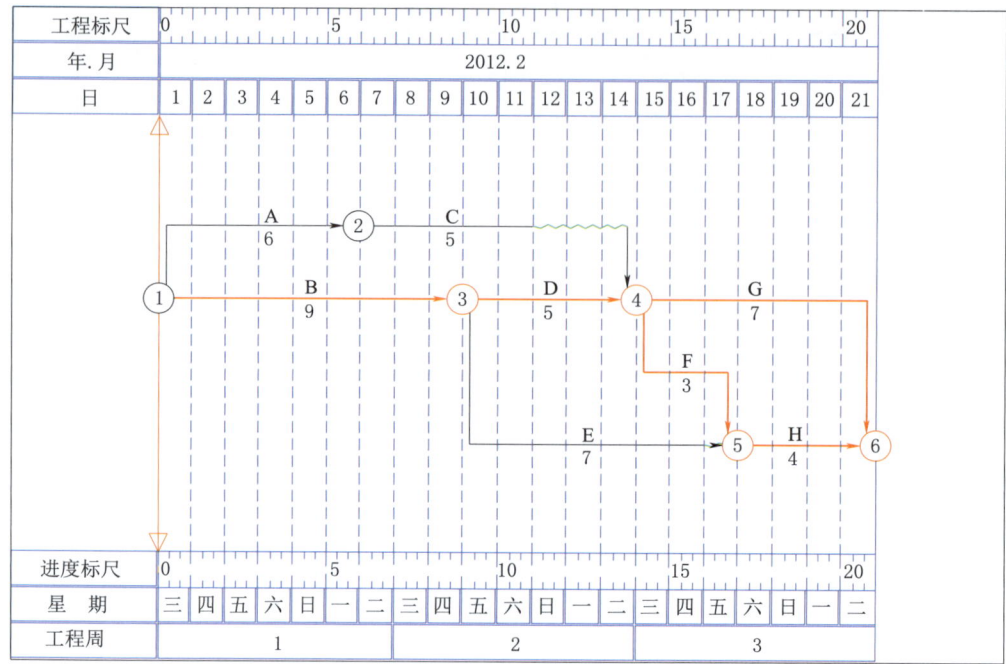

图 3.57　工作 G 压缩 1 天后的关键线路和工期

3.2.6.2　资源优化

在计划执行过程中,所需的人力、材料、机械设备和资金等统称为资源。资源优化的目标是通过调整计划中某些工作的开始时间,使资源分布满足要求。

1. 资源有限-工期最短的优化

资源有限-工期最短的优化是指在满足有限资源的条件下,通过调整某些工作的作业开始时间,使工期不延误或延误最少。

(1) 优化的步骤与方法。

1) 按照各项工作的最早开始时间安排进度计划,并计算网络计划每个时间单位的资源需用量。

2) 从计划开始日期起,逐个检查每个时段(每个时间单位资源需用量相同的时间段)资源需用量是否超过资源限量。如果某个时段的资源需用量超过资源限量,则需进行计划的调整。

3) 分析超过资源限量的时段。如果在该时段内有几项工作平行作业,则采取将一项工作安排在与之平行的另一项工作之后进行的方法,以降低该时段的资源需用量。

例如,对于两项平行作业的工作 m 和工作 n,为了降低相应时段的资源需用量,现将工作 n 安排在工作 m 之后进行(图 3.60),则网络计划的工期增量为

$$\Delta T_{m,n} = EF_m + D_n - LF_n = EF_m - (LF_n - D_n) = EF_m - LS_n$$

这样,在有资源冲突的时段中,对平行作业的工作进行两两排序,即可得出若干个 $\Delta T_{m,n}$,选择其中最小的 $\Delta T_{m,n}$。将相应的工作 n 安排在工作 m 之后进行,既可降低该时段的资源需用量,又使网络计划的工期增量最小。

3.2 网络计划编制

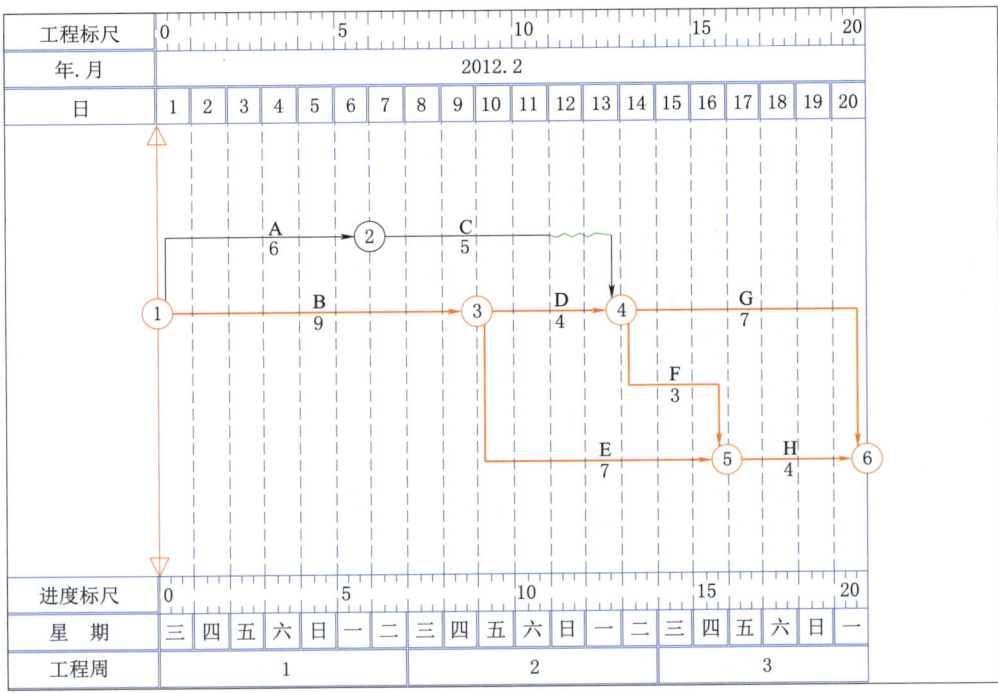

图 3.58 工作 D 压缩 1 天后的关键线路和工期

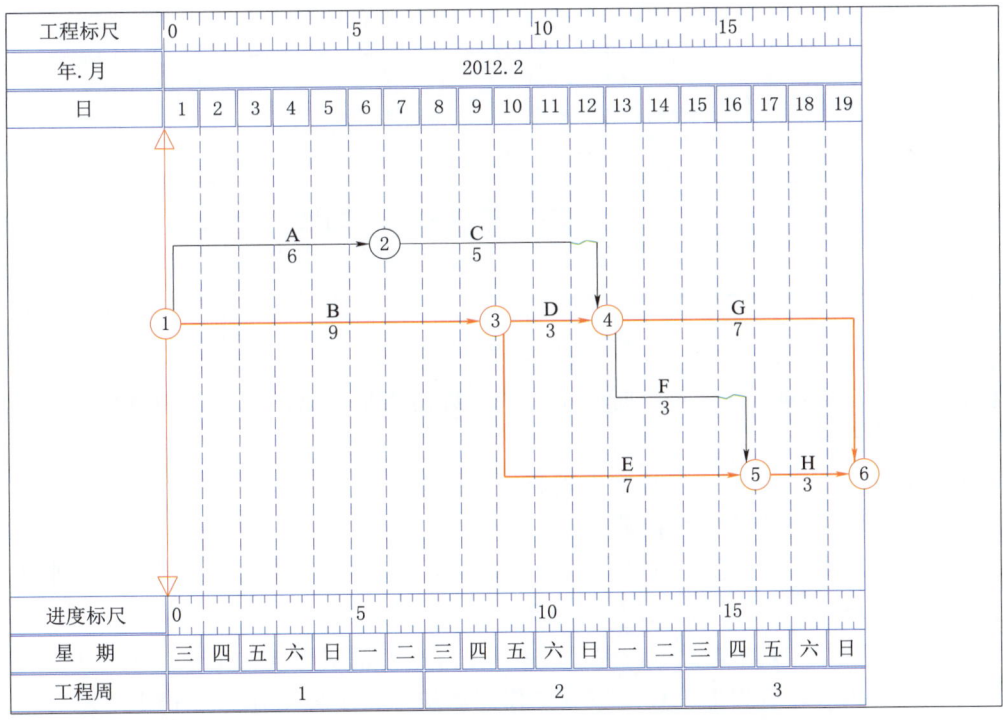

图 3.59 工作 D、H 同步压缩 1 天后的关键线路和工期（最终结果）

4) 对调整后的网络计划重新计算每个时间单位的资源需用量。

5) 重复上述步骤 2)～步骤 4)，直至网络计划任意时间单位的资源需用量均不超过资源限量。

(2) 示例。

【例 3.12】 已知某双代号网络计划如图 3.61 所示，图中箭线上方【 】内数值为工作

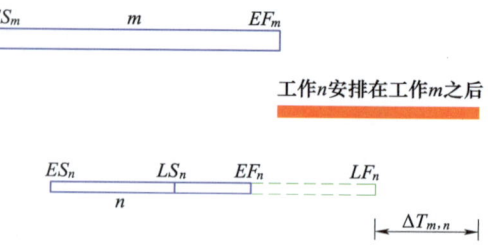

图 3.60 工作 n 安排在工作 m 之后

的资源强度，箭线下方数值为工作持续时间。假定资源限量 $R_a=12$，试进行资源有限-工期最短的优化。

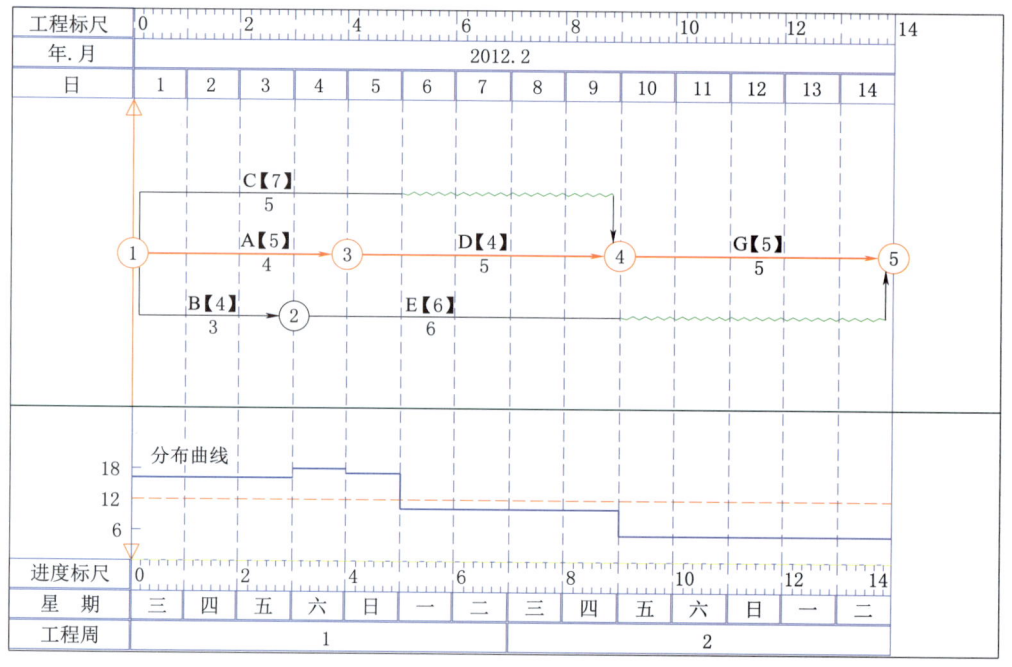

图 3.61 初始网络计划

【解】：(1) 计算网络计划每个时间单位的资源需用量，绘出资源需用量分布曲线，即图 3.61 下方所示曲线。

(2) 从计划开始日期起，经检查发现第一个时段 [1, 3] 存在资源冲突，即资源需用量超过资源限量，故应首先对该时段进行调整。

(3) 在时段 [1, 3] 有工作 C、工作 A 和工作 B 三项工作平行作业，利用公式 $\Delta T_{m,n}=EF_m-LS_n$ 计算 ΔT 值，其计算结果见表 3.18。

由表 3.18 可知工期增量 $\Delta T_{2,3}=\Delta T_{3,1}=-1$ 最小，说明将 3 号工作（工作 B）安排在 2 号工作（工作 A）之后或将 1 号工作（工作 C）安排在 3 号工作（工作 B）之后工期不延长。但从资源强度来看，应以选择将 3 号工作（工作 B）安排在 2 号工作（工作 A）之后进行为宜。因此将工作 B 安排在工作 A 之后，调整后的网络计划如图 3.62 所示，工期

不变。

表 3.18 在时段 [1,3] 中计算 ΔT 值

工作名称	工作序号	EF	LS	$\Delta T_{1,2}$	$\Delta T_{1,3}$	$\Delta T_{2,1}$	$\Delta T_{2,3}$	$\Delta T_{3,1}$	$\Delta T_{3,2}$
C	1	5	4	5	0				
A	2	4	0			0	−1		
B	3	3	5					−1	3

（4）重新计算调整后的网络计划每个时间单位的资源需用量，绘出资源需用量分布曲线如图 3.62 下方曲线所示。

从图 3.62 中可知在第二个时段 [5] 存在资源冲突，故应该调整该时段。工作序号与工作代号见表 3.10。

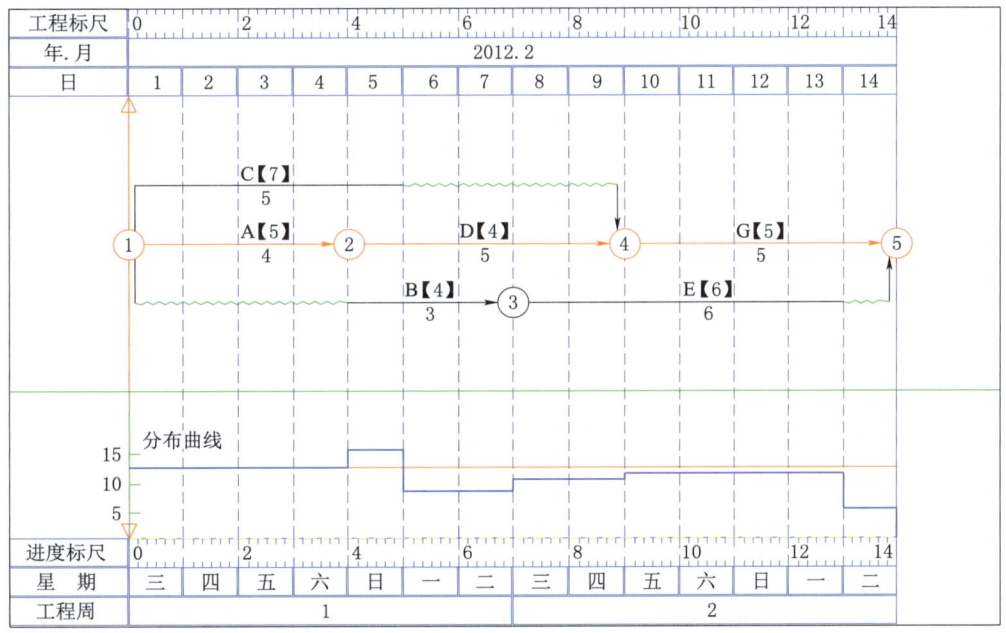

图 3.62 第一次调整后的网络计划

（5）在时段 [5] 有工作 C、D 和工作 B 三项工作平行作业。对平行作业的工作进行两两排序，可得出 $\Delta T_{m,n}$ 的组合数为 3×2＝6（个），见表 3.19。选择其中最小的 $\Delta T_{m,n}$，即 $\Delta T_{1,3}$＝0，故将相应的工作 B 移到工作 C 后进行，因 $\Delta T_{1,3}$＝0，工期不延长，如图 3.63 所示。

表 3.19 时段 [5] 的 $\Delta T_{m,n}$ 表

工作代号	工作序号	EF	LS	$\Delta T_{1,2}$	$\Delta T_{1,3}$	$\Delta T_{2,1}$	$\Delta T_{2,3}$	$\Delta T_{3,1}$	$\Delta T_{3,2}$
C	1	5	4	1	0				
D	2	9	4			5	4		
B	3	7	5					3	3

（6）重新计算调整后的网络计划每个时间单位的资源需要量，并绘出资源需用量分布曲线，如图 3.63 下方曲线所示。由于此时整个工期范围内的资源需用量均未超过资源限量，因此图 3.63 所示网络计划即为优化后的最终网络计划，其最短工期为 14 天。

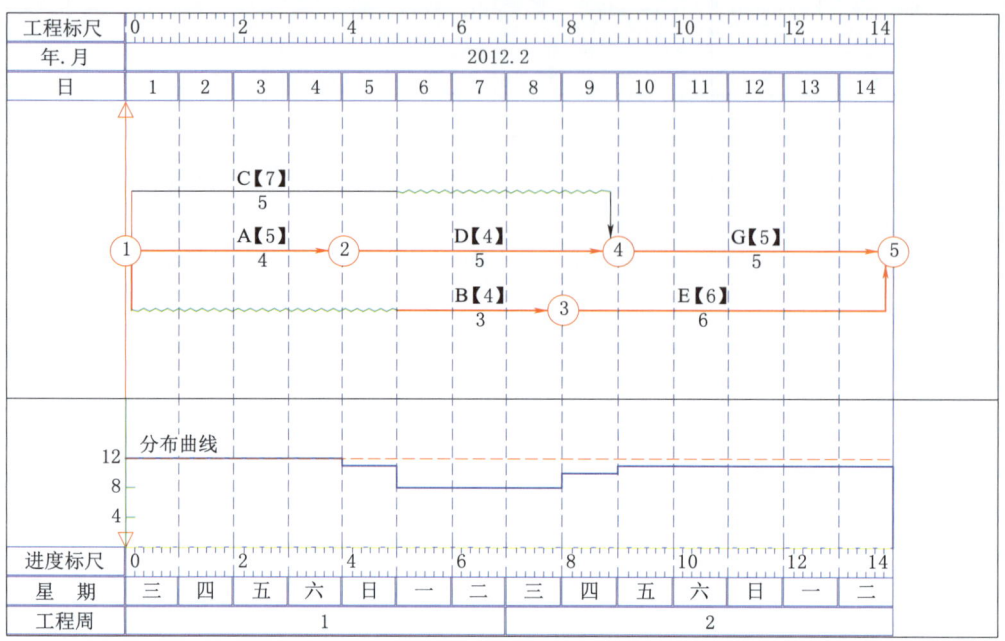

图 3.63　第二次调整后的网络计划（最终优化结果）

2. 工期固定-资源均衡的优化

在工期不变的条件下，尽量使资源需用量保持均衡。这样既有利于工程施工组织与管理，又有利于降低工程施工费用。

（1）方差值最小法。

工期固定-资源均衡的优化方法有多种，这里仅介绍方差值最小法。

对于某已知网络计划的资源需用量，其方差为

$$\sigma^2 = \frac{1}{T}\sum_{t=1}^{T}(R_t - R_m)^2$$

式中　σ^2——资源需用量方差；

　　　T——网络计划的计算工期；

　　　R_t——第 t 个时间单位的资源需用量；

　　　R_m——资源需用量的平均值。

对上式进行简化可得

$$\sigma^2 = \frac{1}{T}\sum_{t=1}^{T}(R_t - R_m)^2 = \frac{1}{T}\sum_{t=1}^{T}R_t^2 - R_m^2$$

分析：若要使资源需用量尽可能地均衡，必须使 σ^2 为最小。而工期 T 和资源需用量

的平均值 R_m 均为常数，故而可以得出应为 $\sum_{t=1}^{T} R_t^2$ 为最小。

对于网络计划中某项工作 K 而言，其资源强度为 r_k。在调整计划前，工作 K 从第 i 个时间单位开始，到第 j 个时间单位完成，则此时网络计划资源需用量的平方和为

$$\sum_{t=1}^{T} R_{t0}^2 = R_1^2 + R_2^2 + \cdots + R_i^2 + R_{i+1}^2 + \cdots + R_j^2 + R_{j+1}^2 + \cdots + R_T^2$$

若将工作 K 的开始时间右移一个时间单位，即工作 K 从第 $i+1$ 个时间单位开始，到第 $j+1$ 个时间单位完成，则第 i 天的资源需用量将减少，第 $j+1$ 天的资源需用量将增加。此时网络计划资源需用量的平方和为

$$\sum_{t=1}^{T} R_{t1}^2 = R_1^2 + R_2^2 + \cdots + (R_i - r_k)^2 + R_{i+1}^2 + \cdots + R_j^2 + (R_{j+1} + r_k)^2 + \cdots + R_T^2$$

将右移后的 $\sum_{t=1}^{T} R_{t1}^2$ 减去移动前的 $\sum_{t=1}^{T} R_{t0}^2$ 得

$$\sum_{t=1}^{T} R_{t1}^2 - \sum_{t=1}^{T} R_{t0}^2 = (R_i - r_k)^2 - R_i^2 + (R_{j+1} + r_k)^2 - R_{j+1}^2 = 2r_k \ (R_{j+1} + r_k - R_i)$$

如果上式为负值，说明工作 K 的开始时间右移一个时间单位能使资源需用量的平方和减小，也就使资源需用量的方差减小，从而使资源需用量更均衡。因此，工作 K 的开始时间能够右移的判别式是：

$$\sum_{t=1}^{T} R_{t1}^2 - \sum_{t=1}^{T} R_{t0}^2 = 2r_k \ (R_{j+1} + r_k - R_i) \leqslant 0$$

由于 $r_k > 0$，因此上式可简化为 $\Delta = (R_{j+1} + r_k - R_i) \leqslant 0$

式中　Δ——资源变化值，即 $(\sum_{t=1}^{T} R_{t1}^2 - \sum_{t=1}^{T} R_{t0}^2)/2r_k$。

在优化过程中，使用判别式 $\Delta = (R_{j+1} + r_k - R_i) \leqslant 0$ 的时候应注意以下几点：

1）如果工作右移 1 天的资源变化值 $\Delta \leqslant 0$，即 $(R_{j+1} + r_k - R_i) \leqslant 0$，说明可以右移。

2）如果工作右移 1 天的资源变化值 $\Delta > 0$，即 $(R_{j+1} + r_k - R_i) > 0$，并不说明工作不可以右移，可以在时差范围内尝试继续右移 n 天：

a. 当右移第 n 天的资源变化值 $\Delta_n < 0$，且总资源变化值 $\sum \Delta \leqslant 0$，即 $(R_{j+1} + r_k - R_i) + (R_{j+2} + r_k - R_{i+1}) + \cdots + (R_{j+n} + r_k - R_{i+n-1}) \leqslant 0$ 时，可以右移 n 天。

b. 当右移 n 天的过程中始终是总资源变化值 $\sum \Delta > 0$，即 $\sum \Delta > 0$ 时，不可以右移。

（2）优化步骤。

1）绘制时标网络计划，计算资源需用量。

2）计算资源均衡性指标，用均方差值来衡量资源均衡程度。

3）从网络计划的终点开始，按非关键工作最早开始时间的后先顺序进行调整。

4）绘制调整后的网络计划。

（3）示例。

初始时标网络图见图 3.64。

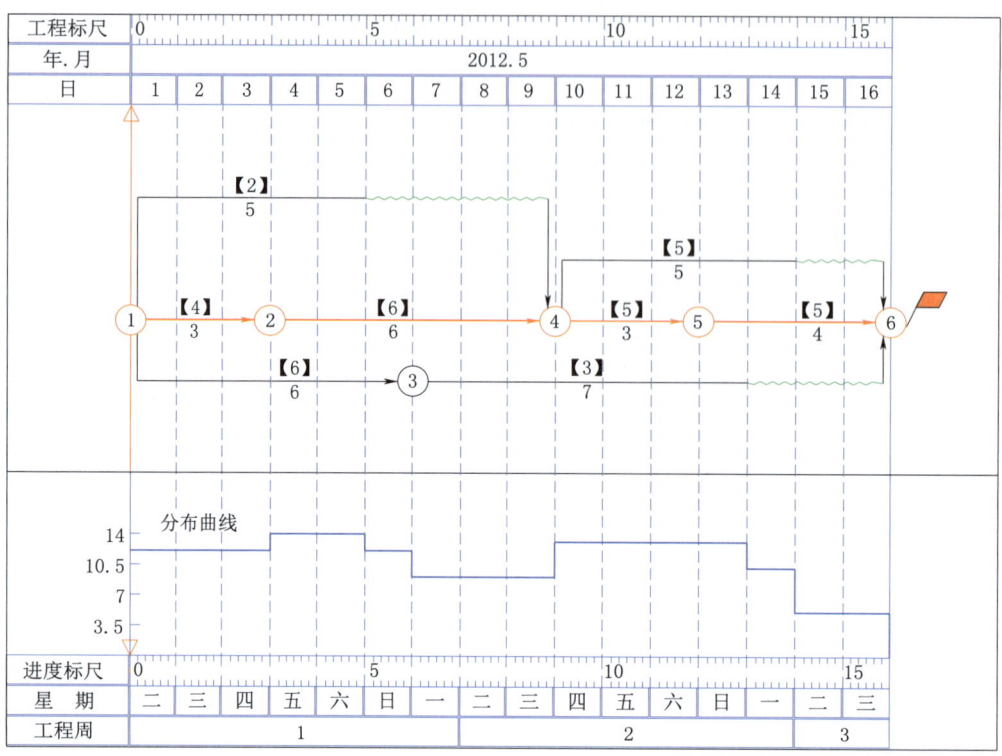

图 3.64　初始时标网络图

为了清晰地说明工期固定-资源均衡优化的应用方法，这里通过表格来反映优化过程。工作 4—6 优化过程见表 3.20。

表 3.20　　　　　　　　　　　工作 4—6 优化过程

工作	计算参数	判别式结果	能否右移
4—6	$R_{j+1}=R_{14+1}=5$ $r_{4,6}=5$ $R_i=R_{10}=13$	$\Delta_1=5+5-13<0$	可右移 1 天
	$R_{j+1}=R_{15+1}=5$ $r_{4,6}=5$ $R_i=R_{11}=13$	$\Delta_2=5+5-13<0$	可右移 1 天
结论		该工作可右移 2 天	

工作 4—6 右移 2 天后的优化结果，如图 3.65 所示。

工作 3—6 的判别结果及优化过程见表 3.21。

由于工作 3—6 不可移动，原网络计划不变化，仍如图 3.66 所示。

工作 1—4 的判别结果及优化过程见表 3.22。

3.2 网络计划编制

表 3.21 工作 3—6 优化过程

工作	计算参数	判别式结果	能否右移
3—6	$R_{j+1}=R_{13+1}=10$ $r_{3,6}=3$ $R_i=R_7=9$	$\Delta_1=10+3-9>0$	暂不明确, 继续往右看 1 天
	$R_{j+1}=R_{14+1}=10$ $r_{3,6}=3$ $R_i=R_8=9$	$\Delta_2=10+3-9>0$	不可右移
	$R_{j+1}=R_{15+1}=10$ $r_{3,6}=3$ $R_i=R_9=9$	$\Delta_3=10+3-9>0$	不可右移
结论		该工作不可右移	

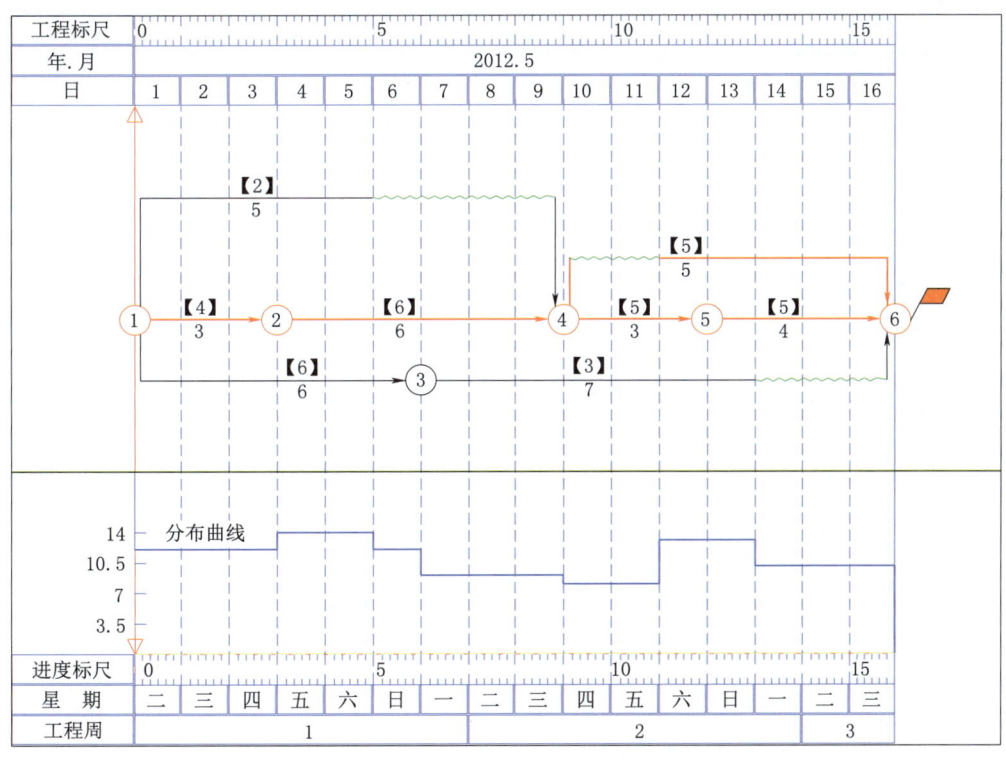

图 3.65 工作 4—6 右移 2 天后的进度计划及资源消耗计划

表 3.22　　　　　　　　　　　　　工作 1—4 优化过程

工作	计算参数	判别式结果	能否右移
1—4	$R_{j+1}=R_{5+1}=12$ $r_{1,4}=2$ $R_i=R_1=12$	$\Delta_1=12+2-12=2$	暂不明确,继续往右看 1 天
	$R_{j+1}=R_{6+1}=9$ $r_{1,4}=2$ $R_i=R_2=12$	$\Delta_2=9+2-12=-1<0$	$\Delta_1+\Delta_2=1>0$,继续往右看 1 天
	$R_{j+1}=R_{7+1}=9$ $r_{1,4}=2$ $R_i=R_3=12$	$\Delta_3=9+2-12=-1<0$	$\Delta_1+\Delta_2+\Delta_3=0$,可右移 3 天
	$R_{j+1}=R_{8+1}=9$ $r_{1,4}=2$ $R_i=R_4=14$	$\Delta_4=9+2-14=-3<0$	$\Delta_1+\Delta_2+\Delta_3+\Delta_4<0$,可右移 4 天
结论		该工作可右移 4 天	

工作 1—4 右移 4 天后的结果,如图 3.66 所示。

第一轮优化结束后,可以判断不再有工作可以移动,优化完毕,图 3.66 即为最终优化结果。

最后,比较优化前和优化后的方差值。

$$R_\mathrm{m}=\frac{1}{16}(12\times3+14\times2+12\times1+9\times3+13\times4+10\times1+5\times2)=10.9$$

优化前:

$$\sigma^2=\frac{1}{T}\sum_{t=1}^{T}R_t^2-R_\mathrm{m}^2$$

$$=\frac{1}{16}(12^2\times3+14^2\times2+12^2\times1+9^2\times3+13^2\times4+10^2\times1+5^2\times2)-10.9^2$$

$$=127.31-118.81$$

$$=8.5$$

优化后:

$$\sigma^2=\frac{1}{T}\sum_{t=1}^{T}R_t^2-R_\mathrm{m}^2$$

$$=\frac{1}{16}(10^2\times3+12^2\times1+14^2\times2+11^2\times3+8^2\times2+13^2\times2+10^2\times3)-10.9^2$$

$$=122.81-118.81$$

$$=4.0$$

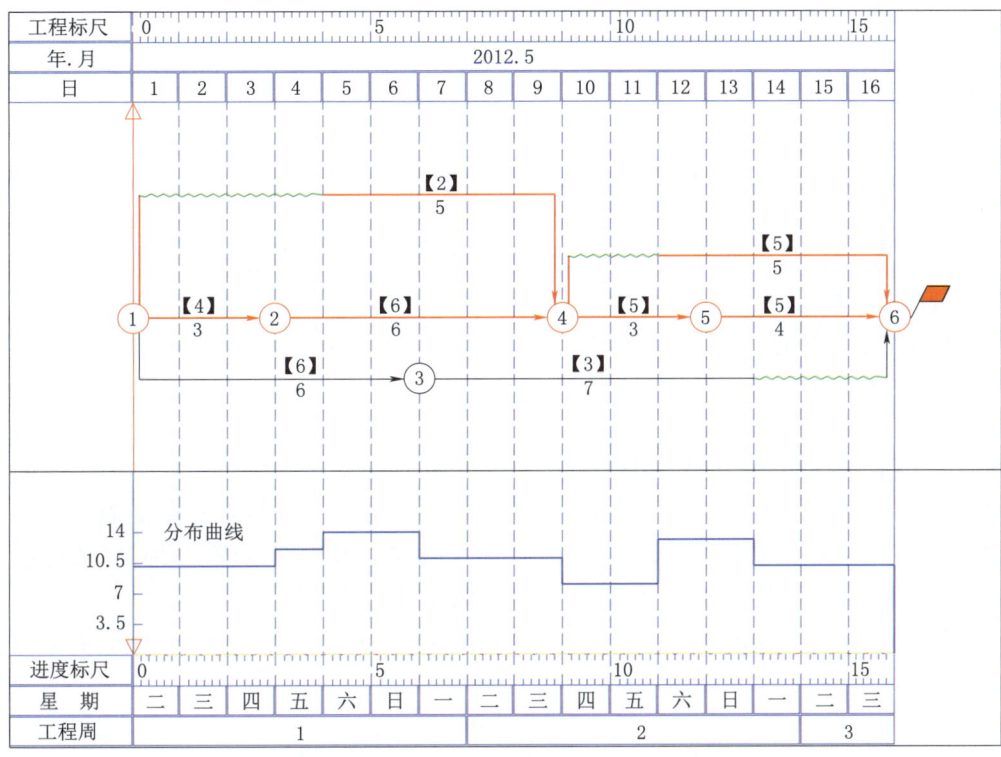

图 3.66 工作 1—4 右移 4 天后的进度计划及资源消耗计划（最终结果）

方差降低率：$\dfrac{8.5-4.0}{8.5}\times 100\% = 52.9\%$

3.2.6.3 费用优化

1. 概念

一项工程的总费用包括直接费用和间接费用。在一定范围内，直接费用随工期的延长而减少，而间接费用则随工期的延长而增加，总费用最低点所对应的工期（T_O）就是费用优化所要追求的最优工期（图 3.67）。

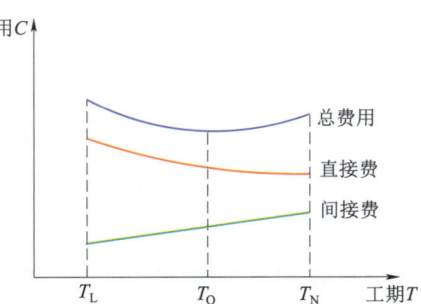

图 3.67 工期-费用关系图

2. 步骤和方法

（1）确定正常作业条件下工程网络计划的工期、关键线路和总直接费、总间接费及总费用。

（2）计算各项工作的直接费率。直接费率的计算公式可按下式计算：

$$\Delta D_{i-j}=\dfrac{CC_{i-j}-CN_{i-j}}{DN_{i-j}-DC_{i-j}}$$

式中　ΔD_{i-j}——工作 $i-j$ 的直接费率；

　　　CC_{i-j}——工作 $i-j$ 的持续时间为最短时，完成该工作所需直接费用；

　　　CN_{i-j}——在正常条件下，完成工作 $i-j$ 所需直接费；

DC_{i-j}——工作 $i-j$ 的最短持续时间；

DN_{i-j}——工作 $i-j$ 的正常持续时间。

(3) 选择直接费率（或组合直接费率）最小并且不超过工程间接费率的关键工作作为被压缩对象。

(4) 将被压缩关键工作的持续时间适当压缩，当被压缩对象为一组工作（工作组合）时，将该组工作压缩至同一数值，并找出关键线路。

(5) 重新确定网络计划的工期、关键线路和总直接费、总间接费、总费用。

(6) 重复上述（3）～（5）步骤，直至找不到直接费率或组合直接费率不超过工程间接费率的压缩对象为止。此时即求出总费用最低的最优工期。

(7) 绘制出优化后的网络计划。

3. 示例

【例 3.13】 已知网络计划如图 3.68 所示，图中箭线下方括号外数字为工作的正常持续时间（单位：天），括号内数字为最短持续时间；箭线上方括号外数字为工作按正常持续时间完成时所需直接费（单位：万元），括号内数字为按最短持续时间完成时所需直接费。该工程的间接费率为 1 万元/天。试进行网络计划费用优化。

【解】：(1) 首先根据工作的正常持续时间，用标号法确定工期和关键线路（图 3.68）。计算工期为 22 天，关键线路①→③→④→⑥。

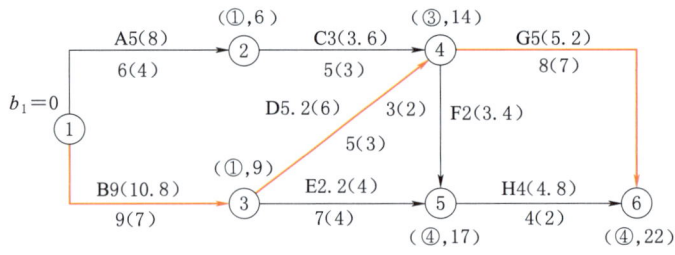

图 3.68 费用优化网络图

(2) 计算各工作的直接费率，见表 3.23。

表 3.23　　　　　　　　各工作的直接费率

工作	A	B	C	D	E	F	G	H
直接费率/(万元/天)	1.5	0.9	0.3	0.4	0.6	1.4	0.2	0.4

(3) 计算总费用。

1) 直接费总和为 5+9+3+5.2+2.2+2+5+4=35.4（万元）。

2) 间接费总和为 22×1=22（万元）。

3) 工程总费用为 35.4+22=57.4（万元）。

(4) 费用优化。

1) 通过压缩关键工作，可以列出如下优化方案，见表 3.24。

3.2 网络计划编制

表 3.24　　　　　　　　　优 化 方 案 一

序号	压缩工作	费率或组合费率/(万元/天)	压缩时间/天	方案选取结果
1	B	0.9	2	
2	D	0.4	2	
3	G	0.2	1	√

工作 G 压缩 1 天后的网络图，如图 3.69 所示。

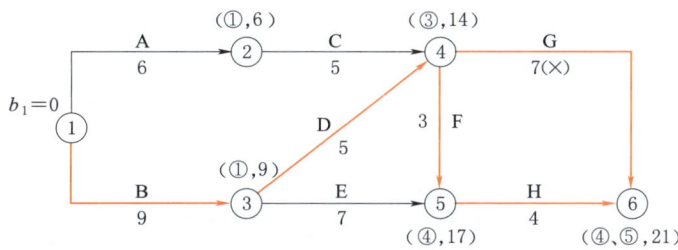

图 3.69　第一次优化后的网络图

2）第一次优化后，可求出工期为 22－1＝21（天），关键线路如图 3.69 所示。通过压缩关键工作，可以列出优化方案，见表 3.25。

表 3.25　　　　　　　　　优 化 方 案 二

序号	压缩工作	费率或组合费率/(万元/天)	压缩时间/天	方案选取结果
1	B	0.9	1	
2	D	0.4	1	√

工作 D 压缩 1 天后的网络图，如图 3.70 所示。

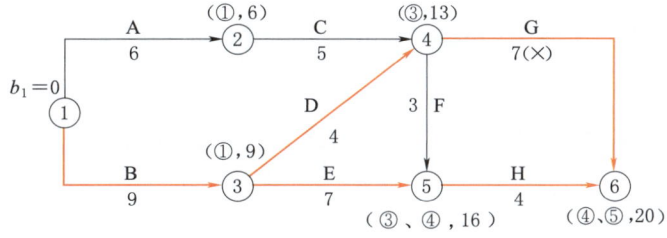

图 3.70　第二次优化后的网络图

3）第二次优化后，可求出工期为 21－1＝20（天），关键线路如图 3.70 所示。通过压缩关键工作，可以列出优化方案，见表 3.26。

表 3.26　　　　　　　　　优 化 方 案 三

序号	压缩工作	费率或组合费率/(万元/天)	压缩时间/天	方案选取结果
1	B	0.9	2	
2	D 和 E	0.4＋0.6	1	
3	D 和 H	0.4＋0.4	1	√

工作 D 和 H 组合压缩 1 天后的网络图如图 3.71 所示。

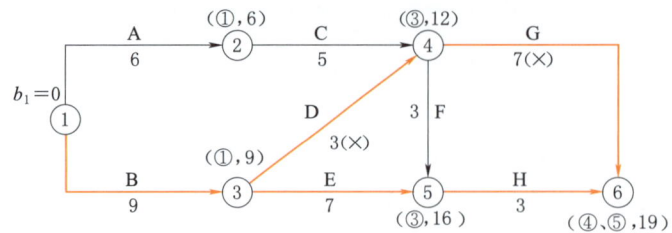

图 3.71 第三次优化后的网络图

4) 第三次优化后，可求出工期为 20－1＝19（天），关键线路如图 3.71 所示。通过压缩关键工作，可以列出优化方案，见表 3.27。

表 3.27　　　　　　　　　　优 化 方 案 四

序　号	压缩工作	费　率/(万元/天)	压缩时间/天	方案选取结果
1	B	0.9	1	√

工作 D 压缩 1 天后的网络图，如图 3.72 所示。

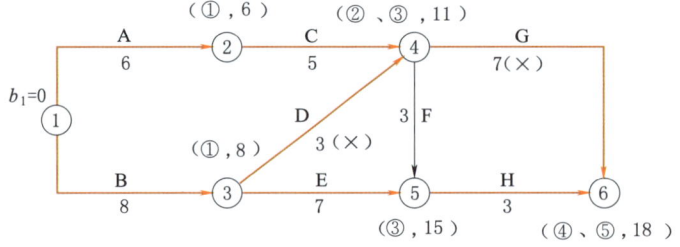

图 3.72 第四次优化后的网络图（最终结果）

5) 第四次优化后，可求出工期为 19－1＝18（天），关键线路如图 3.72 所示。通过查找关键线路可以看出没有可供选择的优化方案，优化过程结束，图 3.72 即为最终的优化结果。

主要优化过程见表 3.28。

表 3.28　　　　　　　　　　主 要 优 化 过 程

压缩次数	被压工作	直接费率或组合费率/(万元/天)	费率差/(万元/天)	缩短时间/天	费用减少值/万元	总工期/天	总费用/万元
0	—	—	—	—	—	22	57.4
1	G	0.2	0.8	1	0.8	21	56.6
2	D	0.4	0.6	1	0.6	20	56.0
3	D 和 H	0.4＋0.4＝0.8	0.2	1	0.2	19	55.8
4	B	0.9	0.1	1	0.1	18	55.7

结论：通过费用优化可以得出最终优化方案比原方案节省费用 57.4－55.7＝1.7（万元），节省工期 22－18＝4（天）。

3.2.7 网络计划应用

说到网络计划的应用，首先应该是网络计划的编制，施工网络进度计划编制好之后，又该如何呢？大家都知道进度计划毕竟只是人们的主观设想，在实施过程中，会随着新情况的产生、各种因素的干扰和风险因素的作用而发生变化，使人们难以执行原定的计划。为此，必须掌握动态控制原理，在计划执行过程中不断地对进度计划进行检查和记录，并将实际情况与计划安排进行比较，找出偏离计划的信息；然后在分析偏差及其产生原因的基础上，通过采取措施，使之能正常实施。如果采取措施后，不能维持原计划，则需要对原进度计划进行调整或修改，再按新的进度计划实施。这样在进度计划的执行过程中不断进行检查和调整，以保证建设工程进度计划得到有效的实施和控制。这就是实际应用中的网络计划控制技术。

3.2.7.1 网络计划的检查

1. 收集信息

检查网络计划首先必须收集网络计划的实际执行情况，并进行记录。通常，对于时标网络计划，应绘制实际进度前锋线记录计划实际执行情况。前锋线应自上而下地从计划检查的时间刻度出发，用直线段依次连接各项工作的实际进度前锋点，最后到达计划检查的时间刻度为止，形成折线。前锋线可用彩色线标画，不同检查时刻绘制的相邻前锋线可采用不同颜色标画。

（1）前锋线法的使用步骤。

1）绘制时标网络计划图。工程项目实际进度前锋线在时标网络计划图上标示。为清楚起见，可在时标网络计划图的上方和下方各设一时间坐标。

2）绘制实际进度前锋线。一般从时标网络计划图上方时间坐标的检查日期开始绘制，依次连接相邻工作的实际进展位置点，最后与时标网络计划图下方坐标的检查日期相连接。

工作实际进展位置点的标定方法有两种。

a. 按该工作已完任务量比例进行标定：假设工程项目中各项工作均为匀速进展，根据实际进度检查时刻该工作已完成任务量占其计划完成总任务量的比例，在工作箭线上从左至右按相同的比例标定其实际进展位置点。

b. 按尚需作业时间进行标定：当某些工作的持续时间难以按实物工程量来计算而只能凭经验估算时，可以先估算出检查时刻到该工作全部完成尚需作业的时间，然后在该工作箭线上从右向左逆向标定其实际进展位置点。

3）进行实际进度与计划进度的比较。前锋线可以直观地反映出检查日期有关工作实际进度与计划进度之间的关系。对某项工作来说，其实际进度与计划进度之间的关系可能存在以下三种情况：

a. 工作实际进展位置点落在检查日期的左侧，表明该工作实际进度拖后，拖后时间为两者之差。

b. 工作实际进展位置点与检查日期重合，表明该工作实际进度与计划进度一致。

c. 工作实际进展位置点落在检查日期的右侧，表明该工作实际进度超前，超前的时间为两者之差。

4）预测进度偏差对后续工作及总工期的影响。通过实际进度与计划进度的比较确定进度偏差后，还可根据工作的自由时差和总时差预测该进度偏差对后续工作及项目总工期的影响。由此可见，前锋线比较法既适用于工作实际进度与计划进度之间的局部比较，又可用来分析和预测工程项目整体进度状况。值得注意的是，以上比较是针对匀速进展的工作。

（2）示例。

【例 3.14】　某工程项目时标网络计划如图 3.73 所示。该计划执行到第 6 天末检查实际进度时，发现工作 A 和工作 B 已经全部完成，工作 D、E 分别完成计划任务量的 80% 和 20%，工作 C 尚需 1 天完成，试用前锋线法进行实际进度与计划的比较。

【解】：根据第 5 天末实际进度的检查结果绘制前锋线，如图 3.73 所示。通过比较可以看出：

（1）工作 D 实际进度提前 1 天，可使其后续工作 F 的最早开始时间提前 1 天。

（2）工作 E 实际进度滞后 1 天，将使其后续工作 G 的最早开始时间推迟 1 天，最终将影响工期，导致工期拖延 1 天。

（3）工作 C 实际进度正常，既不影响其后续工作的正常进行，也不影响总工期。

由于工作 G 的开始时间推迟，从而使总工期延长 1 天。综上所述，如果不采取措施加快进度，该工程项目的总工期将延长 1 天。

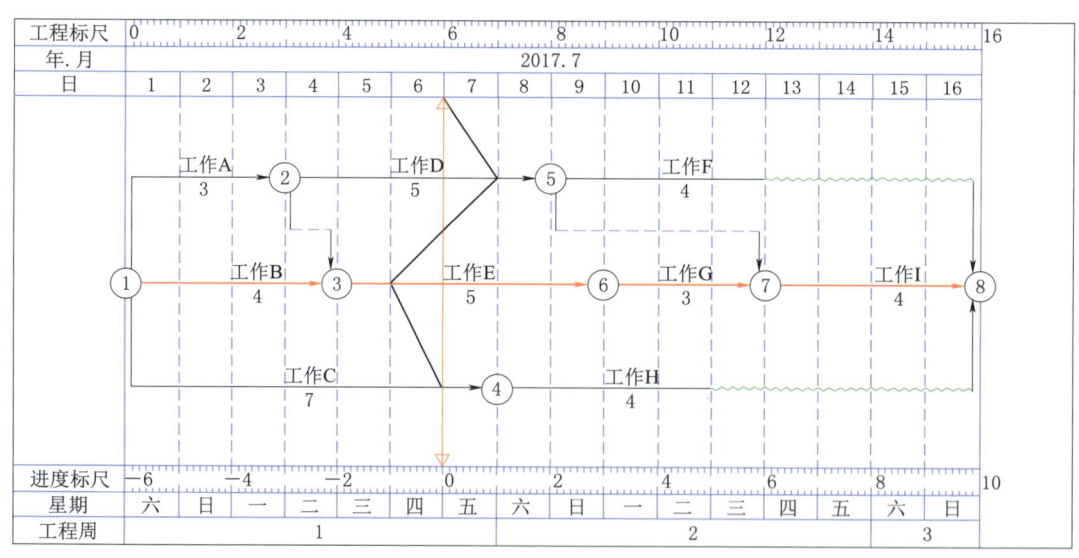

图 3.73　实际进度前锋线

2. 对网络计划的检查应定期进行

检查周期的长短应根据计划工期的长短和管理的需要确定。必要时，可作应急检查，以便采取应急调整措施。

3. 网络计划的检查内容

(1) 关键工作进度。

(2) 非关键工作进度及尚可利用的时差。

(3) 实际进度对各项工作之间逻辑关系的影响。

(4) 费用资料分析。

4. 检查结果分析

(1) 对时标网络计划,宜利用已画出的实际进度前锋线,分析计划的执行情况及其发展趋势,对未来的进度情况作出预测判断,找出偏离计划目标的原因及可供挖掘的潜力所在。

(2) 对时标网络计划,宜按表 3.29 记录的情况对计划中的未完成工作进行分析判断。

表 3.29 网络计划检查结果分析表

工作编号	工作名称	检查时尚需作业天数	按计划最迟完成前尚有天数	总时差/天		自由时差/天		情况分析
				原有	目前尚有	原有	目前尚有	

3.2.7.2 网络计划的调整

1. 网络计划的调整内容

网络计划的调整可包括下列内容:

(1) 关键线路长度的调整。

(2) 非关键工作时差的调整。

(3) 增减工作项目。

(4) 调整逻辑关系。

(5) 重新估计某些工作的持续时间。

(6) 对资源的投入作相应调整。

2. 关键线路的长度调整

调整关键线路的长度,可针对不同情况选用下列不同的方法:

(1) 延长某些工作的持续时间。对关键线路的实际进度比计划进度提前的情况,当不拟提前工期时,应选择资源占用量大或直接费用高的后续关键工作,适当延长其持续时间,以降低其资源强度或费用;当要提前完成计划时,应将计划的未完成部分作为一个新计划,重新确定关键工作的持续时间,按新计划实施。

(2) 缩短某些工作的持续时间。对关键线路的实际进度比计划进度延误的情况,应在未完成的关键工作中,选择资源强度小或费用低的,缩短其持续时间。

这种方法的特点是不改变工作之间的先后顺序,通过缩短网络计划中关键线路上工作的持续时间来缩短工期,并考虑经济影响,实质是一种工期费用优化,通常优化过程需要采取一定的措施来达到目的,具体措施包括:

1）组织措施。如增加工作面，组织更多的施工队伍；增加每天的施工时间（如采用三班制等）；增加劳动力和施工机械的数量等。

2）技术措施。如改进施工工艺和施工技术，缩短工艺技术间歇时间；采用更先进的施工方法，以减少施工过程的数量（如将现浇框方案改为预制装配方案）；采用更先进的施工机械，加快作业速度等。

3）经济措施。如实行包干奖励；提高奖金数额；对所采取的技术措施给予相应的经济补偿等。

4）其他配套措施。如改善外部配合条件；改善劳动条件；实施强有力的调度等。

一般来说，不管采取哪种措施，都会增加费用。因此，在调整施工进度计划时，应利用费用优化的原理选择费用增加量最小的关键工作作为压缩对象。

3. 非关键工作时差的调整

调整非关键工作的时差应在其时差的范围内进行。每次调整均必须重新计算时间参数，观察该调整对计划全局的影响。调整方法可采用下列方法之一：

（1）将工作在其最早开始时间与其最迟完成时间范围内移动。

（2）延长工作持续时间。

（3）缩短工作持续时间。

4. 增、减工作项目

增、减工作项目应符合下列规定：

（1）不打乱原网络计划的逻辑关系，只对局部逻辑关系进行调整。

（2）重新计算时间参数，分析对原网络计划的影响。当对工期有影响时，应采取措施，保证计划工期不变。

5. 逻辑关系的调整

只有当实际情况要求改变施工方法或组织方法时才可进行。调整时应避免影响原定计划工期和其他工作顺利进行。当工程项目实施中产生的进度偏差影响到总工期，且有关工作的逻辑关系允许改变时，不改变工作的持续时间，可以改变关键线路和超过计划工期的非关键线路上的有关工作之间的逻辑关系，达到缩短工期的目的。例如，将顺序进行的工作改为平行作业，对于大型建设工程，由于其单位工程较多且相互间的制约比较小，可调整的幅度比较大，所以容易采用平行作业的方法调整施工进度计划。而对于单位工程项目，由于受工作之间工艺关系的限制，可调整的幅度比较小，所以通常采用搭接作业以及分段组织流水作业等方法来调整施工进度计划，有效地缩短工期。但不管是平行作业还是搭接作业，建设工程单位时间内的资源需求量将会增加。

6. 其他

当发现某些工作的原持续时间有误或实现条件不充分时，应重新估算其持续时间，并重新计算时间参数。

当资源供应发生异常时，应采用资源优化方法对计划进行调整或采取应急措施，使其对工期的影响最小。

需要说明的是网络计划的调整，可定期或根据计划检查结果在必要时进行。

3.3 BIM 网络进度计划编制

本书通过品茗智绘进度计划软件完成双代号网络图的绘制。

3.3.1 工程新建

打开品茗智绘进度计划软件后，第一步就是要新建工程，输入包括网图标题的项目概况。其中项目概况为非必填项，后续可再编辑修改。具体操作过程如图 3.74 所示。

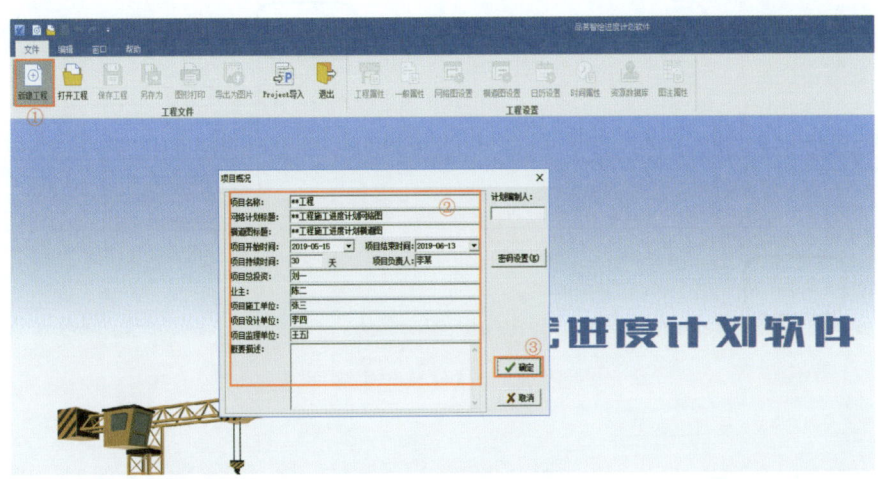

图 3.74 新建工程

3.3.2 双代号网络图绘制

软件操作主界面如图 3.75 所示，其中网图绘制主要通过主要功能区的 16 个功能按钮对绘图区进行操作来实现。选择主要功能区不同的功能按钮，在绘图区就可以实现相应的功能操作。

3.3.2.1 添加

将功能切换至"添加"状态下时，鼠标左键单击绘图区不放，向右拖拽箭头画线至任意长度或指定节点然后松开，就可以快速添加工作线路（图 3.76）。工作线路画好后会自动弹出工作信息窗口，然后就根据实际工程工作顺序及时间来填写即可。

在工作信息区，主要填写的是如图 3.77 所示的工作名称及工作时间，然后选择工作类型，包括实工作、虚工作、挂起工作、辅助工作、里程碑等多种类型。而其他的信息可不输入，也可视具体情况进行输入调节。

3.3.2.2 修改

将功能切换至"修改"状态下时，如图 3.78 所示，对工作列表区的工作编号或者对绘图区的工作进行双击，可再次打开对应工作的工作信息，进行再次编辑修改。

3.3.2.3 删除

将功能切换至"删除"状态下时，与"修改"功能一样，对工作信息区的工作编号或者对绘图区的工作进行双击，可删除相应的工作。

学习项目3 施工进度计划编制

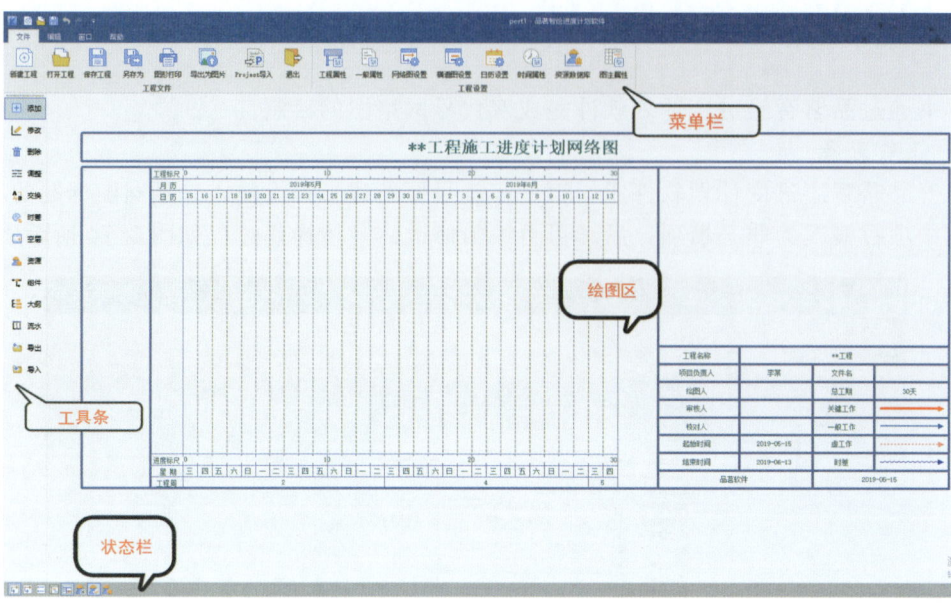

图 3.75 软件操作主界面

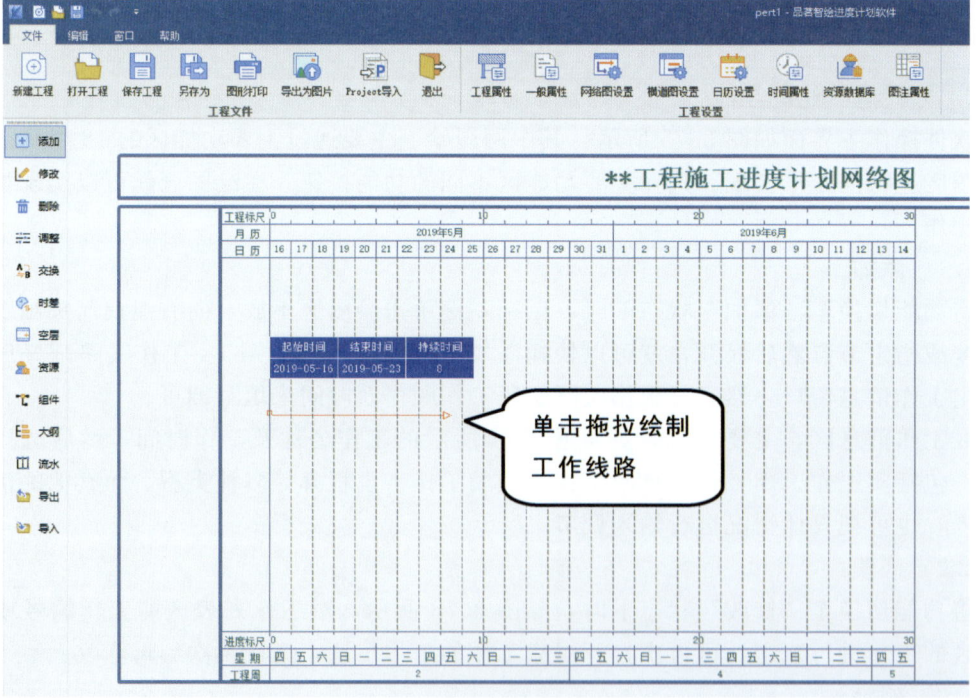

图 3.76 添加操作

3.3 BIM 网络进度计划编制

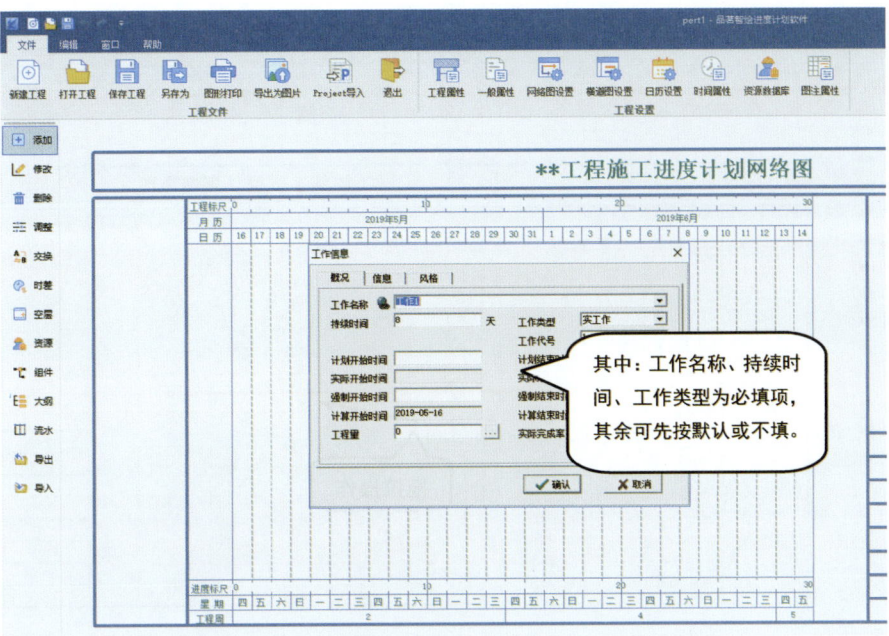

图 3.77 工作信息

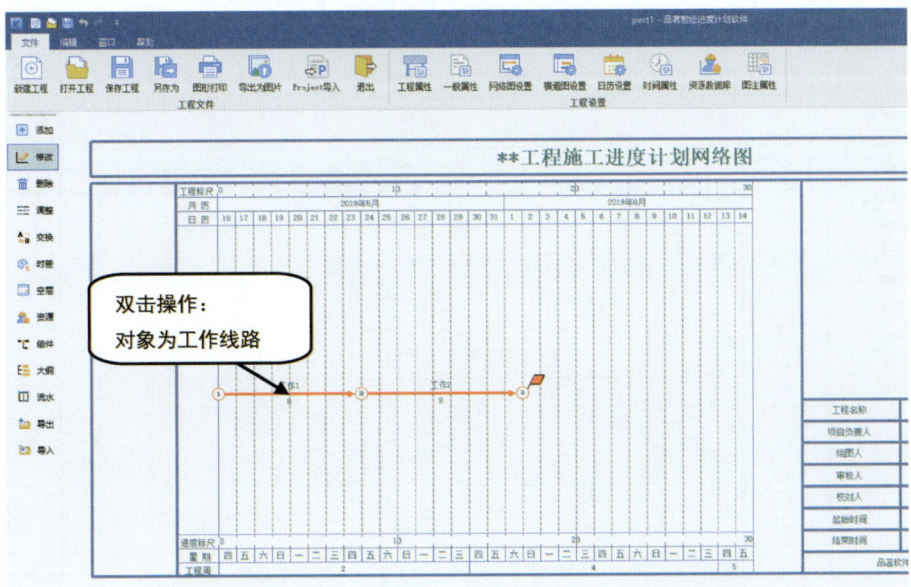

图 3.78 双击操作

3.3.2.4 调整

将功能切换至"调整"状态下时,可以调整工作的开始或结束节点,具体为左键单击工作边角处拖拉至对应的节点后放开,见图 3.79 和图 3.80。通过此方法,可以调整非关键工作的紧前紧后关系。

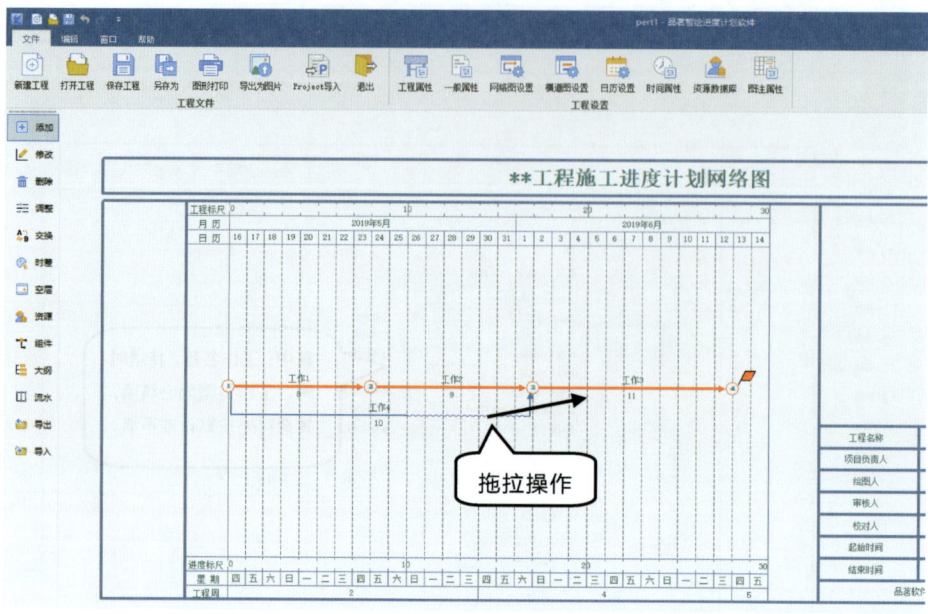

图 3.79 调整拖拉

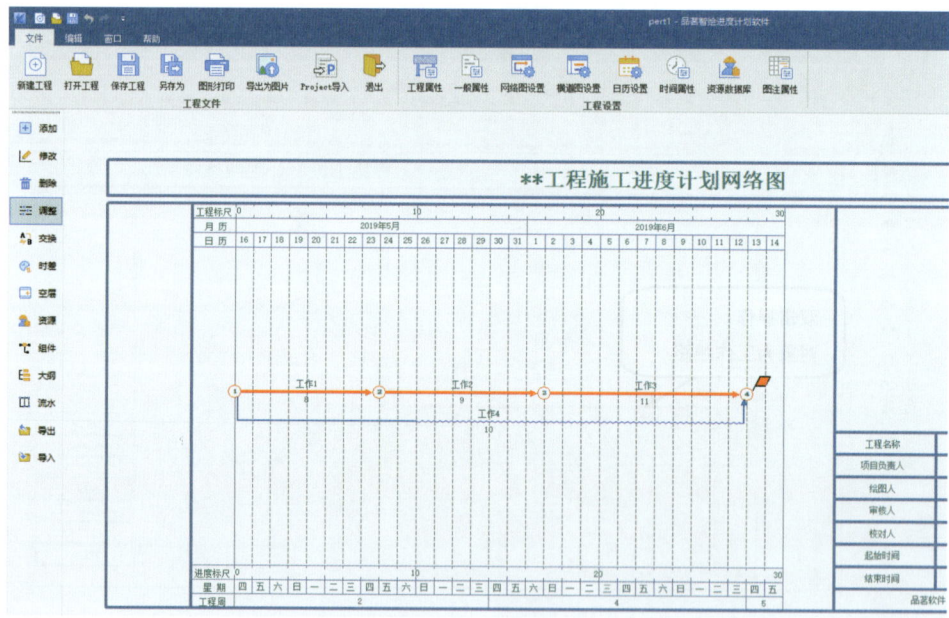

图 3.80 调整完成

3.3.2.5 交换

将功能切换至"交换"状态下时,先后对两个工作进行双击操作,那么两个工作的位置就会对调,见图 3.81。

3.3　BIM 网络进度计划编制

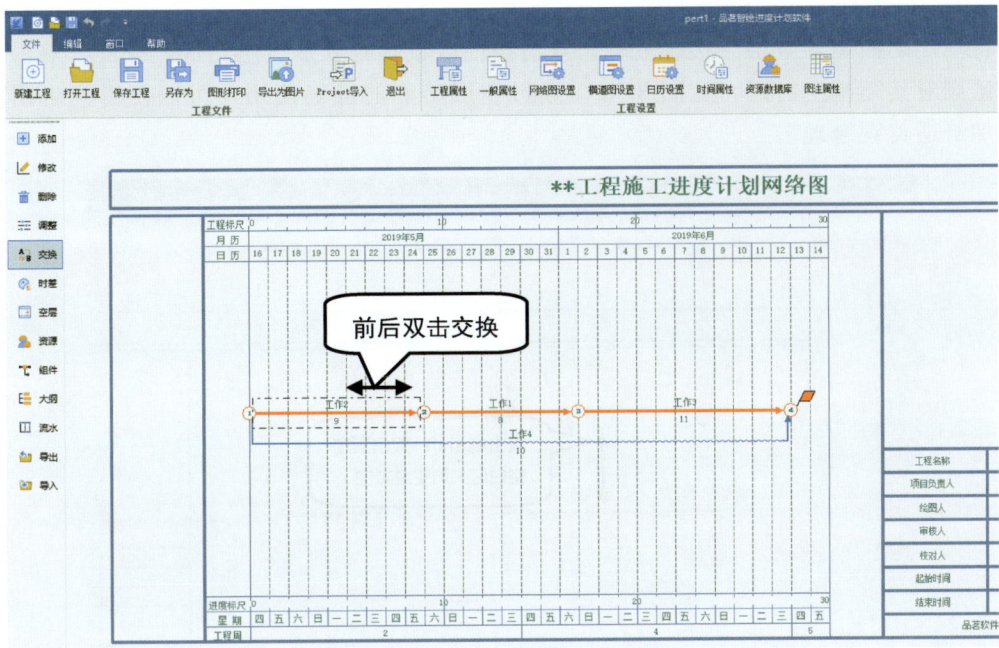

图 3.81　工作交换

3.3.2.6　时差

将功能切换至"时差"状态下时，可以双击相应的非关键线路上的工作（软件将会自动识别判定关键线路与非关键线路，并且用红黑色区别），打开工作时差调整功能，见图 3.82。利用这个功能的修改，可以将非关键线路中的机动时间的利用进行调配。线路中的波浪线为可利用的机动时间。

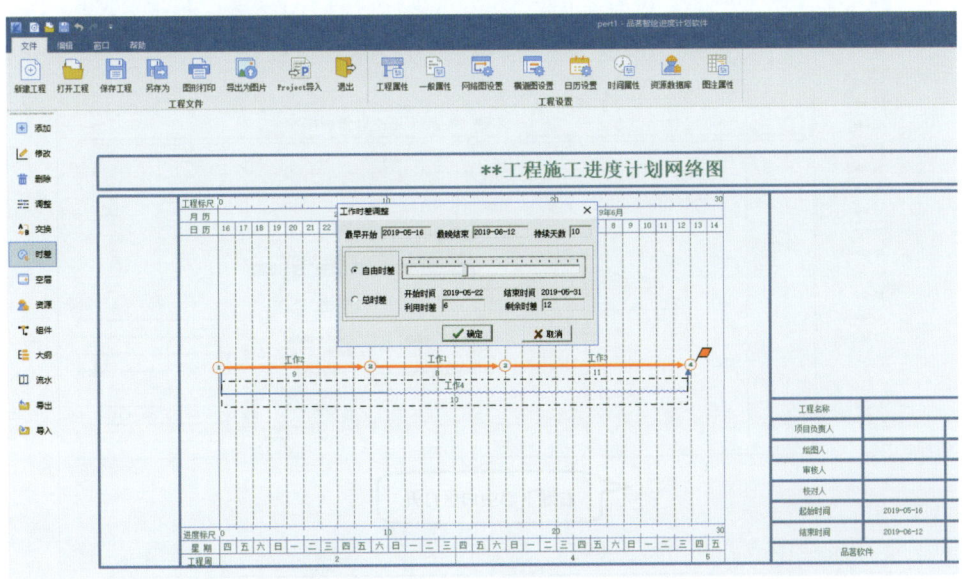

图 3.82　时差调整

181

3.3.2.7 空层

将功能切换至"空层"状态下时,双击空白区域则对其加大空白区,shift+双击指定空白区则对其缩减空白区,见图 3.83。通过空层功能的准确使用,可以使得网络图看起来更加舒适美观合理。

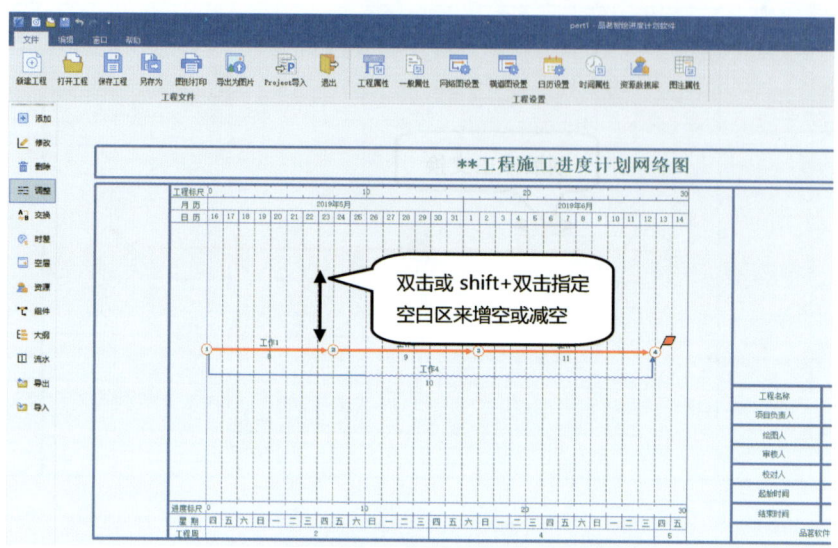

图 3.83 空层使用

3.3.2.8 资源

将功能切换至"资源"状态下时,可以在网图下方右键打开资源图表设置功能,然后通过添加相应的资源类型,来绘制资源图。具体示例见图 3.84。

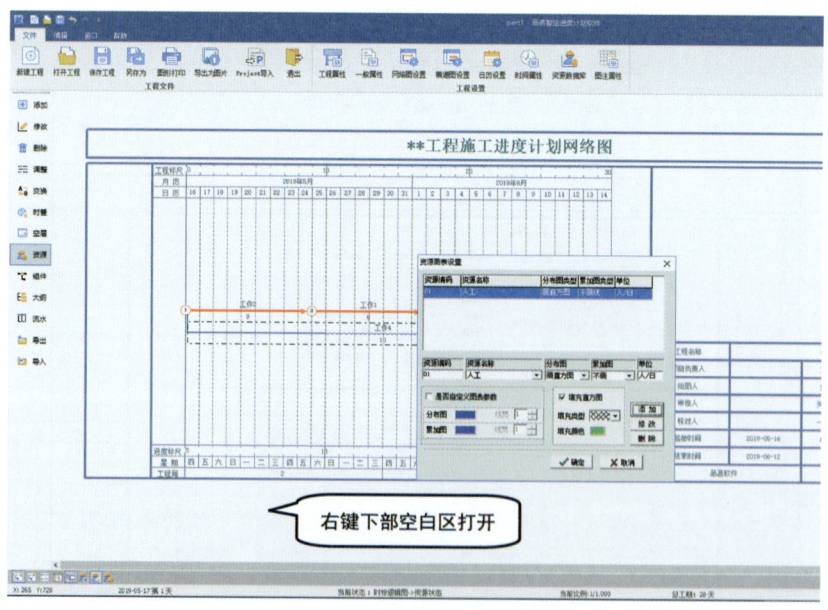

图 3.84 资源图表设置

3.3.2.9 组件

将功能切换至"组件"状态下时,可以双击相应的工作,对其进行拆分分解。也可以框选相应的工作,对其进行组合,见图 3.85 和图 3.86。

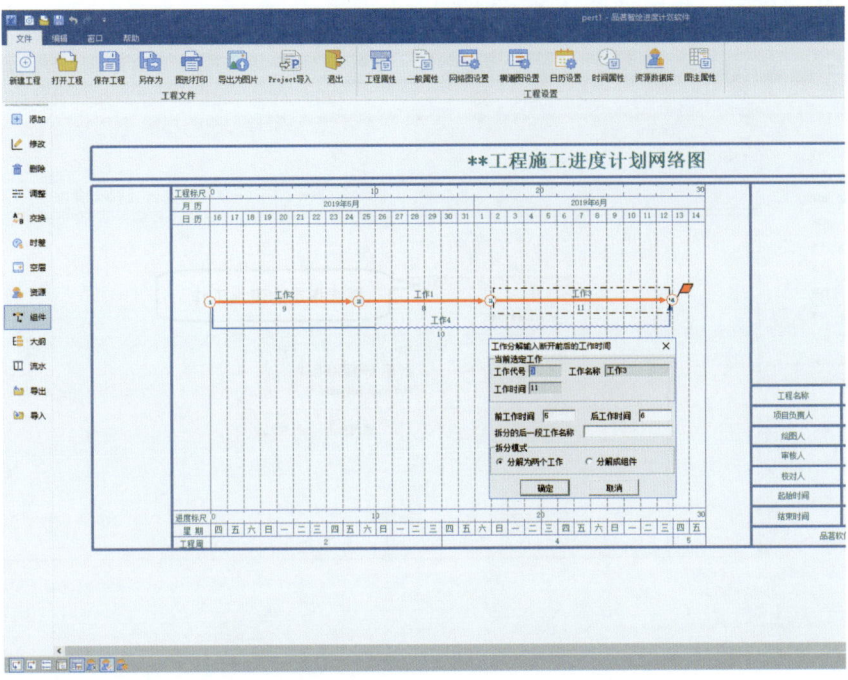

图 3.85 工作拆分

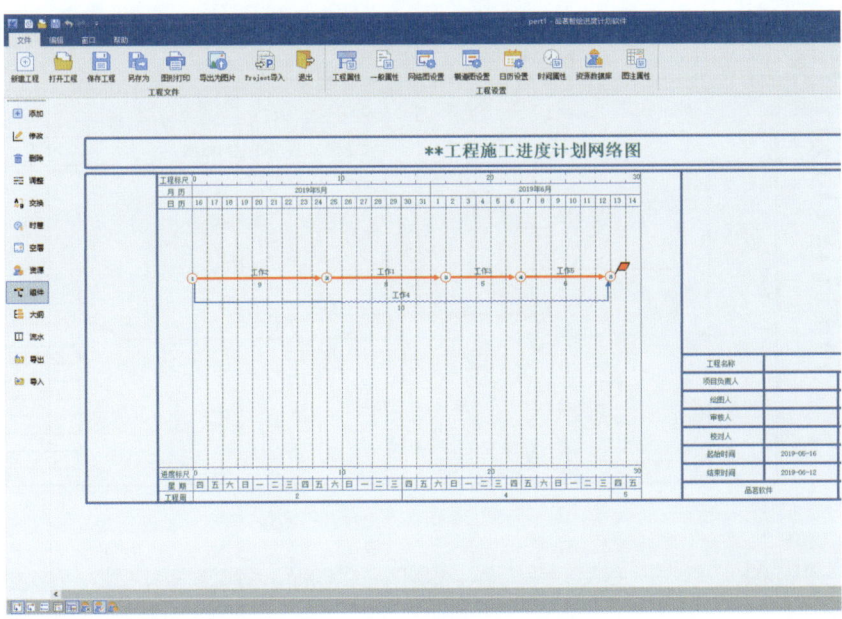

图 3.86 拆分完成

3.3.2.10 流水

将功能切换至"流水"状态下时,可以对需要流水施工的工作进行快速的绘制。如工作 A 与工作 B,是一个依次的先后工作,但有三个不同的施工段需要同一个班组去完成施工,绘制流水施工过程图如图 3.87 和图 3.88 所示。

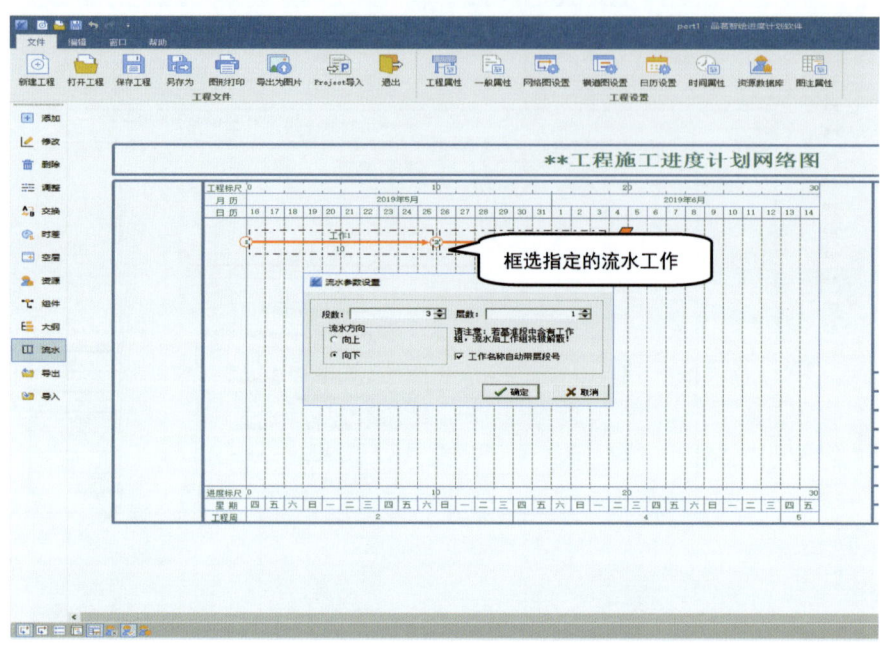

图 3.87 流水施工

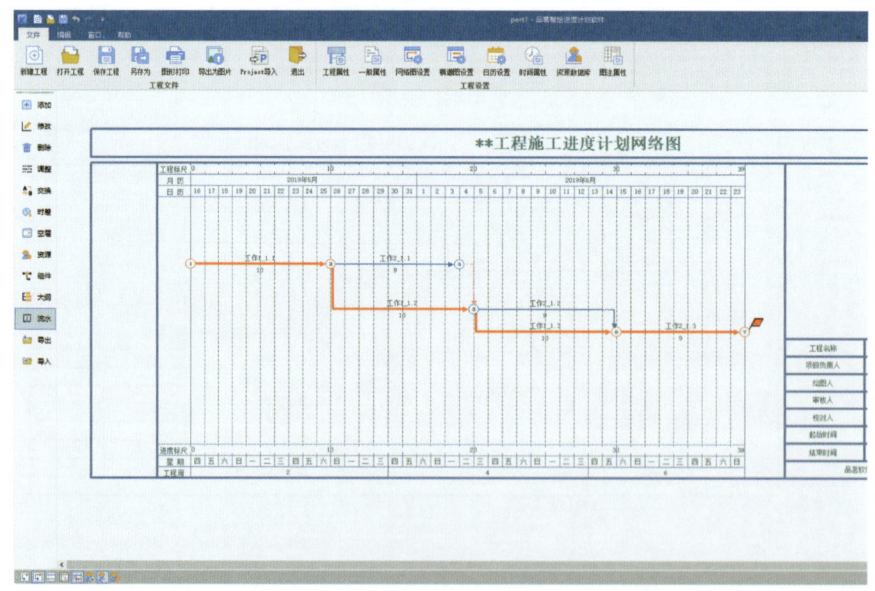

图 3.88 流水完成

3.3 BIM 网络进度计划编制

3.3.2.11 导出

将功能切换至"导出"状态下时，可框选相应的工作（图 3.89），将其导出为 .spex 格式文件，用于保存已画好的线路，与导入功能配合使用。

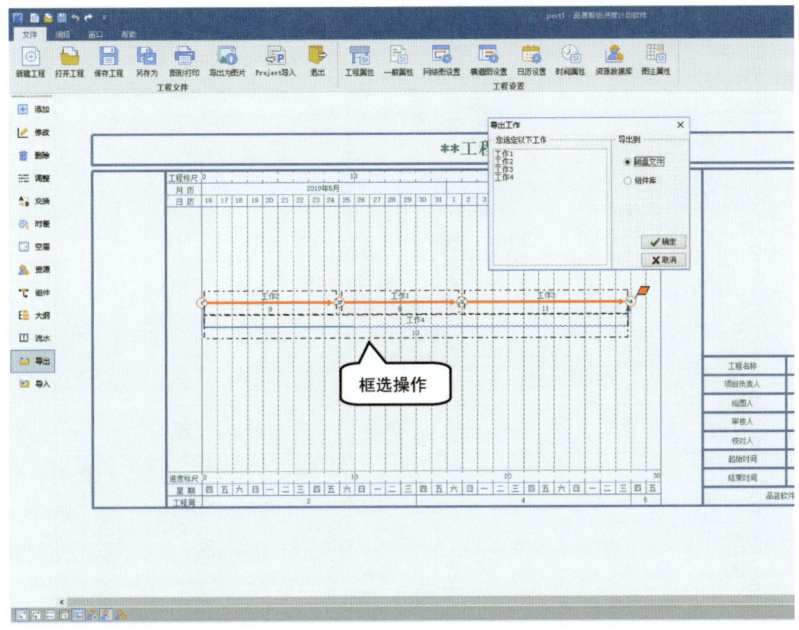

图 3.89 框选操作

3.3.2.12 导入

将功能切换至"导入"状态下时，可将事先导出的 .spex 格式文件导入绘制的网图中，与导出功能配合使用。

3.3.2.13 横道图

软件支持将绘制好的双代号时标网络图一键转化成横道图的功能，也可主动绘制横道图。

3.3.3 编制实例

以一个实际的某工程的主体工程施工的进度计划编制为例，展示软件的具体绘制过程以及呈现效果。

首先，绘制网络计划前应根据工程实际情况规划好工作的顺序关系与时间，见表 3.30。接着拟算一下关键的工作是哪些，确定好关键的线路会使绘图更加清晰快速并准确。

然后，可先使用"添加"功能，快速绘制关键工作线路，再绘制非关键工作线路。辅助使用"修改""删除""调整""交换""组件"来修改调整线路与工作。这样网图架构就大体完成了。当遇到如图 3.90 所示门窗工程与室内装饰装修两个工作节点编号重复的时候，可添加一个虚工作来更好的表达网图的逻辑关系。再利用"空层"功能调整网图的间距与留空大小，让网图更加简洁美观。

最后，添加"注释"，做一些其他的细微调整，双代号时标网络计划图就完成了，见图 3.90。同时，如果要使用横道图，也可一键转化完成，转化后的横道图见图 3.91。

185

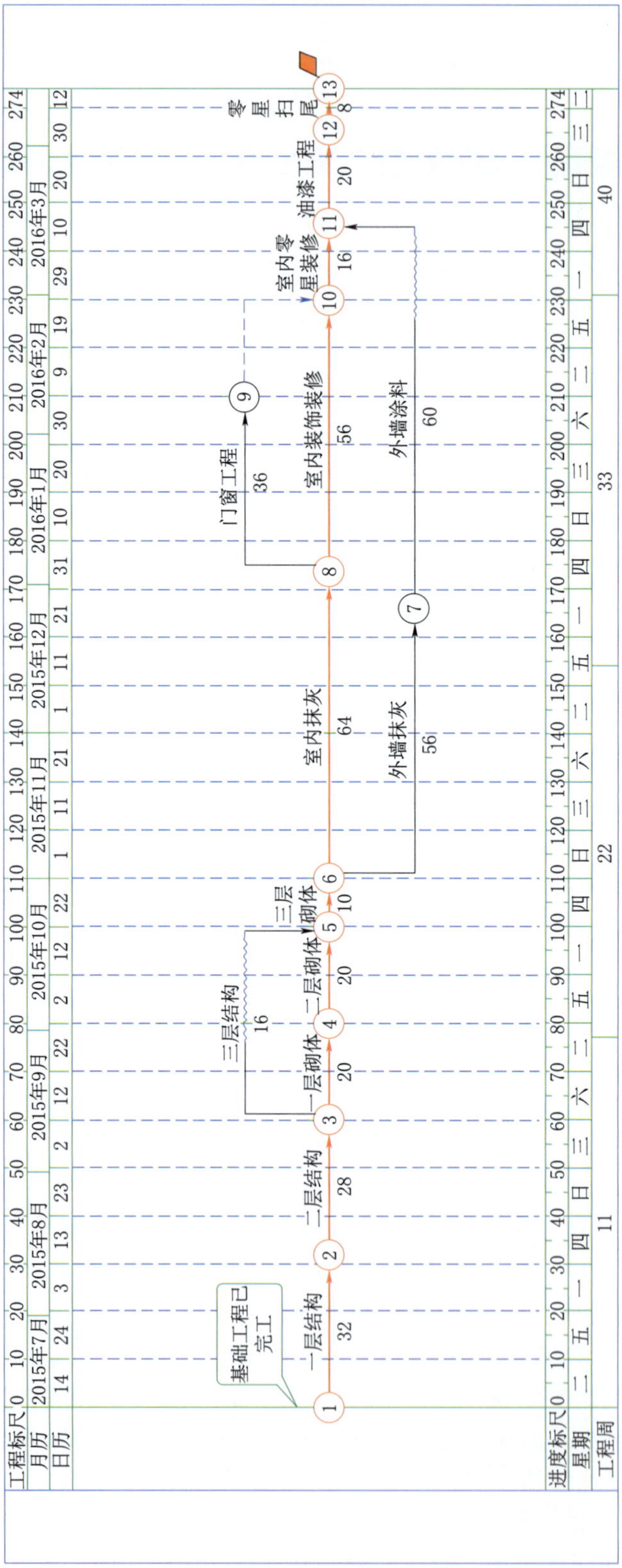

图 3.90 双代号时标网络计划图

3.3 BIM 网络进度计划编制

序号	工作名称	持续时间	开始时间
1	一层结构	32	2015-07-14
2	二层结构	28	2015-08-15
3	一层砌体	20	2015-09-12
4	三层结构	16	2015-09-12
5	二层砌体	20	2015-10-02
6	三层砌体	10	2015-10-22
7	室内抹灰	64	2015-11-01
8	外墙抹灰	56	2015-11-01
9	外墙涂料	60	2015-12-27
10	室内装饰装修	56	2016-01-04
11	门窗工程	36	2016-01-04
12	室内零星装修	16	2016-02-29
13	油漆工程	20	2016-03-16
14	零星扫尾	8	2016-04-05

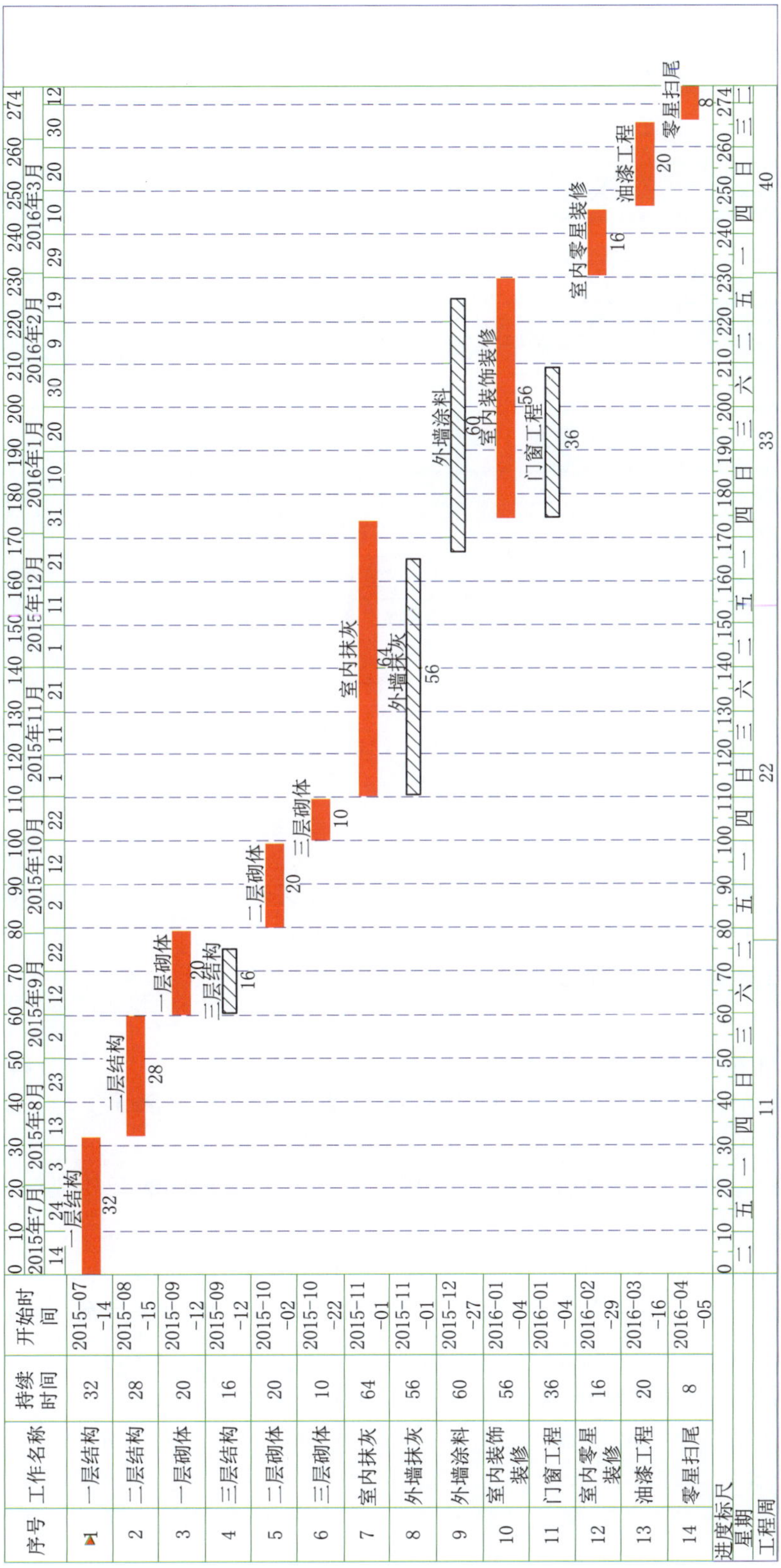

图 3.91 横道图

表 3.30　　　　　　　　　　　实际工作的顺序关系与时间

编号	工作名称	持续时间/天	紧前工作	紧后工作
1	一层结构	32		二层结构
2	二层结构	28	一层结构	三层结构、一层砌体
3	一层砌体	20	二层结构	二层砌体
4	二层砌体	20	一层砌体	三层砌体
5	三层砌体	10	二层砌体、三层结构	外墙抹灰、室内抹灰
6	三层结构	16	二层结构	三层砌体
7	室内抹灰	64	三层砌体	室内装饰装修、门窗工程
8	室内装饰装修	56	室内抹灰	室内零星工程
9	室内零星工程	16	室内装饰装修、门窗工程	油漆工程
10	外墙抹灰	56	三层砌体	外墙涂料施工
11	外墙涂料施工	60	外墙抹灰	油漆工程
12	门窗工程	36	室内抹灰	室内零星工程
13	油漆工程	20	室内零星装修、外墙涂料	零星扫尾
14	零星扫尾	8	油漆工程	

练 习 题

一、填空题

1. 常用的施工组织方式有（　　）、（　　）、（　　）三种。

2. 流水施工的实质是充分利用（　　）和（　　），实现（　　）、（　　）的生产。

3. 流水施工的时间参数包括（　　）、（　　）、间歇时间、搭接时间和（　　）。

4. 划分施工段的目的是要保证各个专业队有自己的（　　），避免工作中的相互干扰。

5. 根据流水节拍的不同特征，流水施工分为（　　）流水和（　　）流水两类。

6. 网络图是由（　　）和（　　）按照一定规则组成的，用来表示工作流程的、有向有序的网状图形。

7. 双代号网络图是用（　　）表示工作，用（　　）表示工作的开始或结束状态及工作之间的连接点。

8. 双代号网络图中，箭头端节点编号必须（　　）箭尾节点编号。

9. 虚箭线可起到（　　）、（　　）和（　　）作用，是正确地表达某些工作之间逻辑关系的必要手段。

10. 网络图中耗时最长的线路称为（　　），它决定了该工程的（　　）。

11. 在双代号网络图中，进入 A 工作开始结点的工作，均称其为 A 的（　　）；紧接在 A 工作之后的工作，均称其为 A 的（　　）。

12. 工作的自由时差是指在不影响其紧后工作（　　）的前提下，可以灵活使用的机动时间。

二、单项选择题

1. 下列叙述中，不属于依次施工特点的是（   ）。
   A. 工作面不能充分利用   B. 专业队组不能连续作业
   C. 施工工期长   D. 资源投入量大，现场临时设施增加

2. 下列关于施工组织方式的叙述，不正确的是（   ）。
   A. 流水施工的资源投入较为均衡
   B. 依次施工不能充分利用工作面
   C. 平行施工的现场管理和组织最为简单
   D. 流水施工利于文明施工和科学管理

3. 某施工段工程量为200m³，施工队人数25人，产量定额为0.4m³/(工·日)，则该施工队在该段上的流水节拍为（   ）。
   A. 10天   B. 15天   C. 20天   D. 25天

4. 某土方工程需挖土9000m³，分成3段组织施工，拟选择3台挖土机挖土，每台挖土机的产量定额为50m³/台班，拟采用2班作业，则该工程土方开挖的流水节拍为（   ）。
   A. 20天   B. 15天   C. 10天   D. 5天

5. 某工程施工中采用了新技术，无现成定额，经专家估算，其最短、最长、最可能的施工工期分别为120天、220天、140天，则该工程的期望工期应为（   ）。
   A. 120天   B. 150天   C. 180天   D. 200天

6. 划分施工段的目的是（   ）。
   A. 便于组织施工专业队   B. 使施工对象形成批量，以适应组织流水
   C. 便于明确责任、保证质量   D. 便于计算工程量

7. 在组织有层间关系工程的等节奏流水时，为保证各施工队能连续施工且满足有闲置的施工段的要求，则每层的施工段数 m 与施工队数 n' 的关系是（   ）。
   A. $m < n'$ B. $m > n'$ C. $m = n'$ D. $m \geq n'$

8. 某工程划分为2个流水段，共4层，组织2个施工队进行等节奏流水施工，流水节拍为2天，其工期为（   ）。
   A. 18天   B. 20天   C. 22天   D. 24天

9. 某基础工程由挖基槽、浇垫层、砌砖基、回填土4个施工过程组成，在5个施工段组织全等节拍流水施工，流水节拍为3天，要求砖基础砌筑2天后才能进行回填土，该工程的流水工期为（   ）。
   A. 24天   B. 26天   C. 28天   D. 30天

10. 某分部工程有甲、乙、丙三个施工过程，流水节拍分别为4天、6天、2天，施工段数为6个，甲乙间需工艺间歇1天，乙丙间可搭接2天，现组织等步距的成倍节拍流水施工，则计算工期为（   ）。
    A. 19天   B. 21天   C. 23天   D. 25天

11. A在各段上的流水节拍分别为3天、2天、4天，B的节拍分别为3天、3天、2天，C的节拍分别为1天、2天、4天，则能保证各队连续作业时的最短流水工期为（   ）。
    A. 15天   B. 20天   C. 25天   D. 30天

12. 某公路工程施工划分为等距离的 5 段进行，按工序共有 4 个施工过程，各过程在每段上的施工时间分别为 10 天、20 天、10 天、20 天；按成倍节拍（异节奏）流水组织施工，则计算总工期为（ ）。

A. 60 天　　　　B. 80 天　　　　C. 100 天　　　　D. 120 天

13. 在网络计划的工期优化过程中，选择优先压缩对象时应考虑的因素之一是关键工作的（ ）。

A. 持续时间最长　　　　　　　　B. 直接费最小
C. 直接费用率最小　　　　　　　D. 间接费用率最小

14. 下列有关虚工作的说法，错误的是（ ）。

A. 无工作名称　　B. 持续时间为零　　C. 不消耗资源　　D. 可有可无的

15. 根据题表 3.1 给定的逻辑关系绘制的某分部工程双代号网络图如题图 3.1 所示，其作图错误的是（ ）。

题表 3.1　　　　　　　　　　各工作的逻辑关系（一）

工作名称	A	B	C	D	E	G	H
紧前工作	—	—	A	A	A、B	C	E

A. 节点编号不对
B. 逻辑关系不对
C. 有多个起点节点
D. 有多个终点节点

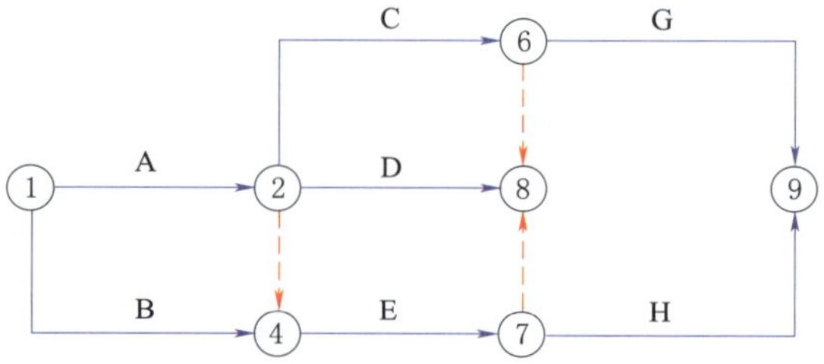

16. 在工程网络计划中，工作的最早开始时间应为其所有紧前工作（ ）。

A. 最早完成时间的最大值
B. 最早完成时间的最小值
C. 最迟完成时间的最大值
D. 最迟完成时间的最小值

题图 3.1　错误的网络图

17. 工作 M 有 A、B 两项紧前工作，其持续时间是 A 为 3 天、B 为 4 天。其最早开始时间是 A 为 5 天、B 为 6 天。则 M 工作的最早开始时间是（ ）。

A. 5 天　　　　B. 6 天　　　　C. 8 天　　　　D. 10 天

18. 工期固定-资源均衡优化是利用（ ）来进行的。

A. 时差　　　　B. 线路　　　　C. 工期　　　　D. 资源

19. 某工作有 3 项紧后工作，其持续时间分别为 4 天、5 天、6 天，最迟完成时间分别为 18 天、16 天、14 天，本工作的最迟完成时间是（ ）。

A. 14 天　　　　B. 11 天　　　　C. 8 天　　　　D. 6 天

20. 某网络计划中 A 工作有紧后工作 B 和 C，其持续时间 A 为 5 天，B 为 4 天，C 为 6 天。如果 B 和 C 的最迟完成时间是第 25 天和第 23 天，则工作 A 的最迟开始时间是（ ）。

A. 21 天　　　　B. 17 天　　　　C. 12 天　　　　D. 16 天

21. 已知某工作的 $ES=4$ 天，$EF=8$ 天，$LS=7$ 天，$LF=11$ 天，则该工作的总时差为（　　）。

   A. 2 天　　　　　B. 3 天　　　　　C. 4 天　　　　　D. 6 天

22. 有甲、乙连续两项工作，甲工作的最早开始时间是第 4 天，乙工作的最早开始时间是第 10 天，甲、乙工作的持续时间分别是 4 天和 5 天，则甲工作的自由时差是（　　）。

   A. 0 天　　　　　B. 2 天　　　　　C. 4 天　　　　　D. 6 天

23. 对于任何一项工作，其自由时差一定（　　）总时差。

   A. 大于　　　　　B. 等于　　　　　C. 小于　　　　　D. 小于或等于

24. 网络计划执行中，某项工作延误时间超过了其自由时差，但未超过其总时差，则该延误将使得（　　）。

   A. 紧后工作的最早开始时间后延　　　B. 总工期延长
   C. 紧后工作的最迟开始时间后延　　　D. 后续关键工作的最早开始时间后延

25. 有关单代号网络图的说法，正确的是（　　）。

   A. 用一个节点及其编号代表一项工作
   B. 用一条箭线及其两端节点的编号代表一项工作
   C. 箭杆的长度与工作的持续时间成正比
   D. 不需要任何虚工作

26. 某工程的时标网络计划如题图 3.2 所示，其中工作③—④的总时差和自由时差（　　）。

   A. 均为 0 天　　　　　　　　　　　B. 均为 2 天
   C. 分别为 0 天和 2 天　　　　　　　D. 分别为 2 天和 0 天

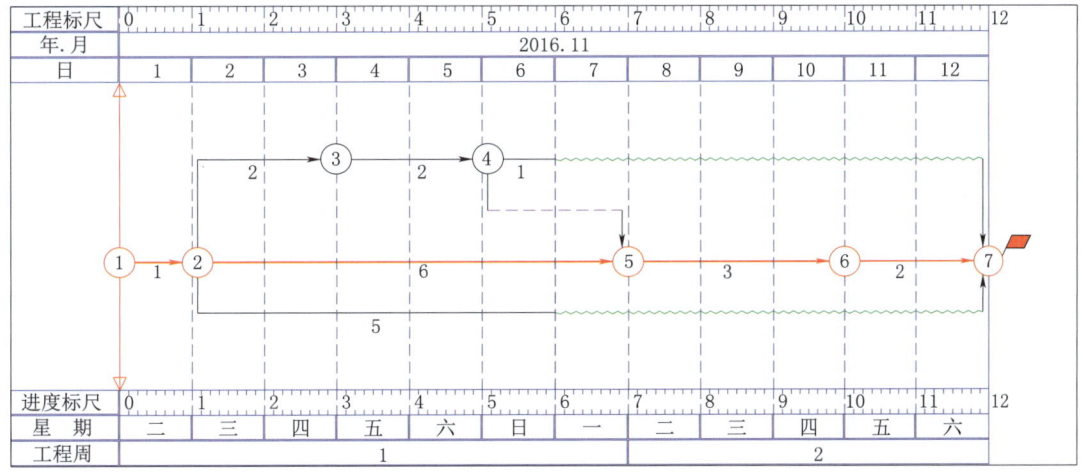

题图 3.2　某时标网络计划

27. 在题图 3.2 所示时标网络计划中，工作③—④的最早完成时间为（　　）。

   A. 第 2 天末　　　B. 第 4 天末　　　C. 第 5 天末　　　D. 第 8 天末

28. 在题图 3.2 所示时标网络计划中，工作③—④的最迟开始时间为第（　　）

以后。

A. 5天　　　　B. 4天　　　　C. 3天　　　　D. 2天

29. 在题图3.3所示时标网络计划中，工作B的自由时差和总时差（　　）。

A. 均为0天　　　　　　　　B. 均为1天

C. 分别为1天和2天　　　　D. 分别为0天和1天

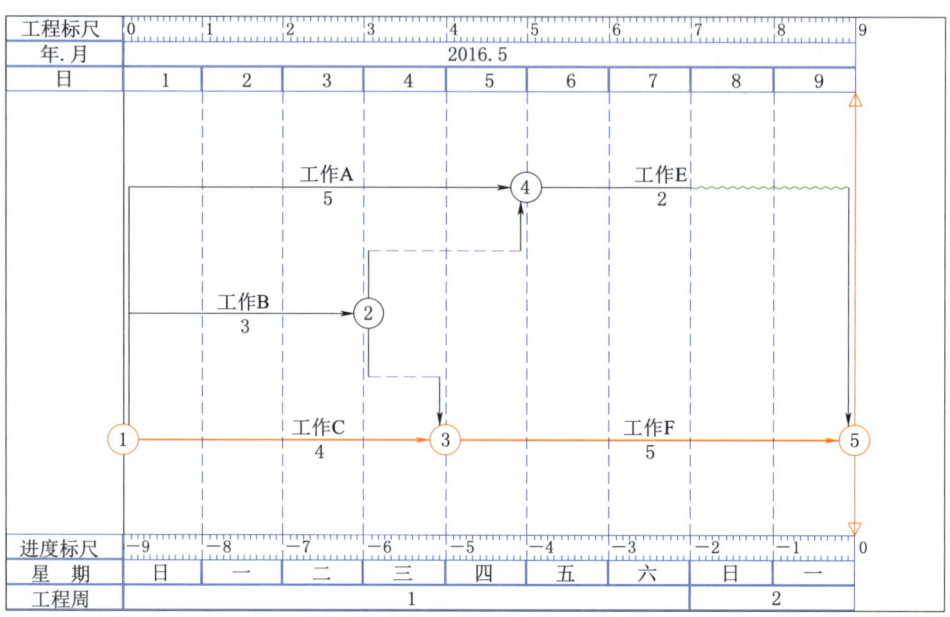

题图 3.3　某时标网络计划

学习项目 4　施工准备与资源配置计划编制

【学习目标】
(1) 熟悉施工准备工作的内容，理解其重要意义。
(2) 熟悉资源配置计划的内容。
(3) 掌握施工准备工作和资源配置计划的编制技术。

4.1　施工准备计划编制

4.1.1　施工准备工作的意义、内容和分类

4.1.1.1　施工准备工作的意义

施工准备工作是指为了保证建筑工程施工能够顺利进行，从组织、技术、经济、劳动力、物资等各方面应事先做好的各项工作，是为拟建工程的施工创造必要的技术、物资条件，统筹安排施工力量和部署施工现场，确保工程施工顺利进行。它是建设程序中的重要环节，不仅存在于开工之前，而且贯穿于整个施工过程之中。建筑施工是一项十分复杂的生产劳动，它不但需要耗用大量人力物力，还要处理各种复杂的技术问题，也需要协调各种协作配合关系。实践证明，凡是重视施工准备工作，开工前和施工中都能认真细致地为施工生产创造一切必要的条件，则该工程的施工任务就能顺利地完成；反之，忽视施工准备工作，仓促上马，虽然有着加快工程进度的良好愿望，但往往会造成事与愿违的客观结果。不做好施工准备工作，在工程中将会缺材料、少构件、施工机械不能配套、工种劳动力不协调，使施工做做停停，延误工期，有的甚至被迫停工，或不得不返工，采取各项补救措施。如果违背施工工艺的客观要求，违反施工顺序主观施工，势必影响工程质量，发生质量安全事故，造成巨大损失。而全面细致地做好施工准备工作，则对于调动各方面的积极性，合理组织人力、物力，加快施工进度，提高工程质量，节约建设资金，提高经济效益都会起着重要的作用。

4.1.1.2　施工准备工作的内容

施工准备工作应包括技术准备、现场准备、资金准备等。它既是单位工程的开工条件，也是施工中的一项重要内容，开工之前必须为开工创造条件，开工以后必须为作业创造条件，因此施工准备贯穿于施工过程的始终。

1. 技术准备

技术准备应包括施工所需技术资料的准备、施工方案编制计划、试验检验及设备调试工作计划、样板制作计划等。

(1) 主要分部（分项）工程和专项工程在施工前应单独编制施工方案，施工方案可根

据工程进展情况，分阶段编制完成；对需要编制的主要施工方案应制订编制计划。

(2) 试验检验及设备调试工作计划应根据现行规范、标准中的有关要求及工程规模、进度等实际情况制订。

(3) 样板制作计划应根据施工合同或招标文件的要求并结合工程特点制订。

2. 现场准备

现场准备应根据现场施工条件和工程实际需要，准备现场生产、生活等临时设施。

3. 资金准备

资金准备应根据施工进度计划编制资金使用计划。

施工准备工作计划是编制单位工程施工组织设计的一项重要内容。在编制年度、季度、月度生产计划中也应一并考虑并做好贯彻落实工作。

施工准备工作应有计划地进行，为便于检查、监督施工准备工作的进展情况，使各项施工准备工作有明确的分工，有专人负责，并规定期限，可编制施工准备工作计划。其表格形式见表 4.1。

表 4.1　　　　　　　　　　施工准备工作计划表

序号	准备工作项目	工程量		简要内容	负责单位或负责人	起止日期		备注
		单位	数量			日．月	日．月	

4.1.1.3　施工准备工作的分类

1. 按准备工作的范围及规模分类

(1) 施工总准备，也称全场性施工准备，是以一个建设项目为对象而进行的各项施工准备，其目的和内容都是为全场性施工服务的。它不仅要为全场性的施工活动创造有利条件，而且要兼顾单项工程施工条件的准备。

(2) 单位工程施工条件准备，是以一个建筑物或构筑物为对象而进行的施工准备，其目的和内容都是为该单位工程服务的。它既要为单位工程做好开工前的一切准备，又要为其分部（分项）工程施工进行作业准备。

(3) 分部（分项）工程作业准备，是以一个分部（分项）工程或冬、雨季施工工程为对象而进行的作业条件准备。

2. 按工程所处施工阶段分类

(1) 开工前的施工准备，是在拟建工程正式开工之前所进行的一切施工准备工作，其目的是为工程正式开工创造必要的施工条件。

(2) 开工后的施工准备，也称为各施工阶段前的施工准备，它是在拟建工程开工之后，每个施工阶段正式开始之前所进行的施工准备，为每个施工阶段创造必要的施工条件。因此，必须做好每个施工阶段施工前的相应的施工准备工作。

4.1.2　施工准备工作的任务、范围和要求

4.1.2.1　施工准备工作的任务

按施工准备的要求分阶段地、有计划地全面完成施工准备的各项任务，保证拟建工程

能够连续、均衡地有节奏、安全的顺利进行,从而保证工程质量和工期的条件下能够做到降低工程成本和提高劳动生产效率。

(1) 取得工程施工的法律依据:包括城市规划、环卫、交通、电力、消防、市政、公用事业等部门批准的法律依据。

(2) 通过调查研究,分析掌握工程特点、要求和关键环节。

(3) 调查分析施工地区的自然条件、技术经济条件和社会生活条件。

(4) 从计划、技术、物资、劳动力、设备、组织、场地等方面为施工创造必备的条件,以保证工程顺利开工和连续进行。

(5) 预测可能发生的变化,提出应变措施,做好应变准备。

4.1.2.2 施工准备工作的范围

施工准备工作的范围包括两个方面:一是阶段性的施工准备,是指开工前的各项准备工作,带有全局性,没有这个阶段工程既不能顺利开工,更不能连续施工;二是作业条件的施工准备,它是指开工之后,为某一施工阶段、某分部分项工程或某个施工环节做的准备,是局限性,也是经常性的。一般来说,冬季与雨季施工准备工作都属于作业条件的施工准备。

4.1.2.3 施工准备工作的要求

为了做好施工准备工作,应注意以下几个问题:

(1) 编制详细的施工准备工作计划一览表。提出具体项目、内容、要求、负责单位、完工日期等,其形式见表4.1。

(2) 建立严格的施工准备工作责任制与检查制度。各级技术负责人应明确自己在施工准备工作中应负的责任,各级技术负责人应是各施工准备工作的负责人,负责审查施工准备工作计划和施工组织计划,督促各项准备工作的实施,及时总结经验教训。

(3) 施工准备工作应取得建设单位、设计单位及各有关协作单位的大力支持,相互配合、互通情况,为施工准备工作创造有利的条件。

(4) 严格遵守建设程序,执行开工报告制度。必须遵守基本建设程序,坚持没有做好施工准备不准开工的原则,当施工准备的各项内容已完成,满足开工条件,已办理施工许可证,项目经理部应申请开工报告,报上级批准后方可开工。实行监理的工程,还应将开工报告送监理工程师审批,由监理工程师签发开工通知书。

(5) 施工准备必须贯穿在整个施工过程中,应做好以下四个结合:①设计与施工相结合;②室内准备与室外准备相结合;③土建工程与专业工程相结合;④前期准备与后期准备相结合。

4.1.3 施工准备工作实施

4.1.3.1 调查、研究、收集必要的资料

1. 原始资料的收集

调查研究、收集有关施工资料,是施工准备工作的重要内容之一。准备工作的同时获得原始资料,为解决各项施工组织问题提供正确的依据。尤其是当施工单位进入一个新的城市或地区,此项工作更为重要,它关系到施工单位全局的部署与安排。

原始资料的收集主要是对工程条件、工程环境特点和施工条件等施工技术与组织的基

础资料进行调查,以此作为项目准备工作的依据。

(1) 施工现场的调查。这项调查包括工程的建设规划图、建设地区区域地形图、场地地形图、控制桩与水准点的位置及现场地形、地貌特征等资料。这些资料一般可作为设计施工平面图的依据。

(2) 工程地质、水文的调查。这项调查包括工程钻孔布置图、地质剖面图、地基各项物理力学指标实验报告、地质稳定性资料、暗河及地下水水位变化、流向、流速及流量和水质等资料。这些资料一般可作为选择基础施工方法的依据。

(3) 气象资料的调查。这项调查包括全年、各月平均气温,最高与最低气温,5℃及0℃以下气温的天数和时间;雨季起始时间,月平均降水量及雷暴时间;主导风向及频率,全年大风的天数及时间等资料。这些资料一般可作为冬、雨季节施工的依据。

(4) 周围环境及障碍物的调查。这项调查包括施工区域现有建筑物、构筑物、沟渠、水井、古墓、文物、树木、电力架空线路、人防工程、地下管线、枯井等资料。这些资料可作为布置现场施工平面的依据。

2. 给排水、供电等资料收集

(1) 给排水资料收集。调查施工现场用水与当地现有水源连接的可能性、供水能力、接管距离、地点、水压、水质及水费等资料。若当地现有水源不能满足施工用水要求,则要调查附近可作施工生产、生活、消防用水的地面或地下水源的水质、水量、取水方式、距离等条件。还要调查利用当地排水的可能性、排水距离、去向等资料。这些可作为选用施工给排水方式的依据。

(2) 供电资料收集。调查可供施工使用的电源位置、引入工地的路径和条件,可以满足的容量、电压及电源等资料或建设单位、施工单位自有的发变电设备、供电能力。这些资料可作为选择施工用电方式的依据。

(3) 供热、供气资料收集。调查冬季施工时附近蒸汽的供应量、接管条件和价格;建设单位自有的供热能力以及当地或建设单位可以提供的煤气、压缩空气、氧气的能力与至工地的距离等资料。这些资料是确定施工供热、供气的依据。

(4) 主要材料、地方材料及装饰材料等资料收集。一般情况下应摸清主材市场行情,了解地方材料如砖、砂、灰、石等材料的供应能力、质量、价格、运费情况;当地构件制作、木材加工、金属结构、钢木门窗、商品混凝土、建筑机械供应与维修、运输等情况;脚手架、定型模板和大型工具租赁等能提供服务的项目、能力、价格等条件;收集装饰材料、特殊灯具、防水、防腐材料等市场情况。这些资料用作确定材料的供应计划、加工方式、储存和堆放场地及建造临时设施的依据。

(5) 社会劳动力和生活条件的调查。建设地区的社会劳动力和生活条件调查主要是了解当地提供的劳动力人数、技术水平、来源和生活安排;能提供作为施工用的现有房屋情况;当地主副食产品供应、日用品供应、文化教育、消防治安、医疗单位的基本情况以及能为施工提供的支援能力。这些资料是拟定劳动力安排计划,建立职工生活基地,确定临时设施的依据。

(6) 建设地区的交通调查。建筑施工中的主要交通运输方式一般有铁路、公路、水路、航空等,交通资料可向当地铁路、交通运输和民航等管理局的业务部门进行调查。收集交通运输资料是调查主要材料及构件运输通道的情况,包括道路、街巷、途经的桥涵宽度、高度,允许载重量和转弯半径限制等资料。有超长、超高、超宽或超重的大型构件、大型起重机械和生产工艺设备需整体运输时还要调查沿途架空电线、天桥宽度,并与有关部门商议避免大件运输对正常交通产生干扰的路线、时间及解决措施。这些收集的资料主要可作为组织施工运输业务、选择运输方式、提供经济分析比较的依据。

4.1.3.2 技术准备

技术准备就是通常所说的内业技术工作,它是现场准备工作的基础和核心工作,其内容一般包括:熟悉与会审施工图纸,签订分包合同,编制施工组织计划,编制施工图预算和施工预算。

1. 熟悉与会审施工图纸

施工技术管理人员,对设计施工图等应该非常熟悉,深入了解设计意图和技术要求,在此基础上,才能做好施工组织设计。

在熟悉施工图纸的基础上,由建设、施工、设计、监理等单位共同对施工图纸组织会审。一般先由设计人员对设计施工图纸的设计意图、工艺技术要求和有关问题作设计说明,对可能出现的错误或不明确的地方作出必要的修改或补充说明。然后其余各方根据对图纸的了解,提出建议和疑问,对于各方提出的问题,经协商形成"图纸会审纪要",参加会议各单位一致会签盖章,作为与设计图纸同时使用的技术文件。

在熟悉图纸过程中,对发现的问题应做出标记,做好记录,以便在图纸会审时提出。图纸会审主要内容包括以下几个方面:

(1) 建筑的设计是否符合国家的有关技术规范。

(2) 设计说明是否完整、齐全、清楚;图纸的尺寸、坐标、轴线、标高、各种管线和道路交叉连接点是否正确;一套图纸的前后备图及建筑与结构施工图是否一致,是否矛盾;地下与地上的设计是否矛盾。

(3) 技术装备条件能否满足工程设计的有关技术要求;采用新结构、新工艺、新技术或工程的工艺设计与使用的功能要求,对土建、设备安装、管道、动力、电器安装,在要求采取特殊技术措施时,施工单位技术上有无困难;能否确保施工质量和施工安全。

(4) 所选用的各种材料、配件、构件(包括特殊的、新型的),在组织采购供应时,其品种、规格、性能、质量、数量等方面能否满足设计规定的要求。

(5) 图中不明确或有疑问处,请设计人员解释清楚。

(6) 有关的其他问题,并对其提出合理化建议。

2. 签订分包合同

分包合同包括:建设单位(甲方)和施工单位(乙方)签订工程承包合同;与分包单位(机械施工工程、设备安装工程、装饰工程等)签订总分包合同;物资供应合同,构件半成品加工订货合同。

3. 编制施工组织设计

施工组织设计是施工准备工作的主要技术经济文件,是指导施工的主要依据,是根据拟建工程的工程规模、结构特点和建设单位要求,编制的指导该工程施工全过程的综合性文件。它结合所收集的原始资料、施工图纸和施工预算等相关信息,综合建设单位、监理单位、设计单位的具体要求进行编制，以保证工程施工好、快、省并且安全、顺利地完成。

4. 编制施工图预算和施工预算

施工图预算是施工单位依据施工图纸所确定的工程量、施工组织设计拟定的施工方案、建筑工程预算定额和相关费用定额等编制的建筑安装工程造价和各种资源需要量的经济文件。施工预算是施工单位根据施工图纸、施工组织设计和施工方案、施工定额等文件进行编制的企业内部经济文件。编制单位工程施工图预算和施工预算，以确定人工、材料和机械费用的支出，并确定人工数量、材料消耗数量及机械台班使用量等。

4.1.3.3 施工现场准备

施工现场的准备工作主要是为了给拟建工程的施工创造有利的施工条件，是保证工程按计划开工和顺利进行的重要环节。一项工程开工之前，除了做好各项技术经济的准备工作外，还必须做好现场的各项施工准备工作，其工作按施工组织设计的要求划分为拆除障碍物、"三通一平"、测量放线和搭设临时设施等。

1. 拆除障碍物

施工现场内的一切地上、地下障碍物，都应在开工前拆除。这项工作一般由建设单位来完成，但也有委托施工单位来完成的。

对于房屋的拆除，一般只要把水源、电源切断后即可进行拆除。若房屋较大、较坚固，需要采用爆破的方法时，必须经有关部门批准，由专业的爆破作业人员来承担。架空电线（电力、通信）、地下电缆（电力、通信）的拆除，以及燃气、热力、供水、排污等管线的拆除，要与相关部门联系并办理有关手续后方可进行。场内若有树木，需报林业部门批准后方可砍伐。

2. 三通一平

在工程用地的施工现场，应该通施工用水、用电、道路、通信及燃气，做好施工现场排水及排污畅通和平整场地的工作，但是最基本还是通水、通电、通路和场地平整，这些工作简称为"三通一平"。

（1）通水，专指给水，包括生产、生活和消防用水。在拟建工程开工之前，必须接通给水管线，尽可能与永久性的给水结合起来，并且尽量缩短管线的长度，以降低工程的成本。

（2）通电，包括施工生产用电和生活用电。在拟建工程开工之前，必须按照安全和节能的原则，接通电力和电信设施。电源首先应考虑从建设单位给定的电源上获得，如其供电能力不能满足施工用电需要，则应考虑在现场建立自备发电系统，确保施工现场动力设备和通信设备的正常运行。

（3）通路，指施工现场内临时道路与场外道路连接，满足车辆出入的条件。在拟建工程开工之前，必须按照施工总平面图的要求，修好施工现场的永久性道路（包括场区铁路、场区公路）以及必要的临时性的道路，以便确保施工现场运输和消防用车等的行驶畅通。

（4）场地平整，指在建筑场地内，进行厚度在 300mm 以内的挖、填土方及找平工作。其根据建筑施工总平面图规定的标高，通过测量，计算出填挖土方工程量，设计土方调配方案，组织人力或机械进行平整工作。

"三通一平"工作一般都是由建设单位完成的，也可以委托施工单位来完成，其不仅仅要求在开工前完成，而且要保障在整个施工过程中都要达到要求。

3. 测量放线

为了使建筑物或构筑物的平面位置和高程符合设计要求，施工前应按总平面图设置永久的经纬坐标桩及水平坐标桩，建立工程测量控制网，以便建筑物在施工前的定位放线。建筑物定位、放线，一般通过设计定位图中平面控制轴线来确定建筑物四周的轮廓位置。测定经自检合格后，提交有关技术部门和甲方验线，以保证定位的准确性。沿红线建的建筑物放线后还要由城市规划部门验线，以防止建筑物压红线或超红线。

在测量放线时，应校验和校正经纬仪、水准仪、钢尺等测量仪器；校核接桩线与水准点，制定切实可行的测量方案，包括平面控制、标高控制、沉降观测和竣工测量等工作。

4. 搭设临时设施

施工企业的临时设施是指企业为保证施工和管理的进行而建造的生产、生活所用的临时设施，包括各种仓库、搅拌站、预制厂、现场临时作业棚、机具棚、材料库、办公室、休息室、厕所、蓄水池等设施；临时道路、围墙；临时给排水、供电、供热等设施；临时简易周转房，以及现场临时搭建的职工宿舍、食堂、浴室、医务室、托儿所等临时性福利设施。

所有生产和生活临时设施，必须合理选址、正确用材，确保满足使用功能和安全、卫生、环保、消防要求；并尽量利用施工现场或附近原有设施和在建工程本身供施工使用的部分用房，尽可能减少临时设施的数量，以便节约用地、节省投资。现场所需的临时设施，应报请规划、市政、消防、交通、环保等有关部门审查批准。

4.1.3.4 施工队伍及物资准备

1. 施工队伍的准备

一项工程完成的好坏，很大程度上取决于承担这一工程的施工人员的素质。现场施工人员包括施工的组织指挥者和具体操作者两大部分。这些人员的组合，将直接关系到工程质量、施工进度及工程成本。因此，施工现场人员的准备是开工前施工准备的一项重要内容。

（1）项目组的组建。施工组织机构的建立应遵循以下原则：根据工程规模、结构特点和复杂程度，确定施工组织的领导机构名额和人选；坚持合理分工与密切协作相结合的原则；把有经验、有创新精神、工作效率高的人选入领导机构；认真执行因事设职、因职选人的原则。对于一般单位工程可设项目经理一名，施工员（即工长）一名，技术员、材料员、预算员各一名；对于大中型施工项目工程，则需配备完整的领导班子，包括各类管理人员。

（2）建立施工队组，组织劳动力进场。施工队组的建立要考虑专业、工种的配合，技工、普工的比例要满足合理的劳动组织，符合流水施工组织方式的要求；要坚持合理、精干的原则，建立相应的专业或混合工作队组，按照开工日期和劳动力需要量计划，组织劳动力进场。

（3）做好技术、安全交底和岗前培训。施工前，应将设计图纸内容、施工组织设计、施工技术、安全操作规程和施工验收规范等要求向施工队组和工人讲解交代，以保证工程严格地按照设计图纸、施工组织设计等要求进行施工。同时，企业要对施工队伍进行安全、防火和文明等方面的岗前教育和培训，并安排好职工的生活。

（4）建立各项管理制度。为了保证各项施工活动的顺利进行，必须建立健全工地的管理制度。如工程质量检查与验收制度，工程技术档案管理制度，建筑材料（构件、配件、制品）的检查验收制度，材料出入库制度，技术责任制、职工考勤、考核制度，安全操作制度等。

2. 施工物资的准备

施工物资准备是指施工中必需的劳动手段（施工机械、工具、临时设施）和劳动对象（材料、配件、构件）等的准备。它是一项较为复杂而又细致的工作，一般考虑以下几个方面的内容。

（1）建筑材料的准备。建筑材料的准备主要是根据施工预算、施工进度计划、材料储备定额和消耗定额来确定材料的名称、规格、使用时间等，汇总后编制出材料需要量计划，并依据工程进度，分别落实货源厂家进行合同评审与订货，安排运输储备，以满足开工之后的施工生产需要。建筑材料的准备包括：三材、地方材料、装饰材料的准备。

材料的储备应根据施工现场分期分批使用材料的特点，按照以下原则进行材料储备：

1）应按工程进度分期分批进行。现场储备的材料多了会造成积压，增加材料保管的负担，同时，也多占用了流动资金；储备少了又会影响正常生产。所以材料的储备应合理、适量。

2）做好现场保管工作，以保证材料的原有数量和原有的使用价值。

3）现场材料的堆放应合理。现场储备的材料应严格按照平面布置图的位置堆放，以减少二次搬运，且应堆放整齐，标明标牌，以免混淆。此外，亦应做好防水、防潮、易碎材料的保护工作。

4）应做好技术试验和检验工作，对于无出厂合格证明和没有按规定测试的原有材料一律不得使用。不合格的建筑材料和构件，一律不准出厂和使用，特别对于没有使用过的材料或进口原材料、某些再生材料更要严格把关。

（2）预制构件和混凝土的准备。工程项目施工需要大量的预制构件、门窗、金属构件、水泥制品以及卫生洁具等，对这些构件、配件必须优先提出定制加工单。对于采用商品混凝土现浇的工程，则先要到生产单位签订供货合同，注明品种、规格、数量、需要时间及送货地点等。

（3）施工机械的准备。施工选定的各种土方机械、混凝土、砂浆搅拌设备、垂直及水平运输机械、吊装机械、动力机具、钢筋加工设备、木工机械、焊接设备、打夯机、抽水设备等应根据施工方案和施工进度，确定数量和进场时间。需租赁机械时，应提前签约。

（4）模板和脚手架的准备。模板和脚手架是施工现场使用量大、堆放占地大的周转材料。模板及其配件规格多、数量大，对堆放场地要求比较高，一定要分规格、型号整齐堆放，以利于使用与维修。大钢模一般要求立放，并防止倾倒，在现场也应规划出必要的存放场地。脚手架应按指定的平面位置堆放整齐。扣件等零件还应防雨，以防锈蚀。

4.1.3.5 季节施工准备

由于建筑工程施工的时间长,且绝大部分工作是露天工作,所以施工过程中受到季节性影响,特别是冬、雨季的影响较大。为保证按期、保障完成施工任务,必须做好冬、雨季施工准备工作,做好周密的施工计划和充分的施工准备。

1. 冬季施工的准备工作

根据《混凝土结构工程施工质量验收规范》(GB 50204—2015),当室外平均气温连续5天低于5℃,或者最低气温降到0℃或0℃以下时,进入冬季施工阶段。

(1) 明确冬季施工项目,编制进度安排。由于冬季气温低、施工条件差、技术要求高、费用增加等原因,所以应把便于保证施工质量且费用增加较少的施工项目安排在冬季施工。

(2) 做好冬季测温工作。冬季昼夜温差大,为保证工程施工质量,应制定专人负责收听气象预报及预测工作,及时采取措施防止大风、寒流和霜冻袭击而导致冻害和安全事故。

(3) 做好物资的供应、储备和机具设备的保温防冻工作。根据冬季施工方案和技术措施做好防寒物资的准备工作。冬天来临之前,对冬季紧缺的材料要抓紧采购并入场储备,各种材料根据其性质及时入库或覆盖,不得堆存在坑洼积水处。及时做好机具设备的防冻工作,搭设必要的防寒棚,把积水放干,严防积水冻坏设备。

(4) 施工现场的安全检查。对施工现场进行安全检查,及时整修施工道路,疏通排水沟,加固临时工棚、水管、水龙头,灭火器要进行保温。做好停止施工部位的保温维护和检查工作。

(5) 加强安全教育,严防火灾发生。准备好冬季施工用的各种热源设备,要有防火安全技术措施,并经常检查落实,同时做好职工培训及冬季施工的技术操作和安全施工的教育,确保施工质量,避免事故发生。

2. 雨季施工准备工作

雨季施工主要以预防为主,采用防雨措施及加强排水手段确保雨季正常地进行生产,保证雨季施工不受影响。

(1) 施工场地的排水工作。场地排水:对施工现场及车间等应根据地形对排水系统进行合理疏通以保证水流畅通,不积水,并防止相邻地区地面雨水倒排入场内。

道路:现场内主要行车道路两旁要做好排水沟,保证雨季道路运输畅通。

(2) 机电设备的保护。对现场的各种机电设施、机具等的电闸、电箱要采取防雨、防潮措施,并安装接地保护装置,特别是脚手架、垂直运输设施等,要采取防倒塌、防雷击、防漏电等一系列技术措施。

(3) 原材料及半成品的防护。对怕雨淋的材料及半成品应采取防雨措施,可放入防护棚内,垫高并保持通风良好以防淋雨浸水而变质。在雨季到来前,材料、物资应多储存,减少雨季运输量,以节约费用。

(4) 临时设施的检修。对现场的临时设施,如工人宿舍、办公室、食堂、库房等应进行全面检查与维修,四周要有排水沟渠,对危害建筑物应进行翻修加固或拆除。

(5) 落实雨季施工任务和计划。一般情况下,在雨季到来之前,应争取提前完成不宜在雨季施工的任务，如基础、地下工程、土方工程、室外装修及屋面工程等，而多留些室内工作在雨季施工。

（6）加强施工管理，做好雨季施工安全教育。组织雨季施工的技术、安全教育，严格岗位职责，学习并执行雨季施工的操作规范、各项规定和技术要点，做好对班组的交底，确保工程质量和安全。

4.2 资源配置计划编制

4.2.1 一般规定

资源配置计划应包括劳动力配置计划和物资配置计划等。

4.2.1.1 劳动力配置计划

劳动力配置计划应包括下列内容：

（1）确定各施工阶段各专业工种用工量。

（2）根据施工进度计划确定各施工阶段各专业工种劳动力配置计划。

4.2.1.2 物资配置计划

物资配置计划应包括下列内容：

（1）主要工程材料和设备的配置计划应根据施工进度计划确定，包括各施工阶段所需主要工程材料、设备的种类和数量。

（2）工程施工主要周转材料和施工机具的配置计划应根据施工部署和施工进度计划确定，包括各施工阶段所需主要周转材料、施工机具的种类和数量。

4.2.2 编制实施

施工进度计划确定以后，根据施工图纸、工程量、施工方案、施工进度计划等有关技术资料，着手编制劳动力配置计划，各种主要材料、构件和半成品配置计划及各种施工机械的配置计划。资源配置计划不仅是为了明确各种技术工人和各种技术物资的配置，而且还是做好劳动力与物资的供应、平衡、调度、落实的依据，也是施工单位编制月、季生产作业计划的主要依据之一，是保证施工进度计划顺利执行的关键。

4.2.2.1 劳动力配置计划

劳动力配置计划主要是作为安排劳动力的平衡、调配和衡量劳动力耗用指标、安排生活福利设施的依据。劳动力配置计划的编制方法是将施工进度计划表内所列各施工过程每天（或旬月）所需工人人数按工种汇总而得。其表格形式见表 4.2。

表 4.2　　　　　　　　　劳动力配置计划表

序号	工种名称	需要人数	××月			××月			备注
			上旬	中旬	下旬	上旬	中旬	下旬	

4.2.2.2 主要材料配置计划

主要材料配置计划是备料、供料和确定仓库、堆场面积及组织运输的依据，其编制方法是将施工进度计划表中各施工过程的工程量,按材料名称、规格、数量、使用时间计算汇总而得。其表格形式见表 4.3。

表 4.3　　　　　　　　　　　　主要材料配置计划表

序号	材料名称	规格	需要量		需要时间						备注
			单位	数量	××月			××月			
					上旬	中旬	下旬	上旬	中旬	下旬	

对于某分部分项工程是由多种材料组成,需在施工现场加工制作时,应按各种材料分类计算,如混凝土工程应换算成水泥、砂、石、外加剂和水的数量列入表格,而如果采用预拌混凝土时,则按混凝土的需要量列入表格。

4.2.2.3　构件和半成品配置计划

建筑结构构件、配件和其他加工半成品的配置计划主要用于落实加工订货单位,并按照所需规格、数量、时间,组织加工、运输和确定仓库或堆场,可根据施工图和施工进度计划编制。其表格形式见表 4.4。

表 4.4　　　　　　　　　　　　构件和半成品配置计划表

序号	构件、半成品名称	规格	图号、型号	配置		使用部位	制作单位	供应日期	备注
				单位	数量				

4.2.2.4　施工机械配置计划

施工机械配置计划主要用于确定施工机械的类型、数量、进场时间,可据此落实施工机械来源,组织进场。其编制方法为将单位工程施工进度计划表中的每一个施工过程每天所需的机械类型、数量和施工日期进行汇总,即得施工机械配置计划。其表格形式见表 4.5。

表 4.5　　　　　　　　　　　　施工机械配置计划表

序号	机械名称	型号	配置		现场使用起止时间	机械进场或安装时间	机械退场或拆卸时间	供应单位
			单位	数量				

练 习 题

一、填空题

1. 施工准备工作的基本任务是为施工创造必要的(　　)条件。
2. 按拟建工程所处的施工阶段不同,施工准备一般可分为(　　)的施工准备和

（　　）的施工准备。

3. 物资准备的内容主要包括（　　）、（　　）、建筑安装机具和生产工艺设备的准备。

4. 施工组织设计的核心内容包括"一案一表一图"，其中，"一案"是指（　　）。

5. 施工方案是对（　　）进行的设计。

二、单项选择题

1. 施工准备工作的对象是（　　）。

　　A. 建设项目　　　B. 施工队伍　　　C. 工程物资　　　D. 部署施工

2. （　　）是施工准备的核心，指导着现场施工准备工作。

　　A. 资源准备　　　B. 施工现场准备　C. 季节施工准备　D. 技术资料准备

3. 一项工程的施工准备工作应在开工前及早开始，并（　　）。

　　A. 在拟建工程开工前全部完成　　　B. 在单位工程开始前完成

　　C. 贯穿于整个施工过程　　　　　　D. 在单项工程开始前完成

4. 施工准备工作的核心是（　　）。

　　A. 技术准备　　　B. 物资准备　　　C. 劳动组织准备　D. 施工现场准备

5. 下列不属于施工技术准备工作内容的是（　　）。

　　A. 图纸会审　　　B. 编制施工预算　C. 调查自然条件　D. 技术交底

6. 在施工准备工作中，新技术人员培训属于（　　）的具体内容。

　　A. 技术准备　　　B. 劳动组织准备　C. 施工现场准备　D 施工场外准备

7. 资源准备包括（　　）准备和物资准备。

　　A. 资金　　　　　B. 信息　　　　　C. 劳动力组织　　D. 机械

8. 施工现场准备由两个方面组成，一是由（　　）完成的，二是由施工单位完成的施工现场准备工作。

　　A. 设计单位　　　B. 建设单位　　　C. 监理单位　　　D. 行政主管部门

三、实践操作

1. 施工准备工作计划编制训练。

2. 资源配置计划编制训练。

学习项目 5　基于 BIM 的施工现场平面图布置

【学习目标】
(1) 熟悉施工平面布置图的内容，理解其重要意义。
(2) 熟悉施工平面布置图的设计步骤与方法。
(3) 掌握施工平面布置图的绘制技术。
(4) 掌握施工 BIM 三维场地布置图的绘制技术，能够利用软件进行合理绘制。

5.1　施工现场平面图布置内容、原则、步骤

5.1.1　设计依据、内容和原则

施工现场平面布置图是在施工用地范围内，对各项生产、生活设施及其他辅助设施等进行规划和布置的设计图。施工现场平面布置图也称施工平面图，它既是布置施工现场的依据，也是施工准备工作的一项重要依据，它是实现文明施工、节约并合理利用土地、减少临时设施费用的先决条件。因此，它是施工组织设计的重要组成部分。施工平面图不仅要在设计时周密考虑，而且还要认真贯彻执行，这样才会使施工现场井然有序，促使施工顺利进行，保证施工进度，提高效率和经济效果。

一般单位工程施工平面图的绘制比例为 1∶200～1∶500。

5.1.1.1　设计依据

在进行施工平面图设计前，首先应认真研究施工方案，并对施工现场深入细致地勘察和分析，而后对施工平面图设计所需要的资料认真收集，使设计与施工现场的实际情况相符，从而使其确实起到指导施工现场平面和空间布置的作用。单位工程施工平面图设计所依据的主要资料有：

(1) 建筑总平面图，现场地形图，已有和拟建建筑物及地下设施的位置、标高、尺寸（包括地下管网资料）。
(2) 施工组织总设计文件。
(3) 自然条件资料：如气象、地形、水文及工程地址资料。
(4) 技术经济资料：如交通运输、水源、电源、物质资源、生活和生产基地情况。
(5) 各种材料、构件、半成品构件需要量计划。
(6) 各种临时设施和加工场地数量、形状、尺寸。
(7) 单位工程施工进度计划和单位工程施工方案。

5.1.1.2　设计内容

(1) 已建和拟建的地上、地下的一切建筑物以及各种管线等其他设施的位置和尺寸。

（2）测量放线标桩位置、地形等高线和土方取、弃场地。

（3）自行式起重机械的开行路线及轨道布置，或固定式垂直运输设备的位置、数量。

（4）为施工服务的一切临时设施或建筑物的布置，如材料仓库和堆场；混凝土搅拌站；预制构件堆场、现场预制构件施工场地布置；钢筋加工棚、木工房、工具房、修理站、化灰池、沥青锅、生活及办公用房等。

（5）场内外交通布置，包括施工场地内道路（临时道路、永久性或原有道路）的布置，引入的铁路、公路和航道的位置，场内外交通连接方式。

（6）一切安全及防火设施的位置。

5.1.1.3 设计原则

（1）保证施工顺利进行的前提下，现场布置尽量紧凑，占地要省，不占或少占农田。

（2）在满足施工的条件下，充分利用原有的建筑物或构筑物，尽可能地减少临时设施降低费用。

（3）合理布置施工现场的运输道路及各种材料堆场、仓库位置、各类加工厂和各种机具的位置，尽量缩短运距，从而减少或避免二次搬运。

（4）各种临时设施的布置，尽量便于工人的生产和生活。

（5）平面布置要符合劳动保护、环境保护、施工安全和防火要求。

根据上述基本原则并结合施工现场的具体情况，施工平面图的布置可有几种不同方案，通过技术经济比较，从中找出最合理、经济、安全、先进的布置方案。

5.1.2 设计步骤

单位工程施工平面图的设计步骤如图5.1所示。

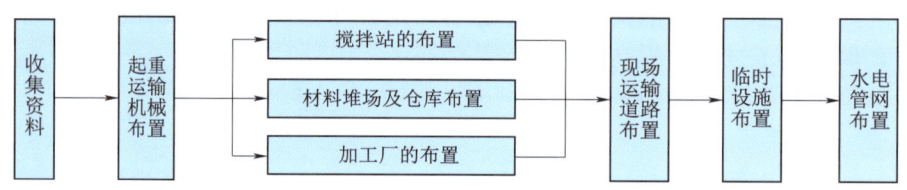

图5.1 单位工程施工平面图的设计步骤

5.1.2.1 起重运输机械的布置

起重运输机械的位置直接影响搅拌站、加工厂及各种材料、构件的堆场或仓库等位置和道路、临时设施及水、电管线的布置等，因此，它是施工现场全局的中心环节，应首先确定。由于各种起重机械的性能不同，其布置位置亦不相同。

常用垂直运输机械有井架、龙门架、桅杆式起重机和塔式起重机等，这类设备的布置主要根据机械性能、建筑物的平面形状和尺寸、施工段划分的情况、材料来向和已有运输道路情况而定。其布置原则是：充分发挥起重机械的能力，并使地面和楼面的水平运距最小。布置时应考虑以下几个方面：

（1）当建筑物各部位的高度相同时，应布置在施工段的分界线附近；当建筑物各部位的高度不同时，应布置在高低分界线较高部位一侧，以使楼面上各施工段的水平运输互不干扰。

（2）井架、龙门架的位置以布置在窗口处为宜，以避免砌墙留槎和减少井架拆除后的修补工作。

(3) 井架、龙门架的数量要根据施工进度、垂直提升构件和材料的数量、台班工作效率等因素计算确定,其服务范围一般为 50～60m。

(4) 卷扬机的位置不应距离起重机械过近,以便司机的视线能够看到整个升降过程。一般要求此距离大于建筑物的高度,水平距外脚手架 3m 以上。

5.1.2.2 搅拌站、加工厂及各种材料、构件的堆场或仓库的布置

搅拌站、各种材料、构件的堆场或仓库的位置应尽量靠近使用地点或在塔式起重机服务范围之内,并考虑到运输和装卸的方便。

(1) 当起重机的位置确定后,再布置材料、构件的堆场及搅拌站。材料堆放应尽量靠近使用地点,减少或避免二次搬运,并考虑运输及卸料方便。基础施工时使用的各种材料可堆放在基础四周,但不宜距基坑(槽)边缘太近,以防压塌土壁。

(2) 当采用固定式垂直运输设备时,则材料、构件堆场应尽量靠近垂直运输设备,以缩短地面水平运距;当采用轨道式塔式起重机时,材料、构件堆场以及搅拌站出料口等均应布置在塔式起重机有效起吊服务范围之内;当采用无轨自行式起重机时,材料、构件堆场及搅拌站的位置,应沿着起重机的开行路线布置,且应在起重臂的最大起重半径范围之内。

(3) 预制构件的堆放位置要考虑到吊装顺序。先吊的放在上面,后吊的放在下面,预制构件的进场时间应与吊装就位密切配合,力求直接卸到其就位位置,避免二次搬运。

(4) 搅拌站的位置应尽量靠近使用地点或靠近垂直运输设备。有时在浇筑大型混凝土基础时,为了减少混凝土运输,可将混凝土搅拌站直接设在基础边缘,待基础混凝土浇完后再转移。砂、石堆场及水泥仓库应紧靠搅拌站布置。同时,搅拌站的位置还应考虑到使这些大宗材料的运输和装卸较为方便。

(5) 加工厂(如木工棚、钢筋加工棚)的位置,宜布置在建筑物四周稍远位置,且应有一定的材料、成品的堆放场地;石灰仓库、淋灰池的位置应靠近搅拌站,并设在下风向;沥青堆放场及熬制锅的位置应远离易燃物品,也应设在下风向。

5.1.2.3 现场运输道路的布置

现场运输道路应按材料和构件运输的需要,沿着仓库和堆场进行布置。尽可能利用永久性道路,或先做好永久性道路的路基,在交工之前再铺路面。

(1) 施工道路的技术要求。

1) 道路的最小宽度及最小转弯半径:通常汽车单行道路宽应不小于 3～3.5m,转弯半径应不小于 9～12m;双行道路宽应不小于 5.5～6.0m,转弯半径应不小于 7～12m。

2) 架空线及管道下面的道路,其通行空间宽度应比道路宽度大 0.5m,空间高度应大于 4.5m。

(2) 临时道路路面种类和做法。为排除路面积水,道路路面应高出自然地面 0.1～0.2m,雨量较大的地区应高出 0.5m 左右,道路两侧一般应结合地形设置排水沟,沟深不小于 0.4m,底宽不小于 0.3m。路面种类和做法见表 5.1。

表 5.1　　　　　　　　　　　　临时道路路面种类和做法

路面种类	特点及使用条件	路　基	路面厚度/cm	材料配合比
级配砾石路面	雨天能通车，可通行较多车辆，但材料级配要求严格	砂质土	10～15	黏土∶砂∶石子＝1∶0.7∶3.5（体积比）。 1. 面层：黏土13%～15%，砂石料85%～87%； 2. 底层：黏土10%，砂石混合料90%（重量比）
级配砾石路面	雨天能通车，可通行较多车辆，但材料级配要求严格	黏质土或黄土	14～18	黏土∶砂∶石子＝1∶0.7∶3.5（体积比）。 1. 面层：黏土13%～15%，砂石料85%～87%； 2. 底层：黏土10%，砂石混合料90%（重量比）
碎（砾）石路面	雨天能通车，碎砾石本身含土多，不加砂	砂质土	10～18	碎（砾）石＞65%，当地土含量≤35%
碎（砾）石路面	雨天能通车，碎砾石本身含土多，不加砂	砂质土或黄土	15～20	碎（砾）石＞65%，当地土含量≤35%
碎砖路面	可维持雨天通车，通行车辆较少	砂质土	13～15	垫层：砂或炉渣 4～5cm 底层：7～10cm 碎砖 面层：2～5cm 碎砖
碎砖路面	可维持雨天通车，通行车辆较少	黏质土或黄土	15～18	垫层：砂或炉渣 4～5cm 底层：7～10cm 碎砖 面层：2～5cm 碎砖
炉或矿渣路面	可维持雨天通车，行车较少	一般土	10～15	炉渣或矿渣75%，当地土25%
炉或矿渣路面	可维持雨天通车，行车较少	较松软土	15～30	炉渣或矿渣75%，当地土25%
砂土路面	雨天停车，通行车辆较少	砂质土	15～20	粗砂50%，细砂、风砂和黏质土50%
砂土路面	雨天停车，通行车辆较少	黏质土	15～30	粗砂50%，细砂、风砂和黏质土50%
风化石屑路面	雨天停车，通行车辆较少	一般土	10～15	石屑90%，黏土10%
石灰土路面	雨天停车，通行车辆较少	一般土	10～13	石灰10%，当地土90%

（3）施工道路的布置要求。现场运输道路布置时应保证车辆行驶通畅，能通到各个仓库及堆场，最好围绕建筑物布置成一条环形道路，以便运输车辆回转、调头方便。要满足消防要求，使车辆能直接开到消防栓处。

5.1.2.4　行政管理、文化生活、福利用临时设施的布置

办公室、工人休息室、门卫室、开水房、食堂、浴室、厕所等非生产性临时设施的布置，应考虑使用方便，不妨碍施工，符合安全、卫生、防火的要求。要尽量利用已有设施或已建工程，必须修建时要经过计算，合理确定面积，努力节约临时设施费用。通常，办公室的布置应靠近施工现场，宜设在工地出入口处；工人休息室应设在工人作业区，宿舍应布置在安全的上风向；门卫、收发室宜布置在工地出入口处。具体布置时房屋面积可参考表5.2。

表 5.2　　　　　　行政管理、文化生活、福利用临时房屋面积参考表

序号	临时房屋名称	单　位	参考面积/m²
1	办公室	m²/人	3.5
2	单层宿舍（双层床）	m²/人	2.6～2.8
3	食堂兼礼堂	m²/人	0.9
4	医务室	m²/人	0.06（≥30m²）
5	浴室	m²/人	0.10
6	俱乐部	m²/人	0.10
7	门卫、收发室	m²/人	6～8

5.1.2.5 水、电管网的布置

1. 施工供水管网的布置

施工供水管网首先要经过计算、设计，然后进行设置。其中包括水源选择、用水量计算（包括生产用水、机械用水、生活用水、消防用水等）、取水设施、储水设施、配水布置、管径的计算等。

单位工程施工组织设计的供水计算和设计可以简化或根据经验进行安排，一般 $5000\sim10000m^2$ 的建筑物，施工用水的总管径为 100mm，支管径为 40mm 或 25mm。消防用水一般利用城市或建设单位的永久消防设施。如自行安排，应按有关规定设置，消防水管线的直径不小于 100mm，消火栓间距不大于 120m，布置应靠近十字路口或道边，距道边应不大于 2m，距建筑物外墙不应小于 5m，也不应大于 25m，且应设有明显的标志，周围 3m 以内不准堆放建筑材料。高层建筑的施工用水应设置蓄水池和加压泵，以满足高空用水的需要。管线布置应使线路长度短，消防水管和生产、生活用水管可以合并设置。为了排除地表水和地下水，应及时修通下水道，并最好与永久性排水系统相结合，同时，根据现场地形，在建筑物周围设置排除地表水和地下水的排水沟。

2. 施工用电线网的布置

施工用电的设计应包括用电量计算、电源选择、电力系统选择和配置。用电量包括电动机用电量、电焊机用电量、室内和室外照明容量等。如果是扩建的单位工程，可计算出施工用电总额请建设单位解决，不另设变压器；单独的单位工程施工，要计算出现场施工用电和照明用电的数量，选择变压器和导线的截面及类型。变压器应布置在现场边缘高压线接入处，距地面高度应大于 35cm，在 2m 以外的四周用高度大于 1.7m 铁丝网围住，以确保安全，但不宜布置在交通要道口处。

必须指出，建筑施工是一个复杂多变的生产过程，各种材料、构件、机械等随着工程的进展而逐渐进场，又随着工程的进展而消耗、变动，因此，在整个施工生产过程中，现场的实际布置情况是在随时变动的。对于大型工程、施工期限较长的工程或现场较为狭窄的工程，就需要按不同的施工阶段分别布置几张施工平面图，以便能把在不同的施工阶段内现场的合理布置情况全面地反映出来。

5.2 施工现场平面图布置方法

施工现场的暂设工程一般包括：生产性临时设施、临时仓库、行政和生活福利设施、临时供水、供电和工地运输组织与临时道路等。

5.2.1 生产性临时设施的设置

施工现场生产性临时设施的设置要点见表 5.3。

加工厂（站）的规模、结构类型，要根据建设地区的具体条件及建设工程对各类产品需要加工的数量和规格确定。其所需建筑面积常可参照有关资料选定（表 5.4）或企业现有的经验数据确定。

表 5.3　　　　　　　　　　　　　　生产性临时设施的设置

名　称	设　置　要　点
混凝土搅拌站	根据施工水平及工程特点，一般可选用以下几种方式： 1. 混凝土用量很大，供应时间要求又紧时，就尽量利用地方的中心搅拌站，采用混凝土输送泵或输送车输送混凝土。 2. 施工现场或附近有场地，又具备运输工具时，可自设现场搅拌中心。这种方式供应方便，也较经济。 3. 混凝土用量不大，施工点分散、现场又无较大场地时，应分散设置搅拌站。这种方式比较机动灵活。 4. 条件具备时上述 3 种方式可结合应用。例如基础工程混凝土用量大，可利用当地中心搅拌站供应；施工上部结构时，则由现场搅拌站供应
混凝土预制构件加工厂	混凝土预制构件加工厂一般采取分层次、集中生产与分散生产相结合的方式。 大型或大量使用的预制构件一般都在永久性预制构件厂集中生产，施工现场的预制厂只负责生产零星构件
钢筋加工车间	1. 对于大中型工程，钢筋加工量很大时，宜在现场设置临时性钢筋加工车间，以减少运输量，降低工程成本。 2. 一般施工现场多设置小型钢筋加工设备，少量加工急需的钢筋件。 3. 车间位置应选在靠近混凝土预制构件厂和施工对象、材料运输方便的地方
模板加工厂	一般地，木模板及木构件均由中心木材加工厂集中加工，施工现场主要是进行拼装、支拆模板及少量木装修等作业。因此，现场加工厂只装备简单的木工机械，并因地制宜地搭设简单工作棚。 以钢代木后，现场主要是进行钢模板的拼装、拆卸、堆放和清洗等工作
金属结构及铁活加工厂	金属结构一般都在永久性加工厂内集中加工，然后将成品运至现场，施工现场只需设置金属成品仓库或堆放场地，以及小型机修及金属加工车间
其他生产辅助设施	主要有变电站、锅炉房、发电机房、水泵房、空压机房、焊工房、电工房、白铁工房、油漆工房、氧气及电石库房等，根据生产需要及现场用地条件合理设置
机修车间及机械停放场	一般施工现场不做施工机械的大、中修工作，只进行小修，小修设施可与金属结构和金属加工车间合并考虑。机械的停放则以露天为主
试验设施	1. 大中型工程应在现场设置试验站，试验项目根据工程情况而定。 2. 小型工地可不设试验站，只设混凝土、砂浆试块养护设施，其试验可在公司中心试验室或工程处试验站进行
其他小型临时设施	如淋灰池、沥青熬制设备、班组工具库等，要根据工程需要及场地条件、因地制宜地进行设置

表 5.4　　　　　　　　　　　　　临时加工厂所需面积参考指标

序号	加工厂名称	年产量		单位产量所需建筑面积	占地总面积 /m²	备注
		单位	数量			
1	混凝土搅拌站	m³	3200	0.022m²/m³	按砂石堆场考虑	400L 搅拌机 2 台
		m³	4800	0.021m²/m³		400L 搅拌机 3 台
		m³	6400	0.020m²/m³		400L 搅拌机 4 台

5.2 施工现场平面图布置方法

续表

序号	加工厂名称	年产量 单位	年产量 数量	单位产量所需建筑面积	占地总面积 /m²	备 注
2	临时性混凝土预制厂	m³	1000	0.25m²/m³	2000	生产中小型构件，配有蒸养设施
		m³	2000	0.20m²/m³	3000	
		m³	3000	0.15m²/m³	4000	
		m³	5000	0.125m²/m³	<6000	
3	半永久性混凝土预制厂	m³	3000	0.6m²/m³	0.9万～1.2万	—
		m³	5000	0.4m²/m³	1.2万～1.5万	
		m³	10000	0.3m²/m³	1.5万～2.0万	
4	木材加工厂	m³	15000	0.0244m²/m³	1800～3600	进行原木、大方木加工
		m³	24000	0.0199m²/m³	2200～4800	
		m³	30000	0.0181m²/m³	3000～5500	
	综合木工加工厂	m³	200	0.30m²/m³	100	加工模板、门窗、地板、屋架等
		m³	500	0.25m²/m³	200	
		m³	1000	0.20m²/m³	300	
		m³	2000	0.15m²/m³	400	
	粗木加工厂	m³	5000	0.12m²/m³	1350	加工模板、屋架
		m³	10000	0.10m²/m³	2500	
		m³	15000	0.09m²/m³	3750	
		m³	20000	0.08m²/m³	4800	
	细木加工厂	万m³	5	0.0140m²/m³	7000	加工门窗、地板
		万m³	10	0.0114m²/m³	10000	
		万m³	15	0.0106m²/m³	14300	
5	钢筋加工厂	t	200	0.35m²/t	280～560	钢筋加工、成型、焊接
		t	500	0.25m²/t	380～750	
		t	1000	0.20m²/t	400～800	
		t	2000	0.15m²/t	450～900	
	钢筋调直或拉直场			所需场地（长×宽） 70～80m×3～4m		包括材料及成品堆放 3～5t 电动卷扬机一台
	钢筋对焊 对焊场地 对焊棚			所需场地（长×宽） 30～40m×4～5m 15～24m²		包括材料及成品堆放 寒冷地区应适当增加
	钢筋冷加工 剪断机 弯曲机 φ12以下 弯曲机 φ40以下			所需场地/(m²/台) 30～50 50～60 60～70		—

续表

序号	加工厂名称	年产量 单位	年产量 数量	单位产量所需建筑面积	占地总面积/m²	备注
6	金属结构加工（包括一般铁件）			所需场地/(m²/t) 年产 500t 为 10 年产 1000t 为 8 年产 2000t 为 6 年产 3000t 为 5		按一批加工数量计算
7	石灰消化储灰池 淋灰池 淋灰槽			5×3=15m² 4×3=12m² 3×2=6m²		每两个储灰池配一套淋灰池和淋灰槽，每600kg石灰可消化1m³石灰膏
8	沥青锅场地			20～24m²		台班产量 1～1.5t/台

工地常用的几种加工厂（站），如混凝土预制厂、锯木加工厂、模板加工间、钢筋加工间等的建筑面积 F 可用下式确定：

$$F = \frac{KQ}{TS\alpha} \tag{5.1}$$

式中　Q——加工总量，m² 或 t；

　　　K——不均衡系数，取 1.3～1.5；

　　　T——加工总工期，月；

　　　S——每平方米场地月平均产量；

　　　α——场地或建筑面积利用系数，取 0.6～0.7。

混凝土搅拌站的建筑面积 F，由下式确定：

$$F = NA \tag{5.2}$$

式中　N——搅拌机台数，台；

　　　A——每台搅拌机所需建筑面积，m²。

$$N = \frac{QK}{TR} \tag{5.3}$$

式中　Q——混凝土总需要量，m³；

　　　K——不均衡系数，取 1.5；

　　　T——混凝土工程施工总工作日数；

　　　R——混凝土搅拌机台班产量。

加工厂（站）临时建筑的结构形式，应根据使用期限及当地条件而定。

5.2.2　临时仓库设置

施工现场所需仓库按其用途分为：中心仓库和现场仓库。

中心仓库，即总仓库，是储存整个建筑工地或区域型建筑企业所需材料及需要整理配套的材料仓库；现场仓库（或堆场）为某一在建工程服务的仓库，一般均就近设置。

工地临时仓库的设置包括：确定材料的储备量，确定仓库面积，进行仓库设计及位置选择等。

5.2.2.1 仓库材料储备量的确定

材料储备既要保证工程连续施工的需要,但也不应储存过多,使仓库面积扩大、积压资金。一般需根据现场条件、供应方式及运输条件来确定。

全工地(建筑群)的材料储备,常按年、季组织储备,按下式计算:

$$q_1 = K_1 Q_1 \tag{5.4}$$

式中 q_1——总储备量,m³ 或 t;

K_1——储备系数,一般情况下,对于水泥砖瓦、管材、块石、石灰、沥青等材料,可取 0.2~0.3;对于型钢、木材、砂石及用量小、不经常使用的材料,取 0.3~0.4;在特殊条件下,要按具体情况确定;

Q_1——该项材料最高年、季需用量。

单位工程的材料储备量,应保证工程连续施工的需要,同时应与全场材料的储备综合考虑,做到减少仓库面积,节约资金。其储备量可按下式计算:

$$q_2 = \frac{nQ_2}{T} \tag{5.5}$$

式中 q_2——单位工程材料储备量,m³ 或 t;

n——储备天数;

Q_2——计划期间内需用的材料数量;

T——需用该项材料的施工天数,其值应大于 n。

5.2.2.2 仓库面积的确定

当施工单位缺少资料时,可按材料储备期计算。当用于施工规划时,可采用系数进行估算。

(1)按材料储备期计算。

$$F = \frac{q}{P} \tag{5.6}$$

式中 F——仓库面积(含通道面积),m²;

q——材料储备量,用于建筑群时为 q_1,用于单位工程时为 q_2;

P——每平方米仓库面积上存放材料数量,见表5.5。

(2)按系数计算。

$$F = \varphi m \tag{5.7}$$

式中 F——所需仓库面积,m²;

φ——系数,见表5.6;

m——计算基数,见表5.6。

表 5.5 仓库面积计算所需数据参考指标

序号	材料名称	单位	储备天数 T_r	每平方米储存量 P	堆置高度/m	仓库类别
1	钢材	t	40~50	1.5	1.0	
	工槽钢	t	40~50	0.8~0.9	0.5	露天
	角钢	t	40~50	1.2~1.8	1.2	露天
	钢筋(直筋)	t	40~50	1.8~2.4	1.2	露天

续表

序号	材料名称	单位	储备天数 T_r	每平方米储存量 P	堆置高度/m	仓库类别
1	钢筋（盘筋）	t	40~50	0.8~1.2	1.0	库或棚约占20%
	钢板	t	40~50	2.4~2.7	1.0	露天
	钢管 φ200以上	t	40~50	0.5~0.6	1.2	露天
	钢管 φ200以下	t	40~50	0.7~1.0	2.0	露天
	钢轨	t	20~30	2.3	1.0	露天
	薄钢板	t	40~50	2.4	1.0	库或棚
2	铸铁管	t	20~30	0.6~0.8	1.2	露天
3	水泥管、陶土管	t	20~30	0.5	1.5	露天
4	水暖零件	t	20~30	0.7	1.4	库或棚
5	五金	t	20~30	1.0	2.2	库
6	钢丝绳	t	40~50	0.7	1.0	库
7	电线电缆	t	40~50	0.3	2.0	库或槽
8	木材	m³	40~50	0.8	2.0	露天
	原木	m³	40~50	0.9	2.0	露天
	成材	m³	30~40	1.0	3.0	露天
	枕木	m³	20~30	0.7	2.0	露天
9	水泥	t	30~40	1.4	1.5	库
10	生石灰（块）	t	20~30	1~1.5	1.5	棚
	生石灰（袋装）	t	10~20	1~1.3	1.5	棚
	石膏	t	10~20	1.2~1.7	2.0	棚
11	砂、石子（人堆）	m³	10~30	1.2	1.5	露天
	砂、石子（机堆）	m³	10~30	2.4	3.0	露天
12	块石	m³	10~20	1.0	1.2	露天
13	青通岭	千块	10~30	0.5	1.5	露天
14	钢筋混凝土构件	m³				
	板	m³	3~7	0.14~0.24	2.0	露天
	梁、柱	m	3~7	0.12~0.18	1.2	露天
15	钢筋骨架	t	3~7	0.12~0.18	—	露天
16	金属结构	t	3~7	0.16~0.24	—	露天
17	钢件	t	10~20	0.9~1.5	1.5	露天或槽
18	钢门窗	t	10~20	0.65	2	棚
19	木门窗	m²	3~7	30	2	棚
20	模板	m²	3~7	0.7	—	露天
21	大型砌块	m³	3~7	0.9	1.5	露天
22	水、电及卫生设备	t	20~30	0.35	1	库、棚各约占1/2
23	工艺设备	t	30~40	0.6~0.8	—	露天约占1/2
24	多种劳保用品	件		250	2	库

注 储备天数根据材料来源、供应季节、运输条件等确定。一般就地供应的材料取表中之低值，外地供应采用铁路运输或水运者取高值。现场加工企业供应的成品、半成品的储备天数取低值，工程处的独立核算加工企业供应者取高值。

表 5.6 按系数计算仓库面积表

序号	名 称	计算基础数/m	单位	系数 φ
1	仓库（综合）	按全员（工地）	m²/人	0.7～0.8
2	水泥库	按当年水泥用量的 40%～50%	m²/t	0.7
3	其他仓库	按当年工作量	m²/万元	1～1.5
4	五金杂品库	按年建筑安装工程量计算	m²/万元	0.2～0.3
4	五金杂品库	按年在建建筑面积计算	m²/百 m²	0.5～1
5	土建工具库	按高峰年（季）平均人数	m²/人	0.1～0.2
6	水暖器材库	按年在建建筑面积	m²/百 m²	0.2～0.4
7	电器器材库	按年在建建筑面积	m²/百 m²	0.3～0.5
8	化工油漆危险品库	按年建筑安装工作量	m²/万元	0.05～0.1
9	三大工具库（脚手架、跳板、模板）	按年在建建筑面积	m²/百 m²	1～2
9	三大工具库（脚手架、跳板、模板）	按年建筑安装工作量	m²/万元	0.3～0.5

当仓库总面积确定后，在设计仓库时，还需正确决定仓库的平面尺寸。仓库的长度应满足装卸货物的需要，即需有一定长度的装卸前线。装卸前线一般可按下式计算：

$$L = nl + \alpha(n+1) \tag{5.8}$$

式中 L——装卸前线长度，m；

l——运输工具的长度，m；

α——相邻两个运输工具的间距，火车运输时 α 为 1m；汽车运输时，端卸 α 为 1.5m，侧卸 α 为 2.5m；

n——同时卸货的运输工具数。

最后按材料性质、种类、当地气候等条件选择适合的材料存放方式及仓库结构形式。仓库的位置，应根据施工组织设计中施工总平面布置图的设计统筹布置即可。

5.2.3 行政、生活福利临时设施

确定行政、生活福利临时设施，应尽量利用施工现场及其附近的已有房屋，或提前修建有使用价值的永久性工程为施工生产服务，不足部分再修建临时房屋。修建临时建筑的面积主要取决于建设工程的施工人数。

按照实际使用人数确定建筑面积，可由下列公式计算：

$$S = NP \tag{5.9}$$

式中 S——所需建筑面积，m²；

N——实际使用的人数；

P——建筑面积指标，见表 5.7。

临时建筑的设计应遵守节约、适用和装拆方便的原则，按照当地气候条件、工程施工工期的长短确定结构形式。

表5.7　　　　　　　　　行政、生活福利临时建筑面积的参考指标

建筑物名称	参考指标/(m²/人)	指标计算方法
1. 办公室	3～4	按干部人数计算
2. 宿舍 　单层通铺 　单层床	2.5～3.5 2.5～3 3.5～4	按高峰年（季）平均职工人数计算，扣除不在工地住宿的人数
3. 食堂	0.5～0.8	按高峰年平均就餐人数计算
4. 开水房	10～40	按每处计算
5. 厕所	0.02～0.04	按高峰年平均职工人数计算

5.2.4　临时供水设施的设置

工地临时供水设施，主要包括：确定需水量、水源的选择及临时给水系统等。

5.2.4.1　施工现场需水量计算

施工现场需水量应考虑施工生产用水、施工机械用水、生活用水以及消防用水。

（1）施工生产用水量 q_1 一般按下式计算：

$$q_1 = K_1 \sum \frac{Q_1 N_1}{T_1 b} \cdot \frac{K_2}{8 \times 3600} \tag{5.10}$$

式中　q_1——施工生产用水量，L/s；

　　　K_1——未预见的施工用水系数，取值 1.05～1.15；

　　　Q_1——年（季）度工程量（以实物计量单位表示）；

　　　N_1——施工用水定额，见表5.8；

　　　T_1——年（季）度有效作业日；

　　　b——每天工作班数，班；

　　　K_2——用水不均衡系数，见表5.9。

表5.8　　　　　　　　　　　施 工 用 水 参 考 定 额

序　号	用水对象	单　位	耗水量 N_1
1	建筑混凝土全部用水	L/m³	1700～2400
2	搅拌普通混凝土	L/m³	250
3	混凝土自然养护	L/m³	200～400
4	搅拌机清洗	L/台班	600
5	冲洗模板	L/m²	5
6	人工冲洗石子	L/m³	1000
7	砌砖工程全部用水	L/m³	150～250
8	砌石工程全部用水	L/m³	50～80
9	抹灰工程全部用水	L/m²	30
10	搅拌砂浆	L/m²	300
11	石灰消化	L/t	3000
12	上水管道工程	L/m	98
13	下水管道工程	L/m	1130
14	工业管道工程	L/m	35

5.2 施工现场平面图布置方法

表 5.9 施工用水不均衡系数

代 号	用 水 名 称	系 数
K_2	现场施工用水	1.50
	附属生产企业用水	1.25
K_3	施工机械、运输机械	2.00
	动力设备	1.05～1.10
K_4	施工现场生活用水	1.30～1.50
K_5	生活区生活用水	2.00～2.50

(2) 施工机械用水量 q_2 按下式计算：

$$q_2 = K_1 \cdot \sum Q_2 \cdot N_2 \cdot \frac{K_3}{8 \times 3600} \tag{5.11}$$

式中 q_2——施工机械用水量，L/s；

K_1——未遇见的施工用水系数，取值 1.05～1.15；

Q_2——同一种机械台数，台；

N_2——施工机械台班用水定额，见表 5.10；

K_3——施工机械用水不均衡系数，见表 5.9。

表 5.10 机械用水量参考定额

序 号	用水名称	单 位	耗水量	备 注
1	内燃挖土机	L/(台班·m³)	200～300	以斗容量 m³ 计
2	内燃起重机	L/(台班·t)	15～18	以起重机 t 计
3	蒸汽压路机	L/(台班·t)	100～150	以压路机 t 计
4	内燃压路机	L/(台班·t)	15～18	以压路机 t 计
5	拖拉机	L/(昼夜·台)	200～300	
6	汽车	L/(昼夜·台)	400～700	
7	空气压缩机	L/台班（m³/min）	40～80	以空压机排气量 m³/min 计
8	内燃机动力装置	L/(台班·马力)①	120～300	直流水
9	内燃机动力装置	L/(台班·马力)	25～40	循环水
10	锅炉	L/(h·t)	1000	以小时蒸发量计
11	锅炉	L/(h·m²)	15～30	以受热面积计

① 1 马力=735.5W。

(3) 施工现场生活用水 q_3 按下式计算：

$$q_3 = \frac{P_1 N_3 K_4}{b \times 8 \times 3600} \tag{5.12}$$

式中 q_3——施工现场生活用水量，L/s；

P_1——施工现场高峰昼人数，人；

N_3——施工现场生活用水定额，见表 5.11；

K_4——用水不均衡系数，见表 5.9；

b——每天工作班数。

表 5.11 分项生活用水参考定额

序 号	用水对象	单 位	耗水量
1	生活用水（盥洗、饮用）	L/(人·天)	20～40
2	食堂	L/(人·天)	10～20
3	浴室（淋浴）	L/(人·次)	40～60
4	淋浴带大池	L/(人·次)	50～60
5	洗衣房	L/kg 干衣	40～60
6	理发室	L/(人·次)	10～25

（4）生活区生活用水量 q_4 可按下式计算：

$$q_4 = \frac{P_2 N_4 K_5}{24 \times 3600} \tag{5.13}$$

式中 q_4——生活区生活用水量，L/s；

P_2——生活区居民人数；

N_4——生活区用水定额，见表 5.11；

K_5——生活区用水不均衡系数，见表 5.9。

（5）消防用水量 q_5 见表 5.12。

表 5.12 消 防 用 水 量

序号	用 水 名 称	火灾同时发生次数	单位	用水量
1	居民区消防用水	5000 人以内	一次	L/s	10
		10000 人以内	二次	L/s	10～15
		25000 人以内	二次	L/s	15～20
2	施工现场消防用水	施工现场在 $25 \times 10^4 m^2$ 内	一次	L/s	10～15
		每增加 $25 \times 10^4 m^2$	一次	L/s	5

（6）总用水量 Q 的计算。

当 $(q_1+q_2+q_3+q_4) \leqslant q_5$ 时，则总用水量 Q 为

$$Q = q_5 + (q_1+q_2+q_3+q_4)/2$$

当 $(q_1+q_2+q_3+q_4) > q_5$ 时，则总用水量 Q 为

$$Q = q_1+q_2+q_3+q_4$$

当工地面积小于 $5 \times 10^4 m^2$，而且 $(q_1+q_2+q_3+q_4) < q_5$ 时，则总用水量 Q 为

$$Q = q_5$$

5.2.4.2 水源选择及确定临时给水系统

1. 水源选择

施工现场临时供水水源应尽量利用附近现有给水管网，仅当施工现场附近缺少现成的给水管线，或无法利用时，才另选地面水和地下水等天然水源。

选择水源须考虑的因素：水量充沛可靠，能满足施工现场最大需水量的要求；水质应

符合生产和生活饮用水的水质要求；取水、输水、净水设施安全可靠；施工、运转、管理和维护方便。

2. 临时给水系统

临时给水系统所用水泵，一般采用离心泵，水泵扬程按下式计算。

当需将水送至水塔时，其扬程为

$$H_p \doteq (Z_t - Z_p) + H_t + a + \sum h' + h_s \tag{5.14}$$

式中　H_p——水泵所需的扬程，m；

　　　Z_t——水塔处地面标高，m；

　　　Z_p——水泵轴中线的标高，m；

　　　H_t——水塔高度，m；

　　　a——水塔的水箱高度，m；

　　　$\sum h'$——从泵站到水塔间的水头损失，m；

　　　h_s——水泵的吸水高度，m。

当将水直接送至用户处时，其扬程为

$$H_p = (Z_m - Z_p) + H_m + \sum h' + h_s \tag{5.15}$$

式中　H_p——水泵所需的扬程，m；

　　　Z_m——供水对象（用户）最不利处标高，m；

　　　H_m——供水对象最不利处的自由水头，一般采用 8～10m；

　　　$\sum h'$——供水网路中的水头损失，m。

当水泵不能连续昼夜工作的临时供水系统，可考虑设置储水构筑物（水池、水箱、水塔等），构筑物的容量按每小时消防用水量确定，但最小容量一般不宜小于 10～20m³。其高度与供水范围、供水对象的位置、构筑物本身的位置有关。可按下式计算：

$$H_t = (Z_m - Z_t) + H_m + \sum h' \tag{5.16}$$

3. 管径的选择与配水管网布置

供水管径的计算，一般按下式求得：

$$D = \sqrt{\frac{4Q}{\pi v \cdot 1000}} \tag{5.17}$$

式中　D——配水管直径，m；

　　　Q——耗水量，L/s；

　　　v——管网中水流速度，m/s，临时水管经济流速见表 5.13。

表 5.13　　　　　　　　　　　临时水管经济流速参考表

序号	管径 D /m	流速/(m/s)	
		正常时间	消防时间
1	$D<1.0$	0.5～1.2	—
2	$D=0.1～0.3$	1.0～1.6	2.5～3.0
3	$D>0.3$	1.5～2.5	2.5～3.0

当已知流量后，亦可使用有关手册，直接查表选出管径。

临时给水管道，根据管径尺寸和压力大小选择管材。一般干管可用铸铁管或钢管，支管为钢管。

配水管网的布置，可分环形管网、枝状管网及混合式管网。其布置原则是在保证不间断供水情况下，使管道铺设最短，同时还应考虑在施工期间各段管网具有移动的可能性。

临时管道的铺设，可用明管或暗管。在严寒地区，暗管须埋在冰冻线以下，明管应采取防冻措施。

5.2.5 临时供电组织设置

施工现场临时供电的组织一般包括：计算用电量、选择电源、确定变压器、布置配电线路及决定导线的断面等。

5.2.5.1 工地总用电量计算

工地临时供电包括动力用电和照明用电两大类。计算工地用电量时，须考虑因素有：全工地所使用的机械动力设备，其他电气工具及照明用电数量；施工总进度计划中，施工高峰阶段同时用电的机械设备最高数量；各种机械设备在工作中需用的情况。

鉴于以上种种因素，施工现场总用电量可按下式计算：

$$P = 1.05 \sim 1.10 \left(K_1 \frac{\sum P_1}{\cos\varphi} + K_2 \sum P_2 + K_3 \sum P_3 + K_4 \sum P_4 \right) \tag{5.18}$$

式中　　　P——供电设备总需要容量，kVA；

P_1——电动机额定功率，kW；

P_2——电焊机额定容量，kVA；

P_3——室内照明容量，kW；

P_4——室外照明容量，kW；

$\cos\varphi$——电动机的平均功率（在施工现场最高为 0.75～0.78，一般为 0.65～0.75）；

K_1、K_2、K_3、K_4——需要系数，见表 5.14。

表 5.14　　　　　　　　　　需　要　系　数

用电名称	数量	需要系数 K	需要系数 数值	备注
电动机	3～10 台 11～30 台 30 台以上	K_1	0.7 0.6 0.5	如施工中需要用电时，应将其用电量计算进去，为使计算接近实际，式中各项动力和照明用电应根据不同工作性质分类计算
加工厂动力设备			0.5	
电焊机	3～10 台 10 台以上	K_2	0.6 0.5	
室内照明		K_3	0.8	
室外照明		K_4	1.0	

5.2 施工现场平面图布置方法

各种机械设备和室内外照明用电定额,可参考施工机械用电定额参考资料和室内、外照明用电定额参考资料选定,或采用企业本身积累的资料。当每日为单班施工时,用电量计算可不考虑照明用电。

由于施工现场的照明用电量所占的比重较动力用电量少得多,因此在估算总用电量时,可以简化:将动力用电量[即式(5.18)括号中的第一、二两项]之外再加10%作为照明用电即可。

5.2.5.2 选择电源及确定变压器

工地临时用电电源,通常有以下几种情况:

(1) 全部由工地附近电力系统供给,包括在全面开工前,把永久性供电外线工程做好,设置变电站。

(2) 工地附近的电力系统只能供给部分电力,工地尚需增设临时电力系统以补不足。

(3) 当条件允许时,利用附近高压电力网,申请临时配电变压器。

(4) 工地位于边远地区,没有电力系统时,电力全部由工地临时电站供给。

电力系统的方案选择,须根据上述几种情况,并结合建设工程具体条件进行比较后确定。

当工地由附近高压电力网输电时,须在施工现场设置降压变电站,使电压从110kV或35kV降到10kV或6kV,再由工地分变电站升至380/220V。变电站的有效供电半径为400~500m。

工地变电器可按照额定容量、额定电压,从常用变电器产品说明书或参考有关手册选用。

工地变电站的网路,对于10kV或6kV的高压线路,可用架空裸线,其电杆距离为40~60m。室外380/220V低压线路亦可采用裸线,但对于建筑物或脚手架等不能保持必要安全距离的地方应采用绝缘导线,其电杆距离常用25~40m。分支线及引入线应由电杆处接出,不允许由两杆之间接出。

配电线路须设在道路一侧,不得妨碍交通和施工机械的运转,并应避开堆料、挖槽及修建临时工棚用地,其布置依施工总平面布置图确定。

5.2.5.3 配电导线断面选择

选择导线断面须满足电流、电压降及机械强度等基本要求。

1. 按机械强度选择

导线必须保证不因一般机械损伤而折断。在不同架设方式下,导线按机械强度所允许的最小断面可参照有关手册资料选择。

2. 按允许电流选择

导线必须能承受负载电流长时间通过所引起的温升。

三相四线制线路上的电流,可按下式计算:

$$I = \frac{KP}{\sqrt{3} \cdot V\cos\varphi}$$

二相制线路上的电流,可按下式计算:

$$I = \frac{P}{V\cos\varphi}$$

式中 I——电流值，A；

　　K、P——需要系数和功率；

　　V——电压，V；

　　$\cos\varphi$——功率因数，临时网路取 0.7～0.75。

各类导线在不同架设条件下的持续容许电流值，可由产品目录或有关资料查得。

3. 按容许电压降选择

配电导线的截面，可按下式计算：

$$S = \frac{\sum P \cdot L}{c\varepsilon}$$

式中 S——配电导线截面面积，mm²；

　　P——负载的电功率或线路输送的电功率，kW；

　　L——送电线路的距离，m；

　　ε——容许的相对电压降（即线路电压损失），%，电动机电压降不超过±5%，照明电路中允许电压降为 2.5%～5%；

　　c——系数，视导线材料、线路电压及配电方式而定，见表 5.15。

表 5.15　　　　　　　　　　按允许电压降计算时的 c 值

线路额定电压 /V	线路系统及电流种类	系数 c 值	
		铜 线	铝 线
380/220	三相四线	77	46.3
380/220	二相三线	34	20.5
220	单项直流	12.8	7.75
36		0.34	0.21
24		0.153	0.092
12		0.038	0.023

选用的导线截面，应能同时满足以上三项要求，即应以求得的三个截面中的最大者为准。一般在给水排水工程中，管道工程施工作业线较长，导线截面由电压降选定；在厂（站）工程施工现场配电线路较短，导线截面可按容许电流选定；在小负荷的架空线路上，通常以机械强度选定。

5.2.6　工地运输组织与临时道路设置

5.2.6.1　确定运输量

货运量（运输量），可用下式计算：

$$q = \frac{\sum Q_i \cdot L_i}{T} \cdot K$$

式中 q——日货运量，t·km/天；

　　Q_i——各种货物年度需用量，或全部工程的货物用量；

　　L_i——各种货物从发货地点到储存地点的距离，km；

　　T——工程年度运输工作日数（对于单位工程，取该工程的运输日数）；

K——运输工作不均衡系数,铁路运输取1.5,汽车运输取1.2,水路运输取1.3。

5.2.6.2 选择运输方式

工地运输方式,通常多利用公路运输。当施工现场距铁路较近,货运量较大时,可采用铁路运输。沿江河修建给水工程时,多数采用水路运输。工地内部加工厂(站)和原料之间的运输,可采用窄轨铁路。

5.2.6.3 运输工具需要量计算

若采用公路以汽车运输,一般可采用下式计算汽车台数需用量:

$$N = \frac{QK_1}{qTcK_2}$$

式中　N——汽车所需台数;

Q——全年(季)度最大运输量,t;

K_1——货物运输不均匀系数,场外运输一般为1.2,场内运输取1.1;

q——汽车台班产量,t/台班,可由相关手册查得;

T——全年(季)的工作天数;

c——日工作班数;

K_2——汽车供应系数,可采用0.9。

5.2.6.4 工地临时道路

工地敷设临时道路,通常是指施工现场内部及工地附近短距离的道路修建。大量的运输道路应尽量利用现有的和拟建工程永久性道路为施工服务。

工地修建临时道路的路面种类和厚度。对道路的技术要求,须视使用条件和路基土壤不同而定。修建临时道路的有关资料见表5.16和表5.17。

表 5.16　　　　　　　　　　简易公路技术要求表

指标名称	单位	技 术 标 准
设计车速	km/h	≤20
路基宽度	m	双车道6～6.5;单车道4.4～5;困难地段3.5
路面宽度	m	双车道5～5.5;单车道3～3.5
平面曲线最小半径	m	平原、丘陵地区20;山区15;回头弯道12
最大纵坡	%	平原地区6;丘陵地区8;山区9
纵坡最短长度	m	平原地区100;山区50

表 5.17　　　　　　　　　　临时道路路面种类和厚度

路面种类	特点及其使用条件	路基土	路面厚度/cm	材料配合比
级配砾石路面	可通行较多车辆,雨天照常通车,对材料级配要求严格	砂质土	10～15	体积比:黏土:砂:石子=1:0.7:3.5 重量比: 1. 面层:黏土13%～15%,砂石85%～87%
		黏质土或黄土	14～18	2. 底层:黏土10%,砂石混合料85%～87%

续表

路面种类	特点及其使用条件	路基土	路面厚度/cm	材料配合比
碎（砾）石路面	雨天照常通车，碎（砾）石含土较多，不加砂	砂质土	10~18	碎（砾）石>65%，当地土壤含量≤35%
		砂质土或黄土	15~20	
碎砖路面	雨天可通车，通行车辆较少	砂质土	13~15	垫层：砂或炉渣 4~5cm 底层：碎砖 7~10cm 面层：碎砖 2~5cm
		黏质土或黄土	15~18	
炉渣或矿渣路面	雨天可通车，通行车辆较少，工地附近有此类材料可以利用	一般土	10~15	炉渣或矿渣75%，当地土25%
		松软土	15~30	
砂土路面	雨天停车，通行车辆较少，就地取材	砂质土	15~20	粗砂50%，细砂、粉砂和黏质土50%
		黏质土	15~30	
石灰土路面	雨天停车，通行车辆较少，就地取材	一般土壤	10~13	石灰10%，当地土壤90%

5.3 施工 BIM 三维场地布置

本章通过品茗 BIM 三维施工策划软件（以下简称为品茗策划软件）完成土方、主体、装饰三阶段的场地三维模型，并输出三维可视化场地模型、场景漫游视频等。

品茗 BIM 三维施工策划软件操作界面主要有菜单栏、常用命令栏、构件布置区、构件列表、构件属性栏、构件大样图栏、常用编辑工具栏、阶段及楼层控制栏、命令栏、绘图区，如图 5.2 所示。

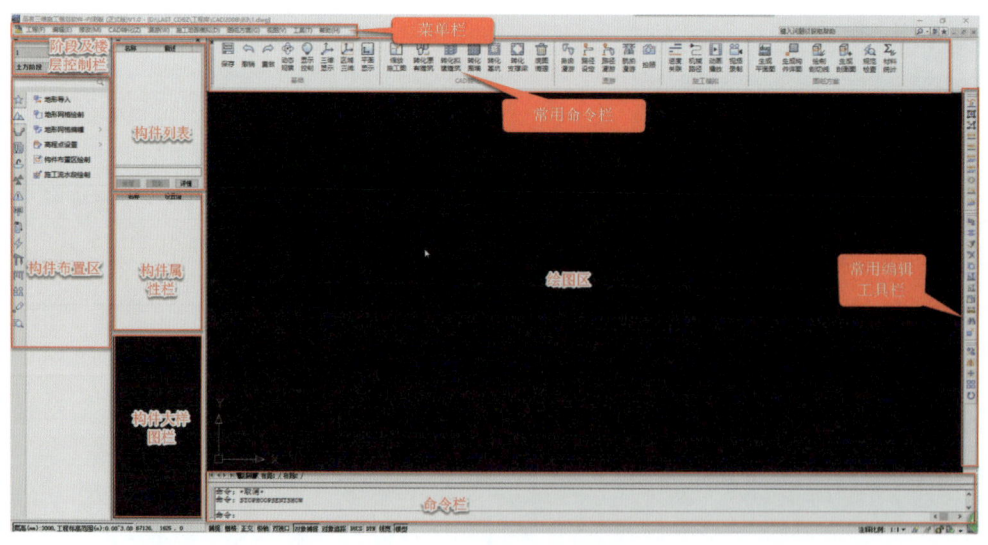

图 5.2 软件操作界面

5.3 施工 BIM 三维场地布置

5.3.1 工程新建

软件打开时就会打开欢迎界面，在该界面可以选择打开之前建好的工程，或者新建一个工程，可以进行 CAD 平台切换和正式版的加密锁验证方式的设置。

新建工程在输入工程名称保存后就会打开选择工程模板的界面，工程模板是制定一些构件的属性，使其适用于企业标准，这里选择默认模板，如图 5.3 所示。

"楼层阶段"设置中楼层管理设置的是软件内各层的相关信息，这个主要是在导入 P-BIM 模型时使用的，软件内包括基坑、拟建建筑、地形等都是布置在一层的，所以建议不要去设置修改。"自然地坪标高"这个参数是作为多数构件的默认标高参数使用的，"标高±0.000＝高程多少米"是设置地形使用的。"阶段设置"设置的阶段数量可根据需要设置，开始时间和结束时间可以在后面的进度关联里快速的设置部分构件的起始时间。

图 5.3 选择工程模板界面

5.3.2 导入 CAD 图纸与转化

工程新建好后，就可以把施工现场总平面图 CAD 电子图通过复制（快捷命令 Ctrl＋C）和粘贴（快捷命令 Ctrl＋V）导入品茗策划软件。建议在 CAD 中使用右键中的带基点复制命令来复制图纸，然后在品茗策划软件的原点附近粘贴图纸。（案例图纸下载：http://www.pmsjy.com/m/BIM 场布实训图纸.rar）

图纸复制到品茗策划软件中后，为了快速布置可以使用转化模型命令，快速生成相应构件。转化模型见图 5.4。

图 5.4 转化模型

5.3.2.1 转化原有/拟建建筑物

点击"转化原有建筑"按钮，再选择工程周边原有建筑 CAD 图块和封闭线条，可以快速转化成原有建筑；使用"转化拟建建筑"可以快速把 CAD 图块和封闭线条转化成拟建建筑。

5.3.2.2 转化围墙

使用"转化围墙"按钮可以快速把 CAD 图纸中的线条（选择总平面图上的建筑红线）转化成砌体围墙。

225

注意：

（1）如果红线闭合，则封闭圈的外侧是围墙外侧，如果是不封闭的线条，则转化的围墙的内外侧可能是错误的，可以使用对称翻转命令进行修正。

（2）同时转化的多道围墙的属性是一样的，转化的构件的参数都是按默认参数生成的，转化完成后需要再进行编辑，默认参数可以通过菜单栏—工具—构件参数模板设置进行设置调整。

5.3.2.3 转化基坑

使用"转化基坑"按钮可以快速把CAD中的封闭线条转化成基坑（建议转化围护中的冠梁中线）。

注意：

（1）如果一个看起来封闭的样条线转化基坑失败，则可以通过CAD的特性查看这个样条线是不是闭合的，不闭合的无法转化。

（2）同时转化的多个基坑的属性是一样的，转化的构件的参数都是按默认参数生成的，转化完成后需要再进行编辑，默认参数可以通过菜单栏—工具—构件参数模板设置进行设置调整。建议坑中坑转化的时候可以分开来转化，便于后期对底标高的修改。

5.3.2.4 转化支撑梁

使用"转化支撑梁"按钮就可以打开支撑梁识别界面，见图5.5，转化时设置好支撑梁道数和顶标高，提取支撑梁所在的图层，点击转化就可以快速把CAD图纸中的梁边线转化成支撑梁，同时自动在支撑梁交点位置生成支撑柱。

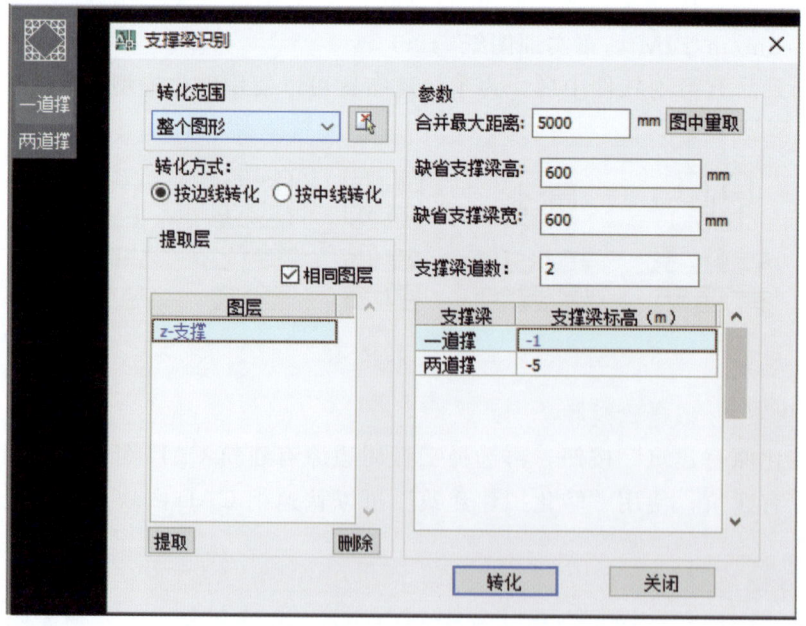

图5.5 支撑梁识别界面

5.3 施工 BIM 三维场地布置

注意：支撑梁转化时一定要选取图层，不然默认设置是会把复制或者导入的图形中所有图层都识别一遍的。

5.3.3 地形布置

图纸复制到软件中后，可以选择地形导入或者地形网格绘制，然后再在三维中用地形编辑工具进行地形编辑。当然在二维中手动设置高程点也是可以的，见图 5.6。

5.3.3.1 二维地形绘制

一般如果导入图纸之后，最简单的地形做法就是把总平面图用绘制的地形网格全部覆盖，然后再在建筑红线范围内绘制构件布置区。具体的地形可以根据总平面图上的各个高程点，使用增加、删除高程点命令来进行调整，如果需要修改高程数值，直接双击绘图区中的高程点数值就好。

图 5.6 地形分区

5.3.3.2 地形导入

如果有地形参数的 Excel 文件，可以通过地形导入来快速生成地形，地形参数是不同坐标的不同高程，点位越多显示的越细致。具体的地形细致程度还要根据地形网格设置中的栅格边长来决定。如果使用地形导入，要注意原文件中参数的单位，品茗策划软件中默认的都是 m 的，而且使用地形导入最好是在复制导入 CAD 图纸文件之前。

5.3.3.3 地形设置编辑

如图 5.7 所示地形设置编辑一般先通过地形设置进行初步的调整，比如要不要地下水，对地形网格的尺寸进行调整，显示的精度进行调整，显示的材质进行修改。一般除了地下水之外不建议使用者修改，尺寸和精度修改会把之前设置的高程点等都清除掉。

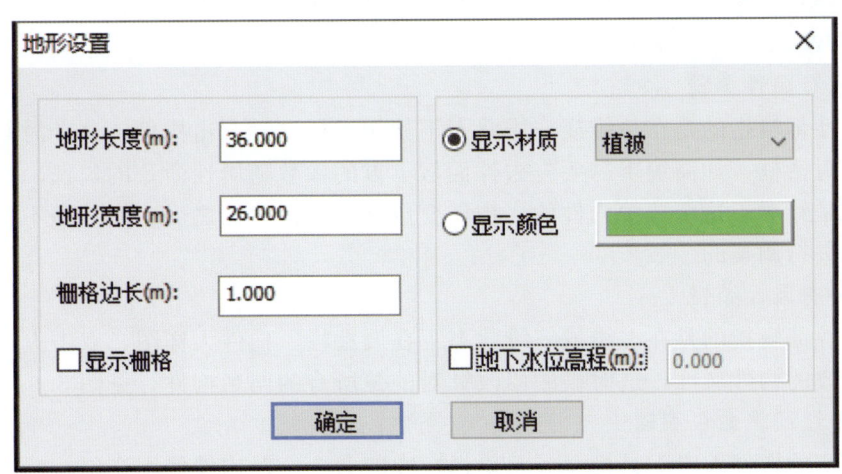

图 5.7 地形设置

227

在三维编辑状态时，如图 5.8 所示，可以使用下陷、上升、平整、柔滑命令在三维状态中修改现有地形。

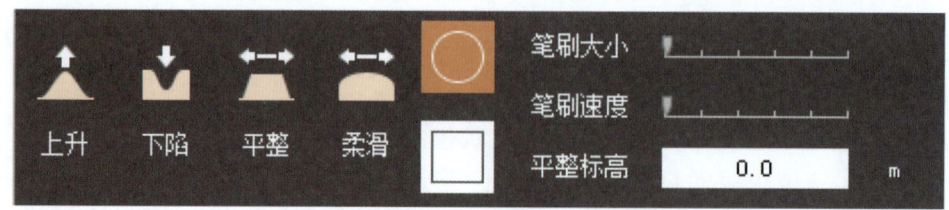

图 5.8　地形编辑

注意：在三维状态中编辑过的地形若在二维状态中进行了高程点修改、地形网格尺寸精度修改则地形都会被刷新，当然如果构件布置区移动过，则其留下的坑也是会被刷新。

5.3.4　构件布置

施工场地布置涉及大量的临时设施设备，本节主要讲解布置方式。BIM 三维施工场地布置软件构件布置根据构件不同类别，主要有以下几种。

5.3.4.1　点选布置

点选布置的构件，直接点击构件布置栏的构件名称就可以直接在绘图区指定插入点，再设置角度。此布置方式用于板房、加工棚、机械设备等块状类型构件。

5.3.4.2　线性布置

线性布置的构件，指定第一个点，根据命令提示行绘制后续的各点，直到完成布置。需要注意的是线性构件如果要画成闭环的，那么最后闭合的一段要用命令提示行的闭合命令完成。如果构件有内外面的要注意绘制过程中的箭头指向都是外侧，顺逆时针绘制是不同的。此布置方式用于道路、围墙、排水沟等线型类型构件。

5.3.4.3　面域布置

面域布置的构件，指定第一个点，根据命令提示行绘制后续的各点，直到完成布置，注意最后闭合的一段要用命令提示行的闭合命令完成，否则容易出现造型错误。本布置方式用于地面硬化、基坑绘制、拟建建筑绘制等面域封闭类型构件。

5.3.5　构件编辑

5.3.5.1　私有属性编辑

私有属性编辑指的是在二维或三维状态下使用鼠标左键双击构件，这个时候会弹出私有属性编辑对话框，如需编辑需要先去掉面板下方的参数随属性命令的勾选。这时候对构件的修改只是针对于这个选中构件的。构件变成私有属性构件之后，属性是不会随同公有属性修改而进行调整的。

5.3.5.2　公有属性编辑

公有属性编辑指的是在二维或三维状态下在属性栏、构件大样图、双击大样图的构件编辑界面修改的构件属性，这时候的修改针对的是所有的同名构件，见图 5.9。

5.3.5.3　通过编辑命令编辑

通过右侧的构件编辑工具栏（或菜单栏）中的命令，对构件使用变斜、标高调整、打断、移动、旋转、阵列等编辑操作。或者像土方构件、脚手架构件等具有其他独立编辑命

5.3 施工 BIM 三维场地布置

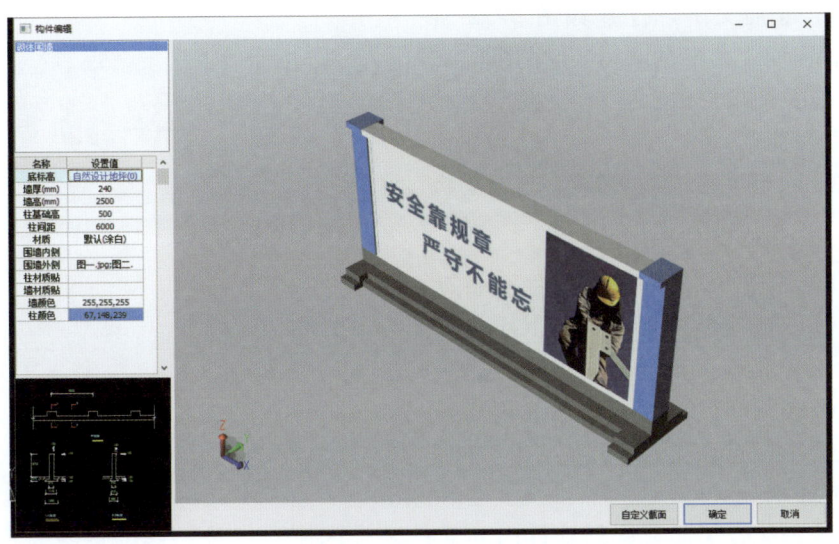

图 5.9 构件属性编辑

令的构件进行编辑。

5.3.5.4 材质图片编辑

构件的材质图片主要的编辑方式就是替换，软件中可以在构件属性栏的材质属性、私有属性或者公有属性界面中双击需要更换材质的部位（这个部位的材质参数必须在属性栏里有），双击后会打开贴图材质界面见图 5.10。根据需要选择的不同的材质图片，材质图片可以下载或者用 PS 绘制。

如果只是对原有图片进行简单的编辑时，如简单调整文字内容，可以在图 5.10 的界面单击最后一个编辑命令按钮，则会展开图片编辑界面，见图 5.11。

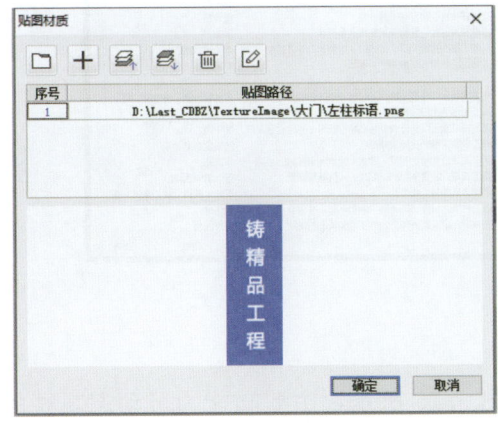

图 5.10 贴图材质

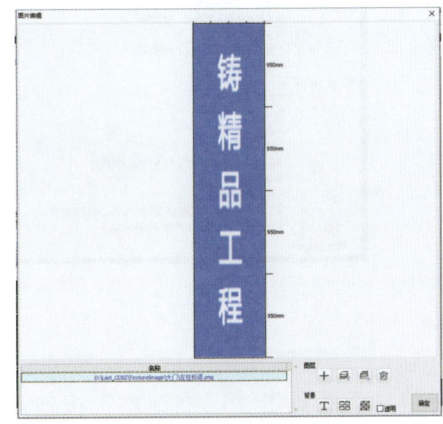

图 5.11 图片编辑

图片编辑时可以增加其他图片，比如有透明的公司 LOGO 的 .png 图片，就可以添加到里面。需要说明的是，在使用一张图片进行拉伸布置时，界面的图片填充图框的方式也会随之保存出来。例如要换个文字图片，就把原来的图片删除，增加个图层，填充上背景色，然后点击增加文字，打开如图 5.12 所示文字编辑界面，文字的大小可在图 5.12 所示界面中拖拉图层修改。

图 5.12　文字编辑

5.3.6　规范检查

对场地进行布置完成后可以点击规范检查 规范检查 按钮，如图 5.13 所示，软件会自动根据《建筑施工安全检查标准》（JGJ 59—2011）、《建筑工程施工现场消防安全技术规范》（GB 50720—2011）两本规范对现场进行检查，并给出检查意见。

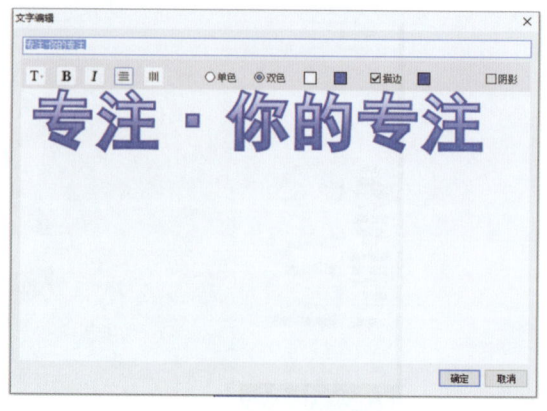

5.3.7　三维显示

三维显示是集合了品茗策划软件内的除动画外的所有三维功能，见图 5.14，主要有三维观察、三维编辑、自由漫游、路径漫游（包括漫游路径绘制）、航拍漫游、三维全景、三维设置（包括光源配置设置、相机设置）、构件三维显示控制、视角转换。另外三维视口具备二、三维构件时时联动刷新，可双屏同时显示，同时界面右上角包含视频录制和屏幕置顶功能。

检查结果

安全检查标准JGJ59-2011　消防安全技术规范GB50720-2011

阶段	问题描述	判断依据	整改意见	构件
土方阶段				
1	未按规定悬挂安全标志	3.1.4-4	施工现场入口处及主要施工区域、危险部位应设置相应	安全警示牌、安全警示灯
2	未设置大门	3.2.3-2	施工现场进出口应设置大门，并应设置门卫值班室	大门
3	未设置车辆冲洗设施	3.2.3-2	施工现场出入口应标有企业名称或标识，并应设置车辆	洗车池
4	未采取防尘措施	3.2.3-3	施工现场应有防止扬尘措施	防扬尘喷洒设施
5	未采取防止泥浆、污水、废水污染环境措施	3.2.3-3	施工现场应有防止泥浆、污水、废水污染环境的措施	沉淀池
6	未设置吸烟处	3.2.3-3	施工现场应设置专门的吸烟处，严禁随意吸烟	茶水亭/吸烟室
7	未进行绿化布置	3.2.3-3	温暖季节应有绿化布置	花坛、草坪、树、灌木、花
8	施工现场消防通道、消防水源的设置不符合规范要求	3.2.3-6	施工现场应设置消防通道、消防水源，并应符合规范要	消防栓
9	生活区未设置供作业人员学习和娱乐场所	3.2.4-1	生活区内应设置供作业人员学习和娱乐的场所	健身器材
10	未设置宣传栏、读报栏、黑板报	3.2.4-2	应有宣传栏、读报栏、黑板报	宣传窗
11	未设置淋浴室	3.2.4-3	应设置淋浴室，且能满足现场人员要求	浴室
12	在建工程的孔、洞未采取防护措施	3.13.3-5	在建工程的预留洞口、楼梯口、电梯井口等孔洞应采取	水平洞口防护
13	未搭设防护棚	3.13.3-6	应搭设防护棚且防护严密、牢固	安全通道
结构阶段				
1	未按规定悬挂安全标志	3.1.4-4	施工现场入口处及主要施工区域、危险部位应设置相应	安全警示牌、安全警示灯
2	未设置大门	3.2.3-2	施工现场进出口应设置大门，并应设置门卫值班室	大门
3	未设置车辆冲洗设施	3.2.3-2	施工现场出入口应标有企业名称或标识，并应设置车辆	洗车池
4	未采取防尘措施	3.2.3-3	施工现场应有防止扬尘措施	防扬尘喷洒设施
5	未采取防止泥浆、污水、废水污染环境措施	3.2.3-3	施工现场应有防止泥浆、污水、废水污染环境的措施	沉淀池
6	未设置吸烟处	3.2.3-3	施工现场应设置专门的吸烟处，严禁随意吸烟	茶水亭/吸烟室
7	未进行绿化布置	3.2.3-3	温暖季节应有绿化布置	花坛、草坪、树、灌木、花
8	施工现场消防通道、消防水源的设置不符合规范要求	3.2.3-6	施工现场应设置消防通道、消防水源，并应符合规范要	消防栓
9	生活区未设置供作业人员学习和娱乐场所	3.2.4-1	生活区内应设置供作业人员学习和娱乐的场所	健身器材

导出到Excel　确定　取消

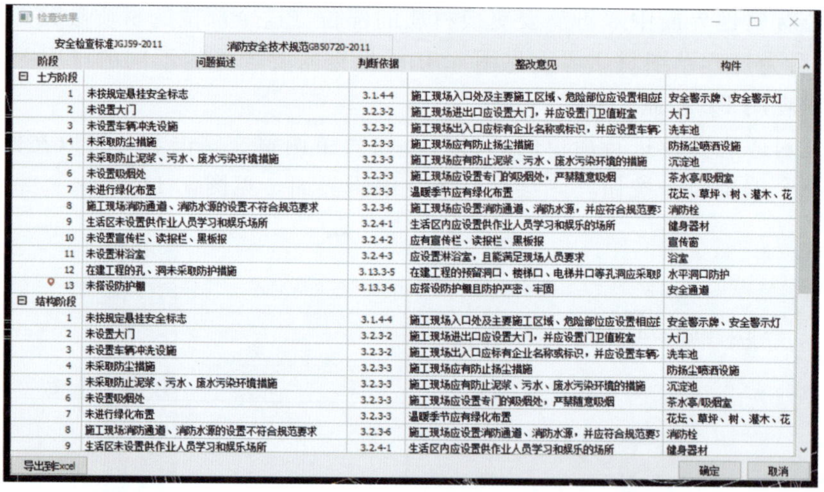

图 5.13　规范检查

5.3.7.1　三维观察

三维显示后点击“三维观察”按钮，如图 5.15 所示，主要功能为可动态观察的所有构件。另外该界面内可以进行自由旋转、剖切观察、拍照、相机设置、导出为 .SKP 格式文件。

自由旋转：整体三维可以进行顺时针或者逆时针旋转，可以通过鼠标来调整旋转方向以及旋转速度方便观察三维整体效果。

剖切观察：可以把整个布置区进行上、下、左、右、前、后 6 个面进行自由剖切，从

5.3 施工 BIM 三维场地布置

图 5.14 三维显示

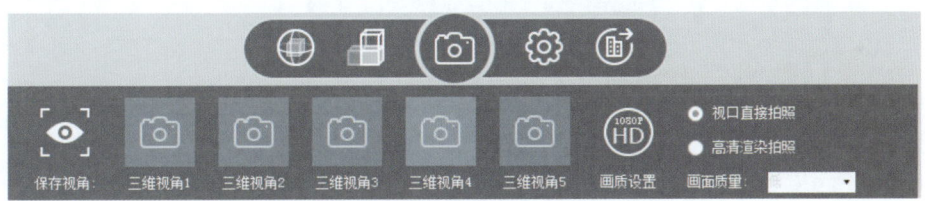

图 5.15 三维观察

而观察特定剖切面三维图形。

拍照：点击"拍照"会自动弹窗拍下并保存当前视口照片的.png格式图片。

相机设置：点击"相机设置"弹出下行窗口，可以同时保存三维观察时的 5 个视角（与自由漫游时保存的视角不共用），点击"保存视角"就可以在选定的视角框保存一个视角，点击保存的视角三维视口会自动跳转到该视角；"画质设置"可以直接设置拍照图片的画质，高清渲染拍照需要消耗大量系统资源，可根据电脑性能自行考虑。

5.3.7.2 三维编辑

三维显示后点击"三维编辑"按钮如图 5.16 所示，主要功能为在三维视口中可以进行编辑构件和地形。

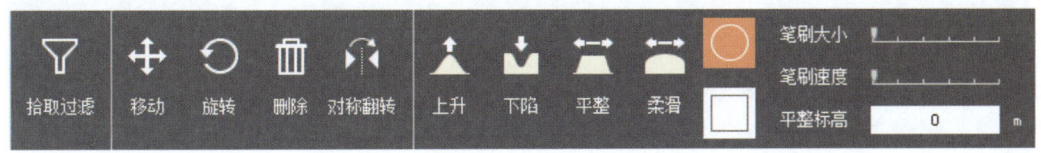

图 5.16 三维编辑

拾取过滤命令的使用：拾取过滤相应构件或类构件，三维状态中该构件或该类构件就不能被选择。

移动命令的使用：点击命令后选择需要移动的构件，右键确定选择，会出现可以移动的三维坐标，把构件移动到指定的位置，右键确定保存。

旋转命令的使用：点击命令后选择需要旋转的构件，右键确定选择，会出现可以旋转的红色箭头圆环，把构件旋转到指定的角度，右键确定保存。

删除命令的使用：点击命令后选择需要删除的构件，右键确定选择。

对称翻转命令的使用：点击命令后选择需要翻转的构件，右键确定选择。

上升、下陷、平整、柔滑是地形编辑命令，可以调整地形的样子；圆圈和方块是笔刷的造型，笔刷大小影响笔刷单次修改的范围，笔刷速度影响单次修改的地形变化程度。平整标高设置的是平整命令时地形平整后的标高。

5.3.7.3 自由漫游

三维显示后点击"自由漫游"按钮，如图 5.17 所示，主要功能为以人的视角在三维视口中进行移动观察，并选取需要的角度进行拍照截图。

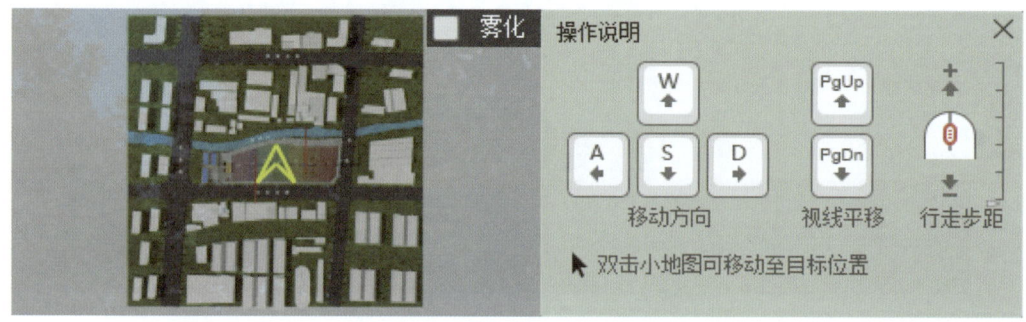

图 5.17　自由漫游

在拍照按钮的右下角有个"拍照设置"的按钮，点击后可以同时保存漫游观察时的 5 个视角（与三维观察时保存的视角不共用），点击"保存视角"就可以在选定的视角框保存一个视角，点击保存的视角三维视口会自动旋转到该视角；"画质设置"可以直接设置拍照的图片的画质，高清渲染拍照需要消耗大量系统资源，可根据电脑性能自行考虑。

5.3.7.4 路径漫游

三维显示后点击"路径漫游"按钮，如图 5.18 所示，需要绘制漫游路径，按绘制的路径生成漫游动画，进行观察。

图 5.18　路径漫游

5.3.7.5 航拍漫游

三维显示后点击"航拍漫游"按钮，如图 5.18 所示，通过设置航拍点与帧生成航拍动画并导出。

5.3.7.6 三维全景

三维显示后点击"三维全景"按钮，如图 5.20 所示，该功能主要是为了生成 360°全

5.3 施工 BIM 三维场地布置

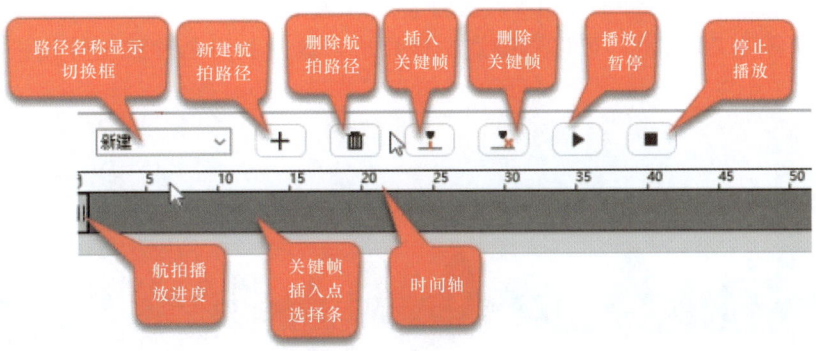

图 5.19 航拍漫游

景视图,并在各个相机视图之间进行切换漫游的功能,生成的效果可以通过二维码或者链接分享给朋友。

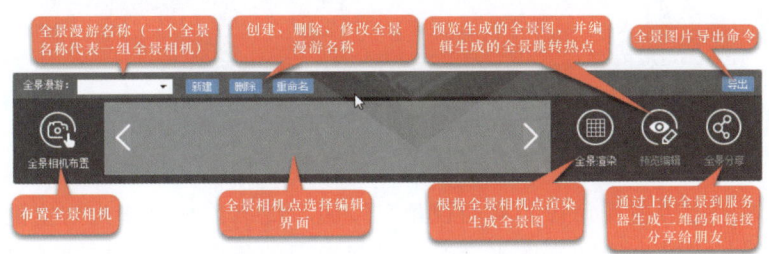

图 5.20 三维全景

首先新建一个全景漫游场景,其次点击"全景相机布置",此时三维视口会切换到俯视视角,用左键点击布置相机点,右键确定布置,之后会在下面的相机点选择编辑界面增加一个相机点,如图 5.21 所示。

图 5.21 全景相机布置

233

此时可以点击下面的全景相机1,此时会进入选中状态,三维视口也会切换到该相机点的视口,如图5.22所示,可以右键点击该相机,修改相机名称或删除相机。

图5.22 全景相机视口

切换到相机视口后可以左键拖拉三维视口进行旋转切换,当选中合适的角度时可以点击三维视口中的"把当前视角设为初始视角"按钮,把当前视口作为切换到该相机时的默认视角。如果对相机的位置和高度不满意可以把上面的相机观察切换到相机编辑。相机编辑时跟漫游一样的操作移动相机,当移动到合适的位置时可以切换到相机观察保存默认视口。可以重复添加和编辑全景相机。

如图5.23所示,当把全景相机添加完成后可以点击"全景渲染",此时会生成所有相机点的全景图片,如果不进行渲染则无法使用预览编辑和全景分享、导出功能。

图5.23 全景渲染

等待渲染完成,点击"预览编辑",此时会打开预览编辑界面,选择一个相机点,则会显示热点切换内容,勾选后会在视口中出现热点标识,此时点击该热点会切换到热点所代表

5.3 施工 BIM 三维场地布置

的相机的默认视口,该标识可以在热点切换界面点击相应图标进行切换。可以一个个相机调整编辑,完成后保存设置,并退出预览编辑。完成渲染后可以生成二维码进行分享。

5.3.7.7 三维设置

三维显示后点击"设置"按钮,见图 5.24,主要功能为调整三维界面中的渲染效果,阴影设置开启后会消耗大量资源,如果三维状态比较卡,建议关闭。

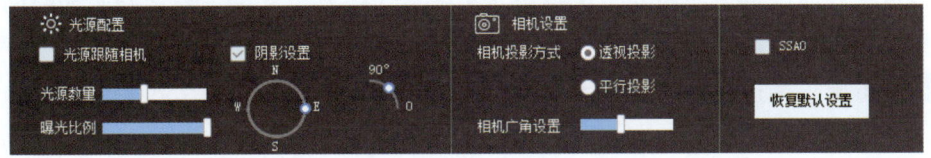

图 5.24　三维显示设置

光源配置里可以设置 3 个参数:光源跟随相机、光源数量、曝光比例,这几个参数的修改都会影响三维状态时的亮度。

阴影设置:开启后可以设置阴影的角度和方向,需要注意的是开启阴影后,光源配置中的光源跟随相机一定不要去勾选,不然阴影效果会错乱。

相机设置中可以设置相机投影方式和相机广角设置,一般如果在三维中使用鼠标缩放构件至无法缩放的时候,可以试试修改下相机广角设置,其余时候不建议修改。

大气雾化效果,可以在进入自由漫游或者路径漫游之前开启,这样漫游时看起来会更真实。

5.3.7.8 机械路径设置

车辆设备如果需要有行走动画时,可以在构件布置后点击机械路径按钮,这些能够设置机械路径的构件的属性栏中都有路径动画相关设置的参数,可以在属性栏先设置好是按速度或是按循环次数设置行走参数。

点击命令后就会展开如图 5.25 所示的机械路径设置面板,里面会显示所有的已经

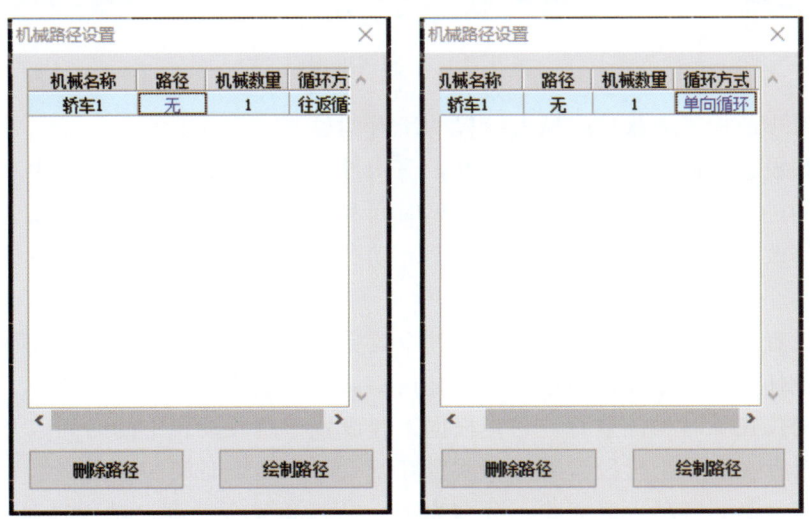

图 5.25　机械路径设置

布置的可以设置机械路径的构件，也会标示出该构件有没有设置机械路径，包括机械在这个机械路径上同时出现的数量、动画时的循环方式。每个车辆设备只能设置一条机械路径。

5.3.7.9 施工模拟

构件布置完成后，当然也可以在布置完土方构件的时候就使用进度关联先完成土方开挖施工模拟动画的设置，然后在主体阶段布置完成后设置主体施工模拟动画的时间和动画方式。

首先点击施工模拟命令，打开施工模拟界面。

1. 动画编辑

进入施工模拟后可以看到如图 5.26 所示的动画进度编辑界面，图中有三维视口、构件动画设置界面、横道图。

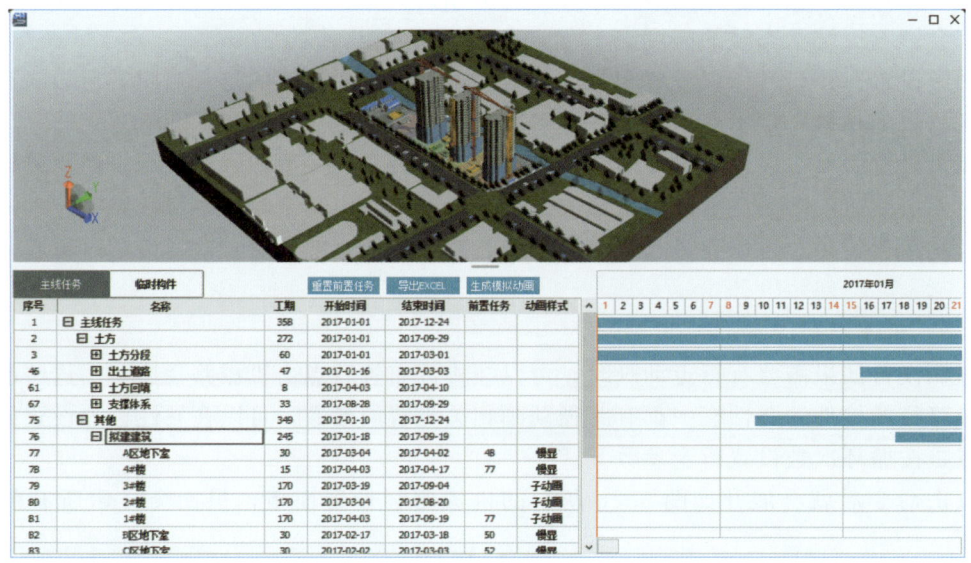

图 5.26　动画进度编辑

三维视口中的构件为软件中所有阶段的所有构件。

构件动画设置界面里点击相应的构件，该构件就会在上面的三维视口中高亮显示。可以根据相应的进度计划设置构件的动画开始时间和结束视角；前置任务可以通过任务关联来进行联动修改，但是注意不要设置出死循环动画；动画样式是该构件可以设置的动画的形式。

子动画设置是对具备该动画样式的构件设置更详细的动画，如图 5.27 所示。

重置前置任务仅在主线任务里有，它是按默认设置重置构件的前置任务。

重置时间仅在临时构件里有，它是根据工程设置里阶段设置中的时间以及构件通过阶段复制后同时存在多少个阶段自动计算重置开始时间和结束时间。

生成模拟动画有两种生成方式，分别为独立动画和复合动画，独立动画会比较流畅，复合动画生成后还需要再设置关键帧动画（航拍漫游）。

5.3 施工 BIM 三维场地布置

图 5.27 子动画设置

2. 模拟动画

生成模拟动画后如图 5.28 所示就可以在三维视口里预览施工模拟动画,如果有不满意的地方可以点击返回动画编辑重新进行设置调整。

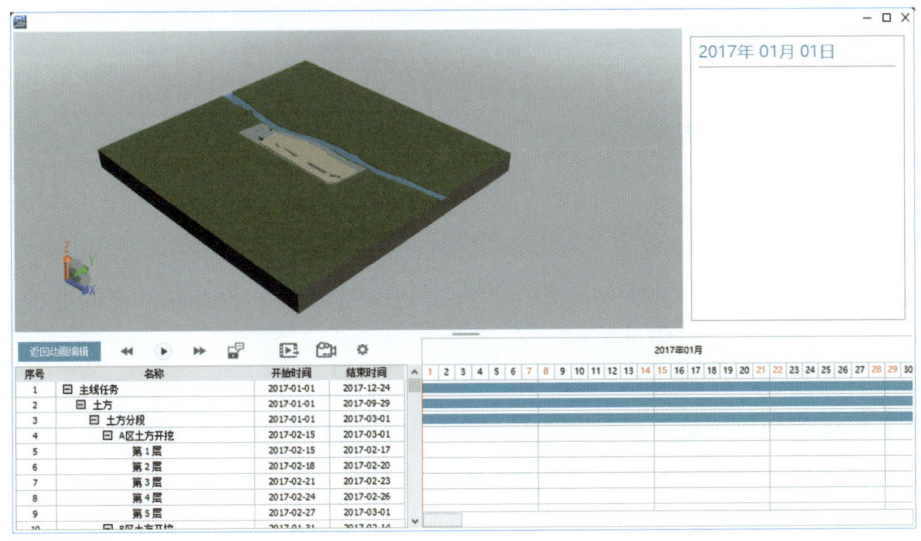

图 5.28 生成模拟动画

播放/暂停、加速、减速这几个是动画播放预览的命令。

点击动画信息命令会切换右上角的动画信息界面的显示或隐藏。

导出视频是根据设置的动画信息自动生成施工模拟动画视频。

录制视频是录制整个施工模拟界面上的所有界面和内容,然后生成视频。

视频格式设置是调整和设置视频的格式和帧数。

237

5.3.7.10 生成平面图

构件布置完成后可以点击生成平面图按钮,展开如图5.29所示的生成平面图面板。

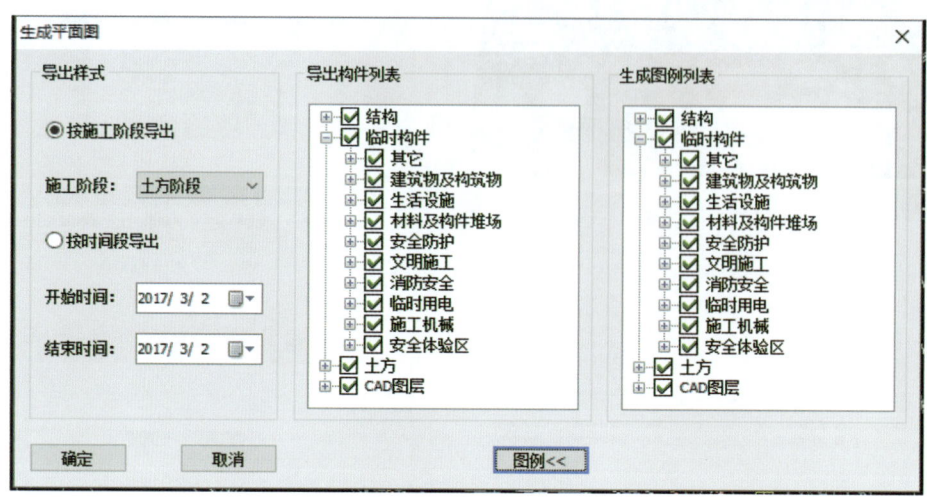

图 5.29 生成平面图

在生成平面图面板中可以看到导出样式、导出构件列表、生成图例例表(这个默认是收缩的,点击下面的图例按钮就可以展开)。

在导出样式中可以按时间或者按施工阶段来生成不同阶段的平面布置图,比如土方阶段平面布置图、地下室阶段平面布置图等。

生成平面图时,在导出构件列表进行构件的整理,就可以生成消防平面布置图、临时用电平面布置图、临时用水平面布置图等。

在生成图例例表中勾选的构件都会在生成的平面图中同步生成相应的图例,软件默认都是勾选的,一般不建议调整。

5.3.7.11 生成构件详图

如果希望生成部分构件的详图来给工人作为临时设施施工的依据,就可以点击生成构件详图按钮,选择要生成的构件。

5.3.7.12 材料统计

如果需要统计材料用量,可以点击材料统计按钮,可以对布置的构件按总量和按各施工阶段用量分别统计,统计完成后也可以保存成 Excel 表格文件。

5.3.7.13 导入外部构件

如果软件中的模型没有需要的,但是能找到 3dMax 模型、Revit 族文件、草图大师的.skp 文件或者用构件编辑器自己绘制的 pmobj 构件,这时可以使用品茗族库中的新建-导入外部构件命令把这些模型利用起来。

练 习 题

一、填空题

1. 单位工程施工平面布置图绘制比例一般为(   )。

2. 施工现场运输道路应满足材料、构件等的运输要求，道路最好为环形布置，宽度不小于（　　）。

3. 按有关规定设置，施工现场消防干管的直径不小于（　　）mm。

4. 施工现场变压器应布置在现场边缘高压线接入处，距地面高度应大于（　　）cm。

5. 劳动力不均衡系数是指施工期内（　　）和（　　）之比。

二、单项选择题

1. 单位工程施工组织设计编制程序中，以下几项顺序正确的是（　　）。

    A. 施工部署→施工进度计划→施工方案→施工平面图

    B. 施工部署→施工方案→施工进度计划→施工平面图

    C. 施工进度计划→施工部署→施工平面图→施工方案

    D. 划分工序→计算持续时间→绘制初始方案→确定关键线路

2. 单位工程施工平面图设计时应首先确定（　　）。

    A. 搅拌机的位置　　　　　　　B. 变压器的位置

    C. 现场道路的位置　　　　　　D. 起重机械的位置

3. "现场布置尽量紧凑，占地要省，不占或少占农田"是平面布置的设计（　　）。

    A. 依据　　　B. 内容　　　C. 原则　　　D. 目标

4. 位置应靠近搅拌站，并设在下风向的是（　　）。

    A. 淋灰池　　　B. 水泥仓库　　　C. 沉灰池　　　D. 砂石骨料

5. 单位工程施工组织设计的供水量是（　　）。

    A. 生产用水　　　　　　　　B. 生产用水＋生活用水

    C. 生产用水＋生活用水＋消防用水　　　D. 以上都不对

三、实践操作

1. 施工现场平面布置图规划训练。

2. 施工现场平面布置图绘制训练。

学习项目6　主要施工管理计划编制

【学习目标】
(1) 熟悉施工组织设计中主要施工管理计划的内容，理解其重要性。
(2) 掌握施工组织设计中主要施工管理计划编写的关键技术。
(3) 能够合理编制施工组织设计中的主要施工管理计划。

6.1　主要施工管理计划的内容

施工管理计划在目前多作为管理和技术措施编制在施工组织设计中，这是施工组织设计必不可少的内容。施工管理计划涵盖很多方面的内容，可根据工程的具体情况有所取舍。在编制施工组织设计中，施工管理计划可单独成章，也可穿插在施工组织设计的相应章节中。

主要施工管理计划包括进度管理计划、质量管理计划、安全管理计划、环境管理计划、成本管理计划、其他管理计划以及基于BIM技术的项目5D管理。

6.1.1　进度管理计划

项目进度管理应按照项目施工的技术规律和合理的施工顺序，保证各工序在时间和空间上顺利衔接。

不同的工程项目其施工技术规律和施工顺序不同。即使是同一类工程项目，其施工顺序也难以做到完全相同。因此必须根据工程特点，按照施工的技术规律和合理的组织关系，解决各工序在时间和空间上的先后顺序和搭接关系，已达到保证质量、安全施工、充分利用空间、争取时间、实现经济合理安排进度的目的。

进度管理计划应包括以下几个方面的内容：

(1) 对项目施工进度计划进行逐级分解，通过阶段性目标的实现保证最终工期目标的完成。在施工活动中通常是通过对最基础的分部（分项）工程的施工进度控制来保证各个单项（单位）工程或阶段工程进度控制目标的完成，进而实现项目施工进度控制总体目标。因而需要将总体进度计划进行一系列从总体到细部、从高层次到基础层次的层层分解，一直分解到在施工现场可以直接调度控制的分部（分项）工程或施工作业过程为止，通过阶段性目标的实现保证最终工期目标的完成。

(2) 建立施工进度管理的组织机构并明确职责，制定相应管理制度。施工进度管理的组织机构是实现进度计划的组织保证；它既是施工进度计划的实施组织；又是施工进度计划的控制组织；既要承担进度计划实施赋予的生产管理和施工任务，又要承担进度控制目标，对进度控制负责，因此需要严格落实有关管理制度和职责。

(3) 针对不同施工阶段的特点，制定进度管理的相应措施，包括施工组织措施、技术措施和合同措施等。

（4）建立施工进度动态管理机制，及时纠正施工过程中的进度偏差，并制定特殊情况下的赶工措施。面对不断变化的客观条件，施工进度往往会产生偏差。当发生实际进度比计划进度超前或落后时，控制系统就要作出应有的反应，采取相应的措施，调整原来的计划，使施工活动在新的起点上按调整后的计划继续运行，如此循环往复，直至预期计划目标实现。

（5）根据项目周边环境特点，制定相应的协调措施，减少外部因素对施工进度的影响。项目周边环境是影响施工进度的重要因素之一，其不可控性大，必须重视诸如环境扰民、交通管制和偶发意外等因素，采取相应的协调措施。

6.1.2 质量管理计划

施工单位应按照《质量管理体系 要求》（GB/T 19001）建立本单位的质量管理体系文件。质量管理计划在施工单位质量管理体系的框架内编制。质量管理应按照 PDCA（PDCA 由英语单词 Plan、Do、Check 和 Action 的首字母组成，PDCA 循环就是按照这样的顺序进行质量管理，并且循环不止地进行下去的科学程序）循环模式，加强过程控制，通过持续改进提高工程质量。

质量管理计划一般内容有以下几个方面：

（1）按照项目具体要求确定质量目标并进行目标分解。应制定具体的项目质量目标，质量目标不低于工程合同明示的要求；质量目标应尽可能地量化和层层分解到最基层，建立阶段性目标。质量指标应具有可测量性。

（2）建立项目质量管理的组织机构并明确职责。应明确质量管理组织机构中各重要岗位的职责，与质量有关的各岗位人员应具备与职责要求匹配的相应知识、能力和经验。

（3）制定符合项目特点的技术保障和资源保障措施，保证质量目标的实现。应采取各种有效措施，通过可靠的预防控制措施，确保项目质量目标的实现。这些措施包含但不局限于：原材料、构配件、机具的要求和检验，主要的施工工艺、主要的质量标准和检验方法，夏季、冬季和雨季施工的技术措施，关键过程、特殊过程、重点工序的质量保证措施，成品、半成品的保护措施，工作场所环境以及劳动力和资金的保障措施等。

（4）建立质量过程检查制度，并对质量事故的处理作出相应的规定。按质量管理八项原则中的过程方法要求，将各项活动和相关资源作为过程进行管理，建立质量过程检查、验收以及质量责任制等相关制度，对质量检查和验收标准作出规定，采取有效的纠正和预防措施，保障各工序和过程的质量。

6.1.3 安全管理计划

目前大多数施工单位基于《职业健康安全管理体系 要求》（GB/T 28001）通过了职业健康安全管理体系认证，建立了企业内部的安全管理体系。安全管理计划应在企业安全管理体系的框架内，针对项目的实际情况编制。

安全管理计划应包括以下内容：

（1）确定项目重要危险源，制定项目职业健康安全管理目标。建筑施工安全事故（危害）通常分为七大类：高处坠落、机械伤害、物体打击、坍塌倒塌、火灾爆炸、触电、窒息中毒。

（2）建立有管理层次的项目安全管理组织机构并明确职责。安全管理计划应针对项目具体情况，建立安全管理组织，制定相应的管理目标、管理制度、管理控制措施和应急预案等。

（3）根据项目特点，进行职业健康安全方面的资源配置。

（4）建立具有针对性的安全生产管理制度和职工安全教育培训制度。

（5）针对项目重要危险源，制定相应的安全技术措施；对达到一定规模的危险性较大的分部（分项）工程和特殊工种的作业应制定专项安全技术措施的编制计划。

（6）根据季节、气候的变化，制定相应的季节性安全施工措施。

（7）建立现场安全检查制度，并对安全事故的处理做出相应的规定。

6.1.4 环境管理计划

施工现场环境管理越来越受到建设单位和社会各界的重视，同时各级地方政府也不断出台新的环境监管措施，环境管理计划已成为施工组织设计的重要组成部分。对于通过环境管理体系认证的施工单位，环境管理计划应在企业环境管理体系的框架内，针对项目的实际情况编制。

环境管理计划应包括以下内容：

（1）确定项目重要环境因素，制定项目环境管理目标。

一般来说，建筑工程常见的环境因素包括如下内容：

1）大气污染。

2）垃圾污染。

3）建筑施工中施工机械发出的噪声和强烈的振动。

4）光污染。

5）放射性污染。

6）生产、生活污水排放。

（2）建立项目环境管理的组织机构并明确职责。

（3）根据项目特点，进行环境保护方面的资源配置。

（4）指定现场环境保护的控制措施。

（5）建立现场环境检查制度，并对环境事故的处理做出相应的规定。

应根据建筑工程各阶段的特点，依据分部（分项）工程进行环境因素的识别和评价，并制定相应的管理目标、控制措施和应急预案。

6.1.5 成本管理计划

成管理计划应以项目施工预算和施工进度计划为依据编制。

成本管理计划应包括以下内容：

（1）根据项目施工预算，制定项目施工成本目标。

（2）根据施工进度计划，对项目施工成本目标进行分解。

（3）建立施工成本管理组织机构并明确职责，制定相应管理制度。

（4）采取合理的技术、组织和合同等措施，控制施工成本。

（5）确定科学的成本分析方法，制定必要的纠偏措施。

成本管理和其他施工目标管理类似，开始于确定目标，继而进行目标分解，组织人员配置，落实相关管理制度和措施，并在实施过程中进行纠偏，以实现预定的目标。

成本管理是与进度管理、质量管理、安全管理和环境管理等同时进行的，是针对整个项目目标系统所实施的管理活动的一个组成部分。在成本管理中，要协调好与进度、质量、安全和环境等的关系，不能片面强调成本节约。

6.1.6 其他管理计划

其他管理计划宜包括绿色施工管理计划、防火保安管理计划、合同管理计划、组织协调管理计划、创优质工程管理计划、质量保修管理计划以及对施工现场人力资源、施工机具、材料设备等生产要素的管理计划等。

其他管理计划可根据项目的特点和复杂程度加以取舍。

各项管理计划的内容应有目标，有组织机构，有资源配置，有管理制度和技术、组织措施等。

特殊项目的管理可在此基础上相应增加其他管理计划，以保证建筑工程的实施处于全面受控状态。

6.1.7 基于 BIM 技术的项目 5D 管理系统

利用基于 BIM 技术的 BIM 5D 系统，集成项目管理过程数据的采集管理系统，可以用于现场管理。其中 BIM 5D 系统输入的模型，是来自不同专业并且基于 BIM 技术的设计模型和算量模型，这些集成的模型能为施工方提供进度分析优化的功能，具体实施如下。

（1）建立 BIM 模型标准。在这个阶段主要是完成所采用的 BIM 模型的标准，包括设计模型标准和数据模型标准。

（2）创建各专业 BIM 主体模型并进行整合。在 BIM 综合平台输入的模型来自不同专业，在完成主要专业 BIM 模型的创建后，其他模型应根据要求进行构建及整合。

（3）完成 BIM 综合数据平台的搭建，使得设计和施工之间的数据能够互通，以便于工程量能够统计以及进度计划能够编排展示。BIM 综合数据平台一般采用 BIM 5D 系统，集成项目管理过程的所有数据，便于使用 BIM 技术进行进度管理，这种系统一般适用于总承包项目的现场管理。在平台搭建完善后，设计和施工两大环节之间的数据能够打通交换，从而实现工程量的统计、进度计划编排展示等 BIM 专业应用。

（4）利用 BIM 综合数据平台进行可视化的预算、进度管理、资源消耗、成本核算。

（5）完成竣工三维建筑信息模型。进度管理贯穿于工程整个施工周期，是保证工程履约的重要组成部分。如何能够在有限的时间里合理优化进度工期，确保项目保质保量顺利交付，是 BIM 进度管理的核心问题。其中，影响进度控制的因素主要如下：

1）施工工序较多，编制的进度计划没有充分考虑劳动力情况，因此缺乏可操作性。

2）进度管理涉及项目所有部门，部门之间的信息传递容易混乱和遗漏。

3）现场进度信息分散，收集困难，时刻跟踪计划并作出决策比较困难。

4）大量精力集中在现场协调管理，缺乏对阶段进度管理的总结和优化。

利用 BIM 5D 系统能进行智能化管理，能很大程度上避免以上因素对施工进度管理的影响。

6.2 主要施工管理计划的编制要点

技术组织措施是施工管理计划的一部分内容。目前在施工组织设计中往往独立编制。

技术组织措施是指在技术和组织方面对保证工程质量、安全、节约和文明施工等方面所采用的方法。这些方法既有一定的规律性和通用性，又要兼顾工程项目特点具有一定的创造性和个性。

6.2.1 保证工程质量措施

保证工程质量的关键是对施工组织设计的工程对象经常发生的质量通病制定防治措施，可以按照各主要分部分项工程提出的质量要求，也可以按照各工种工程提出的质量要求。保证工程质量的措施通常可以从以下各方面考虑：

（1）确保拟建工程定位、放线、轴线尺寸、标高测量等准确无误的措施。

（2）为了确保地基土壤承载能力符合设计规定的要求而应采取的有关技术组织措施。

（3）各种基础、地下结构、地下防水施工的质量措施。

（4）确保主体承重结构各主要施工过程的质量要求；各种预制承重构件检查验收的措施；各种材料、半成品、砂浆、混凝土等检验及使用要求。

（5）对新结构、新工艺、新材料、新技术的施工操作提出质量措施或要求。

（6）冬、雨季施工的质量措施。

（7）屋面防水施工、各种抹灰及装饰操作中，确保施工质量的技术措施。

（8）解决质量通病措施。

（9）执行施工质量的检查、验收制度。

（10）提出各分部工程的质量评定的目标计划等。

6.2.2 安全施工措施

安全施工措施应贯彻安全操作规程，对施工中可能发生的安全问题进行预测，有针对性地提出预防措施，以杜绝施工中伤亡事故的发生。安全施工措施主要包括：

（1）提出安全施工宣传、教育的具体措施；对新工人进场上岗前必须作安全教育及安全操作的培训。

（2）针对拟建工程地形、环境、自然气候、气象等情况，提出可能突然发生自然灾害时有关施工安全方面的若干措施及其具体的办法，以便减少损失，避免伤亡。

（3）提出易燃、易爆品严格管理及使用的安全技术措施。

（4）防火、消防措施；高温、有毒、有尘、有害气体环境下操作人员的安全要求和措施。

（5）土方、深坑施工，高空、高架操作，结构吊装、上下垂直平行施工时的安全要求和措施。

（6）各种机械、机具安全操作要求；交通、车辆的安全管理。

（7）各处电器设备的安全管理及安全使用措施。

（8）狂风、暴雨、雷电等各种特殊天气发生前后的安全检查措施及安全维护制度。

6.2.3 降低成本措施

降低成本措施的制定应以施工预算为尺度,以企业(或基层施工单位)年度、季度降低成本计划和技术组织措施计划为依据进行编制。要针对工程施工中降低成本潜力大的(工程量大、有采取措施的可能性及有条件的)项目,充分开动脑筋,把措施提出来,并计算出经济效益和指标,加以评价、决策。这些措施必须是不影响质量且能保证安全的,它应考虑以下几方面:

(1) 生产力水平是先进的。
(2) 有精心施工的领导班子来合理组织施工生产活动。
(3) 有合理的劳动组织,以保证劳动生产率的提高,减少总的用工数。
(4) 物资管理的计划性,从采购、运输、现场管理及竣工材料回收等方面,最大限度地降低原材料、成品和半成品的成本。
(5) 采用新技术、新工艺,以提高工效,降低材料耗用量,节约施工总费用。
(6) 保证工程质量,减少返工损失。
(7) 保证安全生产,减少事故频率,避免意外工伤事故带来的损失。
(8) 提高机械利用率,减少机械费用的开支。
(9) 增收节支,减少施工管理费的支出。
(10) 工程建设提前完工,以节省各项费用开支。

降低成本措施应包括节约劳动力、材料费、机械设备费用、工具费、间接费及临时设施费等措施。一定要正确处理降低成本、提高质量和缩短工期三者的关系,对措施要计算经济效果。

6.2.4 现场文明施工措施

现场场容管理措施主要包括以下几个方面:

(1) 施工现场的围挡与标牌,出入口与交通安全,道路畅通,场地平整。
(2) 暂设工程的规划与搭设,办公室、更衣室、食堂、厕所的安排与环境卫生。
(3) 各种材料、半成品、构件的堆放与管理。
(4) 散碎材料、施工垃圾运输,以及其他各种环境污染,如搅拌机冲洗废水、油漆废液、灰浆水等施工废水污染,运输土方与垃圾、白灰堆放、散装材料运输等粉尘污染,熬制沥青、熟化石灰等废气污染,打桩、搅拌混凝土、振捣混凝土等噪声污染。
(5) 成品保护。
(6) 施工机械保养与安全使用。
(7) 安全与消防。

练 习 题

一、填空题

1. 建设工程项目质量管理的 PDCA 循环工作原理中,"C"是指( )。
2. 根据《质量管理体系 基础与术语》(GB/T 19000),施工企业开展质量管理和质量保证的基础是( )。
3. 施工成本计划作为施工成本控制的指导文件,其内容包括( )。

4. 质量管理计划中应制定质量（   ）和（   ）措施，建立质量过程（   ）制度。

二、单项选择题

1. 甲单位拟新建一电教中心，经设计招标，由乙设计院承担该项目的设计任务。下列目标中，不属于乙设计院项目管理目标的是（   ）。

　　A. 项目投资目标　　　B. 设计进度目标　　　C. 施工质量目标　　　D. 设计成本目标

2. 运用动态控制原理控制施工质量时，质量目标不仅包括各分部分项工程的施工质量，还包括（   ）。

　　A. 设计图纸的质量　　　　　　　　　　B. 采购的建筑材料的质量
　　C. 签订施工合同时决策的质量　　　　　D. 编制监理规划的质量

3. 下列施工安全的制度保证体系中，属于日常管理制度的是（   ）。

　　A. 安全生产责任制度　　　　　　　　　B. 安全生产奖惩制度
　　C. 安全生产值班制度　　　　　　　　　D. 安全生产检查制度

4. 关于建设工程施工现场环境管理的说法，正确的是（   ）。

　　A. 施工现场用餐人数在 50 人以上的临时食堂，应设置简易有效的隔油池
　　B. 施工现场外围设置的围挡不得低于 1.5m
　　C. 一般情况下禁止各种打桩机械在夜间施工
　　D. 在城区、郊区城镇和居住稠密区，只能在夜间使用敞口锅熬制沥青

三、实践操作

施工主要施工管理计划编制训练。

学习项目 7　单位工程施工组织设计案例

【学习目标】
(1) 能够全盘考虑施工组织设计的编写纲要。
(2) 全面掌握单位工程施工组织设计的编制技术，能够达到科学、合理的目标。

7.1　工程概况与编制依据

7.1.1　工程概况

××大学教学楼工程，是由××大学投资兴建，由××勘察设计研究院设计。该工程位于××大学院内。

施工合同工程范围：该教学主楼范围内的土方工程、基础工程及地下室工程、主体结构工程及装饰工程。

1. 建筑概况

(1) 拟建教学楼为框架结构，地上由中部五层合班教室和南北对称的六层教学楼组成。地下一层，其中包括约 63m² 的配电房和 63m² 的弱电设备室及约 2363m² 的地下自行车停车库，设计地下自行车位数量 658 辆。总建筑面积 18982m²，建筑占地面积 2809m²，建筑物总高度 24m。

(2) 标高：本工程办公楼设计标高±0.000 相当于地质勘察报告假定高程 $BM=+0.85m$。

(3) 平面及层高设计：拟建教学楼平面为 E 形，南北方向长度为 78.6m，东西方向长度为 60.9m。北侧距浴室 8m，南侧距实验楼 25m。地下室为一层，层高 2.95m，布置停车库。南北教学楼采用对称布置，标准层层高 3.9m。中楼东侧为标准层层高 4.5m 的阶梯教室，西侧为大厅和过道。屋顶设水箱间和电梯机房。

(4) 室内外装修：本工程卫生间采用地砖面层，其余部分采用水磨石面层，墙面采用水泥砂浆抹灰，外刷涂料，局部采用面砖饰面。外墙勒脚采用火烧面花岗石。

(5) 屋面做法：防水等级为Ⅱ级，采用多层保温防水屋面，做法为 25mm 厚保温板，40mm 厚细石混凝土，3mm 厚 SBS 防水卷材，地砖贴面。

2. 结构概况

(1) 本工程为框架结构，工程类别为二类。

(2) 本工程建筑安全等级为二级，建筑物耐火等级为二级，抗震设防类别为丙类，设计使用年限为 50 年，抗震设防烈度为 7 度，设计地震分组为第一组；场地类别为Ⅲ类，设计基本地震加速度为 0.15g。

(3) 基础：本工程地基基础设计等级为丙级。基础垫层为 C15 混凝土，地下室底板采用有梁式筏板基础结构，地下室底板、墙等采用结构自防水混凝土，抗渗等级为 P8。底板厚度 500mm 和 400mm，地下室梁最高为 1500mm，宽为 550mm。地下室底板顶面标高为－2.95m。基础梁、板、柱、墙采用抗渗等级为 P8 的 C30 混凝土。

（4）主体结构：本工程塔楼部分采用框架结构，主体柱、梁、板采用 C30 混凝土，结构抗震等级为二级。

（5）墙体：基础墙体均采用 MU10 煤矸石砖，M10 水泥砂浆砌筑；外墙采用 A3.5 加气混凝土砌块，M10 混合砂浆砌筑；其余墙体均采用 NALC 砌块，M10 混合砂浆砌筑。墙体砌筑等级为 B 级以上。

3. 本施工项目的主要工程量表（略）

4. 工程施工条件

本工程所在区域气候条件、工程地质条件、水、电、道路及运输条件良好，建材、设备及劳动力供应等条件均良好。

7.1.2 编制依据

单位工程施工组织设计的编制依据包括以下内容：

（1）本工程的招标文件和发包人与承包人之间签订的工程施工合同文件。

（2）本工程的施工项目经理与企业签订的施工项目管理目标责任书。

（3）我国现行的施工质量验收规范、强制性标准和施工操作技术规程。

（4）我国现行的有关机具设备和材料的施工要求及标准。

（5）有关安全生产、文明施工的规定。

（6）本公司关于质量保证及质量管理程序的有关文件。

（7）国家及地方政府的有关建筑法律、法规、条文。

7.2 施工部署

7.2.1 项目的总体目标及实施原则

1. 总体目标

根据施工合同、招标文件、本单位对工程管理目标的要求确定以下总体目标：

（1）顺利实现业主对项目的使用功能要求。

（2）保证工程总目标的实现。工期：本工程于 2008 年 6 月开工，2009 年 4 月竣工，工期 320 天；质量：确保市优，争创省优工程；成本：将施工总成本控制在施工企业与项目部签订的责任成本范围内。

（3）无重大工程安全事故，实现省级文明工地。

（4）通过有效的施工和项目管理建成学校标志性形象工程。

2. 实施原则

要实现上述总体目标，作为本工程施工总承包人，必须对整个建设项目有全面的安排。在本工程中的施工安排及项目管理按以下原则实施：

（1）本工程作为当地的一个标志性建筑，本企业将它作为一个形象工程对待，在组织、资源等方面予以特殊保证。

7.2 施工部署

(2) 一切为实现工程项目总目标，满足工程施工合同要求和在工程实施过程中可能提出的要求。在上述施工项目目标中，工期目标的刚性较大，由于学校扩大招生，教学楼必须按时投入使用，否则会造成重大的影响。

(3) 实行 ISO9002 质量管理体系，在工程中完全按照 ISO9002 质量标准要求施工。

(4) 以积极负责的精神为发包人提供全过程、全方位的管理服务。特别抓好在施工中提出合理化措施以保证工期和保证质量，做好运行管理中的跟踪服务。

(5) 作为工程施工的总承包人，积极配合发包人做好整个工程的项目管理，主动协调与设计人、其他分包人、设备供应人的关系，保证整个工程顺利进行。

(6) 采用先进的管理方法和技术，对施工过程实施全方位的动态控制。

7.2.2 本工程施工的重点和难点

(1) 本工程基础尺寸较大，底板较厚，属大体积混凝土，对防止混凝土裂缝要求较严。

(2) 体量大：本工程为全现浇框架结构，工程总建筑面积为 18982m^2，仅地下室面积就达 2809m^2，单层面积大，柱、梁、板均为全现浇，模板支设、混凝土浇筑量大。

(3) 大体积、大面积、大厚度的混凝土浇筑时，应当考虑混凝土的干缩和水化热的影响。

(4) 中部阶梯教室框架局部采用后张有黏结预应力框架梁，预应力钢筋为曲线布置，跨度大，模板支撑高度较高，技术要求高，施工难度较大。

(5) 工期紧：本工程拟 2008 年 6 月开工，2009 年 4 月竣工，工期 320 天。在此期间历经高温季节、雨季和冬季施工，并经历夏忙、秋忙时间。针对施工周期较长，要做好各种材料、设备和成品的保养及维护工作，并加强冬季、夏季、雨季的施工措施。

(6) 地下室防水要求高，工序繁多。

7.2.3 施工项目经理部组织设置

(1) 施工项目经理部组织机构图（图 7.1）。

(2) 施工项目经理部主要管理人员表（表 7.1）。

表 7.1　　　　　　　　　　施工项目经理部管理人员设置

机构	岗位	人数	部门	职称	备注
总部	项目主管	1		高级工程师	1月不少于10天
	总工	1		高级工程师	1月不少于10天
	质量安全监督	1		工程师	1月不少于15天
	财务监督	1		会计师	1月不少于10天
施工现场	项目经理	1		工程师	常驻现场
	项目副经理	1		工程师	常驻现场
	项目工程师	1	工程技术部	工程师	常驻现场
	质量员	3	工程质量部	工程师2人，助工1人	常驻现场
	施工员	3	工程技术部	工程师1人，助工2人	常驻现场
	安全员	3	工程安全部	工程师	常驻现场

续表

机构	岗 位	人数	部 门	职 称	备 注
施工现场	材料员	2	工程技术部	助工2人	常驻现场
	会计、预算	2	财务管理部	工程师	常驻现场
	机械管理	4	材料设备部	技师	常驻现场
	后勤管理	2	后勤管理部	助理经济师	常驻现场
	办公室	3	办公室	其中政工师1人	常驻现场

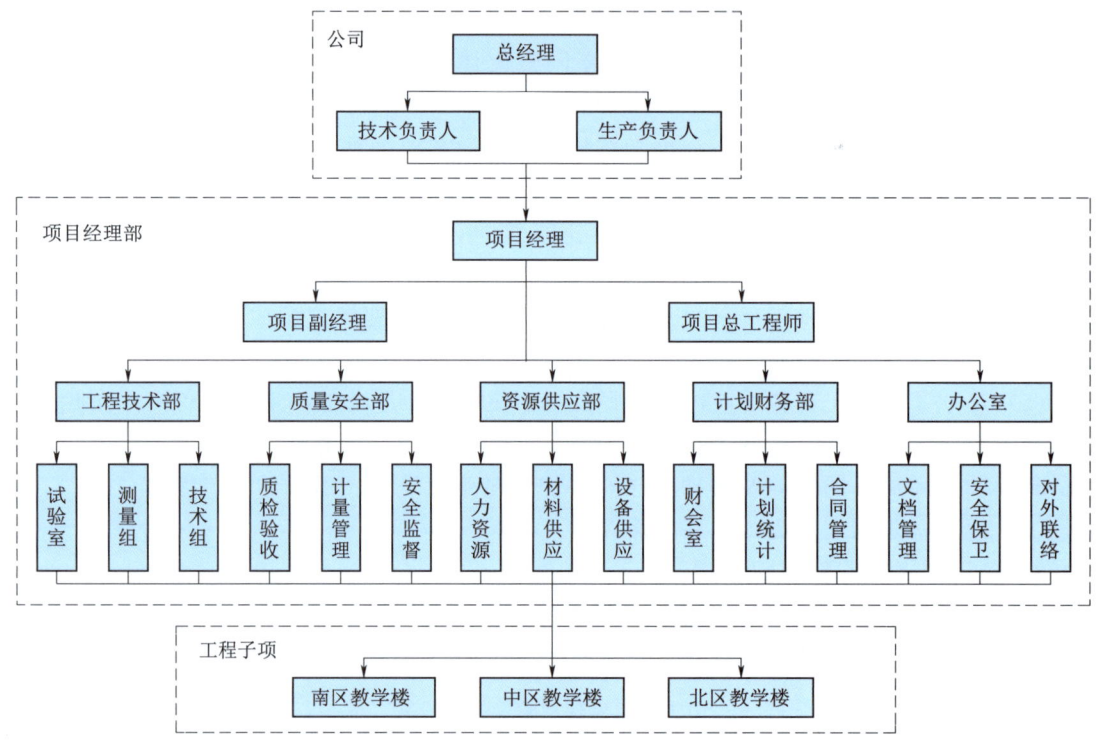

图 7.1 组织机构图

（3）施工项目经理部工作分解和责任矩阵（略）。

7.2.4 拟采用的先进技术

（1）测量控制技术（全站仪、激光铅直仪）。

（2）大体积混凝土施工技术。

（3）液压直螺纹钢筋连接技术。

（4）预应力施工技术。

（5）混凝土集中搅拌及"双掺"施工技术。

（6）新Ⅲ级钢筋应用技术。

（7）WBS工作分解结构基础上的计算机进度动态控制技术。

7.3 施工进度计划

7.3.1 工程开、竣工时间

本工程拟开工时间为 2008 年 6 月，竣工时间为 2009 年 4 月，工期 320 天。

为了确保各分部、分项工程均有相对充裕的时间，在编制工程施工进度计划时，还要确立各阶段分部分项工作最迟开始时间、阶段目标时间不能更改。施工设备、资金、劳动力在满足阶段目标的前提下提前配备。

7.3.2 施工组织安排

1. 各分部工程的控制工期

基础 60 天，主体结构 114 天，墙体 60 天，装饰 100 天，零星工程、竣工 16 天。

2. 施工组织

预留、预埋构件提前进行制作，结构施工时预埋穿插进行，及时进行水电、设备预埋安装，确保不占用施工工期。

安装预埋工程在主体施工时进行，同时在具有工作面以后进行安装工程的施工，给装饰工程留出合理的施工时间，以保证工程的施工质量。

3. 施工进度计划

工程施工进度网络计划详见图 7.2。

7.4 施工准备与资源配置计划

7.4.1 施工准备工作计划

应编制详细施工准备工作计划，计划内容包括：

（1）施工准备组织及时间安排。

（2）技术准备工作。包括图纸、规范的审查和交底，收集资料，编制施工组织设计等。

（3）施工现场准备。包括施工现场测量放线、"三通一平"、临时实施的搭设等。

（4）施工作业队伍和施工管理人员的组织准备。

（5）物资准备。即按照资源计划采购施工需要的材料、设备保障供应。在施工准备计划中特别要注意开工以及施工项目前期所需要的资源。

许多施工的大宗材料和设备都有复杂的供应过程，需要招标，签订采购合同，必须对相应的工作做出安排。

（6）资金准备。对在施工期间的负现金流量，必须筹备相应的资金供应，以保证施工的正常进行。

详细施工准备工作计划略。

7.4.2 资源配置计划

1. 施工主要劳动力配置计划

施工主要劳动力配置计划见表 7.2。

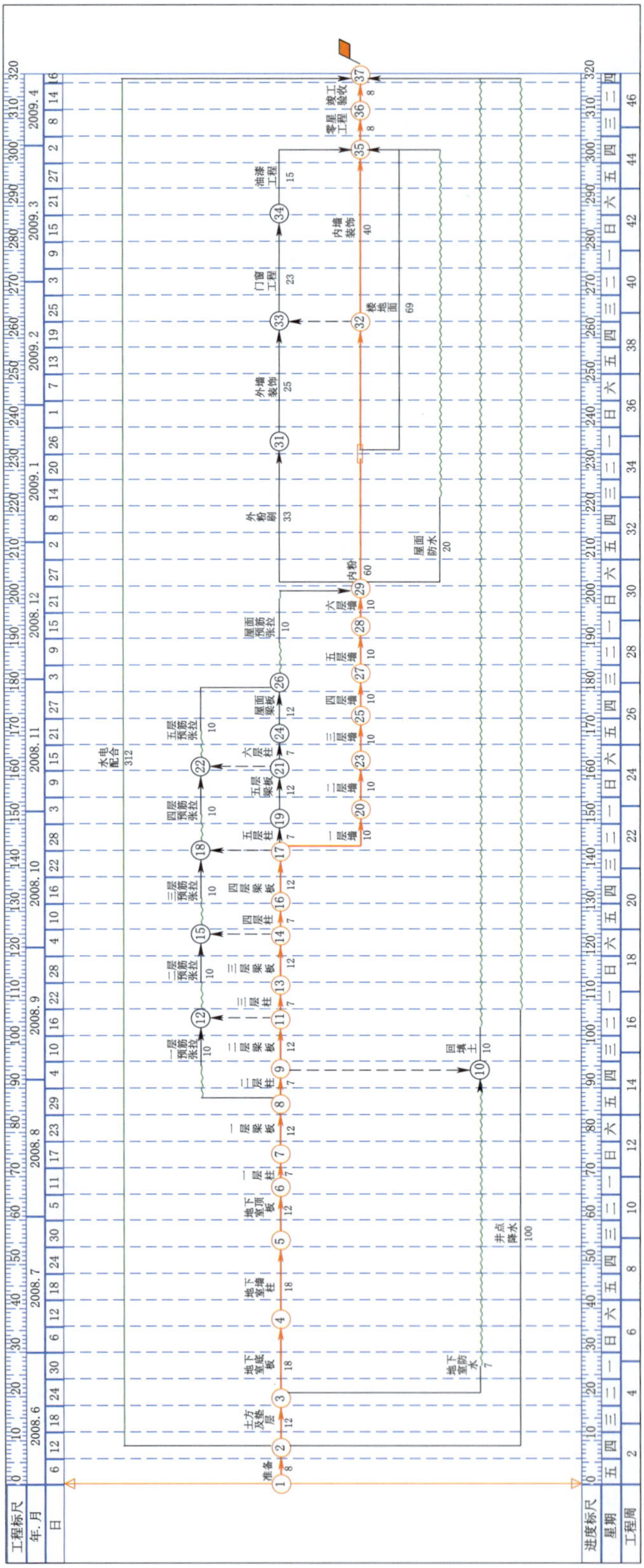

学习项目 7 单位工程施工组织设计案例

图 7.2 施工进度网络计划

7.4 施工准备与资源配置计划

表 7.2　　　　　　　　　　施工主要劳动力配置计划表　　　　　　　　　　单位：人

工　种	基　础	主　体	砌体及装饰	安　装
钢筋工	30	60	12	
模板工	50	80	20	
瓦工	50	100	100	30
电工	2	2	2	2
管道工	6	10	0	45
钳工	6	6	6	6
油漆工	1	1	15	40
其他工种	30	60	60	30
机操工	8	16	16	16

2. 施工机械使用计划（土建）

主要施工机械设备使用计划（土建部分）见表 7.3。

表 7.3　　　　　　主要施工机械设备使用计划表（土建部分）

序号	名　称	型　号	数　量	功　率	进场时间
1	塔吊	SCM—C5010	2 台	20kW	开工准备时进场
2	汽车吊	16T	1 辆		需要时进场
3	混凝土拌和机	500L	1 台	7.5kW	零星混凝土搅拌
4	砂浆拌和机	200L	1 台	6.6kW	砌墙、粉刷用
5	插入式振捣器	ZX50	各 8 台	1.1kW	开工准备时进场
6	平板振动器	ZW—10	4 台	2.2kW	开工准备时进场
7	电焊机	BX—300	6 台	30kVA	开工准备时进场
8	对焊机		1 台	100kVA	开工准备时进场
9	电动套丝机		2 台	3kW	开工准备时进场
10	砂轮切割机		4 台	4.4kW	开工准备时进场
11	钢筋调直切断机		2 台	5.5kW	开工准备时进场
12	钢筋弯曲机	ZC258—3	1 台	5.5kW	开工准备时进场
13	钢筋切断机	50 型	1 台	3kW	开工准备时进场
14	蛙式打夯机	HW—60	2 台	6kW	开工准备时进场
15	潜水泵		8 台	6kW	开工准备时进场
16	高压水泵		4 台	4.4kW	开工准备时进场
17	木工圆盘锯	K1104	8 台	3kW	开工准备时进场
18	木工平刨机	MB504A	8 台	7.5kW	开工准备时进场
19	单面木工压刨机	MB106	8 台	7.5kW	开工准备时进场

续表

序号	名 称	型 号	数 量	功 率	进场时间
20	张拉千斤顶		2台		预应力筋张拉
21	激光铅直仪	JD—91	2台		开工准备时进场
22	经纬仪	苏J2	2台		开工准备时进场
23	水准仪	S3	4台		开工时准备进场
24	检测工具	DM103	4套		质量检验用

3. 施工机械使用计划（安装部分）（略）

4. 主要材料需要量计划（略）

5. 资金计划表（略）

7.5 施工方案

7.5.1 施工总体安排

由于本工程在平面上由三部分组成：北部教学楼、南部教学楼和中部六层合班教室。为加快施工进度，确保各工种连续作业，根据变形缝情况将工程分成三个施工段，按照"北→南→中"的顺序组织流水施工。

本工程采用泵送混凝土，用混凝土输送泵将混凝土送至浇筑面浇筑构件，以满足施工进度要求。

地下室每施工段混凝土浇筑分三次完成，第一次为承台、地梁和底板，第二次为墙板，第三次为顶板。

主体混凝土四层结构拆模后即开始插入墙体砌筑工程，墙体砌筑采取主体分段验收，插入内墙面刮糙工程，形成多工种多专业交叉流水施工的施工工艺，避免工序重复，以利工程合理有序的进行流水交叉作业。

屋面工程在主体封顶后开始。

7.5.2 各施工阶段部署

1. 基础施工阶段

（1）施工流程：垫层→砖侧模砌筑及粉刷→底板防水层→地梁和底板钢筋→支模→地梁和底板混凝土浇筑→墙板钢筋→墙板模板→墙板混凝土浇筑→顶板梁板模板→顶板梁板钢筋→顶板梁板混凝土浇筑→墙板防水层→回填土、平整场地。

（2）基础及地下室混凝土浇筑时，由商品混凝土站出料，主要依靠混凝土输送泵运输进行浇筑。

（3）基础地下室施工完毕并经过中间验收合格后，便回填土（后浇带部位留足够以后施工的操作面暂不回填），平整场地，按设计要求将室外地面均回填平整至相应垫层设计底标高，以便后期地面施工时直接在其上浇筑垫层、面层。

（4）±0.00以下的设备、管线必须在回填土前施工完善，避免重复施工。

2. 主体施工阶段

(1) 主体结构施工流程：测量、弹线→柱筋绑扎→柱模支设→浇筑柱混凝土→楼盖支模→楼盖钢筋绑扎→浇筑混凝土→拆模→墙体砌筑。

(2) 主体施工时，以支模为中心合理组织劳动力进行施工，具体施工时应尽量使各工种能连续施工，减少窝工现象。

(3) 为了保证总体进度计划按时完成，墙体砌筑和室内初装修组织立体交叉施工。

3. 装修施工阶段

(1) 主要是内外墙面抹灰和刷涂料，在墙体砌筑后期便可穿插进行施工。

(2) 屋面工程：屋面工程在主体封顶后即可穿插进行施工。

7.5.3 主要分部分项工程施工方法

1. 测量控制要点

(1) 建立施工控制网。建立和设置统一的测量坐标系统、坐标原点、平面控制点、高程控制点及控制精度要求。

(2) 建筑物轴线定位测设。包括：各层楼面轴线测设、垂直度测量及控制，在地下室施工阶段、上部结构施工阶段的测量控制要点。

(3) 标高控制方法。

(4) 沉降观测点布置和测量方法。

2. 土方开挖及基坑防护

(1) 土方开挖方案。

(2) 护坡方案。

(3) 降水方案。

3. 地下室工程施工

(1) 地下室结构自防水的施工措施。本工程地下室采用结构自防水，为保证地下室不发生渗水现象，除按图施工以外，重点处理好地下室外墙水平施工缝和地下室外墙对拉螺杆洞。

(2) 基础钢筋施工。说明钢筋支撑架的施工，承台和底板钢筋的施工方法和工艺。说明墙柱插筋施工方法。本工程采用钢筋滚压直螺纹连接技术，由于本技术较新，说明它的工艺原理，所采用的接头连接类型，施工顺序，操作要点，控制的技术参数，施工安全措施，质量标准和检查方法。

(3) 基础模板工程。说明砖胎模的施工方法，墙、柱模板的工艺、施工方法。

(4) 地下室底板大体积混凝土施工。主楼地下室底板，中心筒承台厚1.5m，属于大体积混凝土，需要严格进行控制，以防止产生裂缝。采用现场集中搅拌混凝土，在试验室经过试配，掺用JM—Ⅲ抗裂防渗剂。

1) 控制裂缝产生的技术措施：采用中低热水泥品种；掺入JM—Ⅲ抗裂防渗剂；减少每立方米混凝土中的用水量和水泥用量；合理选择粗骨料，用连续级配的石子；采用中砂，以使每立方米混凝土中水泥用量降低；搅拌混凝土时采用冰水拌制，现场输送泵管上用草包覆盖，并浇水，以降低混凝土浇筑时的入模温度。

2) 施工工艺。对浇筑走向布置、分层方法、振动棒布置、振捣时间控制、保温保湿措施、混凝土的温度测控方法等做出说明。

3）混凝土的温度计算。根据混凝土强度等级、施工配合比、每立方米水中水泥用量、混凝土入模温度（20℃）等因素计算的温度。混凝土温度监测及控制。根据计算，混凝土绝热温升将达69℃，根据施工经验，采取两层塑料薄膜、一层草包覆盖基本能够控制混凝土中心与表面温差在25℃之内。

4. 上部结构工程施工

（1）钢筋工程。钢筋绑扎注意事项如下：

1）核对成品钢筋的钢号、直径、形状、尺寸和数量是否与料单料牌相符。准备绑扎用的铁丝、绑扎工具、绑扎架和控制混凝土保护层用的水泥砂浆垫块等。

2）绑扎形式复杂的结构部位时，应先研究逐根穿插就位的顺序，并与模板工联系，确定支模绑扎顺序，以减少绑扎困难。

3）板、次梁与主梁交叉处，板的钢筋在上，次梁钢筋居于中部，主梁的钢筋在下，当有圈梁时，主梁钢筋在上。主梁上次梁处两侧均须设附加箍筋及吊筋。

4）混凝土墙节点处钢筋穿插十分稠密时，应特别注意水平主筋之间的交叉方向和位置，以利于浇注混凝土。

5）板钢筋的绑扎：四周两行钢筋交叉点应全部扎牢，中间部分交叉点相隔交错扎牢。必须保证钢筋不位移。

6）悬挑构件的负筋要防止踩下，特别是挑檐、悬臂板等。要严格控制负筋位置，以免拆模后断裂。

7）图纸中未注明钢筋搭接长度均应满足构造要求。

（2）模板工程。工序如下：

1）模板配备：本工程地上框架柱模采用优质酚醛木胶合板模，现浇楼板梁、板采用无框木胶合板模。梁柱接头和楼梯等特殊部位定做专用模板。木模板支撑系统采用$\phi 48 \times 3.5mm$钢管，扣件紧固连接。为了保证进度，楼层模板配备四套，竖向结构模板配备两套。

2）模板计算。分别计算模板最大侧压力、模板拉杆验算、柱箍验算、验算墙模板强度与刚度、材料验算、横肋强度刚度验算等，以保证安全性。

3）质量要求及验收标准。模板及支撑必须具有足够的强度、刚度和稳定性；模板的接缝不大于2.5mm。模板的实测应符合允许偏差（表略）。

（3）混凝土工程。包括材料要求、混凝土浇筑、混凝土养护、混凝土试块要求和混凝土质量要求（略）。

（4）后张法有黏结预应力混凝土梁施工，其主要内容及要求如下：

1）预应力钢材在采购、存放、施工、检验中的质量控制。

2）波纹管的质量与施工要求。

3）预应力锚固体系。

4）预应力钢筋混凝土梁的施工要求：预应力钢筋混凝土梁的模板、钢筋施工应按照图纸及《混凝土结构工程施工质量验收规范》（GB 50204—2015）要求施工，预应力混凝土梁中的拉筋与波纹管位置要协调，以保证波纹管的位置要求；钢筋绑扎完毕后应随即垫好梁的保护层垫块,以便于预应力筋标高的准确定位。

5)施工工艺流程(图略)。

6)铺管穿筋的工艺及过程(图略)。包括铺管穿筋前的准备、波纹管铺放、埋件安装、穿束、灌浆(泌水)孔的设置工作要求、质量控制。

7)混凝土浇筑工艺。

8)预应力筋张拉工艺和过程(图略)。包括张拉准备、张拉顺序、预应力筋的张拉程序、预应力筋张拉控制应力方法。

9)孔道灌浆工艺。

10)锚具封堵。

5. 砌体工程施工

简要说明墙体材料、施工方法、操作要点、砌筑砂浆等的要求和质量控制。

6. 屋面防水工程施工

1)施工准备。

2)施工工艺。包括找坡层与找平层施工、卷材防水层施工、保温隔热层施工、保护层施工的工艺要求。

7. 装饰工程

(1)简要说明装饰工程的总施工顺序,以及外装修、内装修的施工顺序。

(2)外墙面的施工顺序、施工方法、施工要点。

(3)内墙面的施工顺序、施工方法、施工要点。

(4)吊顶工程的工艺流程、质量要求、施工工艺。

(5)楼地面工程。该工程为常规工程,简要说明质量标准、施工准备工作、施工工艺。

(6)门窗施工。简要说明门窗安装施工要点、质量验收要求。

8. 安装工程(略)

7.6 施工现场布置图

7.6.1 施工现场总平面布置原则

(1)考虑全面周到,布置合理有序,方便施工,便于管理,利于"标准化"。

(2)加工区和办公区尽可能远离教学楼以免干扰学生学习。

(3)施工机械设备的布置作用范围尽可能覆盖到整个施工区域,尽量减少材料设备等的二次搬运。

(4)按发包人提供的围界使用施工场地,不得随意搭建临时设施。

(5)按照业主提交的现场布置施工机械和临时设施,减少搬迁工作。施工平面布置分地下室施工阶段、上部施工阶段两个阶段(地下室施工平面布置图略)。

7.6.2 现场道路安排、做法、要求和现场地坪做法(略)

7.6.3 现场排水组织

现场排水组织包括排水沟设置、现场的外排水、污水井和生活区、施工区厕所等要求。

7.6.4 临时设施布置

现场分施工区和生活区两部分,在西区围墙处设生活区,内设置宿舍、食堂、开水间、厕所间、仓库若干间等。

在施工区的东部设置钢筋、木工加工场、水泥罐、混凝土泵、搅拌机、砖堆场等生产办公设施;南北面分别设置周转材料堆场。钢筋、模板加工成型后运至教学楼旁的堆场,不需要加工的模板、钢筋直接卸料到堆场。

7.6.5 施工机械布置

(1) 在主楼东侧结构分界处各设一台 SCM—C5010 塔吊作为垂直运输机械。施工时承担排架钢管、模板、钢筋、预留预埋等材料垂直运输及施工人员、墙体材料、装饰装修材料、安装材料等的上下。

(2) 本工程混凝土采用商品混凝土供应。由供应商用 4 台混凝土搅拌运输车运送混凝土到现场的混凝土泵。直接入泵,泵送至浇筑面。同时配备混凝土搅拌机一台备用及零星混凝土浇筑时使用。进入墙体砌筑阶段砂浆搅拌机配置两台,装修阶段再增配二台砂浆搅拌机,木工、钢筋工机械各两套,瓦工用振动棒及照明用灯若干。

7.6.6 堆场布置

在东侧设置砂、砖的堆场。

7.6.7 施工用电

(1) 施工用电计算。由计算可得,本工程的高峰期施工用电总容量约需 350 kVA,需业主提供 350 kVA 的变压器。

(2) 从变配电房到施工现场线路考虑施工安全,均埋地敷设,按平面布置图布置。

(3) 楼层施工用电:在建筑物内部的楼梯井内安装垂直输电系统,照明、动力线分开架设;楼面架设分线,安装分、配电箱,按规定安装保护装置,照明电和动力电分设电箱。

(4) 施工现场照明的低压电路电缆及配电箱,应充分考虑其容量和安全性,低压电路的走向可选择受施工影响小和相对安全的地段采用直埋方式敷设。在穿过道路、门口或上部有重载的地段时,可加套管予以保护。

7.6.8 施工用水

(1) 施工用水计算。包括施工用水、生活用水分别计算,得到现场总用水量。

(2) 供水管径选择。现场供水主管选用 DN100,支管选用 DN50。现场设置二个消防栓。若施工现场的高峰用水或城市供水管水压不足时,可在现场砌蓄水池或添置增压水泵,解决供水量不足或压力不足的问题。

(3) 施工现场用水管道敷设,根据施工部署按现场总平面布置敷设。

(4) 施工楼层用水,由支线管接出一根 $\phi25$ 的分支管,沿脚手架内侧设置立管,分层设置水平支管并装置 2 只 $\phi25$ 的阀门控制。楼层施工用水主要用橡皮软管。

(5) 考虑用水高峰和消防的需要,现场利用地下室水池作为工程的补充水源,以备不时之需。

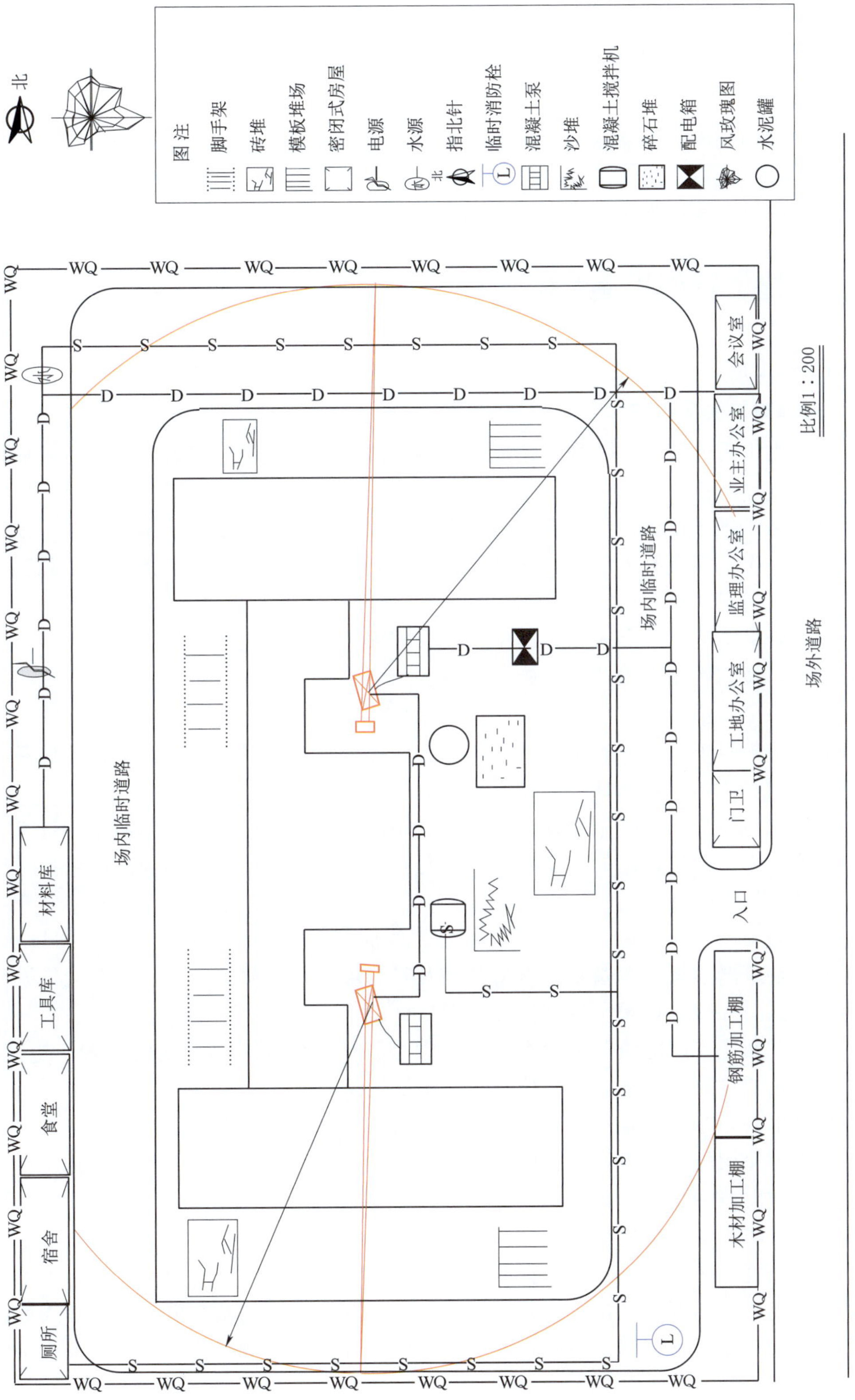

7.6 施工现场布置图

图 7.3 工程施工现场平面图

7.6.9 场外运输安排

现场所用物资设备均用汽车运输，从东侧大门沿校园道路运入。

7.6.10 现场通信

本工程场地面积大，为保证工程施工顺利进行，确保通信指挥联络便利，将在工程上配备 10 对优质对讲机。

工程施工现场平面图如图 7.3 所示。完成平面布置与三维模型图。

7.7 主要施工管理措施

7.7.1 雨季施工措施

7.7.1.1 雨季施工主要措施

为确保雨季工程的安全，将雨季造成的影响尽最大可能减小到最低程度，特采取以下措施。

（1）成立防汛领导小组，在雨期前认真组织有关人员分析雨期施工生产计划，夜间设专职值班人员，保证昼夜有人值班并做好值班记录，同时要收听天气预报密切注意天气变化及时掌握天气情况。

（2）为了确保工程的顺利进行，雨季期间合理安排、有序组织好施工，雨期尽可能安排在室内作业，做到雨期天也能保证施工进度。

（3）组织有关人员进行一次全面检查施工现场的准备工作，包括临时设施、临电、机械设备防雨、防护等工作，检查施工现场及生产、办公、生活区的排水设施，疏通各种排水系统，清理雨水排水口，保证雨天排水通畅。

（4）采用硬地施工，即施工现场临时道路采用混凝土浇筑，这既给雨期施工带来很大的便利，也给工人提供了良好的工作环境，又防止了尘土、泥浆被带到场外，保护了周围环境，加强了现场文明施工。

（5）铺设好施工现场通道，在生活、办公区四周布置好 300mm×300mm 的排水沟，使场地排水通畅，严禁钢井架基础、塔吊基础及材料堆场积水浸泡。下雨时钢构件堆放处应及时排水清扫，并防止将泥土粘到构件预埋铁件上。

（6）雨季期间应对用电线路勤检查，做好大型架子的安全接地、防雷装置。电闸箱、漏电保护器接地应良好、灵敏，随时检查线路绝缘情况。

（7）材料部要配备好塑料布、油毡等遮盖材料，水泵等设施要配足，所有职工都应配雨衣、水鞋等劳保用品。雨季施工做好材料的储备，由于空气中湿度大，雨期施工材料有防潮、防锈、防泥沙的措施，水泥要按施工进度随进随用，先进先用，防止积压、受潮，水泥仓库要做好防火防潮措施。

（8）机具防潮、防漏电、随时检查电器线路。现场室外使用钢筋加工机械、砂浆搅拌机等要搭设固定的防雨棚，电焊机、砂轮切割机、混凝土振捣机械在雨天要入库或加设防雨罩或防雨棚，防止雨淋。闸箱防雨，漏电接地保护装置应灵敏有效，定期检查线路的绝缘情况。

7.7 主要施工管理措施

(9) 混凝土施工时应尽量避开雨天施工。如施工中遇大雨立即停止混凝土的浇筑，并及时对施工完的混凝土进行麻袋覆盖保护，以防止雨水冲走面浆，影响混凝土质量。防水混凝土严禁雨天施工。

由于雨期气温高，要加强混凝土的浇水养护工作，在养护期内由专人负责混凝土的养护，要使混凝土在养护期始终保持湿润状态。

(10) 钢筋堆场不得积水，现场钢筋堆应用木枋垫垫离地面，以防止钢筋泡水锈蚀，并进行覆盖防止生锈，雨后钢筋视情况进行除锈工作，不得将锈蚀严重的钢筋用于结构上。已加工的成品钢筋应尽快使用和覆盖。下雨天避免钢筋焊接的施工，以免影响施工质量。

(11) 雨期使用的木模板拆除后应修整归堆，不能乱放和锤打，以免变形，并及时清理，刷脱模剂。

模板拼装后尽快浇筑混凝土，防止模板遇雨变形。若模板拼装后不能及时浇筑混凝土，又被大雨淋过，则浇筑混凝土前应重新检查，加固模板和支撑。

柱、墙模板支设时，底部预留排水口，防止模板内积水。

(12) 采取防雷措施是防止或减少建筑物遭受雷击的重要方法。本工程虽然在防雷设计时从多方面考虑了防直击雷、防感应雷、防雷电波侵入的安全技术措施，但是在主体施工阶段，它的各项防雷安全技术措施尚在实施完善之中，并未形成完备的防雷能力，此时要采取临时性的防雷措施，以避免在施建筑物遭受雷击，而且还能避免伤及施工人员、损坏施工设备。

1) 施工升降机防雷措施。

a. 在施工升降机的顶部上焊接避雷针，针长1~2m，采用圆钢时其直径不小于16mm；采用钢管时其直径不小于25mm。

b. 利用可靠连接的施工升降机架身的金属结构体作防雷引下线。

c. 施工升降机架身和建筑的防雷接地装置（桩基、基础底板钢筋或人工接地极）可靠焊接，实现施工升降机的防雷接地，其接地电阻值不应大于4Ω。

2) 施工作业层防雷安全技术措施。建筑多用其框架柱主筋作为防雷引下线，因而施工作业层的防雷，可利用加高一层该防雷引下线框架柱主筋，做临时避雷针实现防雷的方法（主筋防雷）。外围钢结构的施工必须先做好防雷施工或做好临时防雷连接。防雷引下线主筋间必须是可靠的电气连接：当采用电渣压力焊接时，接头可不做其他焊接处理；当采用搭接时，必须双面焊，焊长≥6d（d为钢筋直径），填满两钢筋间缝隙，并高出钢筋面1mm为宜。

3) 脚手架防雷措施。采用避雷针与大横杆连通、接地线与整幢建筑物楼层内避雷系统连成一体的措施。接地线与建筑物楼层内避雷系统的设置按脚手架的长度不超过50m设置1个，位置不得选在人们经常走到的地方以避免跨步电压的危害，防止接地线遭机械伤害。两者的连接采用焊接，焊接长度应大于2倍的扁钢宽度。焊完后再用接地电阻测试仪测定电阻，要求冲击电阻不大于30Ω。同时应注意检查与其他金属物或埋地电缆之间的安全距离（一般不小于3m）以免发生击穿事故。

4) 常用电气设备的防雷保护。主体施工时，操作层常用电气设备有电焊机、电渣压力焊机、移动式配电箱、振捣器等,这些设备的高度均小于 1.2m(移动式配电箱下皮距地一般为 0.6m),没有形成最高点,故能被钢井架、塔吊(主筋)避雷针所保护。

施工作业层内的电气设备,除应做好保护接零外,均应做好防雷接地、重复接地;对建筑物外附式电梯或竖井架等均需做好防雷接地,并进行计算验证,查看是否在钢井架、塔吊等避雷针(主筋避雷针)有效保护范围之内,否则应单独设置避雷针。

5)防侧击雷措施。框架柱的防雷引下线处焊接预埋铁,通过预埋铁用圆钢连接外架,各连接点必须保证是电气连接;外围结构的施工必须先做好防雷施工或做好临时防雷连接。各防雷设施必须与建筑物的防雷接地装置可靠连接,建筑物的防雷接地装置,其接地电阻值不应大于 4Ω。

6)防雷电感应措施。建筑物内的电气设备、临时上水管道、电缆金属外皮等均应和原有永久的接地装置可靠焊接;平行敷设的临时上水管道、构架、电缆金属外皮等长金属物,其净距小于 100mm 时应采用金属线跨接,跨接点的间距不应大于 30m;建筑物的防雷接地装置,其接地电阻值不应大于 4Ω。

7)组织管理措施。

a. 施工前由电工工长(技术员)负责向操作者进行书面技术交底,并设专人负责检查,确保防雷安全技术措施的落实。

b. 雷雨天气时,严禁在露天施工作业层及钢结构的外围或近边作业,严禁有人在上面逗留。

c. 施工作业层内移动式配电箱的高度不应超过 1.2m;且使用完毕后的电气设备宜设专人负责存放管理。

d. 施工作业层电气设备的电源必须设地面总开关(附带过电压保护器),保证下班或雷雨天气时,能切断施工作业层电气设备的电源,并设专人负责检查落实。

e. 应定期不定期地检测防雷接地的接地电阻值,并做好记录。

f. 主体封顶后,应在每根框架柱防雷引下线处(建筑物易受雷击的部位)焊接避雷针。屋顶正式防雷措施完成前,严禁破坏临时防雷避雷针。

g. 装修阶段也应注意做好各项防雷措施的落实与检查工作。

7.7.1.2 台风季节施工措施

南方地区的夏天台风频繁,影响施工生产,除要做好上面雨季措施外,还应做到:

(1)台风季节应特别提高警惕,随时做好防台风袭击的准备。设专人关注天气预报,做好记录,如遇天气变化及时报告,以便采取有效措施。

(2)成立台风期间抢险救灾小组,组织相关人员 24 小时值班。密切注意现场动态,遇有紧急情况,立刻投入现场进行抢救,使损失降到最低。

(3)对施工现场办公室、食堂、仓库等临设工程应进行全面详细检查。水泥库、材料工具房要加固、加强防备,地面要高出室外自然地面 30~50cm,随时检查办公室、宿舍、食堂屋面有无漏雨现象。如有拉结不牢、排水不畅、漏雨、沉陷、变形等情况,应采取措施进行处理,问题严重的必须停止使用。风雨过后,应随时检查,发现问题,重点抢修。

(4)在台风来之前抗风及抗雨领导小组应组织抢险队集结待命,统一指挥,随时准备排除危险隐患。安排好应急疏散通道及安全集结中心。

（5）台风到来之前，应对高耸独立的机械、脚手架及未装好的钢筋、模板等进行临时加固，堆放的材料要堆放加固好，不能固定的东西要及时搬到建筑物内。

（6）做好大型高耸物件（如钢井架、塔吊等）以及外脚手架的防风加固措施，必须检查避雷装置是否完好可靠，风力达到或超过6级时钢井架和塔吊禁止使用。大风过后，应对上述设备进行复查试车，有破损应及时采取加固措施，等符合安全要求后再开展工作。

（7）科学、合理安排台风期间施工，使工程不会因此而处于停工状态。提前安排好各分部分项工程的施工，做到有备无患。台风过后，全体动员进行抢险救灾，全面检查已施工工程的质量状况，以最快的速度恢复生产，使工期损失降到最低。

7.7.1.3 高温季节施工技术措施

南方地区常年平均气温较高，最热月平均气温更高，在高温季节给施工带来一定的风险。因此，在施工阶段将不可避免地受到高温影响，必须采用相应的措施来保证施工的安全进行。

高温天气是指市气象台发布高温天气预告最高气温达35℃以上（含35℃）的天气。夏季天气将进入持续高温天气，高温天气下施工时需采取相应的技术措施，才能确保安全生产、进度和施工质量的要求。

（1）加强防暑降温工作的领导，在入暑以前，制订防暑降温计划和落实具体措施。

（2）加强对高温天气作业人员的防暑和中暑急救知识的宣传教育，增强工人的自我保护意识，注意保持充足的睡眠时间，增强自防中暑和工伤事故的能力。

（3）应根据本地中午气温高的情况，适当调整作息时间，利用早晨、傍晚气温较低时工作，延长休息时间等办法，减少阳光辐射热，以防中暑。还可根据施工工艺合理调整劳动组织，缩短一次性作业时间，增加施工过程中的轮换休息。

（4）工地根据下列情况，安排工人作息时间，确保工人劳逸结合、有足够的休息时间。

1）日最高气温达到39℃以上时，当日停止作业。

2）日最高气温达到37℃以上时，当日工作时间不超过4小时。

3）日最高气温达到35℃时，采取换班轮休等方法，缩短工人连续作业时间，并不安排加班；12：00—15：00应停止露天作业（注：在没有降温设施的挖掘机等的驾驶室内作业视同露天作业）；因特殊情况不能停止作业的，12：00—15：00工人露天连续作业时间不超过2小时。

（5）贯彻《中华人民共和国劳动法》，控制加班加点；加强工人集体宿舍管理；切实做到劳逸结合，保证工人吃好、睡好、休息好。改善集体宿舍的内外环境，宿舍内有必要的通风降温设施，确保作业人员的充分休息，减少因高温天气造成的疲劳。

（6）保证工人宿舍室内通风良好，每天中午12时和下午6时对工人宿舍屋面进行淋水降温，保持室温不宜超过30℃。

（7）在工人较集中的露天作业施工现场中设置休息室，室内通风良好，室温不宜超过30℃；工地露天作业较为固定时，也可采用活动布幕或凉棚，减少阳光辐射影响。

（8）在室内操作时，应尽量利用自然通风天窗排气，侧窗进气，也可采用机械通风措施，向高温作业点输送凉风或抽走热风，降低车间气温。

（9）进行技术革新，改革工艺和设备，尽量采用机械化、自动化，减轻建筑业劳动强度。

（10）暑期向工人提供茶水、凉开水等。施工现场应视高温情况，如当日最高气温在35℃以上时，中午向作业人员免费供应符合卫生标准的含盐清凉饮料，饮料种类包括盐汽水、凉茶和绿豆汤等各种汤类。

（11）入暑前组织医务人员对从事高温和高处作业的人员进行一次健康检查。对患有心、肺、脑血管性疾病、持久性高血压、肺结核、中枢神经系统疾病及其他身体状况不适合在高温天气露天作业的人员，应调离露天作业岗位。

（12）施工现场应配备常用的防暑药品，有相应的兼职中暑急救员，一旦中暑人员病情严重应立刻送医院治疗。

（13）各建设工程安全（质量）监督站要加强对高温作业的安全检查，根据天气预报和当天的实际情况，严格检查各工地防高温措施落实情况，对违规施工的行为要立即纠正，对拒不按要求进行整改的，要采取各种有力措施坚决制止。

（14）加强个人防护。应避免阳光直接长时间照射头部，一般宜选用浅蓝色或灰色的工作服，颜色越浅，阻率越大。对辐射强度大的工种应供给白色工作服，并根据作业需要佩戴好各种防护用具。露天作业应戴浅色安全帽，防止阳光曝晒。

7.7.1.4 应急准备和管理措施

为了本项目从业人员在夏季高温多雨季节中的身体健康和生命安全，出现生产安全事故时，能够及时进行应急救援，从而最大限度地降低生产安全事故所造成的损失，成立项目部安全事故应急救援小组，制定有针对性的高温季节安全生产预防措施及应急预案。

（1）项目经理是施工生产质量、安全第一责任人，对质量、安全全面负责。成立以项目经理为组长的季节性施工生产领导小组，明确小组成员的各自职责。

应设专人负责与气象部门联系，及时收听气象台（站）天气预报，随时掌握气象变化情况，以供施工参考。

（2）成立抢险小组。抢险小组人员不少于30人，并包括电工、焊工、挖土机司机等工种。列明抢险小组人员的详细名单并明确各小组成员的具体职责，施工前对抢险小组成员进行有针对性的技术交底和安全交底，并在施工过程中经常组织小组成员进行技术及安全学习。遇到险情或紧急情况，小组各成员均必须停下其他工作，服从指挥、投入抢险。

（3）施工前应筹备好充足的抢险材料及机具，抢险材料及机具应在施工现场专门设仓存放，并注明抢险专用，抢险所需的材料包括砂袋、短钢筋、模板及泄水管等，机具包括镐、铁铲及焊机等。

（4）施工中暑应急。

1）应急准备。项目部对全体进场员工进行安全教育和培训，认真讲解"安全卫生知识""有关安全卫生制度"及"发生紧急情况急救措施和报告办法"。

宿舍卫生：工地员工宿舍通风良好，配置电扇，并保持清洁卫生，符合地方和企业文明施工要求，定期检查，并做好记录。

食堂卫生：员工食堂管理应满足国家、地方职业健康安全有关规定和文明施工要求，提供新鲜食物，定期检查，并做好记录。

医疗用品准备：项目部配备急救箱，高温季节储备防暑降温药品，食堂储备防暑降温饮料。

2）应急程序。

急救报告：如果发生集体中暑事件，事发点员工应在第一时间内报告项目部应急小组，应急小组有关成员应在第一时间内到达现场组织处理。

窒息人员救治：应急小组应迅速将窒息人员转送医院救治，必要时求助 120 急救中心，请求救护车转送病人。

中暑人员救护：应急小组迅速将中暑人员护送至阴凉地带，服用防暑药品，平卧休息，食堂熬制防暑饮料送到救护现场；重症人员则立即送医院救治。

7.7.2 冬季施工措施

可参考雨季施工措施编写，此略。

7.7.3 工程进度保证措施

7.7.3.1 工程进度的主要影响因素

（1）本工程工期紧、体量大、要求高、工艺复杂，必须实行进度计划的动态控制，合理组织流水施工。

（2）工程体量大，周转材料、机械设备、管理人员、操作工人投入大。

（3）主体施工阶段跨冬、雨季，气候影响因素多，

（4）工艺复杂，测量要求高，交叉作业多。

（5）安装工作复杂，必须有充足的调试时间。

（6）室内作业难免上下垂直同时操作，防护量大，安全要求高。

7.7.3.2 保证工程进度的组织管理措施

（1）中标后立即进场做好场地交接工作，做好施工前的各项准备工作。

（2）分段控制，确保各阶段工期按期完成，配备充足的资源。

（3）本工程施工实行 3 班倒，24 小时连续作业，管理班子也 3 班倒，全体管理人员食宿在现场。工程所用设备、材料根据计划，提前订货和准备，防止因不能及时进场而影响工期。工地安排 2 套测量班子，及时提供轴线、标高测量，确保轴线、标高准确，不影响生产班组施工进度。

（4）合理安排交叉作业，充分考虑工种与工种之间、工序与工序之间的配合衔接，确保科学组织流水施工。现场放样工作在前，充分吃透设计意图，熟悉施工图纸，提前制作定型模板，预制成型钢筋。

在土建施工的各个过程中，都必须给安装配合留有充分时间。在整个施工进度计划中给安装调试留下充分时间。配足安装力量，不拖土建施工后腿。

积极协助设计院解决图纸矛盾，成立专门班子细化图纸，防止出图不及时影响施工。

（5）合理安排室内上下垂直操作，严密进行可靠的安全防护，不留安全防护死角，确保操作人员安全，确保交叉施工正常进行。

在地下室主体完成后,即进行防水、试水和回填土工作。确保室外工程基层部分与上部结构施工同步进行,室外工程面层施工不拖交工验收工期。

(6) 严格施工质量过程控制,确保一次成型,杜绝返工影响工期现象的发生,切实做好成品保护工作。

7.7.3.3 保证工程进度的技术措施

(1) 根据伸缩沉降缝,分三个区进行流水施工。

(2) 施工时投入两台塔吊和足够的劳动力,保证垂直运输。

(3) 钢筋采用机械连接,加快施工速度,有效缩短工期。

(4) 配置多套模板,以满足主楼预应力筋张拉的需要。

(5) 和经验丰富的具有 ISO 9002 质量保证体系的大商品混凝土厂合作,泵送混凝土,有效地保证主楼工期。

(6) 采用施工项目工作分解结构方法(WBS)和计算机进度控制技术,确保实现工期目标。

(7) 选择强有力的设备安装、装饰装潢分包商,确保工程质量和进度总目标的实现。

7.7.3.4 室外管网、配套工程、室外施工提前准备

在室外回填土时就将需预埋的管网进行预埋,不重复施工。在平面布置上分基础、主体装饰三期布置,当主体工程结束时,重新做施工总平面布置。让出室外管网预埋场地、绿化用地。

7.7.4 质量保证措施

7.7.4.1 建立工程质量管理体系的总体思路

(1) 建立质量管理组织体系,将质量目标层层分解,根据本企业的 ISO 9002 质量管理体系编制项目质量管理计划。

(2) 制定质量管理监督工作程序和管理职能要素分配,保证专业专职配备到位。质量管理的一些具体程序在企业管理规范中,作为本文件的附件。

(3) 严格按照设计单位确认的工程质量施工规范和验收规范,精心组织好施工。设立质量控制点,按照要求抓好施工质量、原材料质量、半成品质量,严格质量监督,工程质量确保达到优良标准。

(4) 负责组织施工设计图技术交底,督促工程小组或分包商制定更为详细的施工技术方案,审查各项技术措施的可行性和经济性,提出优化方案或改进意见。

(5) 协助甲方确定本工程甲方供应设备材料的定牌及选型,并根据甲方需要及时提供有关技术数据、资料、样品、样本及有关介绍材料。

(6) 协同监理单位、业主、质监部门、设计单位对由分包单位承包的工程进行检查、验收及工程竣工初步验收,协助业主组织工程竣工最终验收,提出竣工验收报告(包括整理资料的安排)。

(7) 对工程质量事故应严肃处理,查明质量事故原因和责任,并与监理单位一起督促和检查事故处理方案的实施。

(8) 采用新技术以保证或提高工程质量。

7.7.4.2 工程质量目标

工程质量目标:确保市(省)优,争创省(国)优。

7.7.4.3 质量保证体系

质量保证体系框图如图 7.4 所示。

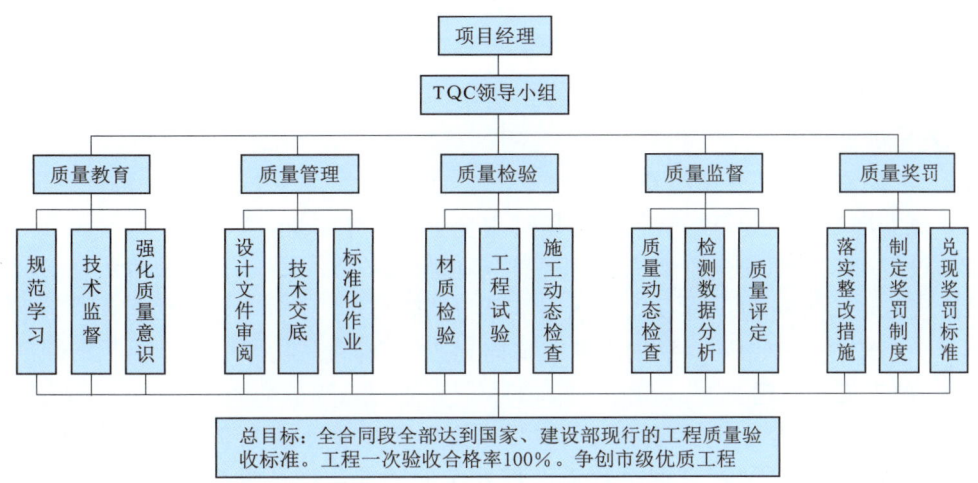

图 7.4 质量保证体系框图

7.7.4.4 质量控制工作

(1)严格实行质量管理制度,包括:施工组织设计审批制度;技术、质量交底制度;技术复核、隐蔽工程验收制度;"混凝土浇灌令"制度;二级验收及分部分项质量评定制度;工程质量奖罚制度;工程技术资料管理制度等。

(2)项目部每周一次团体协调会,全面检查施工衔接、劳动力调配、机械设备进场、材料供应分项工程质量检测以及安全生产等,将整个施工过程纳入有序的管理。

(3)通过班组自检、互检和全面质量管理活动,严把质量关。首先,班组普遍推行挂牌操作,责任到人,谁操作谁负责;其次,出现不合格项立即召开现场会,同时给予经济处罚。

(4)对重要工序实施重点管理,尤其对预应力梁、楼梯、厕所、屋面工程等关键部位重点检查。

(5)对采用新工艺、新技术的分部分项工程重点进行检查,凡是隐蔽工程均由施工单位质量检查员、技术负责人,监理单位专业监理工程师及甲方工程师一同验收,验收认可方可转入下道工序施工。

(6)严把原材料关,凡无出厂合格证的一律不准使用,坚持原材料的检查制度,复验不合格的不得使用,对钢筋、水泥、防水材料等均做到先复试再使用。

(7)坚持样板制度。在施工过程中,将坚持以点带面,即一律由施工技术人员先行翻样,提出实际操作要求,然后由操作班组做出样板间,并多方征求意见,用样板标准,推广大面积施工。

(8)加强成品保护。

7.7.4.5 工程质量重点控制环节

根据本工程的特点分析，质量重点控制环节为：
（1）大体积混凝土温度裂缝控制。
（2）大面积底板混凝土浇捣。
（3）地下室墙板裂缝控制。
（4）曲线测量控制。
（5）预应力筋张拉控制。

7.7.5 安全管理措施

7.7.5.1 工程安全生产管理组织体系

（1）成立项目经理为第一责任人的项目安全生产领导小组。
（2）设置项目专职安全监督机构——安全监督组。
（3）要求各专业分包单位设立兼职安全员与消防员。
（4）项目安全管理做到"纵向到底、横向到边"全面覆盖。

7.7.5.2 施工安全管理

（1）成立项目安全生产质量小组。项目安全生产质量小组负责每月一次项目安全会议，组织全体成员认真学习贯彻执行建设部发布的标准，每月组织二次安全检查，并出"安全检查简报"，负责与业主及分承包单位（或合作施工单位）涉及重要施工安全隐患的协调整改工作。

（2）建立专职安全监督管理机构和安全检查流程（图7.5）。

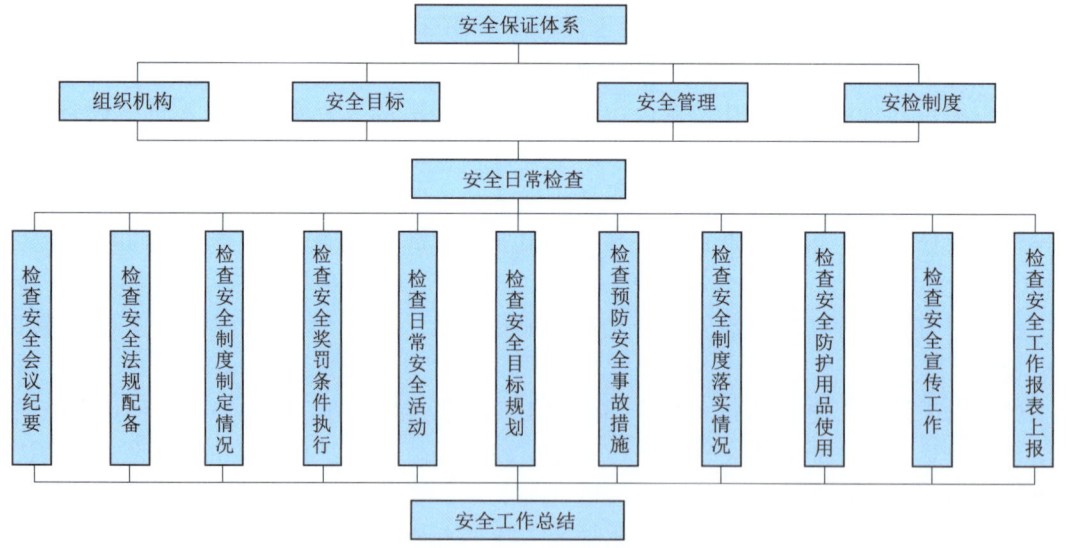

图 7.5 安全检查流程图

（3）应建立完整的、可操作的项目安全生产管理制度。包括各级安全生产责任制、安全生产奖罚制度、项目安全检查制度、职工安全教育、学习制度等。建立项目特种作业人员登记台账，确保特种作业人员必须经过培训考核，持证上岗，建立工人三级安全教育台账，确保工人岗前必须经过安全知识教育培训。

(4) 生产班组每周一实行班前一小时安全学习活动，做好学习活动书面记录，施工员、工长定点班组参加活动。组长每天安排组员工作的同时必须交底安全事项，消除不安全因素。

(5) 项目技术负责人、施工员、专业工长必须熟悉本工程安全技术措施实施方案，逐级认真及时做好安全技术交底工作和安全措施实施工作。

7.7.5.3 施工安全措施

(1) 施工临时用电。

1) 编制符合本工程安全使用要求的"临时用电组织设计"，绘制本工程临时用电平面图、立面图，并由技术负责人审核批准后实施。

2) 本工程施工临时用电线路必须动力、照明分离设置（从总配电起），分设动力电箱和照明电箱。配电箱禁止使用木制电箱，铁制电箱外壳必须有可靠的保护接零，配电箱应作明显警示标记，并编号使用。

3) 配电箱内必须装备与用电容量匹配并符合性能质量标准的漏电保护器。分配电箱内应装备符合安全规范要求的漏电保护器。

4) 所有配电箱内做到"一机、一闸、一保护"。用电设备确保二级保护（总配电—分配电箱）。手持、流动电动工具确保三级保护（总配电—分配电箱—开关箱）。

5) 现场电缆线必须于地面埋管穿线处做出标记。架空敷设的电缆线必须用瓷瓶绑扎。地下室、潮湿阴暗处施工照明应使用36V以下（含36V）的灯具。

6) 施工不准采用花线、塑料线作电源线。所有配电箱应配锁，分配电箱和开关电箱由专人负责。配电箱下底与地面垂直距离应大于1.3m、小于1.5m。

7) 配电箱内不得放置任何杂物（工具、材料、手套等）并保持整洁。熔断丝的选用必须符合额定参数，且三相一致，不得用铜丝、铁丝等代替。

8) 现场电气作业人员必须经过培训、考核，持证上岗。现场电工应制定"用电安全巡查制度"（查线路、查电箱、查设备），责任到人，作好每日巡查记录。

9) 在高压线路下方不得搭设作业棚、生活设施或堆放构件、材料、工具等。

10) 建筑物（含脚手架）的外侧边缘与外电架空线路边线之间最小应保持大于4m的安全操作距离。

(2) 塔吊等均要制定专项安全技术措施，操作必须符合有关的安全规定。

(3) 脚手架工程与防护。内容如下：

1) 脚手架的选择与搭设应有专门施工方案。

2) 落地脚手架应在工程平面图上标明立杆落点。

3) 钢管脚手架的钢管应涂为橘黄色。

4) 钢管、扣件、安全网、竹笆片必须经安全部门验收后方可使用。

5) 脚手架的搭设应作分段验收或完成后验收，验收合格后挂牌使用。

(4) 其他。

1) "三口四临边"应按安全规范的要求进行可靠的防护。建筑物临边，必须设置两道防护栏杆，其高度分别为400mm和1000mm，用红白或黑黄相间油漆。

2) 严禁任意拆除或变更安全防护设施。若施工中必须拆除或变更安全防护设施，须经项目技术负责人批准后方可实施,实施后不得留有隐患。

3) 施工过程中,应避免在同一断面上、下交叉作业,如必须上、下同时工作时,应设专用防护棚或其他隔离措施。

4) 在天然光线不足的工作地点,如内楼梯、内通道及夜间工作时,均应设置足够的照明设备。

5) 遇有六级以上强风时,禁止露天起重作业,停止室外高处作业。项目部应购置测风仪,由专人保管,定时记录。

6) 不得安排患有高血压、心脏病、癫痫病和其他不适于高处作业的人员登高作业。

7) 应在建筑物底层选择几处进出口,搭设一定面积的双层护头棚,作为施工人员的安全通道,并挂牌示意。

(5) 工地保卫人员应与所属地区公安分局在业务上取得联系,组成一个统一的安全消防保卫系统,各楼层及现场地面配置足够的消防器材,制定工地用火制度,加强对易燃品的管理,杜绝在工地现场吸烟。派专人负责出入管理与夜间巡逻,杜绝一切破坏行为和其他不良行为。

7.7.6 文明和标准化现场

严格遵守城市有关施工的管理规定,做到尘土不飞扬,垃圾不乱倒,噪音不扰民,交通不堵塞,道路不侵占,环境不污染,本工程文明施工管理目标为:市级文明工地。

7.7.6.1 组织落实,制度到位

(1) 建立以项目经理为首的创建"标准化"(包括现场容貌、卫生状况)工地组织机构。

(2) 设置专职现场容貌、卫生管理员,随时做好场内外的保洁工作。

(3) 施工现场周围应封闭严密。

施工现场必须设有"七牌一图",即工程概况牌、安全生产纪律牌、三好六清牌、文明施工管理牌、十项安全措施牌、工地消防管理牌、佩戴安全帽牌和施工现场平面布置图。标牌规格统一、位置合理、字迹端正、线条清晰、表示明确,并固定在现场内主要进出口处。

7.7.6.2 现场场容、场貌布置

1. 现场布置

施工现场采用硬地坪,现场布置根据场地情况合理安排,设施设备按现场布置图规定设置堆施,并随施工基础、结构、装饰等不同阶段进行场地布置和调整。主要位置设醒目宣传标语。利用现场边角线,栽花、种草、搞好绿化、美化环境。

施工区域划分责任区,设置标牌,分片包干到人负责场容整洁。

2. 道路与场地

道路畅通、平坦、整洁,不乱堆乱放,无散落的杂物;建筑物周围应浇捣散水坡,四周保持清洁;场地平整不积水,场地排水畅通良好,畅通不堵。建筑垃圾必须集中堆放,及时处理。

3. 工作面管理

班组必须做好工作面管理,做到随作随清,物尽其用。对所操作的工作面,必须随时

保持干净整洁，操作使用的工、用具，堆码整齐、有序，严禁乱堆乱放。健全考核制度，定期检查评分考核，成绩上牌公布。

4. 堆放材料

各种材料分类、集中堆放。砌体归类成跺，堆放整齐，碎砖料随用随清，无底脚散料。

5. 周转设备

施工设备、模板、钢管、扣件等，集中堆放整齐。分类分规格，集中存放。所有材料分类堆放、规则成方，不散不乱。

7.7.6.3 环境卫生管理

（1）施工现场保持整洁卫生。道路平整坚实、畅通，并有排水设施，运输车辆不带泥出场。

（2）生活区室内外保持整洁有序，无污物、污水，垃圾集中堆放，及时清理。

（3）食堂、伙房有一名现场领导主管卫生工作。严格执行食品卫生法等有关制度。

（4）饮用水要供应开水，饮水器具要卫生。

7.7.6.4 生活卫生

（1）生活卫生应纳入工地总体规划，落实责任制，卫生专（兼）职管理和保洁责任到人。

（2）施工现场须设有茶亭和茶水桶，做到有盖有杯子，有消毒设备。

（3）工地有男女厕所，落实专人管理，保持清洁无害。

（4）工地设简易浴室，电锅炉热水间保证供水，保持清洁。

（5）现场落实消灭蚊蝇孳生承包措施，与各班组签订检查监督约定，保证措施落实。

（6）生活垃圾必须随时处理或集中加以遮挡，妥善处理，保持场容整洁。

7.7.6.5 防止扰民措施

1. 防止大气污染

（1）高层建筑施工垃圾，必须搭设封闭式临时专用垃圾道或采用容器吊运，严禁随意凌空抛撒，施工垃圾应及时清运，适量洒水、减少扬尘。

（2）水泥等粉细散装衣料，应尽量采取室内（或封闭）存放或严密遮盖，卸运时要采取有效措施，减少扬尘。

（3）现场的临时道路必须硬化，防止道路扬尘。

（4）防止大气污染，除设有符合规定的装置外，不得在施工现场熔融沥青或焚烧油毡、油漆以及其他会产生有毒有害尘和恶臭气体的物质。

（5）采取有效措施控制施工过程中的灰尘。

（6）现场生活用能源，均使用电能或煤气，严禁焚烧木材、煤炭等污染严重的燃料。

2. 防止水污染

设置沉淀池，使清洗机械和运输车的废水经沉淀后，排入市政污水管线。

现场存放油料的库房，必须进行防渗漏处理。储存和使用都要采取措施，防止跑、冒、滴、漏污染水体。

施工现场临时食堂，应设有效的隔油池，定期掏油，防止污染。

厕所污水经化粪池处理后，排入城市污水管道。一般生活污水及混凝土养护用水等，直接排入城市污水管道。

3．防止噪声污染

（1）严格遵守建筑工地文明施工的有关规定，合理安排施工，尽量避开夜间施工作业，早晨 7 时前和晚上 9 时后无特殊情况不予施工，以免噪声惊扰附近学生休息，未得到有关部门批准，严禁违章夜间施工。对浇灌混凝土必须连续施工的，及时办理夜间施工许可证，张贴安全告示。

（2）夜间禁止使用电锯、电刨、切割机等高噪声机械。严格控制木工机械的使用时间和使用频率，尽量选用噪声小的机械，必要时将产生噪声的机械移入基坑、地下室或墙体较厚的操作间内，减少噪声对周围环境的影响。

（3）全部使用商品混凝土，减少扰民噪声。

（4）加强职工教育，文明施工。在施工现场不高声呐喊。夜间禁止高喊号子或唱歌。

（5）积极主动地与周围居民打招呼，争取得到他们的谅解，并经常听取宝贵意见，以便改进项目部的工作，减少不应有的矛盾和纠纷，如发生居民闹事、要求赔偿等纠纷，项目部负责处理，承担有关费用。

（6）若发现违反规定，影响环境保护、严重扰民或造成重大影响的，即给予警告及适当的经济处罚，情况严重者清除出场。

4．防止道路侵占

（1）临时占用道路应向当地交通主管部门提出申请，经同意后方可临时占用。

（2）材料运输尽量安排夜间进行，以减轻繁忙的城市交通压力。

（3）材料进场，一律在施工现场内按指定地点堆放，严禁占用道路。

5．防止地上设施的破坏

（1）对已有的地上设施，搭设双层钢管防护棚进行保护。

（2）严格按施工方案搭设脚手架，挂设安全网，做好施工洞口及临边的专人防护，防止高层建设施工过程中材料的坠落而造成对原有建筑设施的破坏。

7.7.7 降低成本措施

7.7.7.1 采用合适的用工制度，确保工期准点到达

（1）划分小班组，记工考勤。工人进场后，按工种划分，10 个人为一个班，4～5 个班配备一个工长带领。优点是：调度灵活，便于安排工作，队与队之间劳动力可以互相调剂，有利考核，减少窝工，提高工效。

记工考核为：将现场划分为若干个工作区，按部位、工作内容、工种、编码用计算机进行管理。工作程序是：各队记工员根据班组出勤、工作部位、工作内容和要求填写记工单，由工长、队长签字，人事部汇总交财务部计算机操作员，根据记工单填写的各项数据输入计算机，以便查找人工节、超的原因，商量对策，做好成本控制。

（2）劳务费切块承包，加快了工程进度，提高了劳动生产率。

（3）加快技术培训，提高操作技能，加快施工速度。

7.7.7.2 加强机械设备管理，提高机械设备利用率

1. 机械设备管理

所有机械设备均由机电组统一管理，机电组分别承担重型机械、混凝土机械、通用中小型机具、塔吊等的使用与管理。

机械设备的特点可以归纳为：统一建文件，计算机储存，跟踪监测，按月报表，依凭资料，预测故障，发现问题，及时排除。

月设备运行报告中记录现场混凝土设备工作情况，如混凝土搅拌站泵车或塔吊垂直运输量。通过这些资料了解设备的利用率和机械效率，从而为计划部门制订下一个月的生产计划提供生产能力的可靠依据。同时机电组也可以凭借这些资料及各个时期混凝土总需求量计划提前安排设备配制计划，或在必要时租赁设备的计划。

2. 机械设备的维修保养

机械设备维修保养的显著特点是采取定期、定项目的强制保养法。这种方法是对各种设备均按其厂家的要求或成熟的经验制定一套详细的保养卡片，分列出不同的保养期以及不同的保养项目。各使用部门必须按期、按项目的要求更换零配件，即使这些配件还可以使用也必须更换，以保证在下一个保养期之间设备无故障运行。

另外，引进先进的检测技术，帮助预测可能产生的机械故障，采用美国的 SOS 系统，利用抽样分析间接判断机械内部的零件磨损情况及磨损零件的位置，发出早期警告，避免连锁损坏，还可以让使用者提前准备零配件，或者安排适当的时机进行维修及更换零件。在本公司以往重要工程中，使用这种系统定期将重要设备的抽样进行检查，根据调查报告来安排保养计划。

7.7.7.3 采用独立的物资供应及管理模式

（1）建立以仓库为中心的多层次管理方式，根据物资的最低储备量和最高储备量求出物资的最佳订购量，制订出既合理又经济的计划，努力避免物资积压，尽量加速流动资金周转。

（2）建立完整的采购程序，采购计划性强。从提出供应要求、编制采购计划、审批购买到财务付款，都建立一套完整的程序，采购单一式七份，以各种颜色区分，标志明显，用途各异，以免混淆，便于入账核对。

（3）采用多种采购合同，根据不同情况在采购中分别运用不变价格、浮动价格和固定升值价格签订供货合同，能取得可观效益。

（4）采用卡片和计算机双重记账方式，便于查找、核对。利用先进的通信设备及时了解各地市场信息，为物资采购提供便利条件。

7.7.7.4 经济技术措施

为了保证工程质量，加快施工进度，降低工程成本，本工程施工过程中采用如下几项措施，用以节约工程成本、提高劳动效率、提高和促进经济效益。

（1）计划的执行，要以总控制计划为指导，各分项工程的施工计划必须在总进度计划的限定时间内，计划的实施要严肃认真，制定一定的控制点，实行目标管理。

（2）提高劳动生产率，实行项目法施工，并层层签订承包合同，健全承包制度，用以调动职工的劳动积极性，具体细则另定，鼓励工人多做工作提高全员劳动生产率。

(3) 采用全面质量管理方法对施工质量进行系统控制,认真贯彻有关的技术政策和法规。分部分项工程质量优良必须在95%以上,中间验收合格率100%,实行评比质量奖惩办法。

(4) 充分利用现有设备,提高设备的利用率,充分利用时间和空间,机械设备的完好率95%,其利用率在70%以上,使之达到促进效益的目的。

(5) 缩减临时工程费用,合理布置总平面并加强其管理,充分作好施工前准备工作,做到严谨、周密、科学,使施工流水顺利进行。

7.8 技术经济指标计算与分析

7.8.1 进度方面的指标

关于单位工程施工进度计划技术经济评价的主要指标包括工期指标、劳动力消耗的均衡性指标、主要施工机械的利用程度;关于单位工程施工进度计划技术经济评价的参考指标包括单方用工数指标、工日节约率指标、大型机械单方台班用量指标、建安工人日产量指标。

7.8.1.1 施工进度计划技术经济评价的主要指标

(1) 工期指标。工期指标包括提前时间和节约时间。

其中,   提前时间 = 上级或合同要求工期 − 计划工期

节约时间 = 定额工期 − 计划工期

(2) 劳动量消耗的均衡性指标。用劳动力不均衡系数 K 加以评价,其含义同 3.1.5.1 部分相关内容。

(3) 主要施工机械的利用程度。主要施工机械一般是指挖掘机、起重机和混凝土泵等台班费高以及进出场费用大的机械,提高其利用程度有利于降低工程施工费用,加快施工进度。

$$主要施工机械利用率 = \frac{施工机械实作台班数}{施工机械制度台班数} \times 100\%$$

7.8.1.2 施工进度计划技术经济评价的参考指标

(1) 单方用工数指标。

$$总单方用工数 = \frac{单位工程用工数(工日)}{建筑面积(平方米)}$$

$$分部工程单方用工数 = \frac{分部工程用工数(工日)}{建筑面积(平方米)}$$

(2) 工日节约率指标。

$$总工日节约率 = \frac{施工预算用工数(工日) - 计划用工数(工日)}{施工预算用工数(工日)} \times 100\%$$

$$分部工程工日节约率 = \frac{施工预算分部工程用工数(工日) - 计划分部工程用工数(工日)}{施工预算分部工程用工数(工日)} \times 100\%$$

(3) 大型机械单方台班用量指标。以吊装机械为主,计算公式为

$$大型机械单方台班用量 = \frac{大型机械台班数(台班)}{建筑面积(平方米)}$$

(4) 建安工人日产量指标。

$$建安工人日产量 = \frac{计划施工总产值(元)}{进度计划日期 \times 每日平均人数(工日)}$$

7.8.2 质量方面的指标

有工程质量合格率、质量优良品率。

其中，$$质量优良品率 = \frac{优良工程个数(或面积)}{施工项目总个数(或面积)} \times 100\%$$

7.8.3 成本方面的指标

有工程总造价或总成本、单位工程量成本、成本降低率。

其中，$$降低成本率 = \frac{降低成本总额}{承包总成本额} \times 100\%$$

7.8.4 资源消耗方面的指标

总用工量、单位工程量（或其他量纲）用工量、平均劳动力投入量、高峰人数、劳动力不均衡系数、主要材料消耗量及节约量、主要大型机械使用数量及台班量等。

7.8.5 建筑项目施工安全指标

以发生安全事故的频率控制数表示。

7.8.6 临时工程

(1) 临时工程投资比例。

$$临时工程投资比例 = \frac{全部临时工程投资}{建筑安装工程总值}$$

(2) 临时工程费用比例。

$$临时工程费用比例 = \frac{临时工程投资 - 回收量 + 租用费}{建筑安装工程总值}$$

7.8.7 预制化程度

$$预制化程度 = \frac{工厂及现场预制工作量}{总工作量}$$

练 习 题

一、填空题

1. 一般房屋建筑的施工，通常划分为（　　）、（　　）、屋面与装饰工程三个阶段。
2. 施工进度计划通常用（　　）或（　　）形式表达。
3. 编制施工机械配置计划的依据是（　　）和（　　）。
4. 在塔吊控制范围内，现场临时供电线路应采用（　　）的形式。
5. 评价建筑施工组织设计的技术经济指标中，单方用工是指（　　）。

二、单项选择题

1. 下列选项中，（　　）是单位工程施工组织设计的核心。
A. 工程概况　　　　B. 施工方案　　　　C. 施工平面图　　　　D. 施工进度计划
2. 下列选项中，不属于施工方案的是（　　）。
A. 确定单位工程的施工流向　　　　B. 确定分部分项工程的施工顺序

C. 确定主要分部分项工程的施工方法　　D. 确定主要分部分项工程的材料用量

3. 墙面抹灰、安木门框、安木门扇间的施工顺序应为（　　）。

A. 墙面抹灰→安木门框→安木门扇　　B. 安木门框→墙面抹灰→安木门扇

C. 安木门框→安木门扇→墙面抹灰　　D. 安木门扇→墙面抹灰→安木门框

4. 以下施工顺序中，有利于成品保护的是（　　）。

A. 安装木门扇→室内外抹灰　　B. 安装塑料门窗→室内外墙面抹灰

C. 铺设地毯→顶棚墙面裱糊　　D. 房间地面抹灰→楼道地面抹灰

5. 编制单位工程施工进度计划时，首先应（　　）。

A. 划分施工项目　　B. 查定额和计算工程量

C. 确定搭接方式　　D. 确定计划工期

6. 对采用新工艺、新方法、新材料等没有定额可循的工程，计算项目的持续时间宜使用（　　）。

A. 定额计算法　　B. 三时估计法　　C. 座谈法　　D. 抽样法

7. 按劳动力不均衡系数评价，系数 K 超过（　　）认为不正常。

A. 1　　B. 1.5　　C. 2　　D. 3

8. 施工现场运输道路考虑消防车的要求时，其宽度不得小于（　　）。

A. 2m　　B. 3 m　　C. 4m　　D. 6m

三、实践操作

教师公寓楼施工组织设计编制训练。

附录 《建筑施工组织设计规范》摘录

中华人民共和国国家标准

建筑施工组织设计规范

Code for construction organization plan
of building engineering

GB/T 50502—2009

主编部门：中华人民共和国住房和城乡建设部

批准部门：中华人民共和国住房和城乡建设部

实施日期：2009 年 10 月 1 日

中国建筑工业出版社
2009　北京

附录 《建筑施工组织设计规范》摘录

1 总 则

1.0.1 为规范建筑施工组织设计的编制与管理，提高建筑工程施工管理水平，制定本规范。

1.0.2 本规范适用于新建、扩建和改建等建筑工程的施工组织设计的编制与管理。

1.0.3 建筑施工组织设计应结合地区条件和工程特点进行编制。

1.0.4 建筑施工组织设计的编制与管理，除应符合本规范规定外，尚应符合国家现行有关标准的规定。

2 术 语

2.0.1 施工组织设计 construction organization plan

以施工项目为对象编制的，用以指导施工的技术、经济和管理的综合性文件。

2.0.2 施工组织总设计 general construction organization plan

以若干单位工程组成的群体工程或特大型项目为主要对象编制的施工组织设计，对整个项目的施工过程起统筹规划、重点控制的作用。

2.0.3 单位工程施工组织设计 construction organization plan for unit project

以单位（子单位）工程为主要对象编制的施工组织设计，对单位（子单位）工程的施工过程起指导和制约作用。

2.0.4 施工方案 construction scheme

以分部（分项）工程或专项工程为主要对象编制的施工技术与组织方案，用以具体指导其施工过程。

2.0.5 施工组织设计的动态管理 dynamic management of construction organization plan

在项目实施过程中，对施工组织设计的执行、检查和修改的适时管理活动。

2.0.6 施工部署 construction arrangement

对项目实施过程做出的统筹规划和全面安排，包括项目施工主要目标、施工顺序及空间组织、施工组织安排等。

2.0.7 项目管理组织机构 project management organization

施工单位为完成施工项目建立的项目施工管理机构。

2.0.8 施工进度计划 construction schedule

为实现项目设定的工期目标，对各项施工过程的施工顺序、起止时间和相互衔接关系所作的统筹策划和安排。

2.0.9 施工资源 construction resources

为完成施工项目所需要的人力、物资等生产要素。

2.0.10 施工现场平面布置 construction site layout plan

在施工用地范围内，对各项生产、生活设施及其他辅助设施等进行规划和布置。

2.0.11 进度管理计划 schedule management plan

保证实现项目施工进度目标的管理计划。包括对进度及其偏差进行测量、分析、采取的必要措施和计划变更等。

2.0.12 质量管理计划 quality management plan

保证实现项目施工质量目标的管理计划。包括制定、实施、评价所需的组织机构、职责、程序以及采取的措施和资源配置等。

2.0.13 安全管理计划 safety management plan

保证实现项目施工职业健康安全目标的管理计划。包括制定、实施所需的组织机构、职责、程序以及采取的措施和资源配置等。

2.0.14 环境管理计划 environment management plan

保证实现项目施工环境目标的管理计划。包括制定、实施所需的组织机构、职责、程序以及采取的措施和资源配置等。

2.0.15 成本管理计划 cost management plan

保证实现项目施工成本目标的管理计划。包括成本预测、实施、分析、采取的必要措施和计划变更等。

3 基 本 规 定

3.0.1 施工组织设计按编制对象，可分为施工组织总设计、单位工程施工组织设计和施工方案。

3.0.2 施工组织设计的编制必须遵循工程建设程序，并应符合下列原则：

1 符合施工合同或招标文件中有关工程进度、质量、安全、环境保护、造价等方面的要求；

2 积极开发、使用新技术和新工艺，推广应用新材料和新设备；

3 坚持科学的施工程序和合理的施工顺序，采用流水施工和网络计划等方法，科学配置资源，合理布置现场，采取季节性施工措施，实现均衡施工，达到合理的经济技术指标；

4 采取技术和管理措施，推广建筑节能和绿色施工；

5 与质量、环境和职业健康安全三个管理体系有效结合。

3.0.3 施工组织设计应以下列内容作为编制依据：

1 与工程建设有关的法律、法规和文件；

2 国家现行有关标准和技术经济指标；

3 工程所在地区行政主管部门的批准文件，建设单位对施工的要求；

4 工程施工合同或招标投标文件；

5 工程设计文件；

6 工程施工范围内的现场条件，工程地质及水文地质、气象等自然条件；

7 与工程有关的资源供应情况；

8 施工企业的生产能力、机具设备状况、技术水平等。

3.0.4 施工组织设计应包括编制依据、工程概况、施工部署、施工进度计划、施工准备与资源配置计划、主要施工方法、施工现场平面布置及主要施工管理计划等基本内容。

3.0.5 施工组织设计的编制和审批应符合下列规定：

1 施工组织设计应由项目负责人主持编制，可根据需要分阶段编制和审批；

2 施工组织总设计应由总承包单位技术负责人审批；单位工程施工组织设计应由施工单位技术负责人或技术负责人授权的技术人员审批；施工方案应由项目技术负责人审批；重点、难点分部（分项）工程和专项工程施工方案应由施工单位技术部门组织相关专家评审，施工单位技术负责人批准；

  3 由专业承包单位施工的分部（分项）工程或专项工程的施工方案，应由专业承包单位技术负责人或技术负责人授权的技术人员审批；有总承包单位时，应由总承包单位项目技术负责人核准备案；

  4 规模较大的分部（分项）工程和专项工程的施工方案应按单位工程施工组织设计进行编制和审批。

3.0.6 施工组织设计应实行动态管理，并符合下列规定：

  1 项目施工过程中，发生以下情况之一时，施工组织设计应及时进行修改或补充：

   1）工程设计有重大修改；

   2）有关法律、法规、规范和标准实施、修订和废止；

   3）主要施工方法有重大调整；

   4）主要施工资源配置有重大调整；

   5）施工环境有重大改变。

  2 经修改或补充的施工组织设计应重新审批后实施；

  3 项目施工前，应进行施工组织设计逐级交底；项目施工过程中，应对施工组织设计的执行情况进行检查、分析并适时调整。

3.0.7 施工组织设计应在工程竣工验收后归档。

4 施工组织总设计

4.1 工程概况

4.1.1 工程概况应包括项目主要情况和项目主要施工条件等。

4.1.2 项目主要情况应包括下列内容：

  1 项目名称、性质、地理位置和建设规模；

  2 项目的建设、勘察、设计和监理等相关单位的情况；

  3 项目设计概况；

  4 项目承包范围及主要分包工程范围；

  5 施工合同或招标文件对项目施工的重点要求；

  6 其他应说明的情况。

4.1.3 项目主要施工条件应包括下列内容：

  1 项目建设地点气象状况；

  2 项目施工区域地形和工程水文地质状况；

  3 项目施工区域地上、地下管线及相邻的地上、地下建（构）筑物情况；

  4 与项目施工有关的道路、河流等状况；

  5 当地建筑材料、设备供应和交通运输等服务能力状况；

  6 当地供电、供水、供热和通信能力状况；

7 其他与施工有关的主要因素。

4.2 总体施工部署

4.2.1 施工组织总设计应对项目总体施工做出下列宏观部署：
  1 确定项目施工总目标，包括进度、质量、安全、环境和成本等目标；
  2 根据项目施工总目标的要求，确定项目分阶段（期）交付的计划；
  3 确定项目分阶段（期）施工的顺序及空间组织。

4.2.2 对于项目施工的重点和难点应进行简要分析。

4.2.3 总承包单位应明确项目管理组织机构形式，并宜采用框图的形式表示。

4.2.4 对于项目施工中开发和使用的新技术、新工艺应做出部署。

4.2.5 对主要分包项目施工单位的资质和能力应提出明确要求。

4.3 施工总进度计划

4.3.1 施工总进度计划应按照项目总体施工部署的安排进行编制。

4.3.2 施工总进度计划可采用网络图或横道图表示，并附必要说明。

4.4 总体施工准备与主要资源配置计划

4.4.1 总体施工准备应包括技术准备、现场准备和资金准备等。

4.4.2 技术准备、现场准备和资金准备应满足项目分阶段（期）施工的需要。

4.4.3 主要资源配置计划应包括劳动力配置计划和物资配置计划等。

4.4.4 劳动力配置计划应包括下列内容：
  1 确定各施工阶段（期）的总用工量；
  2 根据施工总进度计划确定各施工阶段（期）的劳动力配置计划。

4.4.5 物资配置计划应包括下列内容：
  1 根据施工总进度计划确定主要工程材料和设备的配置计划；
  2 根据总体施工部署和施工总进度计划确定主要施工周转材料和施工机具的配置计划。

4.5 主要施工方法

4.5.1 施工组织总设计应对项目涉及的单位（子单位）工程和主要分部（分项）工程所采用的施工方法进行简要说明。

4.5.2 对脚手架工程、起重吊装工程、临时用水用电工程、季节性施工等专项工程所采用的施工方法应进行简要说明。

4.6 施工总平面布置

4.6.1 施工总平面布置应符合下列原则：
  1 平面布置科学合理，施工场地占用面积少；
  2 合理组织运输，减少二次搬运；
  3 施工区域的划分和场地的临时占用应符合总体施工部署和施工流程的要求，减少相互干扰；
  4 充分利用既有建（构）筑物和既有设施为项目施工服务，降低临时设施的建造费用；
  5 临时设施应方便生产和生活，办公区、生活区和生产区宜分离设置；

6 符合节能、环保、安全和消防等要求；
　　7 遵守当地主管部门和建设单位关于施工现场安全文明施工的相关规定。
4.6.2 施工总平面布置图应符合下列要求：
　　1 根据项目总体施工部署，绘制现场不同施工阶段（期）的总平面布置图；
　　2 施工总平面布置图的绘制应符合国家相关标准要求并附必要说明。
4.6.3 施工总平面布置图应包括下列内容：
　　1 项目施工用地范围内的地形状况；
　　2 全部拟建的建（构）筑物和其他基础设施的位置；
　　3 项目施工用地范围内的加工设施、运输设施、存贮设施、供电设施、供水供热设施、排水排污设施、临时施工道路和办公、生活用房等；
　　4 施工现场必备的安全、消防、保卫和环境保护等设施；
　　5 相邻的地上、地下既有建（构）筑物及相关环境。

5 单位工程施工组织设计

5.1 工程概况

5.1.1 工程概况应包括工程主要情况、各专业设计简介和工程施工条件等。
5.1.2 工程主要情况应包括下列内容：
　　1 工程名称、性质和地理位置；
　　2 工程的建设、勘察、设计、监理和总承包等相关单位的情况；
　　3 工程承包范围和分包工程范围；
　　4 施工合同、招标文件或总承包单位对工程施工的重点要求；
　　5 其他应说明的情况。
5.1.3 各专业设计简介应包括下列内容：
　　1 建筑设计简介应依据建设单位提供的建筑设计文件进行描述，包括建筑规模、建筑功能、建筑特点、建筑耐火、防水及节能要求等，并应简单描述工程的主要装修做法；
　　2 结构设计简介应依据建设单位提供的结构设计文件进行描述，包括结构形式、地基基础形式、结构安全等级、抗震设防类别、主要结构构件类型及要求等；
　　3 机电及设备安装专业设计简介应依据建设单位提供的各相关专业设计文件进行描述，包括给水、排水及采暖系统、通风与空调系统、电气系统、智能化系统、电梯等各个专业系统的做法要求。
5.1.4 工程施工条件应参照本规范第4.1.3条所列主要内容进行说明。

5.2 施 工 部 署

5.2.1 工程施工目标应根据施工合同、招标文件以及本单位对工程管理目标的要求确定，包括进度、质量、安全、环境和成本等目标。各项目标应满足施工组织总设计中确定的总体目标。
5.2.2 施工部署中的进度安排和空间组织应符合下列规定：
　　1 工程主要施工内容及其进度安排应明确说明，施工顺序应符合工序逻辑关系；
　　2 施工流水段应结合工程具体情况分阶段进行划分；单位工程施工阶段的划分一般

包括地基基础、主体结构、装修装饰和机电设备安装三个阶段。

5.2.3 对于工程施工的重点和难点应进行分析,包括组织管理和施工技术两个方面。

5.2.4 工程管理的组织机构形式应按照本规范第4.2.3条的规定执行,并确定项目经理部的工作岗位设置及其职责划分。

5.2.5 对于工程施工中开发和使用的新技术、新工艺应做出部署,对新材料和新设备的使用应提出技术及管理要求。

5.2.6 对主要分包工程施工单位的选择要求及管理方式应进行简要说明。

5.3 施工进度计划

5.3.1 单位工程施工进度计划应按照施工部署的安排进行编制。

5.3.2 施工进度计划可采用网络图或横道图表示,并附必要说明;对于工程规模较大或较复杂的工程,宜采用网络图表示。

5.4 施工准备与资源配置计划

5.4.1 施工准备应包括技术准备、现场准备和资金准备等。

 1 技术准备应包括施工所需技术资料的准备、施工方案编制计划、试验检验及设备调试工作计划、样板制作计划等;

 1)主要分部(分项)工程和专项工程在施工前应单独编制施工方案,施工方案可根据工程进展情况,分阶段编制完成;对需要编制的主要施工方案应制定编制计划;

 2)试验检验及设备调试工作计划应根据现行规范、标准中的有关要求及工程规模、进度等实际情况制定;

 3)样板制作计划应根据施工合同或招标文件的要求并结合工程特点制定。

 2 现场准备应根据现场施工条件和工程实际需要,准备现场生产、生活等临时设施;

 3 资金准备应根据施工进度计划编制资金使用计划。

5.4.2 资源配置计划应包括劳动力配置计划和物资配置计划等。

 1 劳动力配置计划应包括下列内容:

 1)确定各施工阶段用工量;

 2)根据施工进度计划确定各施工阶段劳动力配置计划。

 2 物资配置计划应包括下列内容:

 1)主要工程材料和设备的配置计划应根据施工进度计划确定,包括各施工阶段所需主要工程材料、设备的种类和数量;

 2)工程施工主要周转材料和施工机具的配置计划应根据施工部署和施工进度计划确定,包括各施工阶段所需主要周转材料、施工机具的种类和数量。

5.5 主要施工方案

5.5.1 单位工程应按照《建筑工程施工质量验收统一标准》GB 50300中分部、分项工程的划分原则,对主要分部、分项工程制定施工方案。

5.5.2 对脚手架工程、起重吊装工程、临时用水用电工程、季节性施工等专项工程所采用的施工方案应进行必要的验算和说明。

5.6 施工现场平面布置

5.6.1 施工现场平面布置图应参照本规范第4.6.1条和第4.6.2条的规定并结合施工组

织总设计，按不同施工阶段分别绘制。

5.6.2 施工现场平面布置图应包括下列内容：

　　1 工程施工场地状况；

　　2 拟建建（构）筑物的位置、轮廓尺寸、层数等；

　　3 工程施工现场的加工设施、存贮设施、办公和生活用房等的位置和面积；

　　4 布置在工程施工现场的垂直运输设施、供电设施、供水供热设施、排水排污设施和临时施工道路等；

　　5 施工现场必备的安全、消防、保卫和环境保护等设施；

　　6 相邻的地上、地下既有建（构）筑物及相关环境。

6 施 工 方 案

6.1 工 程 概 况

6.1.1 工程概况应包括工程主要情况、设计简介和工程施工条件等。

6.1.2 工程主要情况应包括：分部（分项）工程或专项工程名称，工程参建单位的相关情况，工程的施工范围，施工合同、招标文件或总承包单位对工程施工的重点要求等。

6.1.3 设计简介应主要介绍施工范围内的工程设计内容和相关要求。

6.1.4 工程施工条件应重点说明与分部（分项）工程或专项工程相关的内容。

6.2 施 工 安 排

6.2.1 工程施工目标包括进度、质量、安全、环境和成本等目标，各项目标应满足施工合同、招标文件和总承包单位对工程施工的要求。

6.2.2 工程施工顺序及施工流水段应在施工安排中确定。

6.2.3 针对工程的重点和难点，进行施工安排并简述主要管理和技术措施。

6.2.4 工程管理的组织机构及岗位职责应在施工安排中确定，并应符合总承包单位的要求。

6.3 施 工 进 度 计 划

6.3.1 分部（分项）工程或专项工程施工进度计划应按照施工安排，并结合总承包单位的施工进度计划进行编制。

6.3.2 施工进度计划可采用网络图或横道图表示，并附必要说明。

6.4 施工准备与资源配置计划

6.4.1 施工准备应包括下列内容：

　　1 技术准备：包括施工所需技术资料的准备、图纸深化和技术交底的要求、试验检验和测试工作计划、样板制作计划以及与相关单位的技术交接计划等；

　　2 现场准备：包括生产、生活等临时设施的准备以及与相关单位进行现场交接的计划等；

　　3 资金准备：编制资金使用计划等。

6.4.2 资源配置计划应包括下列内容：

　　1 劳动力配置计划：确定工程用工量并编制专业工种劳动力计划表；

　　2 物资配置计划：包括工程材料和设备配置计划、周转材料和施工机具配置计划以及计量、测量和检验仪器配置计划等。

6.5 施工方法及工艺要求

6.5.1 明确分部（分项）工程或专项工程施工方法并进行必要的技术核算，对主要分项工程（工序）明确施工工艺要求。

6.5.2 对易发生质量通病、易出现安全问题、施工难度大、技术含量高的分项工程（工序）等应做出重点说明。

6.5.3 对开发和使用的新技术、新工艺以及采用的新材料、新设备应通过必要的试验或论证并制订计划。

6.5.4 对季节性施工应提出具体要求。

7 主要施工管理计划

7.1 一般规定

7.1.1 施工管理计划应包括进度管理计划、质量管理计划、安全管理计划、环境管理计划、成本管理计划以及其他管理计划等内容。

7.1.2 各项管理计划的制订，应根据项目的特点有所侧重。

7.2 进度管理计划

7.2.1 项目施工进度管理应按照项目施工的技术规律和合理的施工顺序，保证各工序在时间上和空间上顺利衔接。

7.2.2 进度管理计划应包括下列内容：

1 对项目施工进度计划进行逐级分解，通过阶段性目标的实现保证最终工期目标的完成；

2 建立施工进度管理的组织机构并明确职责，制定相应管理制度；

3 针对不同施工阶段的特点，制定进度管理的相应措施，包括施工组织措施、技术措施和合同措施等；

4 建立施工进度动态管理机制，及时纠正施工过程中的进度偏差，并制定特殊情况下的赶工措施；

5 根据项目周边环境特点，制定相应的协调措施，减少外部因素对施工进度的影响。

7.3 质量管理计划

7.3.1 质量管理计划可参照《质量管理体系 要求》GB/T 19001，在施工单位质量管理体系的框架内编制。

7.3.2 质量管理计划应包括下列内容：

1 按照项目具体要求确定质量目标并进行目标分解，质量指标应具有可测量性；

2 建立项目质量管理的组织机构并明确职责；

3 制定符合项目特点的技术保障和资源保障措施，通过可靠的预防控制措施，保证质量目标的实现；

4 建立质量过程检查制度，并对质量事故的处理做出相应规定。

7.4 安全管理计划

7.4.1 安全管理计划可参照《职业健康安全管理体系 规范》GB/T 28001，在施工单位安全管理体系的框架内编制。

7.4.2 安全管理计划应包括下列内容：

 1 确定项目重要危险源，制定项目职业健康安全管理目标；

 2 建立有管理层次的项目安全管理组织机构并明确职责；

 3 根据项目特点，进行职业健康安全方面的资源配置；

 4 建立具有针对性的安全生产管理制度和职工安全教育培训制度；

 5 针对项目重要危险源，制定相应的安全技术措施；对达到一定规模的危险性较大的分部（分项）工程和特殊工种的作业应制定专项安全技术措施的编制计划；

 6 根据季节、气候的变化，制定相应的季节性安全施工措施；

 7 建立现场安全检查制度，并对安全事故的处理做出相应规定。

7.4.3 现场安全管理应符合国家和地方政府部门的要求。

7.5 环境管理计划

7.5.1 环境管理计划可参照《环境管理体系 要求及使用指南》GB/T 24001，在施工单位环境管理体系的框架内编制。

7.5.2 环境管理计划应包括下列内容：

 1 确定项目重要环境因素，制定项目环境管理目标；

 2 建立项目环境管理的组织机构并明确职责；

 3 根据项目特点，进行环境保护方面的资源配置；

 4 制定现场环境保护的控制措施；

 5 建立现场环境检查制度，并对环境事故的处理做出相应规定。

7.5.3 现场环境管理应符合国家和地方政府部门的要求。

7.6 成本管理计划

7.6.1 成本管理计划应以项目施工预算和施工进度计划为依据编制。

7.6.2 成本管理计划应包括下列内容：

 1 根据项目施工预算，制定项目施工成本目标；

 2 根据施工进度计划，对项目施工成本目标进行阶段分解；

 3 建立施工成本管理的组织机构并明确职责，制定相应管理制度；

 4 采取合理的技术、组织和合同等措施，控制施工成本；

 5 确定科学的成本分析方法，制定必要的纠偏措施和风险控制措施。

7.6.3 必须正确处理成本与进度、质量、安全和环境等之间的关系。

7.7 其他管理计划

7.7.1 其他管理计划宜包括绿色施工管理计划、防火保安管理计划、合同管理计划、组织协调管理计划、创优质工程管理计划、质量保修管理计划以及对施工现场人力资源、施工机具、材料设备等生产要素的管理计划等。

7.7.2 其他管理计划可根据项目的特点和复杂程度加以取舍。

7.7.3 各项管理计划的内容应有目标，有组织机构，有资源配置，有管理制度和技术、组织措施等。

本规范用词说明

1 为便于在执行本规范条文时区别对待，对于要求严格程度不同的用词说明如下：
   1）表示很严格，非这样不可的用词：
      正面词采用"必须"，反面词采用"严禁"；
   2）表示严格，在正常情况下均应这样做的用词：
      正面词采用"应"，反面词采用"不应"或"不得"；
   3）表示允许稍有选择，在条件许可时首先应这样做的用词：
      正面词采用"宜"，反面词采用"不宜"；
   表示有选择，在一定条件下可以这样做的用词，采用"可"。

2 本规范中指明应按其他有关标准、规范执行的写法为："应按……执行"或"应符合……的要求（规定）"。非必须按所指定的规范和标准执行的写法为："可参照……"。

引用标准名录

1 《建筑工程施工质量验收统一标准》GB 50300
2 《质量管理体系 要求》GB/T 19001
3 《环境管理体系 要求及使用指南》GB/T 24001
4 《职业健康安全管理体系 规范》GB/T 28001

附录 《建筑施工组织设计规范》摘录

中华人民共和国国家标准

建筑施工组织设计规范

GB/T 50502—2009

条 文 说 明

1 总 则

1.0.1 建筑施工组织设计在我国已有几十年的历史，虽然产生于计划经济管理体制下，但在实际的运行当中，对规范建筑工程施工管理确实起到了相当重要的作用，在目前的市场经济条件下，它已成为建筑工程施工招投标和组织施工必不可少的重要文件。但是，由于以前没有专门的规范加以约束，各地方、各企业对建筑施工组织设计的编制和管理要求各异，给施工企业跨地区经营和内部管理造成了一些混乱。同时，由于我国幅员辽阔，各地方施工企业的机具装备、管理能力和技术水平差异较大，也造成各企业编制的施工组织设计质量参差不齐。因此，有必要制定一部国家级的《建筑施工组织设计规范》，予以规范和指导。

1.0.3 由于各地区施工条件千差万别，造成建筑工程施工所面对的困难各不相同，施工组织设计首先应根据地区环境的特点，解决施工过程中可能遇到的各种难题。同时，不同类型的建筑，其施工的重点和难点也各不相同，施工组织设计应针对这些重点和难点进行重点阐述，对常规的施工方法应简明扼要。

2 术 语

2.0.1 施工组织设计是我国在工程建设领域长期沿用下来的名称，西方国家一般称为施工计划或工程项目管理计划。在《建设项目工程总承包管理规范》GB/T 50358—2005 中，把施工单位这部分工作分成了两个阶段，即项目管理计划和项目实施计划。施工组织设计既不是这两个阶段的某一阶段内容，也不是两个阶段内容的简单合成，它是综合了施工组织设计在我国长期使用的惯例和各地方的实际使用效果而逐步积累的内容精华。

施工组织设计在投标阶段通常被称为技术标，但它不是仅包含技术方面的内容，同时也涵盖了施工管理和造价控制方面的内容，是一个综合性的文件。

2.0.2 在我国，大型房屋建筑工程标准一般指：

1 25 层及以上的房屋建筑工程；

2 高度 100m 及以上的构筑物或建筑物工程；

3 单体建筑面积 3 万 m^2 及以上的房屋建筑工程；

4 单跨跨度 30m 及以上的房屋建筑工程；

5 建筑面积 10 万 m^2 及以上的住宅小区或建筑群体工程；

6 单项建安合同额 1 亿元及以上的房屋建筑工程。

但在实际操作中，具备上述规模的建筑工程很多只需编制单位工程施工组织设计，需要编制施工组织总设计的建筑工程，其规模应当超过上述大型建筑工程的标准，通常需要分期分批建设，可称为特大型项目。

2.0.3 单位工程和子单位工程的划分原则，在《建筑工程施工质量验收统一标准》GB 50300—2001中已经明确。需要说明的是，对于已经编制了施工组织总设计的项目，单位工程施工组织设计应是施工组织总设计的进一步具体化，直接指导单位工程的施工管理和技术经济活动。

2.0.4 施工方案在某些时候也被称为分部（分项）工程或专项工程施工组织设计，但考虑到通常情况下施工方案是施工组织设计的进一步细化，是施工组织设计的补充，施工组织设计的某些内容在施工方案中不需赘述，因而本规范将其定义为施工方案。

2.0.5 建筑工程具有产品的单一性，同时作为一种产品，又具有漫长的生产周期。施工组织设计是工程技术人员运用以往的知识和经验，对建筑工程的施工预先设计的一套运作程序和实施方法，但由于人们知识经验的差异以及客观条件的变化，施工组织设计在实际执行中，难免会遇到不适用的部分，这就需要针对新情况进行修改或补充。同时，作为施工指导书，又必须将其意图贯彻到具体操作人员，使操作人员按指导书进行作业，这是一个动态的管理过程。

2.0.6 施工部署是施工组织设计的纲领性内容，施工进度计划、施工准备与资源配置计划、施工方法、施工现场平面布置和主要施工管理计划等施工组织设计的组成内容都应该围绕施工部署的原则编制。

2.0.7 项目管理组织机构是施工单位内部的管理组织机构，是为某一具体施工项目而设立的，其岗位设置应和项目规模相匹配，人员组成应具备相应的上岗资格。

2.0.8 施工进度计划要保证拟建工程在规定的期限内完成，保证施工的连续性和均衡性，节约施工费用。编制施工进度计划需依据建筑工程施工的客观规律和施工条件，参考工期定额，综合考虑资金、材料、设备、劳动力等资源的投入。

2.0.9 施工资源是工程施工过程中所必须投入的各类资源，包括劳动力、建筑材料和设备、周转材料、施工机具等。施工资源具有有用性和可选择性等特征。

2.0.10 施工现场就是建筑产品的组装厂，由于建筑工程和施工场地的千差万别，使得施工现场平面布置因人、因地而异。合理布置施工现场，对保证工程施工顺利进行具有重要意义，施工现场平面布置应遵循方便、经济、高效、安全、环保、节能的原则。

2.0.11 施工进度计划的实现离不开管理上和技术上的具体措施。另外，在工程施工进度计划执行过程中，由于各方面条件的变化，经常使实际进度脱离原计划，这就需要施工管理者随时掌握工程施工进度，检查和分析进度计划的实施情况，及时进行必要的调整，保证施工进度总目标的完成。

2.0.12 工程质量目标的实现需要具体的管理和技术措施，根据工程质量形成的时间阶段，工程质量管理可分为事前管理、事中管理和事后管理，质量管理的重点应放在事前管理。

2.0.13 建筑工程施工安全管理应贯彻"安全第一、预防为主"的方针。施工现场的大部分伤亡事故是由于没有安全技术措施、缺乏安全技术知识、不做安全技术交底、安全生产责任制不落实、违章指挥、违章作业造成的。因此，必须建立完善的施工现场安全生产保证体系，才能确保职工的安全和健康。

2.0.14 建筑工程施工过程中不可避免地会产生施工垃圾、粉尘、污水以及噪声等环境污染，制定环境管理计划就是要通过可行的管理和技术措施，使环境污染降到最低。

2.0.15 由于建筑产品生产周期长，造成了施工成本控制的难度。成本管理的基本原理就是把计划成本作为施工成本的目标值，在施工过程中定期地进行实际值与目标值的比较，通过比较找出实际支出额与计划成本之间的差距，分析产生偏差的原因，并采取有效的措施加以控制，以保证目标值的实现或减小差距。

3 基 本 规 定

3.0.1 建筑施工组织设计还可以按照编制阶段的不同，分为投标阶段施工组织设计和实施阶段施工组织设计。本规范在施工组织设计的编制与管理上，对这两个阶段的施工组织设计没有分别规定，但在实际操作中，编制投标阶段施工组织设计，强调的是符合招标文件要求，以中标为目的；编制实施阶段施工组织设计，强调的是可操作性，同时鼓励企业技术创新。

3.0.2 我国工程建设程序可归纳为以下四个阶段：投资决策阶段、勘察设计阶段、项目施工阶段、竣工验收和交付使用阶段。本条规定了编制施工组织设计应遵循的原则。

 2 在目前市场经济条件下，企业应当积极利用工程特点，组织开发、创新施工技术和施工工艺；

 5 为保证持续满足过程能力和质量保证的要求，国家鼓励企业进行质量、环境和职业健康安全管理体系的认证制度，且目前该三个管理体系的认证在我国建筑行业中已较普及，并且建立了企业内部管理体系文件，编制施工组织设计时，不应违背上述管理体系文件的要求。

3.0.3 本条规定了施工组织设计的编制依据，其中技术经济指标主要指各地方的建筑工程概预算定额和相关规定。虽然建筑行业目前使用了清单计价的方法，但各地方制定的概预算定额在造价控制、材料和劳动力消耗等方面仍起一定的指导作用。

3.0.4 本条仅对施工组织设计的基本内容加以规定，根据工程的具体情况，施工组织设计的内容可以添加或删减。本规范并不对施工组织设计的具体章节顺序加以规定。

3.0.5 本条对施工组织设计的编制和审批进行了规定。

 1 有些分期分批建设的项目跨越时间很长，还有些项目地基基础、主体结构、装修装饰和机电设备安装并不是由一个总承包单位完成，此外还有一些特殊情况的项目，在征得建设单位同意的情况下，施工单位可分阶段编制施工组织设计。

 2 在《建设工程安全生产管理条例》（国务院第393号令）中规定：对下列达到一定规模的危险性较大的分部（分项）工程编制专项施工方案，并附具安全验算结果，经施工单位技术负责人、总监理工程师签字后实施：

 1）基坑支护与降水工程；

 2）土方开挖工程；

 3）模板工程；

 4）起重吊装工程；

 5）脚手架工程；

6）拆除、爆破工程；

7）国务院建设行政主管部门或者其他有关部门规定的其他危险性较大的工程。

对前款所列工程中涉及深基坑、地下暗挖工程、高大模板工程的专项施工方案，施工单位还应当组织专家进行论证、审查。

除上述《建设工程安全生产管理条例》中规定的分部（分项）工程外，施工单位还应根据项目特点和地方政府部门有关规定，对具有一定规模的重点、难点分部（分项）工程进行相关论证。

4 有些分部（分项）工程或专项工程，如主体结构为钢结构的大型建筑工程，其钢结构分部规模很大且在整个工程中占有重要的地位，需另行分包，遇有这种情况的分部（分项）工程或专项工程，其施工方案应按施工组织设计进行编制和审批。

3.0.6 本条规定了施工组织设计动态管理的内容。

1 施工组织设计动态管理的内容之一，就是对施工组织设计的修改或补充；

1）当工程设计图纸发生重大修改时，如地基基础或主体结构的形式发生变化、装修材料或做法发生重大变化、机电设备系统发生大的调整等，需要对施工组织设计进行修改；对工程设计图纸的一般性修改，视变化情况对施工组织设计进行补充；对工程设计图纸的细微修改或更正，施工组织设计则不需调整；

2）当有关法律、法规、规范和标准开始实施或发生变更，并涉及工程的实施、检查或验收时，施工组织设计需要进行修改或补充；

3）由于主客观条件的变化，施工方法有重大变更，原来的施工组织设计已不能正确地指导施工，需对施工组织设计进行修改或补充；

4）当施工资源的配置有重大变更，并且影响到施工方法的变化或对施工进度、质量、安全、环境、造价等造成潜在的重大影响，需对施工组织设计进行修改或补充；

5）当施工环境发生重大改变，如施工延期造成季节性施工方法变化，施工场地变化造成现场布置和施工方式改变等，致使原来的施工组织设计已不能正确地指导施工，需对施工组织设计进行修改或补充。

2 经过修改或补充的施工组织设计原则上需经原审批级别重新审批。

4 施工组织总设计

4.1 工程概况

在编制工程概况时，为了清晰易读，宜采用图表说明。

4.1.2 本条规定了项目主要情况应包括的内容。

1 项目性质可分为工业和民用两大类，应简要介绍项目的使用功能；建设规模可包括项目的占地总面积、投资规模（产量）、分期分批建设范围等；

3 简要介绍项目的建筑面积、建筑高度、建筑层数、结构形式、建筑结构及装饰用料、建筑抗震设防烈度、安装工程和机电设备的配置等情况。

4.1.3 本条规定了项目主要施工条件应包括的内容。

1 简要介绍项目建设地点的气温、雨、雪、风和雷电等气象变化情况以及冬、雨期的期限和冬季土的冻结深度等情况；

2 简要介绍项目施工区域地形变化和绝对标高，地质构造、土的性质和类别、地基土的承载力，河流流量和水质、最高洪水和枯水期的水位，地下水位的高低变化、含水层的厚度、流向、流量和水质等情况；

5 简要介绍建设项目的主要材料、特殊材料和生产工艺设备供应条件及交通运输条件；

6 根据当地供电、供水、供热和通信情况，按照施工需求，描述相关资源提供能力及解决方案。

4.2 总体施工部署

4.2.1 施工组织总设计应对项目总体施工做出宏观部署。

2 建设项目通常是由若干个相对独立的投产或交付使用的子系统组成；如大型工业项目有主体生产系统、辅助生产系统和附属生产系统之分，住宅小区有居住建筑、服务性建筑和附属性建筑之分；可以根据项目施工总目标的要求，将建设项目划分为分期（分批）投产或交付使用的独立交工系统；在保证工期的前提下，实行分期分批建设，既可使各具体项目迅速建成，尽早投入使用，又可在全局上实现施工的连续性和均衡性，减少暂设工程数量，降低工程成本；

3 根据上款确定的项目分阶段（期）交付计划，合理地确定每个单位工程的开竣工时间，划分各参与施工单位的工作任务，明确各单位之间分工与协作的关系，确定综合的和专业化的施工组织，保证先后投产或交付使用的系统都能够正常运行。

4.2.3 项目管理组织机构形式应根据施工项目的规模、复杂程度、专业特点、人员素质和地域范围确定，大中型项目宜设置矩阵式项目管理组织，远离企业管理层的大中型项目宜设置事业部式项目管理组织，小型项目宜设置直线职能式项目管理组织。

4.2.4 根据现有的施工技术水平和管理水平，对项目施工中开发和使用的新技术、新工艺应做出规划，并采取可行的技术、管理措施来满足工期和质量等要求。

4.3 施工总进度计划

4.3.1 施工总进度计划应依据施工合同、施工进度目标、有关技术经济资料，并按照总体施工部署确定的施工顺序和空间组织等进行编制。

4.3.2 施工总进度计划的内容应包括：编制说明，施工总进度计划表（图），分期（分批）实施工程的开、竣工日期、工期一览表等。

施工总进度计划宜优先采用网络计划，网络计划应按国家现行标准《网络计划技术》GB/T 13400.1～3 及行业标准《工程网络计划技术规程》JGJ/T 121 的要求编制。

4.4 总体施工准备与主要资源配置计划

4.4.1 应根据施工开展顺序和主要工程项目施工方法，编制总体施工准备工作计划。

4.4.2 技术准备包括施工过程所需技术资料的准备、施工方案编制计划、试验检验及设备调试工作计划等；现场准备包括现场生产、生活等临时设施，如临时生产、生活用房，临时道路、材料堆放场，临时用水、用电和供热、供气等的计划；资金准备应根据施工总进度计划编制资金使用计划。

4.4.4 劳动力配置计划应按照各工程项目工程量，并根据总进度计划，参照概（预）算定额或者有关资料确定。目前施工企业在管理体制上已普遍实行管理层和劳务作业层的两层分离，合理的劳动力配置计划可减少劳务作业人员不必要的进、退场或避免窝工状态，进而节约施工成本。

4.4.5 物资配置计划应根据总体施工部署和施工总进度计划确定主要物资的计划总量及进、退场时间。物资配置计划是组织建筑工程施工所需各种物资进、退场的依据，科学合理的物资配置计划既可保证工程建设的顺利进行，又可降低工程成本。

4.5 主要施工方法

施工组织总设计要制定一些单位（子单位）工程和主要分部（分项）工程所采用的施工方法，这些工程通常是建筑工程中工程量大、施工难度大、工期长，对整个项目的完成起关键作用的建（构）筑物以及影响全局的主要分部（分项）工程。

制定主要工程项目施工方法的目的是为了进行技术和资源的准备工作，同时也为了施工进程的顺利开展和现场的合理布置，对施工方法的确定要兼顾技术工艺的先进性和可操作性以及经济上的合理性。

4.6 施工总平面布置

4.6.2 施工总平面布置应按照项目分期（分批）施工计划进行布置，并绘制总平面布置图。一些特殊的内容，如现场临时用电、临时用水布置等，当总平面布置图不能清晰表示时，也可单独绘制平面布置图。

平面布置图绘制应有比例关系，各种临设应标注外围尺寸，并应有文字说明。

4.6.3 现场所有设施、用房应由总平面布置图表述，避免采用文字叙述的方式。

5 单位工程施工组织设计

5.1 工程概况

工程概况的内容应尽量采用图表进行说明。

5.2 施工部署

5.2.1 当单位工程施工组织设计作为施工组织总设计的补充时，其各项目标的确立应同时满足施工组织总设计中确立的施工目标。

5.2.2 施工部署中的进度安排和空间组织应符合下列规定：

1 施工部署应对本单位工程的主要分部（分项）工程和专项工程的施工做出统筹安排，对施工过程的里程碑节点进行说明；

2 施工流水段划分应根据工程特点及工程量进行合理划分，并应说明划分依据及流水方向，确保均衡流水施工。

5.2.3 工程的重点和难点对于不同工程和不同企业具有一定的相对性，某些重点、难点工程的施工方法可能已通过有关专家论证成为企业工法或企业施工工艺标准，此时企业可直接引用。重点、难点工程的施工方法选择应着重考虑影响整个单位工程的分部（分项）工程，如工程量大、施工技术复杂或对工程质量起关键作用的分部（分项）工程。

5.3 施工进度计划

5.3.1 施工进度计划是施工部署在时间上的体现，反映了施工顺序和各个阶段工程进展情况，应均衡协调、科学安排。

5.3.2 一般工程画横道图即可，对工程规模较大、工序比较复杂的工程宜采用网络图表示，通过对各类参数的计算，找出关键线路，选择最优方案。

5.4 施工准备与资源配置计划

5.4.2 与施工组织总设计相比较，单位工程施工组织设计的资源配置计划相对更具体，其劳动力配置计划宜细化到专业工种。

5.5 主要施工方案

应结合工程的具体情况和施工工艺、工法等按照施工顺序进行描述，施工方案的确定要遵循先进性、可行性和经济性兼顾的原则。

5.6 施工现场平面布置

5.6.1 单位工程施工现场平面布置图一般按地基基础、主体结构、装修装饰和机电设备安装三个阶段分别绘制。

6 施工方案

6.1 工程概况

施工方案包括下列两种情况：
1 专业承包公司独立承包项目中的分部（分项）工程或专项工程所编制的施工方案；
2 作为单位工程施工组织设计的补充，由总承包单位编制的分部（分项）工程或专项工程施工方案。

由总承包单位编制的分部（分项）工程或专项工程施工方案，其工程概况可参照本节执行，单位工程施工组织设计中已包含的内容可省略。

6.2 施 工 安 排

6.2.4 根据分部（分项）工程或专项工程的规模、特点、复杂程度、目标控制和总承包单位的要求设置项目管理机构，该机构各种专业人员配备齐全，完善项目管理网络，建立健全岗位责任制。

6.3 施工进度计划

6.3.1 施工进度计划的编制应内容全面、安排合理、科学实用，在进度计划中应反映出各施工区段或各工序之间的搭接关系、施工期限和开始、结束时间。同时，施工进度计划应能体现和落实总体进度计划的目标控制要求；通过编制分部（分项）工程或专项工程进度计划进而体现总进度计划的合理性。

6.4 施工准备与资源配置计划

6.4.1 施工方案针对的是分部（分项）工程或专项工程，在施工准备阶段，除了要完成本项工程的施工准备外，还需注重与前后工序的相互衔接。

6.5 施工方法及工艺要求

6.5.1 施工方法是工程施工期间所采用的技术方案、工艺流程、组织措施、检验手段等。它直接影响施工进度、质量、安全以及工程成本。本条所规定的内容应比施工组织总设计和单位工程施工组织设计的相关内容更细化。

6.5.3 对于工程中推广应用的新技术、新工艺、新材料和新设备，可以采用目前国家和地方推广的，也可以根据工程具体情况由企业创新；对于企业创新的技术和工艺，要制定理论和试验研究实施方案，并组织鉴定评价。

6.5.4 根据施工地点的实际气候特点，提出具有针对性的施工措施。在施工过程中，还应根据气象部门的预报资料，对具体措施进行细化。

7 主要施工管理计划

7.1 一般规定

7.1.1 施工管理计划在目前多作为管理和技术措施编制在施工组织设计中，这是施工组织设计必不可少的内容。施工管理计划涵盖很多方面的内容，可根据工程的具体情况加以取舍。在编制施工组织设计时，各项管理计划可单独成章，也可穿插在施工组织设计的相应章节中。

7.2 进度管理计划

7.2.1 不同的工程项目其施工技术规律和施工顺序不同。即使是同一类工程项目，其施工顺序也难以做到完全相同。因此必须根据工程特点，按照施工的技术规律和合理的组织关系，解决各工序在时间和空间上的先后顺序和搭接问题，以达到保证质量、安全施工、充分利用空间、争取时间、实现经济合理安排进度的目的。

7.2.2 本条规定了进度管理计划的一般内容。

　　1 在施工活动中通常是通过对最基础的分部（分项）工程的施工进度控制来保证各个单项（单位）工程或阶段工程进度控制目标的完成，进而实现项目施工进度控制总体目标；因而需要将总体进度计划进行一系列从总体到细部、从高层次到基础层次的层层分解，一直分解到在施工现场可以直接调度控制的分部（分项）工程或施工作业过程为止；

　　2 施工进度管理的组织机构是实现进度计划的组织保证；它既是施工进度计划的实施组织；又是施工进度计划的控制组织；既要承担进度计划实施赋予的生产管理和施工任务，又要承担进度控制目标，对进度控制负责，因此需要严格落实有关管理制度和职责；

　　4 面对不断变化的客观条件，施工进度往往会产生偏差；当发生实际进度比计划进度超前或落后时，控制系统就要做出应有的反应：分析偏差产生的原因，采取相应的措施，调整原来的计划，使施工活动在新的起点上按调整后的计划继续运行，如此循环往复，直至预期计划目标的实现；

　　5 项目周边环境是影响施工进度的重要因素之一，其不可控性大，必须重视诸如环境扰民、交通组织和偶发意外等因素，采取相应的协调措施。

7.3 质量管理计划

7.3.1 施工单位应按照《质量管理体系 要求》GB/T 19001 建立本单位的质量管理体系文件。可以独立编制质量计划，也可以在施工组织设计中合并编制质量计划的内容。质量管理应按照 PDCA 循环模式，加强过程控制，通过持续改进提高工程质量。

7.3.2 本条规定了质量管理计划的一般内容。

　　1 应制定具体的项目质量目标，质量目标应不低于工程合同明示的要求；质量目标应尽可能地量化和层层分解到最基层，建立阶段性目标；

　　2 应明确质量管理组织机构中各重要岗位的职责，与质量有关的各岗位人员应具备与职责要求匹配的相应知识、能力和经验；

　　3 应采取各种有效措施，确保项目质量目标的实现；这些措施包含但不局限于：原材料、构配件、机具的要求和检验,主要的施工工艺、主要的质量标准和检验方法,夏期、冬期和雨期施工的技术措施,关键过程、特殊过程、重点工序的质量保证措施,成品、半成品的保护措施,工作场所环境以及劳动力和资金保障措施等;

4 按质量管理八项原则中的过程方法要求,将各项活动和相关资源作为过程进行管理,建立质量过程检查、验收以及质量责任制等相关制度,对质量检查和验收标准做出规定,采取有效的纠正和预防措施,保障各工序和过程的质量。

7.4 安全管理计划

7.4.1 目前大多数施工单位基于《职业健康安全管理体系 规范》GB/T 28001通过了职业健康安全管理体系的认证,建立了企业内部的安全管理体系。安全管理计划应在企业安全管理体系的框架内,针对项目的实际情况编制。

7.4.2 建筑施工安全事故(危害)通常分为七大类:高处坠落、机械伤害、物体打击、坍塌倒塌、火灾爆炸、触电、窒息中毒。安全管理计划应针对项目具体情况,建立安全管理组织,制定相应的管理目标、管理制度、管理控制措施和应急预案等。

7.5 环境管理计划

7.5.1 施工现场环境管理越来越受到建设单位和社会各界的重视,同时各地方政府也不断出台新的环境监管措施,环境管理计划已成为施工组织设计的重要组成部分。对于通过了环境管理体系认证的施工单位,环境管理计划应在企业环境管理体系的框架内,针对项目的实际情况编制。

7.5.2 一般来讲,建筑工程常见的环境因素包括如下内容:

1 大气污染;
2 垃圾污染;
3 建筑施工中建筑机械发出的噪声和强烈的振动;
4 光污染;
5 放射性污染;
6 生产、生活污水排放。

应根据建筑工程各阶段的特点,依据分部(分项)工程进行环境因素的识别和评价,并制定相应的管理目标、控制措施和应急预案等。

7.6 成本管理计划

7.6.2 成本管理和其他施工目标管理类似,开始于确定目标,继而进行目标分解,组织人员配备,落实相关管理制度和措施,并在实施过程中进行纠偏,以实现预定的目标。

7.6.3 成本管理是与进度管理、质量管理、安全管理和环境管理等同时进行的,是针对整体施工目标系统所实施的管理活动的一个组成部分。在成本管理中,要协调好与进度、质量、安全和环境等的关系,不能片面强调成本节约。

7.7 其他管理计划

特殊项目的管理可在本规范的基础上增加相应的其他管理计划,以保证建筑工程的实施处于全面的受控状态。

附图　某投标文件（技术标）内容节选

附图1　某投标文件（技术标）封面

附图　某投标文件（技术标）内容节选

正本

安徽水利水电职业技术学院教师公寓建设工程施工Ⅱ标 4#、5#、6#楼工程施工招标

投 标 文 件

项目编号：SDXY2009-SGⅢ

项目名称：　安徽水利水电职业技术学院教师公寓建设工程
　　　　　　施工Ⅱ标 4#、5#、6#楼工程

投标文件内容：　　　投标文件技术标

投 标 人：　合肥市　　惠建筑安装工程有限公司

法定代表人或其委托代理人：　　　春　　（签字或盖章）

日　　期：　二〇〇九　年　　月　　十　日

附图2　某投标文件（技术标）扉页

安徽水利水电职业技术学院教师公寓建设工程
施工Ⅱ标4#、5#、6#楼工程施工投标文件 【技术标】

目 录

一、投 标 书 1

二、法人授权委托书 2

三、承 诺 书 3

四、资格证明材料 4
   1 投标资格审查表 5
   2 企业法人营业执照 6
   3 企业资质证书 7
   4 安全生产许可证 8
   5 质量体系认证证书 9
   6 项目建造师证书 10

五、施工组织设计 11
   第1章 编制依据及说明 12
   第2章 工程概况及工程特点 15
   第3章 施工总承包总体策划及部署 18
      3.1 施工管理总目标 18
      3.2 施工组织部署 18
      3.3 施工段的划分 19
      3.4 总体施工顺序 20
      3.5 主体结构施工顺序 20
      3.6 施工准备 21
      3.7 新技术、新工艺、新材料、新设备的应用 23

合肥市×××建筑安装工程有限公司
地   址：合肥市××路××号

附图3 某投标文件（技术标）目录一

安徽水利水电职业技术学院教师公寓建设工程
施工Ⅱ标 4#、5#、6#楼工程施工投标文件 【技术标】

第4章 各分部分项工程的主要施工方法 25
 4.1 测量工程施工技术措施 25
 4.2 土方开挖及回填施工技术 27
 4.3 独立柱基础工程施工技术 28
 4.4 主体结构施工技术 31
  4.4.1 施工工艺 31
  4.4.2 模板工程 31
  4.4.3 钢筋工程 36
  4.4.4 混凝土工程 43
  4.4.5 墙体工程 48
 4.5 防水、保温工程施工技术 50
  4.5.1 墙面保温砂浆施工 50
  4.5.2 屋面保温板铺设 52
  4.5.3 屋面卷材防水施工技术 52
  4.5.4 厨房、卫生间防水施工技术 54
 4.6 装饰工程施工技术 56
  4.6.1 墙面及天棚抹灰施工技术 56
  4.6.2 内墙瓷砖施工技术 58
  4.6.3 地板砖施工技术 59
  4.6.4 内墙及天棚涂料施工技术 60
  4.6.5 外墙涂料施工技术 61
  4.6.6 门窗工程施工技术 62
 4.7 安装工程施工技术 64
  4.7.1 给排水工程施工技术 64
  4.7.2 强、弱电工程施工技术 70
 4.8 外墙脚手架施工技术措施 72

合肥市×××建筑安装工程有限公司
地　址：合肥市××路××号

附图4　某投标文件（技术标）目录二

安徽水利水电职业技术学院教师公寓建设工程
施工Ⅱ标 4#、5#、6#楼工程施工投标文件 【技术标】

第5章	确保工程质量的技术组织措施	75
5.1	质量目标	75
5.2	质量保证体系	75
5.3	工程质量创优的管理措施	80
5.4	工程质量创优的施工各阶段管理措施	81
5.5	工程质量创优的技术保证措施	83
5.6	质量通病的控制措施	88
5.7	成品保护措施	89
第6章	确保安全生产的技术组织措施	95
6.1	安全生产管理目标	95
6.2	安全管理保证体系	95
6.3	安全生产的管理措施	98
6.4	分部分项安全生产保证措施	102
6.5	安全检查验收工作	110
第7章	确保文明施工的技术组织措施	111
7.1	文明施工管理目标	111
7.2	文明施工管理保证体系	111
7.3	文明施工管理措施	111
7.4	环境保护措施	115
7.5	地下管线及其它地上地下设施的加固措施	116
7.6	文物和地下障碍物的处理措施	117
第8章	工程进度计划与措施	118
8.1	施工进度计划目标	118
8.2	保证工程施工进度计划的控制措施	118
8.3	《施工进度计划网络图》和《施工进度计划横道图》（后附）	120
第9章	确保工期技术组织措施	123
9.1	前期准备	123
9.2	组织措施	123
9.3	技术措施	124

合肥市×××建筑安装工程有限公司
地　址：合肥市××路××号

附图5　某投标文件（技术标）目录三

附图　某投标文件（技术标）内容节选

安徽水利水电职业技术学院教师公寓建设工程
施工Ⅱ标 4#、5#、6#楼工程施工投标文件　　　　　　　　　【技术标】

　　9.4　各阶段施工进度保证措施 124
　　9.5　管理措施 125
　　9.6　及时支付劳务费、分包工程款、材料设备款 126
　　9.7　材料保证措施 126
　　9.8　机械设备保证措施 126
　　9.9　外围保障保证措施 126
　　9.10　节假日等特殊时段的保证措施 127
　　9.11　民工工资保障措施 127
第 10 章　资源配备计划 129
　　10.1　拟投入的材料计划计划 129
　　10.2　劳动力投入计划及保证措施 130
　　10.3　工程投入的主要施工机械设备及检测设备计划表 131
第 11 章　施工总平面图 134
　　11.1　施工现场平面布置 134
　　11.2　临时平面布置要点 134
　　11.3　现场施工用电、用水计划 135
　　　附：临时设施需用量表 141
　　11.4　施工现场平面布置图（后附） 141
第 12 章　冬、雨季施工措施 142
第 13 章　售后服务措施 148

六、项目管理机械配备情况 150
　　1、项目管理机构配备情况 151
　　2、项目经理简历表、业绩表及有关证明材料 152
　　　附1　项目建造师承建的××××居委会综合楼工程合同 153
　　　附2　项目建造师承建的××××园1#仓库及办公楼工程合同 ... 155
　　　附3　项目建造师承建的××××家园一期工程合同 158
　　　附4　项目建造师承建的××××菜市场土建及综合办公楼工程合同 ... 161
　　　附5　项目建造师承建的××××家园4#、5#、6#楼合同 163

合肥市×××建筑安装工程有限公司
地　址：合肥市××路××号

附图 6　某投标文件（技术标）目录四

参考文献

[1] 中华人民共和国住房和城乡建设部. GB/T 50502—2009 建筑施工组织设计规范 [S]. 北京：中国建筑工业出版社，2009.

[2] 中华人民共和国住房和城乡建设部. JGJ/T 121—2015 工程网络计划技术规程 [S]. 北京：中国建筑工业出版社，2015.

[3] 宋文学. 真假流水施工辨析 [J]. 安徽水利水电职业技术学院学报，2017，17（1）：35-37.

[4] 可淑玲，宋文学. 建筑工程施工组织与管理 [M]. 广州：华南理工大学出版社，2015.

[5] 李源清. 建筑工程施工组织实训 [M]. 北京：北京大学出版社，2011.